高等学校土建类专业信息化系列教材

土木工程施工技术

主　编　节忠伟

副主编　任　任　钟　豪　龚宇巍

西安电子科技大学出版社

内 容 简 介

本书讲述土木工程中的主要施工过程和施工方法，书中全面系统地介绍了各种方法的主要施工工艺、施工流程及质量要求。本书的主要内容包含土方工程、深基础施工、砌体工程、混凝土结构工程、预应力混凝土工程、结构安装工程、防水工程、建筑装饰与节能工程、路桥与地下工程等。

本书可作为高等院校土建类专业学生土木工程施工技术课程的教材，也可作为相关专业技术从业人员的学习资料和参考书籍。

图书在版编目（CIP）数据

土木工程施工技术 / 节忠伟主编. -- 西安 ：西安电子科技大学出版社，2025. 6. -- ISBN 978-7-5606-7654-8

Ⅰ. TU7

中国国家版本馆 CIP 数据核字第 2025BZ0880 号

土木工程施工技术

TUMU GONGCHENG SHIGONG JISHU

策　　划　李鹏飞　刘统军

责任编辑　李　明

出版发行　西安电子科技大学出版社（西安市太白南路 2 号）

电　　话　(029) 88202421　88201467　　邮　　编　710071

网　　址　www. xduph. com　　电子邮箱　xdupfxb001@163. com

经　　销　新华书店

印刷单位　陕西精工印务有限公司

版　　次　2025 年 6 月第 1 版　　2025 年 6 月第 1 次印刷

开　　本　787 毫米×1092 毫米　1/16　　印张　17

字　　数　426 千字

定　　价　52. 00 元

ISBN 978-7-5606-7654-8

XDUP 7955001-1

前 言
PREFACE

我国经济已由高速增长阶段转向高质量发展阶段。党的二十大报告指出“高质量发展是全面建设社会主义现代化国家的首要任务”，并将“实现高质量发展”作为中国式现代化的本质要求之一。良好的居住条件一直都是中国人民对美好生活的追求之一，打造人民满意的房屋质量、居住环境是房建的发展方向和行业的驱动力，是响应党的二十大关于高质量发展的最直接方式。

土木工程施工技术是土木工程相关专业学生在大学期间必修的一门课程，具有很强的专业实践性。本书结合现行国家及行业规范，介绍了土木工程建造过程中的主要施工方法、工艺过程及基本理论，同时介绍了新技术、新工艺、新方法、新设备等在房屋建设过程中的运用。

总体而言，本书具有以下几个方面的特色：

(1) 结构科学合理。本书每个章节主题明确，各章节先后逻辑清晰，主题之间联系紧密，有助于学生循序渐进地掌握知识点，提高施工技术方面的知识应用能力。

(2) 技术与时俱进。本书所涉及的施工技术是目前土木工程施工领域的主流技术，淘汰了部分落后的施工技术，具有鲜明的时代性。

(3) 内容重点突出。本书聚焦土木工程专业领域，全面翔实地介绍了与建筑工程施工相关的基本理论和知识，适用于土木工程(建筑工程)、工程管理、工程造价等专业课程教学及辅助学习。

使用本书时应在常规学习基础上，结合施工现场教学、参观实习等工程实践活动增强学习者对本书基本理论知识的理解和应用，以培养工程建设方面的应用型专业人才。

本书由节忠伟担任主编，任任、钟豪、龚宇巍担任副主编。任任编写第一章“绪论”、第二章“土方工程”、第三章“深基础施工”、第六章“预应力混凝土工程”，节忠伟编写第四章“砌体工程”、第五章“混凝土结构工程”，钟豪编写第七章“结构安装工程”、第九章“建筑装饰与节能工程”，龚宇巍编写第八章“防水工程”、第十章“路桥与地下工程”。

限于编者水平，书中难免有不足之处，敬请读者批评指正。

编　者

2025 年 4 月

目　录
CONTENTS

第一章　绪论 …… 1
第一节　土木工程施工技术课程的学习目的和研究内容 …… 1
第二节　土木工程施工的特点 …… 1
第三节　与土木工程施工相关的工程建设标准 …… 2
本章小结 …… 3
课后练习 …… 3
第二章　土方工程 …… 4
第一节　土方工程概述 …… 4
第二节　场地平整施工 …… 7
第三节　排水降水施工 …… 16
第四节　土方边坡与基坑支护 …… 26
第五节　土方填筑与压实 …… 32
第六节　土方工程机械化施工 …… 35
本章小结 …… 41
课后练习 …… 41
第三章　深基础施工 …… 42
第一节　概述 …… 42
第二节　预制桩施工 …… 44
第三节　混凝土灌注桩施工 …… 46
第四节　地下连续墙施工 …… 53
本章小结 …… 56
课后练习 …… 56
第四章　砌体工程 …… 57
第一节　砌筑砂浆 …… 57
第二节　砖砌体施工 …… 58
第三节　石砌体施工 …… 63
第四节　砌块砌体施工 …… 67
第五节　砌体冬期施工 …… 70
第六节　脚手架及垂直运输设施 …… 72
本章小结 …… 83
课后练习 …… 83
第五章　混凝土结构工程 …… 84
第一节　概述 …… 84
第二节　模板工程 …… 85
第三节　钢筋工程 …… 92
第四节　混凝土工程 …… 101
本章小结 …… 118

课后练习…… 118
第六章　预应力混凝土工程…… 119
第一节　概述…… 119
第二节　先张法施工…… 127
第三节　后张法施工…… 132
第四节　电热张拉法施工…… 140
本章小结…… 141
课后练习…… 141
第七章　结构安装工程…… 142
第一节　起重机械…… 142
第二节　单层工业厂房结构安装…… 146
第三节　多层和高层建筑结构安装…… 158
第四节　钢结构安装…… 163
本章小结…… 167
课后练习…… 167
第八章　防水工程…… 168
第一节　地下防水工程…… 168
第二节　屋面防水工程…… 180
第三节　室内防水工程…… 190
本章小结…… 194
课后练习…… 194
第九章　建筑装饰与节能工程…… 195
第一节　门窗工程…… 195
第二节　抹灰工程…… 204
第三节　饰面工程…… 208
第四节　楼地面工程…… 212
第五节　涂饰工程…… 216
第六节　建筑节能工程…… 221
本章小结…… 232
课后练习…… 232
第十章　路桥与地下工程…… 233
第一节　路基工程…… 233
第二节　路面工程…… 239
第三节　桥梁工程…… 248
第四节　地下工程…… 260
本章小结…… 264
课后练习…… 264
附录　与土木施工有关的规范与规定…… 265
参考文献…… 266

第一章　绪　　论

第一节　土木工程施工技术课程的学习目的和研究内容

土木工程施工技术课程的研究内容是土木工程施工的相关知识，包括建筑工程、道路与桥梁工程、装饰装修工程等专业领域的施工技术及施工组织的一般规律，是一门实践性很强的课程。学习本课程之前要先学习土木工程专业基础课和部分专业技术基础课，学习中应配合施工现场的实习，使理论联系实际，加深对该课程的理解，并通过对该课程的学习和实践，加深对土木工程施工技术、施工管理、施工质量、施工安全的理解和认识，以便将来为国家建设和人民生命财产安全作出贡献。

该课程的学习目的主要有：

(1) 提高利用所学知识分析土木工程相关问题、解决土木工程实际施工问题的能力。

(2) 了解和掌握土木工程从开工至竣工的整个施工工艺过程、施工方法、质量控制的原理及工程验收的程序。

(3) 了解该学科的国内外发展方向，了解新材料、新技术、新工艺的发展概况，培养不断探索、勇于进取的治学态度和科学精神。

(4) 培养热爱建筑、勇于献身建筑事业的远大志向和刻苦耐劳的品质。

第二节　土木工程施工的特点

土木工程施工不仅是一项复杂的技术活动，更是一个涉及多方协作的系统工程。其独特的属性决定了施工过程中的每一个环节都需要精心规划和严密组织，以确保项目顺利推进并达到预期的质量与安全标准。下面详细介绍土木工程施工所具有的几个显著特点。

(1) 土木工程施工的流动性。土木建筑产品的固定性决定了土木建筑产品生产的流动性。施工所需的大量劳动力、材料、机械设备必须围绕固定性产品开展活动，而且在一个固定性产品完成以后，又要流动到另一个固定性产品上去。因此，在进行土木工程施工前必须做好科学的分析和决策，合理安排和组织施工。

(2) 土木工程施工的单件性。土木建筑产品的固定性和多样性决定了产品生产的单件性。一般工业产品都按照试制好的同一设计图纸，在一定的时期内进行批量的重复生产，而每一件土木建筑产品则必须按照当地的规划和用户的需要，在选定的地点上单独设计和单独施工。因此，施工前必须做好施工准备，编制好施工组织设计，以便工程施工能因时制宜、因地制宜地进行。

(3) 土木工程施工的地区性。土木建筑产品的固定性决定了土木工程生产的地区性。因为要在固定地点建造土木建筑产品，就必然会受到该建设地区的自然、技术、经济和社会条件的限制，所以必须对该地区的建设条件进行深入的调查分析，因地制宜地做好各种施工安排。

(4) 土木工程施工的周期长、露天作业多、高空作业多、安全性差。由于土木建筑产品具有固定性及体形庞大的特点，土木建筑产品的生产周期长，大多在固定地点露天建造，而且施工过程中的高空作业多，尤其随着基础建设的发展，高层建筑越来越多，高空露天作业的特点更为突出，注重施工的安全性更为重要。因此，必须事先做好各种防范措施，并在施工中加强管理。

(5) 土木工程施工的复杂性和综合性。由以上分析可以看出，土木建筑产品在生产过程中涉及的生产关系很多，既有内部的各种生产关系，又有外部的各种生产关系。内部生产关系涉及各专业工种之间、人与机械之间、人与材料之间的关系，以及各生产要素与时间、空间之间等复杂的组织作业关系；外部生产关系涉及不同种类的专业施工企业，涉及建设单位、勘察设计单位及城市规划、土地开发、消防公安、公用事业、环境保护、质量监督、交通运输、银行财政、科研实验、机具设备、物质材料、供电、供水、供热、通信、劳务等社会各部门和各领域之间的复杂的协作配合关系。可见，土木建筑产品的生产是一项复杂的系统工程。因此，应进行系统的分析，采用系统的方法组织和管理施工。

第三节 与土木工程施工相关的工程建设标准

与土木工程施工相关的工程建设规范和规程是我国建筑行业常用的标准，它们由国务院有关部委批准颁发。作为全国建筑行业共同遵守的准则和施工依据，这些规范和规程分为国家标准(GB)、建工行业建设标准(JGJ)、地方建筑标准(DBJ)和企业标准(Q)四级。

建筑施工验收规范是按建筑分部工程分别制定的，主要有：

(1)《建筑工程施工质量验收统一标准》(GB 50300—2013)；

(2)《建筑地基基础工程施工质量验收标准》(GB 50202—2018)；

(3)《砌体结构工程施工质量验收规范》(GB 50203—2011)；

(4)《混凝土结构工程施工质量验收规范》(GB 50204—2015)；

(5)《钢结构工程施工质量验收标准》(GB 50205—2020)；

(6)《木结构工程施工质量验收规范》(GB 50206—2012)；

(7)《屋面工程质量验收规范》(GB 50207—2012)；

(8)《地下防水工程质量验收规范》(GB 50208—2011)；

(9)《建筑地面工程施工质量验收规范》(GB 50209—2010)；

(10)《建筑装饰装修工程质量验收标准》(GB 50210—2018)；

(11)《建筑节能工程施工质量验收标准》(GB 50411—2019)；

(12)《建筑给水排水及采暖工程施工质量验收规范》(GB 50242—2002)；

(13)《通风与空调工程施工质量验收规范》(GB 50243—2016)；

(14)《建筑电气工程施工质量验收规范》(GB 50303—2015)；

(15)《电梯工程施工质量验收规范》(GB 50310—2002)；

(16)《智能建筑工程质量验收规范》(GB 50339—2013)。

随着工程建设科研、设计、施工水平的不断提高，每隔一段时间，各类规范、规程都会进行相应的修订，因而应用中要注意使用现行的规范、规程。

本章小结

本章主要介绍了土木工程施工技术课程的学习目的和研究内容，土木工程施工的特点，以及与土木工程施工相关的工程建设标准。通过本章的学习，读者可以对土木工程施工技术课程有初步的认识，为日后的学习打下基础。

课后练习

1. 土木工程施工的特点有哪些?
2. 土木工程施工技术课程的学习目的是什么?

第二章 土方工程

第一节 土方工程概述

一、土方工程施工的特点

土方工程施工要求标高、断面准确，土体有足够的强度和稳定性，土方量少，工期短，费用低,但土方工程施工具有面广量大、劳动繁重、施工条件复杂等特点。因此，在进行土方工程施工前，首先要进行调查研究，了解土壤的种类和工程性质，了解土方工程的施工工期、质量要求及施工条件，以及施工地区的地形、地质、水文、气象等资料，以便编制切实可行的施工组织设计，拟定合理的施工方案。为了减轻繁重的体力劳动，提高劳动生产率，加快工程进度，降低工程成本，在组织土方工程施工时，应尽可能采用先进的施工工艺和施工组织，以实现土方工程施工综合机械化。

二、土的分类

土的种类繁多，其工程性质直接影响土方工程施工方法的选择、劳动量和工程的费用。只有根据工程地质勘察报告，充分了解各层土的工程特性及其对土方工程的影响，才能选择正确的施工方法。

土按开挖难易程度可以分为八类，如表 2-1 所示。表中一至四类为土，五至八类为岩石。

表 2-1 土的分类

类型	土的名称	坚实系数 f	密度/$(t \cdot m^{-3})$	开挖方法及挖掘工具
一类土（松软土）	砂土、粉土、冲积砂土层、疏松的种植土、淤泥(泥炭)	0.5～0.6	0.6～1.5	用锹、锄头挖掘，少许用脚蹬
二类土（普通土）	粉质黏土，潮湿的黄土，夹有碎石、卵石的砂，粉土混卵(碎)石，种植土，填土	0.6～0.8	1.1～1.6	用锹、锄头挖掘，少许用镐翻松
三类土（坚土）	软及中等密实黏土，重粉质黏土、砾石土，干黄土，含有碎石、卵石的黄土，粉质黏土，压实回填土	0.8～1.0	1.75～1.9	主要用镐，少许用锹、锄头挖掘，部分用撬棍

续表

类　型	土的名称	坚实系数 f	密度/(t·m^{-3})	开挖方法及挖掘工具
四类土（砂砾坚土）	坚硬密实的黏性土或黄土，含碎石、卵石的中等密实的黏性土或黄土，粗卵石，天然级配砂石，软泥灰岩	1.0～1.5	1.9	先用镐、撬棍，后用锹挖掘，部分用楔子及大锤
五类土（软石）	硬质黏土，中密的页岩、泥灰岩、白垩土，胶结不紧的砾岩，软石灰及贝壳石灰石	1.5～4.0	1.1～2.7	用镐或撬棍、大锤挖掘，部分使用爆破方法
六类土（次坚石）	泥岩、砂岩、砾岩，坚实的页岩、泥灰岩，密实的石灰岩，风化花岗石、片麻岩及正长岩	4.0～10.0	2.2～2.9	用爆破方法开挖，部分用风镐
七类土（坚石）	大理石，辉绿岩，玢岩，粗、中粒花岗石，坚实的白云岩、砂岩、砾岩、片麻岩、石灰岩，微风化的安山岩，玄武岩	10.0～18.0	2.5～3.1	用爆破方法开挖
八类土（特坚石）	安山岩，玄武岩，花岗片麻岩，坚实的细粒花岗石、闪长岩、石英岩、辉长岩、辉绿岩、玢岩、角闪岩	18.0 以上	2.7～3.3	用爆破方法开挖

注：坚实系数 f 相当于普氏岩石强度系数。

三、土的性质

1. 土的基本物理性质指标

土的物理性质指标是指土的三相的质量与体积之间的相互比例关系，以及固、液两相相互作用表现出来的性质。它在一定程度上反映了土的力学性质，所以物理性质是土的最基本的工程特性。土的三相结构如图 2－1 所示。

土的基本物理性质指标如表 2－2 所示。

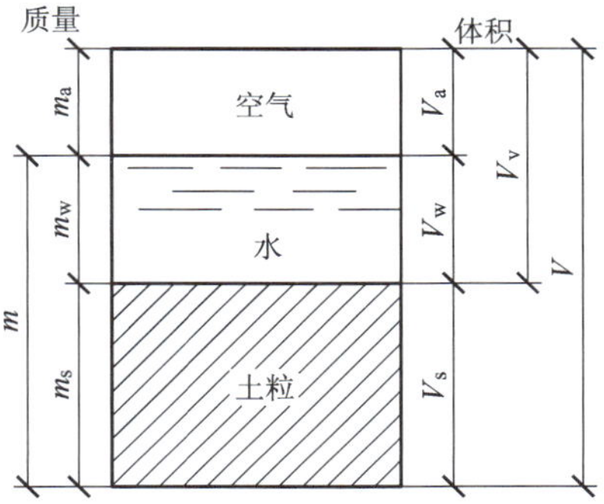

图 2－1　土的三相结构

表 2－2　土的基本物理性质指标

名称	定义	符号	单位	表达式	测定方法	备注
密度	土在天然状态下单位体积的质量	ρ	kg/m^3 或 g/cm^3	$\rho=\dfrac{m}{V}=\dfrac{m_s+m_w+m_a}{V_s+V_w+V_a}$	采用环刀法直接测定	密度随着土的颗粒组成、孔隙的多少和水分含量而变化
比重	土的质量（或重量）与同体积 4℃时纯水的质量之比（无因次）	G_s		$G_s=\dfrac{m_s}{V_s\times(\rho_w)_{4℃}}=\dfrac{\rho_s}{(\rho_w)_{4℃}}$	比重瓶法	

续表

名称	定义	符号	单位	表达式	测定方法	备注
含水率	土中水的质量与土粒质量之比，以百分数表示	w	%	$w=\frac{m_w}{m_s}\times100\%$	烘干法	含水率对挖土难易、土方边坡的稳定性、填土的压实等均有影响
孔隙比	土中孔隙的体积与土粒体积之比	e		$e=\frac{V_v}{V_s}$	计算求得	
孔隙率	土中孔隙的体积与总体积之比	n	%	$n=\frac{V_v}{V}\times100\%$	计算求得	
饱和度	土中孔隙水体积与孔隙体积之比	S_r	%	$S_r=\frac{V_w}{V_v}\times100\%$	计算求得	
干密度	单位体积内的土粒质量	ρ_d	kg/m^3 或 g/cm^3	$\rho_d=\frac{m_s}{V}$	试验方法测定后计算	常用干密度来控制填土工程的施工质量
饱和密度	孔隙完全被水充满，处于饱和状态时单位体积的质量	ρ_{sat}	kg/m^3 或 g/cm^3	$\rho_{sat}=\frac{m_s+V_v\times\rho_w}{V}$	计算求得	

土的干密度越大，表示土越密实。工程上常把土的干密度作为评定土体密实程度的标准，以控制填土压实质量。对于同一类土，孔隙比 e 越大，孔隙体积就越大，从而使土的压缩性和透水性都增大，土的强度降低。故工程上也常用孔隙比来判断土的密实程度和工程性质。

2. 土的工程性质指标

1）土的可松性

土的可松性是土经挖掘以后，组织破坏、体积增加的性质。挖掘后的土虽经回填压实，仍不能恢复到原来的体积。土的可松性程度是挖填土方时，计算土方机械生产率、回填土方量、运输机具数量，进行场地平整规划竖向设计、土方平衡调配的重要参数，一般以可松性系数表示(见表 2-3)。

表 2-3　各种土的可松性系数

土的类别	体积增加百分比/%		可松性系数	
	最初	最终	K_p	K'_p
一类(种植土除外)	8～17	1～2.5	1.08～1.17	1.01～1.03
一类(植物性土、泥炭)	20～30	3～4	1.20～1.30	1.03～1.04
二类	14～28	1.5～5	1.14～1.28	1.02～1.05
三类	24～30	4～7	1.24～1.30	1.04～1.07
四类(泥灰岩、蛋白石除外)	26～32	6～9	1.26～1.32	1.06～1.09
四类(泥灰岩、蛋白石)	33～37	11～15	1.33～1.37	1.11～1.15
五至七类	30～45	10～20	1.30～1.45	1.10～1.20
八类	45～50	20～30	1.45～1.50	1.20～1.30

注：表中 K_p 为最初可松性系数，$K_p=V_2/V_1$；K'_p 为最终可松性系数，$K'_p=V_3/V_1$。最初体积增加百分比计算式为$\frac{V_2-V_1}{V_1}\times100\%$；最终体积增加百分比计算式为$\frac{V_3-V_1}{V_1}\times100\%$。(其中，$V_1$ 为开挖前土的自然体积；V_2 为开挖后土的松散体积；V_3 为运至填方处压实后土的体积。)

2）土的渗透性

土的渗透性是指土体被水透过的性质，通常用渗透系数 K 表示（K 表示单位时间内水穿透土层的能力，以 m/d 表示）。根据渗透系数不同，土可分为透水性土（如砂土）和不透水性土（如黏土）。土的渗透性影响施工降水与排水的速度。土的渗透系数参考值如表 2－4 所示。

表 2－4　土的渗透系数参考值

土的名称	渗透系数 $K/(m \cdot d^{-1})$	土的名称	渗透系数 $K/(m \cdot d^{-1})$
黏土	＜0.005	含黏土的中砂	3～15
粉质黏土	0.005～0.1	粗砂	20～50
粉土	0.1～0.5	均质粗砂	60～75
黄土	0.25～0.5	圆砾石	50～100
粉砂	0.5～1	卵石	100～500
细砂	1～5	漂石（无砂质充填）	500～1000
中砂	5～20	稍有裂缝的岩石	20～60
均质中砂	35～50	裂缝多的岩石	＞60

3）土的压缩性

取土回填、填压以后，土均会压缩，一般土的压缩性以土的压缩率表示（见表 2－5）。

表 2－5　土的压缩率参考值

土的类别	土的名称	土的压缩率/%	每立方米松散土压实后的体积/m^3	土的类别	土的名称	土的压缩率/%	每立方米松散土压实后的体积/m^3
	种植土	20	0.80		天然湿度黄土	12～17	0.85
一至二类土	一般土	10	0.90	三类土	一般土	5	0.95
	砂土	5	0.95		干燥坚实黄土	5～7	0.94

填方需土量一般可按填方截面增加 10%～20% 方数考虑。

第二节　场地平整施工

一、场地平整

场地平整就是将自然地面改造成人们所要求的平面。场地设计标高应满足规划、生产工艺、运输、排水及最高洪水水位等要求，并力求使场地内土方挖填平衡且土方量最小。

建筑工程项目施工前需要确定场地设计平面，并进行场地平整。场地平整的一般施工工艺程序如下：现场勘察→清除地面障碍物→标定整平范围→设置水准基点→设置方格网，测量标高→计算土石方挖填工程量→平整土石方→场地碾压→验收。

在场地平整过程中应注意：

（1）施工人员应到现场进行勘察，了解地形、地貌和周围环境，确定现场平整场地的大致范围。

(2) 平整前应把场地内的障碍物清理干净，然后根据总图要求的标高，从水准基点引进基准标高，作为确定土方量计算的基点。

(3) 应用方格网法和横断面法计算出该场地按设计要求平整需平挖和回填的土石方量，做好土石方平衡调配，减少重复挖运，以节约运费。

(4) 大面积平整土石方宜采用推土机、平地机等机械，大量挖方宜用挖掘机，最后用压路机进行填方压实。

二、场地设计标高确定

涉及较大面积的场地平整时，合理地确定场地的设计标高，对减少土方量和加快工程进度具有重要的经济意义。确定场地标高时，一般应遵循以下原则：

(1) 满足生产工艺和运输的要求。

(2) 尽量利用地形分区或分台阶布置，分别确定不同的设计标高。

(3) 采用场地内挖、填方平衡原则，使土方运输量最少。

(4) 要有一定的泄水坡度(≥2%)，使之能满足排水要求。

(5) 要考虑最高洪水位的影响。

场地设计标高一般应在设计文件上予以规定，当设计文件没有规定场地设计标高时，可按下述步骤来确定。

1. 初步计算场地设计标高

初步计算场地设计标高的原则是使场地内挖、填方平衡，即场地内挖方总量等于填方总量。计算场地设计标高时，首先将场地的地形图根据要求的精度划分为边长为 10～40 m 的方格网，如图 2-2(a)所示，然后求出各方格角点的地面标高。地形平坦时，设计标高可根据地形图上相邻两等高线的标高用插入法求得；地形起伏较大或无地形图时，可在地面用木桩打好方格网，然后用仪器直接测出。

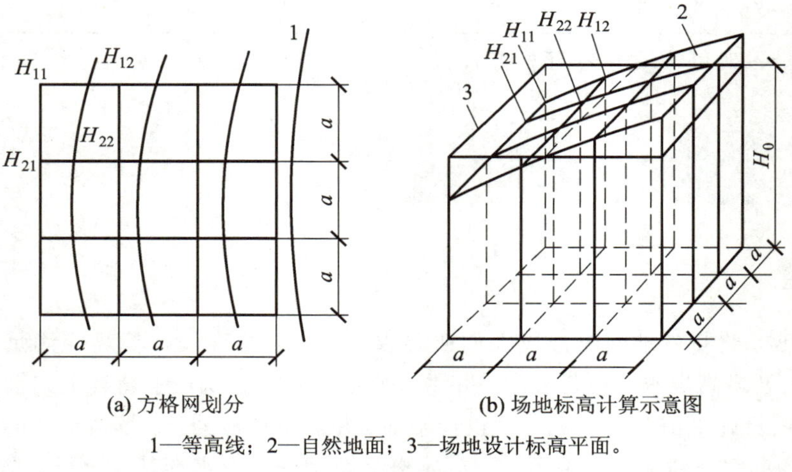

(a) 方格网划分　　(b) 场地标高计算示意图

1—等高线；2—自然地面；3—场地设计标高平面。

图 2-2　场地设计标高 H_0 计算

如图 2-2(b)所示，按照场地内挖、填方平衡的原则，场地设计标高可按下式计算：

$$H_0 na^2 = \sum \left(a^2 \frac{H_{11} + H_{12} + H_{21} + H_{22}}{4} \right) \tag{2-1}$$

即

$$H_0=\frac{\sum(H_{11}+H_{12}+H_{21}+H_{22})}{4n} \tag{2-2}$$

式中：H_0 为所计算的场地设计标高(m)；a 为方格边长(m)；n 为方格数；H_{11}、H_{12}、H_{21}、H_{22} 分别为任一方格的四个角点的标高(m)。

从图 2-2(a)可以看出，H_{11} 为一个方格的角点标高，H_{12} 及 H_{21} 为相邻两个方格的公共角点标高，H_{22} 为相邻的四个方格的公共角点标高。如果将所有方格的四个角点相加，则类似 H_{11} 的角点标高加一次，类似 H_{12}、H_{21} 的角点标高需加两次，类似 H_{22} 的角点标高要加四次。如令 H_1 为一个方格仅有的角点标高，H_2 为两个方格共有的角点标高，H_3 为三个方格共有的角点标高，H_4 为四个方格共有的角点标高，则场地设计标高 H_0 的计算式[式(2-2)]可改写为下面的形式：

$$H_0=\frac{\sum H_1+2\sum H_2+3\sum H_3+4\sum H_4}{4n} \tag{2-3}$$

2. 调整场地设计标高

初步计算所得的场地设计标高 H_0 仅为理论值，实际上，还需考虑以下因素对其进行调整。

1）土可松性的影响

由于土具有可松性，一般填土会有多余，需相应地提高设计标高。如图 2-3 所示，设 Δh 为土的可松性引起的设计标高增加值，则设计标高调整后的总挖方体积 V'_W 应为

$$V'_W=V_W-F_W\times\Delta h \tag{2-4}$$

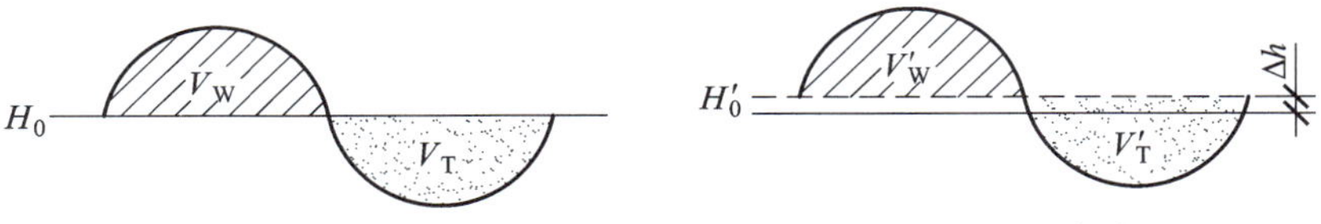

图 2-3　设计标高调整计算

总填方体积 V'_T 应为

$$V'_T=V'_W K'_S=(V_W-F_W\times\Delta h)K'_S \tag{2-5}$$

此时，填方区的标高也应与挖方区一样提高 Δh，即

$$\Delta h=\frac{V'_T-V_T}{F_T}=\frac{(V_W-F_W\times\Delta h)K'_S-V_T}{F_T} \tag{2-6}$$

式中：V_W、V_T 为按理论设计标高计算的总挖方、总填方体积；F_W、F_T 为按理论设计标高计算的挖方区、填方区总面积；K'_S 为土的最后可松性系数。

将式(2-6)移项整理得(当 $V_T=V_W$ 时)

$$\Delta h=\frac{V_W(K'_S-1)}{F_T+F_W K'_S} \tag{2-7}$$

故考虑土的可松性后，场地设计标高调整为

$$H'_0=H_0+\Delta h \tag{2-8}$$

2）场地挖方和填方的影响

场地内大型基坑挖出的土方、修筑路堤填高的土方，以及经过经济比较而将部分挖方就近

弃于场外或就近从场外取土用于填方等做法均会引起挖、填土方量的变化。必要时，亦需调整设计标高。为了简化计算，场地设计标高调整值 H_0' 可按下式近似确定：

$$H_0' = H_0 \pm \frac{Q}{na^2} \tag{2-9}$$

式中：Q 为场地根据 H_0 平整后多余或不足的土方量。

3）场地泄水坡度的影响

当按调整后的统一设计标高 H_0' 进行场地平整时，整个场地表面均处于同一水平面，但实际上由于排水的要求，场地表面需有一定的泄水坡度。因此，还需根据场地泄水坡度的要求（单向泄水或双向泄水），计算出场地各方格角点实际施工所用的设计标高。

（1）场地具有单向泄水坡度时的设计标高。单向泄水时场地各方格角点的设计标高[见图2-4(a)]以计算出的设计标高 H_0 或调整后的设计标高 H_0' 作为场地中心线的标高，场地内任意一个方格角点的设计标高为

$$H_{dn} = H_0 \pm li \tag{2-10}$$

式中：H_{dn} 为场地内任意一个方格角点的设计标高(m)；l 为该方格角点至场地中心线的距离(m)；i 为场地泄水坡度（不小于2%）；若该点比 H_0 高则取“+”，反之取“−”。

例如，图2-4(a)中场地内角点10的设计标高为

$$H_{d10} = H_0 - 0.5ai$$

（2）场地具有双向泄水坡度时的设计标高。双向泄水时场地各方格角点的设计标高[见图2-4(b)]以计算出的设计标高 H_0 或调整后的设计标高 H_0' 作为场地中心点的标高，场地内任意一个方格角点的设计标高为

$$H_{dn} = H_0 \pm l_x i_x \pm l_y i_y \tag{2-11}$$

式中：l_x、l_y 为该点于 $x-x$、$y-y$ 方向上距场地中心线的距离(m)；i_x、i_y 为场地于 $x-x$、$y-y$ 方向上的泄水坡度。

例如，图2-4(b)中场地内角点10的设计标高为

$$h_{d10} = H_0 - 0.5ai_x - 0.5ai_y$$

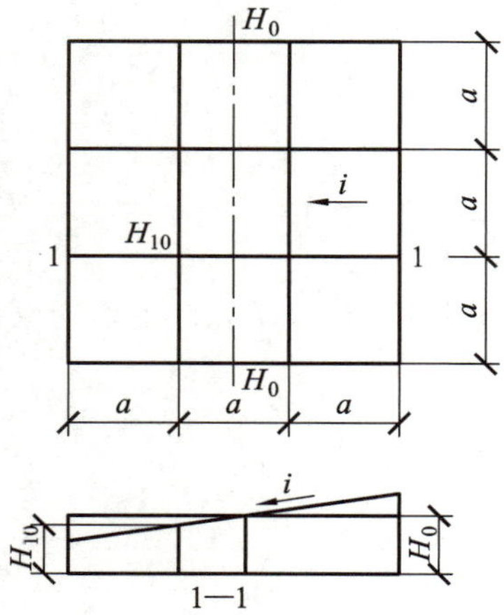

(a) 单向泄水

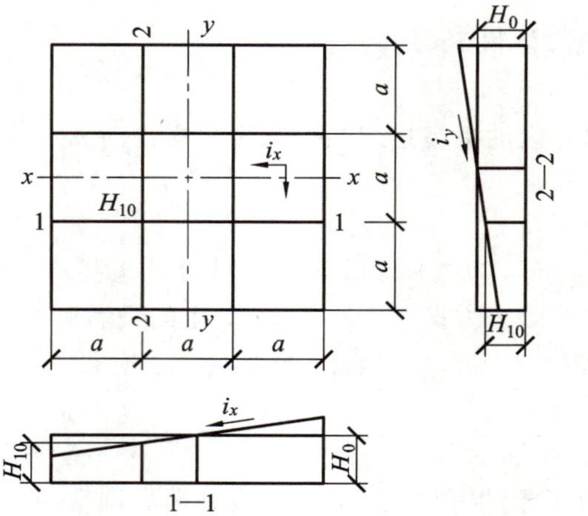

(b) 双向泄水

图2-4 场地泄水坡度

三、场地平整土方量计算

大面积场地平整的土方量通常采用方格网法计算，即根据方格网各方格角点的自然地面标高和实际采用的设计标高，算出相应的角点挖填高度(施工高度)，然后计算每一方格的土方量，并算出场地边坡的土方量。

1. 计算各方格角点的施工高度

施工高度是设计地面标高与自然地面标高的差值，在进行角点标注时应将各角点的施工高度填在方格网的右上角，将设计标高和自然地面标高分别标注在方格网的右下角和左下角，而方格网的左上角填的是角点编号，如图 2－5 所示。

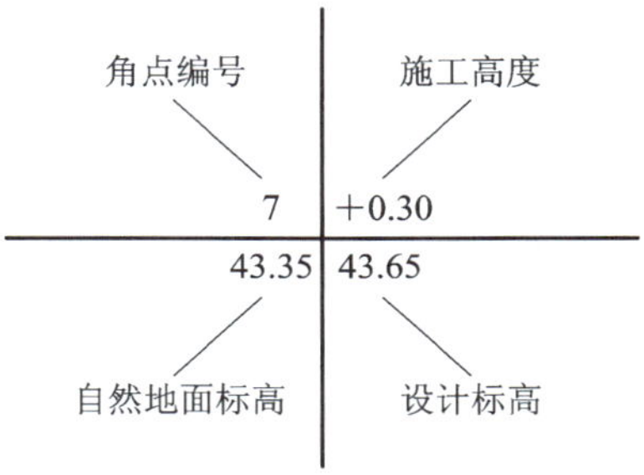

图 2－5　角点标注

各方格角点的施工高度按下式计算：

$$h_n = H_n - H \qquad (2-12)$$

式中：h_n 为角点施工高度，即各角点的挖填高度，$h_n>0$ 时为挖土高度，$h_n<0$ 时为填土高度；H_n 为角点的设计标高(若无泄水坡度，即为场地的设计标高)；H 为各角点的自然地面标高。

2. 计算零点位置

在一个方格网内同时有填方和挖方时，要先算出方格网边线上的零点位置。所谓“零点”，是指方格网边线上不挖不填的点。把零点位置标注于方格网上，将各相邻边线上的零点连接起来，即构成零线。零线是挖方区和填方区的分界线，求出零线后，即可标出场地的挖方区和填方区。一个场地内的零线不是唯一的，可能有一条，也可能有多条。当场地起伏较大时，零线可能出现多条。

零点的位置按下式计算：

$$\begin{cases} x_1 = \dfrac{h_1}{h_1 + h_2} \cdot a \\ x_2 = \dfrac{h_2}{h_1 + h_2} \cdot a \end{cases} \qquad (2-13)$$

式中：x_1、x_2 为角点至零点的距离(m)；h_1、h_2 为相邻两角点的施工高度(m)，均用绝对值表示；a 为方格网的边长(m)。

3. 计算方格土方工程量

按方格网底面图形面积和表 2－6 所列计算式，可计算每个方格内的挖方或填方量。表 2－6 内计算式是按各计算图形底面面积乘以平均施工高度得出的，即平均高度法。

表 2－6　利用方格网点计算方格土方量

项目	图　　形	计 算 式
一点填方或挖方(三角形)	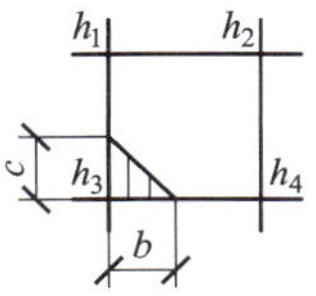 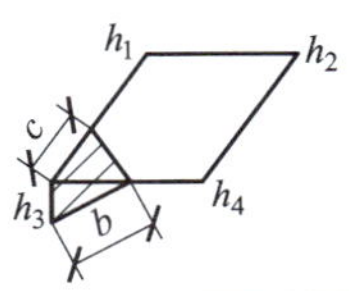	$V=\dfrac{1}{2}bc\dfrac{\sum h}{3}=\dfrac{bch_3}{6}$ 当 $b=c=a$ 时，$V=\dfrac{a^2h_3}{6}$

续表

项目	图形	计算式
二点填方或挖方（梯形）	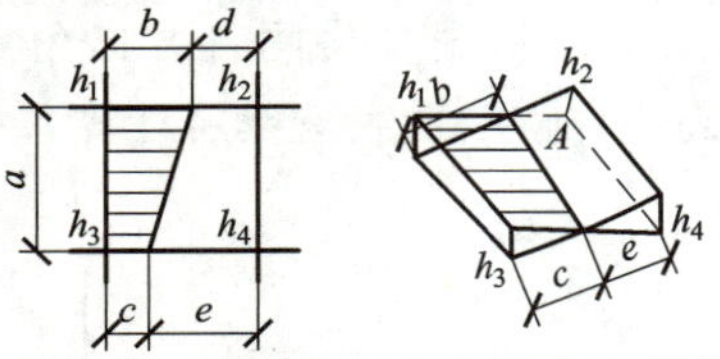	$V_{+}=\frac{b+c}{2}a\frac{\sum h}{4}=\frac{a}{8}(b+c)(h_1+h_3)$ $V_{-}=\frac{d+e}{2}a\frac{\sum h}{4}=\frac{a}{8}(d+e)(h_2+h_4)$
三点填方或挖方（五角形）	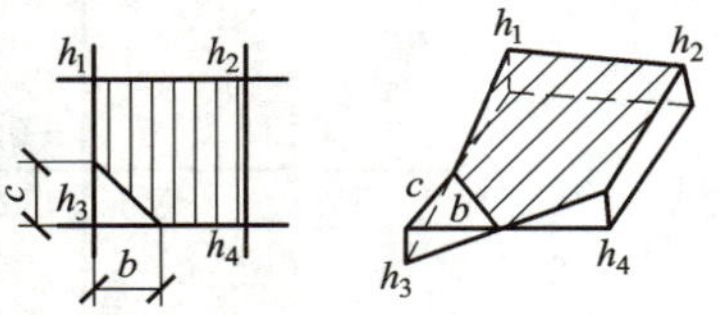	$V=\left(a^2-\frac{bc}{2}\right)\frac{\sum h}{5}=\left(a^2-\frac{bc}{2}\right)\frac{h_1+h_2+h_4}{5}$
四点填方或挖方（正方形）	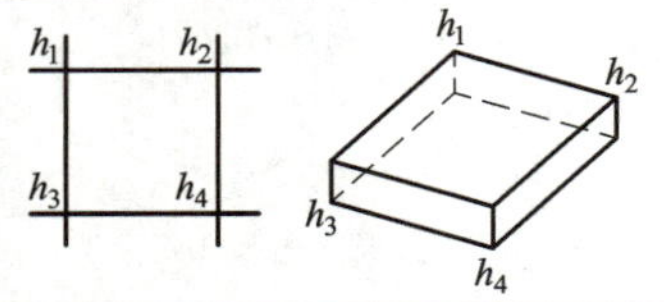	$V=\frac{a^2}{4}\sum h=\frac{a^2}{4}(h_1+h_2+h_3+h_4)$

注：a 为方格网的边长（m）；b、c 为零点到一角点的边长（m）；h_1、h_2、h_3、h_4 为方格网四角点的施工高程（m），用绝对值代入；$\sum h$ 为填方或挖方施工高程的总和（m），用绝对值代入；V 为挖方或填方量（m^3）。

4. 计算边坡土方量

图 2－6 所示为一场地边坡的平面，从图中可看出，边坡的土方量可以利用将边坡划分为两种近似几何形体进行计算：一种为三角棱锥体，另一种为三角棱柱体，两种近似几何形体的计

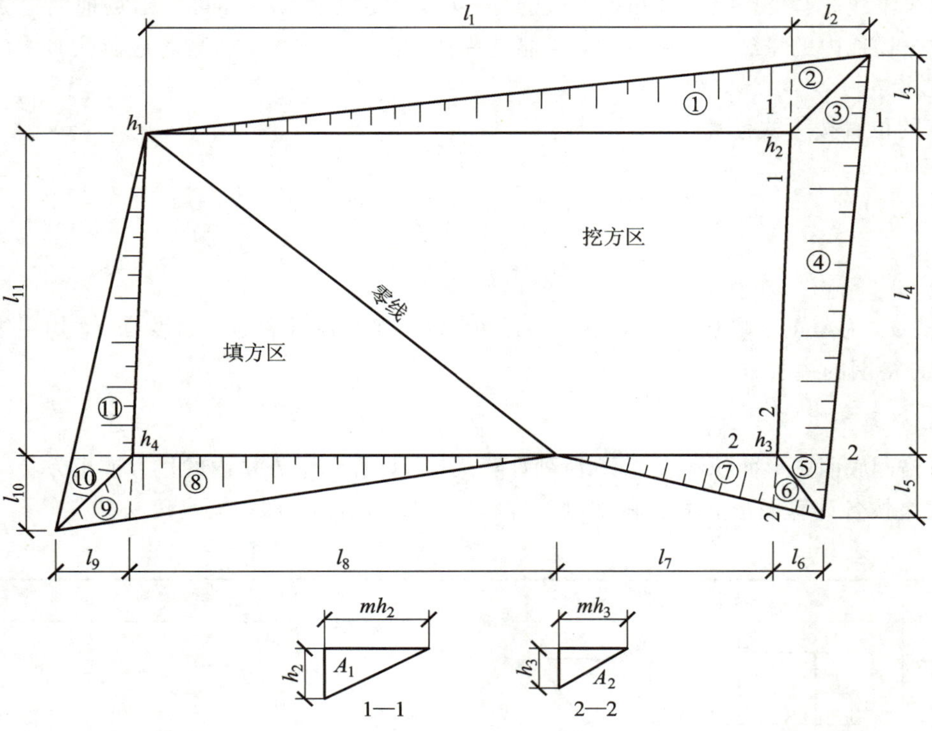

图 2－6 场地边坡的平面

算式如下。

(1) 三角棱锥体边坡体积。三角棱锥体边坡体积(见图 2-6 中的①)的计算式为

$$V_1=\frac{1}{3}A_1l_1 \tag{2-14}$$

其中

$$A_1=\frac{h_2(mh_2)}{2}=\frac{mh_2^2}{2} \tag{2-15}$$

式中：l_1 为边坡①的长度；A_1 为边坡①的端面积；h_2 为角点的挖土高度；m 为边坡的坡度系数。

(2) 三角棱柱体边坡体积。三角棱柱体边坡体积(图 2-6 中的④)的计算式为

$$V_4=\frac{l_4}{6}(A_1+4A_0+A_2) \tag{2-16}$$

式中：l_4 为边坡④的长度(m)；A_1、A_2、A_0 为边坡④两端及中部的横断面面积，算法同上(图 2-6 中的剖面是近似表示，实际场地表面是不完全水平的)。

5. 计算土方总量

将挖方区(或填方区)所有方格的土方量和边坡土方量汇总，即得场地平整挖(填)方的工程量。

【例 2-1】 某建筑场地平整方格网布置如图 2-7 所示，方格大小为 20 m×20 m，试用方格网法计算挖方和填方的总土方量。

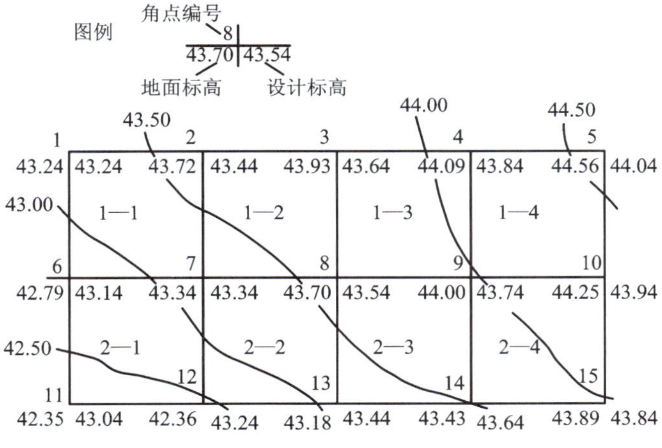

图 2-7　某建筑场地平整方格网布置

解　(1) 求出各方格角点的施工高度，并标注在图上。

$h_1=43.24-43.24=0$(m)；$h_2=43.44-43.72=-0.28$(m)；$h_3=43.64-43.93=-0.29$(m)；$h_4=43.84-44.09=-0.25$(m)；$h_5=44.04-44.56=-0.52$(m)；$h_6=43.14-42.79=+0.35$(m)；$h_7=43.34-43.34=0$(m)。

其余各角点施工高度计算方法同上，将各角点施工高度标注于图上，如图 2-8 所示。

(2) 求零点位置，画出零线。从图 2-8 中可以看出，8—13、9—14、14—15 三条方格边两端的施工高度符号不同，说明在这些方格边上有零点存在。根据式(2-13)计算的零点位置如下：

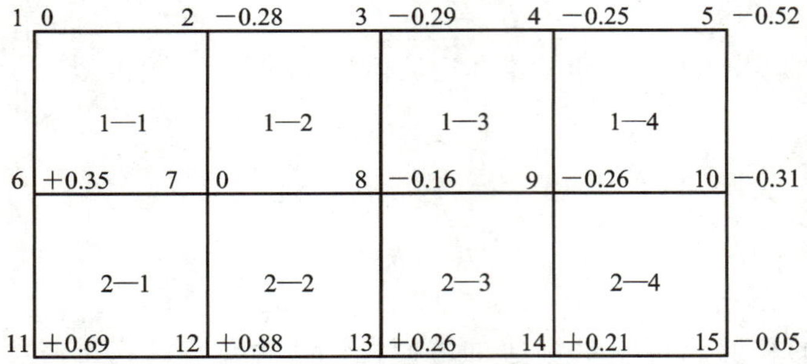

图 2-8　标注方格网各角点施工高度

8—13 边零点位置：$x_1=\dfrac{20\times 0.16}{0.16+0.26}=7.6(\mathrm{m})$。

9—14 边零点位置：$x_1=\dfrac{20\times 0.26}{0.26+0.21}=11.1(\mathrm{m})$。

14—15 边零点位置：$x_1=\dfrac{20\times 0.21}{0.21+0.05}=16.2(\mathrm{m})$。

将零点标于图上，连接零点得零线，零线把方格划分为挖方区和填方区，如图 2-9 所示。

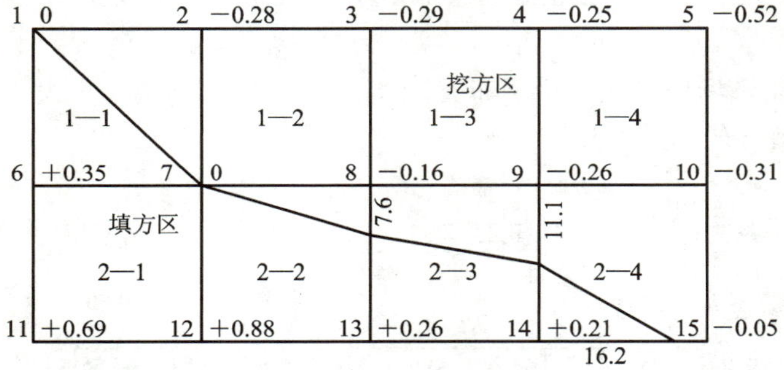

图 2-9　标注零点、零线

(3) 计算各方格内的土方数量。根据表 2-6 中的计算式计算各方格内挖、填土方量。

方格 1—1：$V_{挖}=-\dfrac{0.28}{6}\times 20\times 20=-18.67(\mathrm{m}^3)$；$V_{填}=\dfrac{0.35}{6}\times 20\times 20=23.33(\mathrm{m}^3)$。

方格 1—2：$V_{挖}=-\dfrac{20\times 20}{4}\times(0.28+0.29+0.16)=-73.00(\mathrm{m}^3)$。

方格 1—3：$V_{挖}=-\dfrac{20\times 20}{4}\times(0.29+0.25+0.16+0.26)=-96.00(\mathrm{m}^3)$。

方格 1—4：$V_{挖}=-\dfrac{20\times 20}{4}\times(0.25+0.52+0.26+0.31)=-134.00(\mathrm{m}^3)$。

方格 2—1：$V_{填}=\dfrac{20\times 20}{4}\times(0.35+0+0.69+0.88)=192.00(\mathrm{m}^3)$。

方格 2—2：$V_{挖}=-\dfrac{0.16}{6}\times(7.6\times 20)=-4.05(\mathrm{m}^3)$；

$$V_{填}=\dfrac{20+(20-7.6)}{8}\times 20\times(0.88+0.26)=92.34(\mathrm{m}^3)。$$

方格 2—3：$V_{挖}=-\dfrac{7.6+11.1}{8}\times 20\times(0.16+0.26)=-19.64(\mathrm{m}^3)$；

$$V_{填}=\frac{(20-7.6)+(20-11.1)}{8}\times 20\times(0.26+0.21)=25.03(m^3)。$$

方格 2—4：$V_{挖}=-\left(20\times 20-\frac{16.2\times 8.9}{2}\right)\times\frac{0.26+0.31+0.05}{5}=-40.66(m^3)$；

$$V_{填}=\frac{0.21}{6}\times 16.2\times 8.9=5.05(m^3)。$$

(4) 土方量汇总。

全部挖方量：$\sum V_{挖}=-(18.67+73.00+96.00+134.00+4.05+19.64+40.66)$

$=-386.02(m^3)$。

全部填方量：$\sum V_{填}=23.33+192.00+92.34+25.03+5.05=337.75(m^3)$。

四、土方调配

1. 土方调配的原则

土方工程量计算完毕后，即可着手对土方进行平衡与调配。土方的平衡与调配是土方规划设计的一项重要内容，它对挖土的利用、堆弃和填土这三者之间的关系进行综合平衡处理，达到既能使土方运输费用最低又能方便施工的目的。土方调配的原则主要有：

(1) 挖填方平衡和运输量最小。挖填方平衡和运输量最小可以降低土方工程的成本。然而，该原则仅限于场地范围内的挖填方平衡，一般很难满足运输量最小的要求。因此还需根据场地及周围地形条件综合考虑，必要时可在填方区周围就近借土，或在挖方区周围就近弃土，这样才能做到经济合理。

(2) 近期施工与后期利用相结合。当工程分期分批进行施工时，先期工程的土方余量应结合后期工程的需要而考虑其利用数量与堆放位置，以便就近调配。堆放位置的选择应为后期工程创造良好的工作面和施工条件，力求避免重复挖运。

(3) 尽可能与大型地下建(构)筑物的施工相结合。当大型建(构)筑物位于填土区而其基坑开挖的土方量较大时，为了避免土方的重复挖填和运输，该填土区可暂时不予填土，待地下建(构)筑物施工之后再行填土。为此，在填方保留区附近应有相应的挖方保留区，或将附近挖方工程的余土按需要合理堆放，以便就近调配。

(4) 调配区大小的划分应满足主要土方施工机械工作面大小(如铲运机铲土长度)的要求，使土方机械和运输车辆的效率能得到充分发挥。

总之，进行土方调配，必须根据现场的具体情况、有关技术资料、工期要求、土方机械与施工方法，结合上述原则综合考虑，以做出更加经济合理的调配方案。

2. 土方调配图表的编制

场地土方调配，需做成相应的土方调配图表，其编制方法如下：

1) 划分调配区

在划分调配区时应注意：

(1) 调配区划分应与房屋或构筑物的位置相协调，满足工程施工顺序和分期分批施工的要求，使近期施工与后期利用相结合。

(2) 调配区的大小应能使土方机械和运输车辆的功效得到充分发挥。

(3)当土方运距较大或场区内土方不平衡时，可根据附近地形，考虑就近借土或就近弃土，每一个借土区或弃土区均可作为一个独立的调配区。

2) 计算土方量

按前述计算方法，求得各调配区的挖、填土方量，并标注在图上。

3) 计算调配区之间的平均运距

平均运距即挖方区土方重心到填方区土方重心之间的距离，因而确定平均运距需先求出各个调配区土方重心，将重心标于相应的调配区图上，按比例尺测算出每对调配区之间的平均距离。

4) 确定土方最优调配方案

最优调配方案的确定，是以线性规划为理论基础的。

5) 绘制土方调配图、调配平衡表

在上述计算的基础上，绘制出土方调配图和调配平衡表。

第三节　排水降水施工

一、集水井排水法

集水井排水法又称明沟排水法，一般包括基坑外集水排水和基坑内集水排水。

1. 基坑外集水排水

基坑外集水排水要求在基坑外场地设置由集水井、排水沟等组成的地表排水系统，避免坑外地表水流入基坑。集水井、排水沟宜布置在基坑外一定距离处，有隔水帷幕时，排水系统宜布置在隔水帷幕外侧且距隔水帷幕的距离不宜小于 0.5 m；无隔水帷幕时，基坑边从坡顶边缘开始计算。

2. 基坑内集水排水

基坑内集水排水要求根据基坑特点，沿基坑周围合适位置设置临时明沟和集水井，如图 2-10 所示，临时明沟和集水井应随土方开挖过程适时调整。土方开挖结束后，宜在坑内设置明沟、盲沟、集水井。基坑采用多级放坡开挖时，可在放坡平台上设置排水沟。面积较大的基坑，还应在基坑中部增设排水沟。当排水沟从基础结构下穿过时，应在排水沟内填碎石形成盲沟。

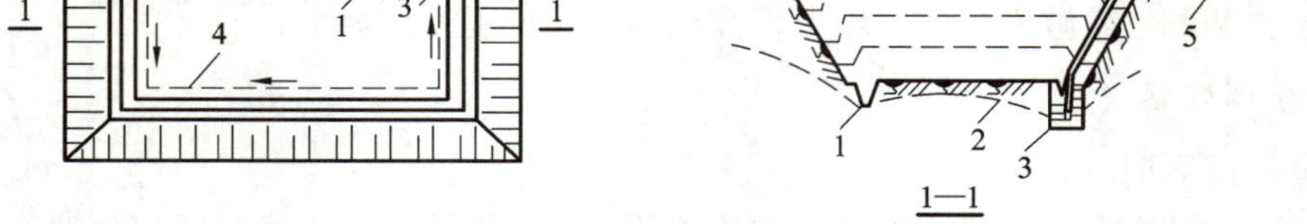

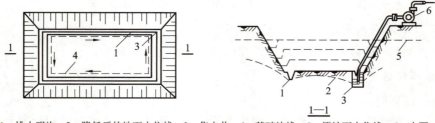

1—排水明沟；2—降低后的地下水位线；3—集水井；4—基础边线；5—原地下水位线；6—水泵。

图 2-10　普通明沟排水方法

3. 集水井基本构造

集水井排水法一般每隔 30～40 m 设置一个集水井。集水井截面大小一般为 0.6 m×0.6 m～0.8 m×0.8 m，其深度随挖土深度的加深而增大，并保持低于挖土面 0.8～1.0 m，井壁可用砖、木板或钢筋笼等简易加固。挖至坑底后，井底宜低于坑底 1 m，并铺设碎石滤水层，防止井底土扰动。基坑排水沟一般深 0.3～0.6 m，底宽不小于 0.3 m，沟底应有一定坡度，以保持水流畅通。若基坑较深，可在基坑边坡上设置 2～3 层明沟及相应的集水井，分层阻截地下水，如图 2－11 所示。分层明沟排水法中，排水沟与集水井的设计及基本构造与普通明沟排水法相同。

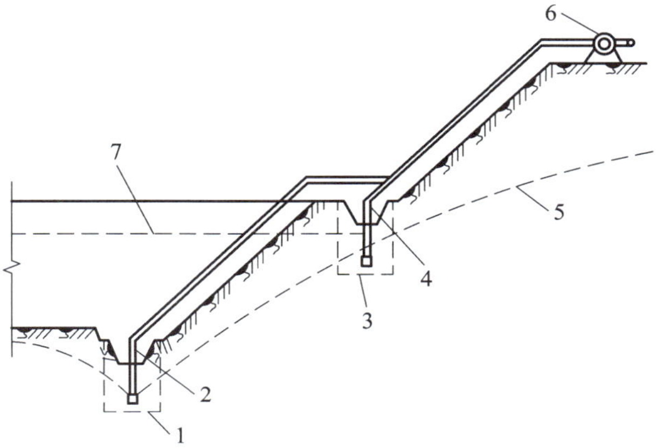

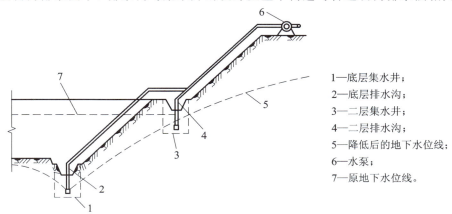

1—底层集水井；
2—底层排水沟；
3—二层集水井；
4—二层排水沟；
5—降低后的地下水位线；
6—水泵；
7—原地下水位线。

图 2－11　分层明沟排水方法

二、流砂及其防治

集水井排水法由于设备简单和排水方便，应用较为普遍，但当开挖深度大、地下水位较高而土质又不好时，如用集水井排水法降水开挖，当挖至地下水水位以下时，有时坑底下面的土会形成流动状态，随地下水涌入基坑，这种现象称为流砂。发生流砂现象时，土完全丧失承载力，施工条件恶化，难以开挖至设计深度。流砂严重时，会引发基坑侧壁塌方，附近建筑物下沉、倾斜甚至倒塌。总之，流砂现象对土方施工和附近建筑物都有很大危害。

1. 流砂的产生原因

流动中的地下水对土颗粒产生的压力称为动水压力。如图 2－12 所示为动水压力原理图，水由左端高水位 h_1，经过长度为 L、断面为 F 的土体流向右端低水位 h_2。水在土中渗流时受到土颗粒的阻力 T，同时水对土颗粒作用一个动水压力 G_D，两者大小相等、方向相反。如图 2－12(a)所示，作用在土体左端 $a-a$ 截面处的静水压力为 $\rho_w \times h_1 \times F$（$\rho_w$ 为水的密度），其方向与水流方向一致；作用在土体右端 $b-b$ 截面处的静水压力为 $\rho_w \times h_2 \times F$，其方向与水流方

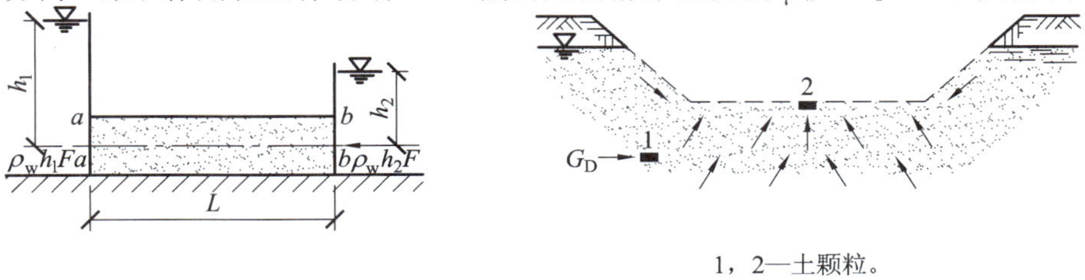

1，2—土颗粒。

(a) 水在土中渗流的力学现象　(b) 动水压力对地基的影响

图 2－12　动水压力原理

向相反；水在土中渗流时受到土颗粒的阻力为 $T\times L\times F$（T 为单位土体的阻力）。根据静力平衡条件得

$$\rho_w \cdot h_1 \cdot F-\rho_w \cdot h_2 \cdot F-T \cdot L \cdot F=0 \quad (2-17)$$

即

$$T=\frac{h_1-h_2}{L}\rho_w \quad (2-18)$$

式中，$\frac{h_1-h_2}{L}$为水头差与渗流路程长度之比，即为水力坡度，用 I 表示，它与动水压力 G_D 的大小成正比。

由于地下水的水力坡度大，即动水压力大，而且动水压力的方向（与水流方向一致）与土的重力方向相反，故土不仅受水的浮力，而且受动水压力的作用，因而有向上“举”的趋势，如图 2-12(b)所示。当动水压力等于或大于土的重度时，土颗粒处于悬浮状态，并随地下水一起流入基坑，即产生流砂现象。

2. 流砂的防治

流砂防治的原则是“治砂必治水”，流砂防治的途径有三条：一是减小或平衡动水压力；二是截住地下水流；三是改变动水压力的方向。流砂防治的具体措施如下：

(1) 在枯水期施工。枯水期地下水位低，坑内外水位差小，动水压力小，不易发生流砂。

(2) 打板桩法。此法将板桩打入坑底下面一定深度，增加地下水从坑外流入坑内的渗流长度，以减小水力坡度，从而减小动水压力，防止流砂产生。

(3) 水下挖土法。水下挖土法就是不排水施工，使坑内水压与坑外地下水压相平衡，消除动水压力。

(4) 井点降低地下水位法。此法采用轻型井点等降水方法，使地下水渗流向下，水不致渗流入坑内，这样就能增大土料间的压力，从而有效地防止流砂形成。因此，此法应用广且较可靠。

(5) 地下连续墙法。此法是在基坑周围先浇筑一道混凝土或钢筋混凝土的连续墙，以支撑土壁、截水并防止流砂产生。

此外，在含有大量地下水的土层或沼泽地区施工时，还可以采取土壤冻结法。对位于流砂地区的基础工程，应尽可能用桩基或沉井施工，以减少防治流砂所增加的费用。

三、井点降水法

人工降低地下水位就是在基坑开挖前，预先在基坑周围或基坑内设置一定数量的滤水管（井），利用抽水设备连续不断地从中抽水，使地下水位降至坑底以下并稳定后才开挖基坑，并在开挖过程中不断抽水，使地下水位稳定于基坑底面以下，从而使所挖的土始终保持干燥，从根本上防止流砂现象发生。值得注意的是，在降低基坑内地下水位的同时，基坑外一定范围内的地下水位也下降，从而引起附近的地基土产生一定的沉降，施工时应考虑这一因素的影响。井点降水一般应持续到基础施工结束且土方回填后才能停止。对于高层建筑的地下室施工，井点降水停止后，地下水位回升，会对地下室产生浮力，所以井点降水停止时应进行抗浮验算，确定地下室及上部结构的质量满足抗浮要求后才能停止井点降水。

井点降水法可设置轻型井点、喷射井点、电渗井点、管井井点及深井井点等，施工时可根据土的渗透系数、降低水位的深度、工程特点、设备条件、周边环境及经济技术比较等因素确定，必要时需组织专家进行论证。各类井点降水法的适用范围如表 2-7 所示。实际工程中，轻

型井点和管井井点应用较广。

表 2-7　各类井点降水法的适用范围

井点类别	渗透系数 K/(m·d^{-1})	降水深度/m
单层轻型井点	0.1～50	3～6
多层轻型井点	0.1～50	6～12
喷射井点	0.1～2	8～20
电渗井点	＜0.1	根据选用的井点确定
管井(深井)井点	10～250	＞3

1. 轻型井点降水法

轻型井点降水法就是沿基坑四周每隔一定距离埋入直径较小的井点管(下端为滤管)至含水层内，井点管上端通过弯联管与集水总管相连，利用抽水设备将地下水从井点管内不断抽出，使地下水位降至基坑底面以下的方法，如图 2-13 所示。

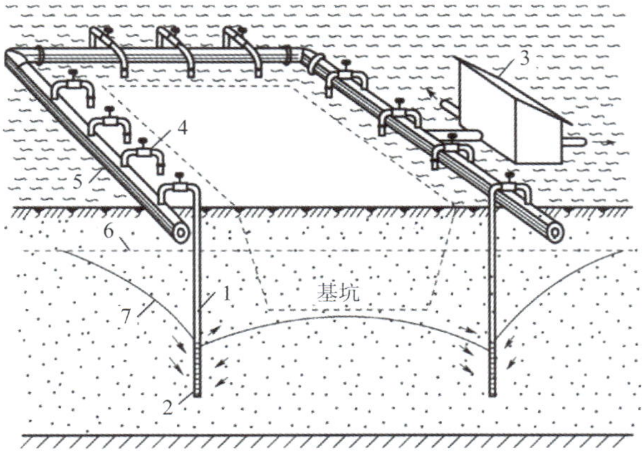

1—井点管；
2—滤管；
3—泵房；
4—弯联管；
5—集水总管；
6—原地下水位线；
7—降水后的地下水位线。

图 2-13　轻型井点降水法全貌

1) 轻型井点设备

轻型井点设备由管路系统和抽水设备组成。管路系统包括滤管、井点管、弯联管和集水总管。滤管为进水设备，必须埋入含水层中。滤管长 1.0～1.5 m，直径为 38～51 mm，管壁上钻有直径为 12～19 mm 的呈梅花状排列的滤孔，滤孔面积为滤管表面积的 20%～25%。管壁外包两层孔径不同的滤网，内层为细滤网，采用 30～50 孔/cm^2 的钢丝布或尼龙丝布；外层为粗滤网，采用 8～10 孔/cm^2 的塑料或纺织纱布。为使水流畅通，在管壁与滤网之间用细塑料管或铁丝绕成螺旋状将两者隔开。滤网外面用带孔的薄铁管或粗铁丝网保护。滤管下端为一塞头(铸铁或硬木)，上端用螺纹套管与井点管连接(或与井点管一起制作)，滤管构造如图 2-14 所示。

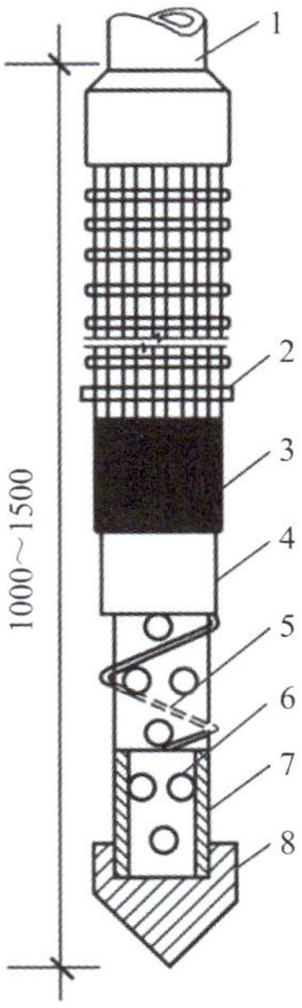

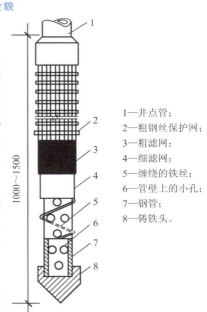

1—井点管；
2—粗钢丝保护网；
3—粗滤网；
4—细滤网；
5—缠绕的铁丝；
6—管壁上的小孔；
7—钢管；
8—铸铁头。

图 2-14　滤管构造

井点管是直径为 38～51 mm、长 5～7 m 的钢管，上端通过弯联管与集水总管相连。弯联管一般采用橡胶软管或透明塑料管，后者能随时观察井点管出水情况。

集水总管一般是直径为 100～127 mm 的钢管，每节长 4 m，其间用橡胶管连接，并用钢箍卡紧，以防漏水。总管上每隔 0.8 m 或 1.2 m 设有一个与井点管连接的短接头。

常用的抽水设备有真空泵、射流泵和隔膜泵井点设备。

一套抽水设备的负荷长度(即集水总管长度)为 100～120 m，常用的 W5、W6 型干式真空泵的最大负荷长度分别为 100 m 和 120 m。

2）轻型井点的布置

轻型井点的布置应根据基坑的形状与大小、地质和水文情况、工程性质、降水深度等来确定。轻型井点布置主要包括以下两个方面：

（1）平面布置。当基坑(槽)宽小于 6 m 且降水深度不超过 6 m 时，可采用单排井点，布置在地下水上游一侧，两端延伸长度以不小于槽宽为宜，如图 2-15(a)所示。如基坑(槽)宽度大于 6 m 或土质不良、渗透系数较大，宜采用双排井点，布置在基坑(槽)的两侧。

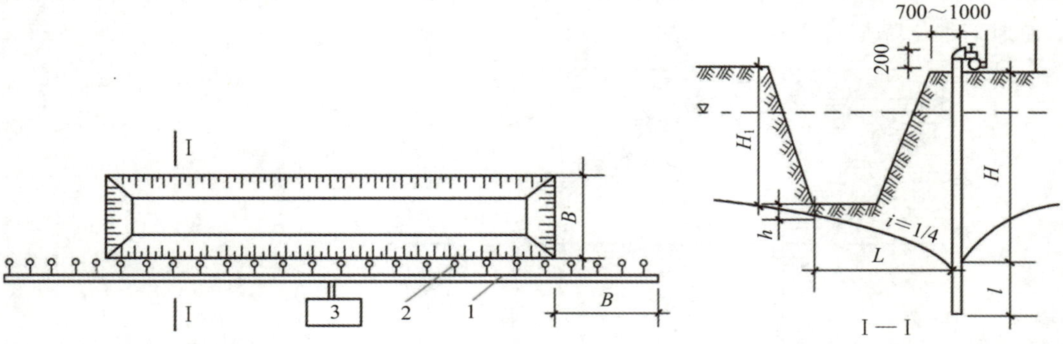

1—总管；2—井点管；3—抽水设备。

(a) 平面布置　　(b) 高程布置

图 2-15　单排井点布置

当基坑面积较大时，宜采用环形井点，如图 2-16(a)所示，对于非环形井点，考虑到运输设备出入道，一般在地下水下游方向布置成不封闭状态。井点管和基坑壁的距离一般可取 0.7～1.0 m，以防局部发生漏气。井点管间距为 0.8 m、1.2 m 或 1.6 m，由计算或经验确定。井点管在总管四角部分应适当加密。

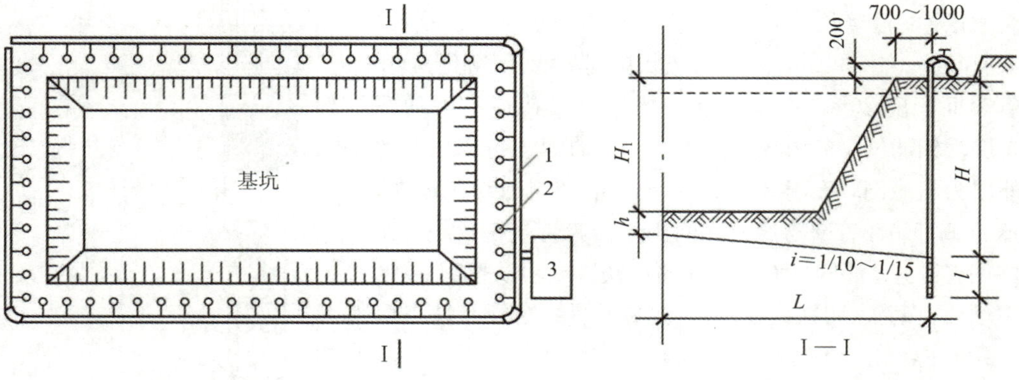

1—总管；2—井点管；3—抽水设备。

(a) 平面布置　　(b) 高程布置

图 2-16　轻型井点环形布置

(2) 高程布置。轻型井点的降水深度从理论上讲可达 10.3 m，但由于管路系统的水头损失，其实际适用的降水深度一般不宜超过 6 m[见图 2-15(b)和图 2-16(b)]。井点管的埋置深度 H 可按下式计算：

$$H \geqslant H_1 + h + iL \tag{2-19}$$

式中：H_1 为井点管埋设面至基坑底面的距离(m)；h 为降低后的地下水位至基坑中心底面的距离(m)，一般为 0.5～1.0 m，人工开挖取下限，机械开挖取上限；i 为降水曲线坡度，对于环状或双排井点取 1/10～1/15，对于单排井点取 1/4；L 为井点管中心至基坑中心的短边距离(m)。

若 H 值小于降水深度 6 m，可用一级井点；若 H 值稍大于 6 m 且地下水位离地面较远时，采用降低总管埋设面的方法，可采用一级井点；当一级井点达不到降水深度要求时，可采用二级井点或喷射井点，如图 2-17 所示。

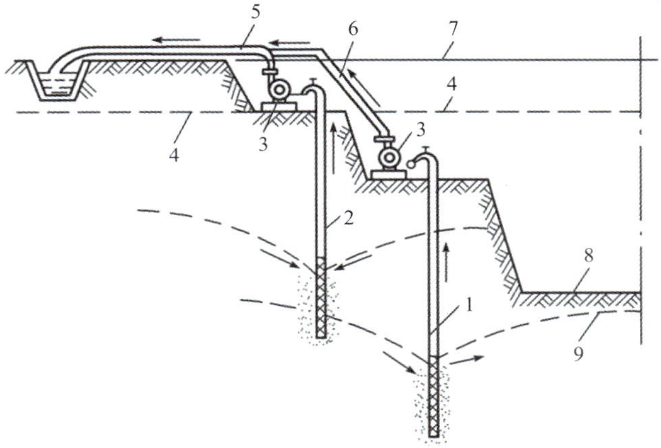

1—第二级轻型井点；
2—第一级轻型井点；
3—水泵；
4—原地下水位线；
5—集水总管；
6—连接管；
7—原地面线；
8—基坑；
9—降低后的地下水位线。

图 2-17　二级轻型井点降水

3) 轻型井点的计算

井点系统的设计计算必须建立在可靠资料的基础上，如施工现场地形图、水文地质勘查资料、基坑的设计文件等。设计内容除井点系统的布置外，还需确定井点的数量、间距及井点设备的选择等。

根据地下水有无压力，水井分为无压井和承压井。当水井布置在具有潜水自由面的含水层中(即地下水面为自由水面)时，称为无压井；当水井布置在承压含水层中(含水层中的地下水充满在两层不透水层间，含水层中的地下水水面具有一定水压)时，称为承压井。当水井底部达到不透水层时称为完整井，否则称为非完整井，如图 2-18 所示。

(1) 无压完整井的环形井点系统如图 2-18(a)所示，其群井涌水量计算式为

$$Q = 1.366K\frac{(2H-S)S}{\lg R - \lg x_0} \tag{2-20}$$

式中：Q 为井点系统的涌水量(m^3/d)；K 为土的渗透系数(m/d)；H 为含水层厚度(m)；S 为水位降低值(m)；R 为抽水影响半径(m)；x_0 为环状井点系统的假想半径(m)。

按式(2-20)计算涌水量时，需先确定 R、x_0、K 值。对于矩形基坑，其长度与宽度之比不大于 5 时，R、x_0 值可分别按下式计算：

$$R = 1.95S\sqrt{HK} \tag{2-21}$$

$$x_0 = \sqrt{\frac{F}{\pi}} \tag{2-22}$$

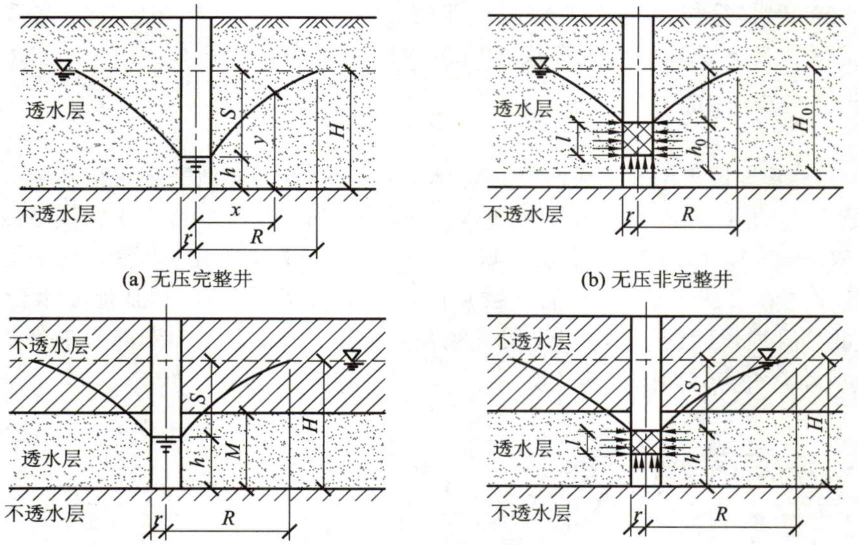

(c) 承压完整井　　(d) 承压非完整井

图 2－18　水井种类

式中：F 为环状井点系统包围的面积（m^2）。

渗透系数 K 值的正确与否将直接影响降水效果，一般可根据地质勘探报告提供的数据或通过现场抽水试验确定。

（2）对于无压非完整井点系统，计算其涌水量时应将式（2－20）中的 H 换成有效抽水影响深度 H_0。H_0 值可按表 2－8 确定，当算得 H_0 大于实际含水层厚度 H 时，仍取 H 值。

表 2－8　抽水影响深度 H_0 的计算　　单位：m

$S'(S'+l)$	0.2	0.3	0.5	0.8
H_0	$1.3(S'+l)$	$1.5(S'+l)$	$1.7(S'+l)$	$1.85(S'+l)$

注：S'为井点管中水位降落值；l 为滤管长度。

（3）承压完整井的环状井点系统的涌水量计算式为

$$Q = 2.73K\frac{MS}{\lg R - \lg x_0} \tag{2-23}$$

式中：M 为承压含水层的厚度（m）。

（4）承压非完整井的环形井点系统的涌水量计算式为

$$Q = 2.73K\frac{MS}{\lg R - \lg x_0}\cdot\sqrt{\frac{M}{l+0.5r}}\cdot\sqrt{\frac{2M-l}{M}} \tag{2-24}$$

式中：r 为井点管半径（m）；l 为滤管长度（m）。

确定井管数量需要先确定单根井管的出水量，其最大出水量按下式计算：

$$q = 65\pi dl\sqrt[3]{K} \tag{2-25}$$

式中：d 为滤管直径（m）；l 为滤管长度（m）；K 为渗透系数（m/d）。

井管数量为

$$n = 1.1\frac{Q}{q} \tag{2-26}$$

式中，1.1 为井点管备用系数。

井点管最大间距为

$$D=\frac{L}{n} \tag{2-27}$$

式中，L 为总管长度(m)。

实际采用的井点管间距应大于 $15d$，不能过小，以免彼此干扰，影响出水量，并且还应与总管接头的间距(0.8 m、1.2 m 或 1.6 m)相吻合。最后，根据实际采用的井点管间距确定井点管数量。

4）施工工艺流程

轻型井点的施工工艺流程为：放线定位→铺设总管→冲孔→安装井点管、填砂砾滤料、上部填黏土密封→用弯联管将井点管与总管接通→安装抽水设备→开动设备试抽水→测量观测井中地下水位变化的情况。

5）井点管埋设

井点管的埋设一般采用水冲法进行，借助高压水冲刷土体，用冲管扰动土体助冲，将土层冲出圆孔后埋设井点管。整个过程可分冲孔与埋管两个阶段，如图 2－19 所示。冲孔的直径一般为 300 mm，以保证井管四周有一定厚度的砂滤层；冲孔深度宜比滤管底深0.5 m 左右，以防冲管拔出时部分土颗粒沉于底部而触及滤管底部。

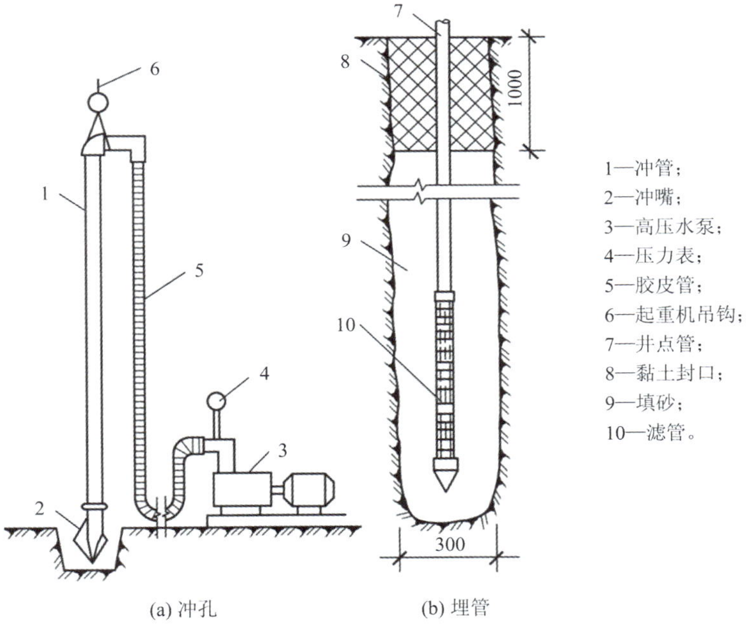

图 2－19　井点管的埋设

井孔冲成后，应立即拔出冲管，插入井点管，并在井点管与孔壁之间迅速填灌砂滤层，以防孔壁塌土。砂滤层的填灌质量是保证轻型井点顺利抽水的关键，一般宜选用干净粗砂，填灌要均匀，并填至滤管顶上 1～1.5 m，以保证水流畅通。井点填砂后，需用黏土封口，以防漏气。

井点管埋设完毕后，需进行试抽，以检查有无漏气、淤塞现象，出水是否正常，如有异常情况，应检修好方可使用。

2. 喷射井点降水法

当基坑开挖较深或降水深度大于 8 m 时，必须使用多级轻型井点才可达到预期效果，但这需要增大基坑土方开挖量、延长工期并增加设备数量，因此不够经济。此时宜采用喷射井点降水法进行降水，该方法在渗透系数为 3～50 m/d 的砂土中应用最为有效，在渗透系数为 0.1～2 m/d 的粉质砂土、粉砂、淤泥质土中效果也较显著，其降水深度可达 8～20 m。

1）喷射井点设备

喷射井点根据其工作时使用液体或气体的不同，分为喷水井点和喷气井点两种。其设备主要由喷射井管、高压水泵（或空气压缩机）和管路系统组成，如图 2-20(a)所示。喷射井管 1 由内管 8 和外管 9 组成，在内管下端装有升水装置喷射扬水器与滤管 2 相连，如图2-20(b)所示。在高压水泵 5 作用下，具有一定压力水头（0.7～0.8 MPa）的高压水经进水总管 3 进入井管的内外管之间的环形空间，并经扬水器的侧孔流向喷嘴 10。由于喷嘴截面突然缩小，流速急剧增加，压力水由喷嘴以很高流速喷入混合室 11，将喷嘴口周围空气吸入，空气被急速水流带走，致使该室压力下降而造成一定真空度。此时地下水被吸入喷嘴上面的混合室，与高压水汇合，流经扩散管 12 时，由于截面扩大、流速降低而转化为高压水，沿内管上升经排水总管排于

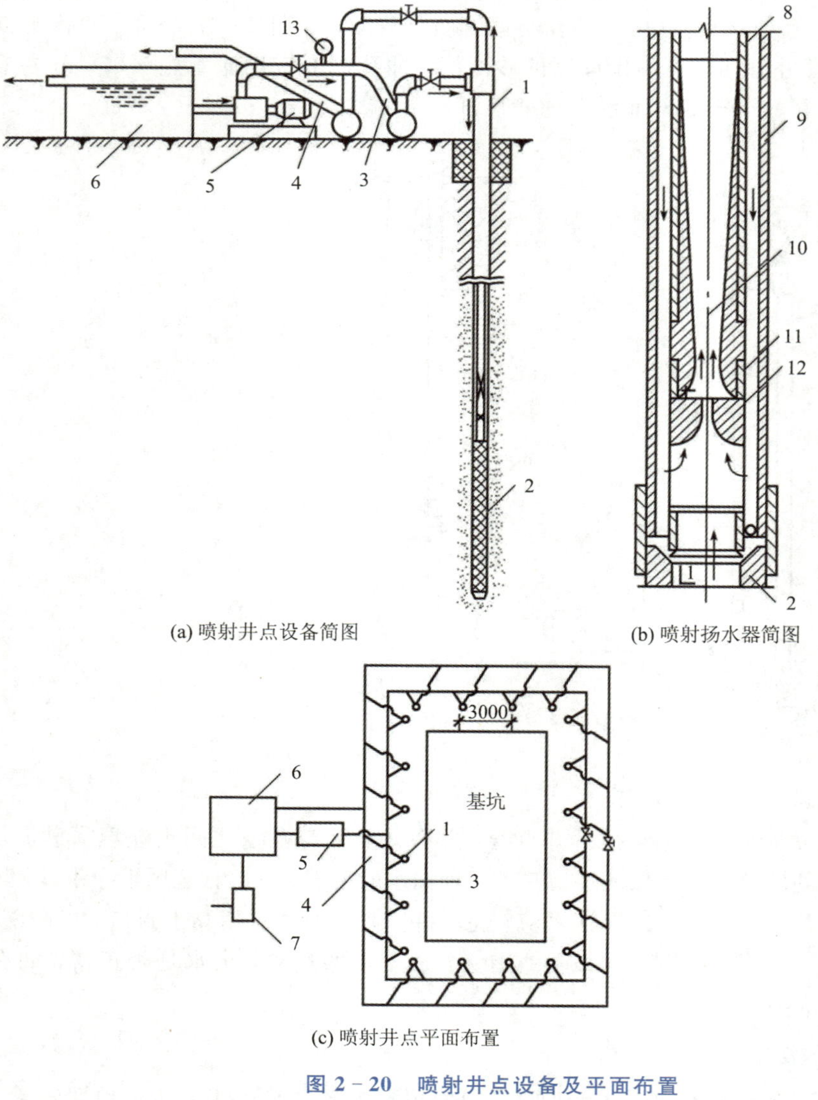

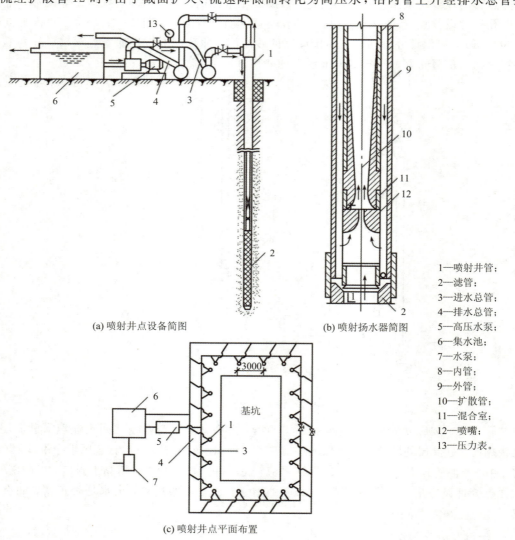

(a) 喷射井点设备简图　　(b) 喷射扬水器简图

1—喷射井管；
2—滤管；
3—进水总管；
4—排水总管；
5—高压水泵；
6—集水池；
7—水泵；
8—内管；
9—外管；
10—扩散管；
11—混合室；
12—喷嘴；
13—压力表。

(c) 喷射井点平面布置

图 2-20　喷射井点设备及平面布置

集水池 6 内，此池内的水一部分用水泵 7 排走，另一部分供高压水泵压入井管用。如此不断循环，将地下水逐步抽出，降低了地下水位。高压水泵宜采用流量为 50～80 m^3/h 的多级高压水泵，每套高压水泵能带动 20～30 根井管。

2）喷射井点布置与使用

喷射井点的管路布置、井管埋设方法及要求与轻型井点相同。喷射井管间距一般为 2～3 m，冲孔直径为 400～600 mm，深度应比滤管深 1 m 以上，如图 2-20(c)所示。使用时，为防止喷射器损坏，需先对喷射井管逐根冲洗，开泵时压力要小一些（小于 0.3 MPa），之后再逐渐开足压力。如发现井管周围有翻砂、冒水现象，应立即关闭井管并对其进行检修。工作水应保持清洁，试抽两天后应更换清水，此后视水质污浊程度定期更换清水，以减轻工作水对喷射嘴及水泵叶轮等的磨损。

3. 电渗井点排水

电渗井点排水法利用井点管（轻型或喷射井点管）本身作阴极，沿基坑外围布置，以钢管（ϕ50～75 mm）或钢筋（ϕ25mm 以上）作阳极，垂直埋设在井点内侧，阴阳极分别用电线连接成通路，并对阳极施加强直流电电流。在渗透系数小于 0.1 m/d 的粉质黏土中降水施工的情况下可以采用此方法。

4. 管井（深井）井点降水法

管井井点降水法（深度达 15 m 以上时又称为深井井点降水）就是沿基坑每隔一定距离设置一个管井，或在坑内降水时每隔一定范围设置一个管井，每个管井单独用一台水泵不断抽取管井内的地下水以降低水位，当降水深度较大时可采用深井泵。管井井点具有排水量大、降水效果好、设备简单、易于维护等特点，适用于轻型井点不易处理的含水层颗粒较大的粗砂、卵石土层和渗透系数较大、含水率高且降水较深（一般为 8～20 m）的潜水或承压水土层，其构造如图 2-21 所示。

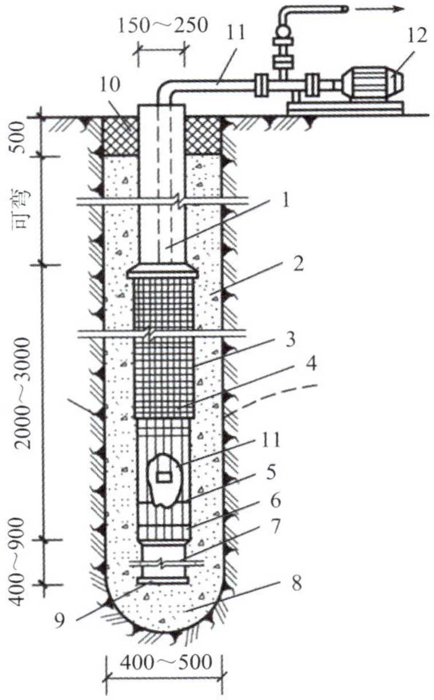

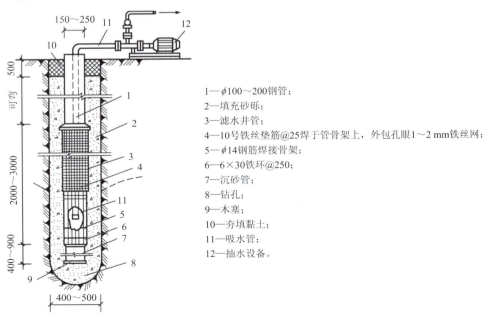

1—ϕ100～200钢管；
2—填充砂砾；
3—滤水井管；
4—10号铁丝垫筋@25焊于管骨架上，外包孔眼1～2 mm铁丝网；
5—ϕ14钢筋焊接骨架；
6—6×30铁环@250；
7—沉砂管；
8—钻孔；
9—木塞；
10—夯填黏土；
11—吸水管；
12—抽水设备。

图 2-21　管井井点构造

第四节 土方边坡与基坑支护

一、土方边坡

1. 边坡坡度和边坡系数

边坡坡度以土方挖土深度 h 与边坡底宽 b 之比来表示(见图 2-22)，即

$$土方边坡坡度=\frac{h}{b}=1:m \quad (2-28)$$

边坡系数以土方边坡底宽 b 与挖土深度 h 之比 m 表示，即

$$土方边坡系数=m=\frac{b}{h} \quad (2-29)$$

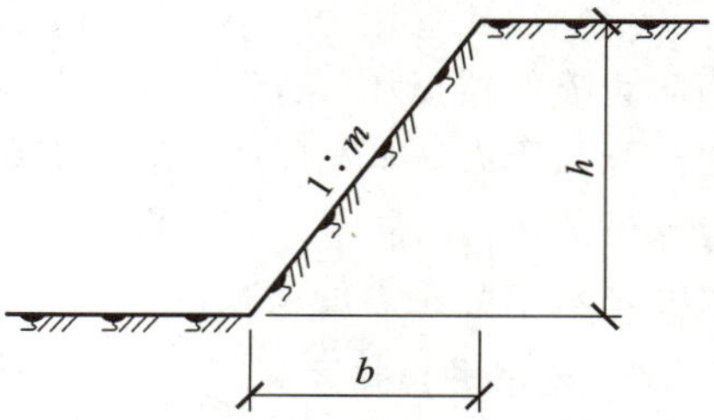

图 2-22 土方边坡

边坡可以做成直线形边坡、折线形边坡及阶梯形边坡，如图 2-23 所示。

若边坡较高，土方边坡可根据各层土体所受的压力，做成折线形或阶梯形，以减少挖填土方量。土方边坡坡度的大小主要与土质、开挖深度、开挖方法、边坡留置时间的长短、边坡附近的各种荷载状况及排水情况有关。

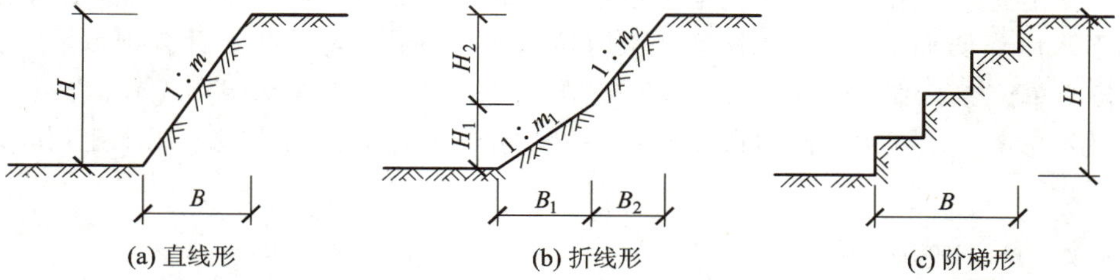

图 2-23 土方边坡形状

2. 土方边坡放坡

为了防止塌方，保证施工安全，在边坡放坡时要放足边坡，土方边坡坡度的留设应根据土质、开挖深度、开挖方法、施工工期、地下水位等因素确定。当地质条件良好、土质均匀且地下水位低于基坑(槽)或管沟底面标高时，挖方边坡可做成直立壁不加支撑，但其挖方深度不宜超过表 2-9 规定的数值。

表 2-9 土方挖方边坡可做成直立壁不加支撑的最大允许挖方深度

土 质 情 况	最大允许挖方深度/m
密实、中密的砂土和碎石类土(充填物为砂土)	≤1
硬塑、可塑的粉土及粉质黏土	≤1.25
硬塑、可塑的黏土和碎石类土(充填物为黏性土)	≤1.5
坚硬的黏土	≤2

注：当挖方深度超过表中规定的数值时，应考虑放坡或做成直立壁加支撑。

当地质条件良好、土质均匀且地下水位低于基坑(槽)或管沟底面标高时，挖方深度在 5 m

以内不加支撑的边坡的最陡坡度应符合表 2－10 的规定。

表 2－10　深度在 5 m 以内的基坑(槽)、管沟边坡的最陡坡度(不加支撑)

土的类别	边坡坡度(高∶宽)		
	坡顶无荷载	坡顶有静载	坡顶有动载
中密的砂土	1∶1.00	1∶1.25	1∶1.50
中密的碎石类土(充填物为砂土)	1∶0.75	1∶1.00	1∶1.25
软土(经井点降水后)	1∶1.00	—	—
硬塑的粉土	1∶0.67	1∶0.75	1∶1.00
中密的碎石类土(充填物为黏性土)	1∶0.50	1∶0.67	1∶0.75
硬塑的粉质黏土、黏土	1∶0.33	1∶0.50	1∶0.67
老黄土	1∶0.10	1∶0.25	1∶0.33

注：① 静载指堆土或材料等，动载指机械挖土或汽车运输作业等。静载或动载距挖方边缘的距离应保证边坡和直立壁的稳定，堆土或材料应距挖方边缘 0.8 m 以外，高度不超过 1.5 m。

② 当有成熟施工经验时，可不受本表限制。

对使用时间较长的临时性挖方边坡坡度，在山坡整体稳定的情况下，如地质条件良好、土质较均匀、高度在 10 m 以内的边坡的坡度应符合表 2－11 的规定。

表 2－11　使用时间较长、高度在 10 m 以内的临时性挖方边坡坡度值

土的类别		边坡坡度(高∶宽)
砂土(不包括细砂、粉砂)		1∶(1.25～1.5)
一般黏性土	坚硬	1∶(0.75～1)
	硬塑	1∶(1～1.15)
碎石类土	充填坚硬、硬塑黏性土	1∶(0.5～1)
	充填砂土	1∶(1～1.5)

注：① 使用时间较长的临时性挖方是指使用时间超过一年的临时道路、临时工程的挖方。

② 挖方经过不同类别的土(岩)层或深度超过 10 m 时，其边坡可做成折线形或阶梯形。

③ 当有成熟施工经验时，可不受本表限制。

3. 边坡支护方法

支护为一种支挡结构物，在深基坑(槽)、管沟不放坡时，用来维护天然地基土的平衡状态，保证施工安全和顺利进行，减少基坑开挖土方量，加快工程进度，同时，在施工期间不危害邻近建筑物、道路和地下设施的正常使用，避免拆迁或加固。常见的边坡护面采取的措施有薄膜覆盖法、挂网(挂网抹面)法、喷混凝土(混凝土护面)法和土袋或砌石压坡法。

(1) 薄膜覆盖法。对基础施工期较短的临时性基坑边坡，可在边坡上铺塑料薄膜，在坡顶及坡脚用草袋或编织袋装土压住或用砖压住，或在边坡上抹 2～2.5 cm 厚水泥浆保护。为防止薄膜脱落，薄膜上部及底部的搭盖长度均应不少于 80 cm，同时，应在土中插适当锚筋连接，在坡脚设排水沟。

(2) 挂网(挂网抹面)法。对基础施工期短、土质较差的临时性基坑边坡，可垂直坡面楔入直径为 10～12 mm、长 40～60 cm 的插筋，纵、横间距 1 m，上铺 20 号铁丝网，上、下用草袋或聚丙烯扁丝编织袋装土或砂压住，或再在铁丝网上抹 2.5～3.5 cm 厚的 M5 水泥砂浆(配合

比为水泥∶白灰膏∶砂子＝1∶1∶1.5)，并在坡顶、坡脚设排水沟。

(3) 喷混凝土(混凝土护面)法。对邻近有建筑物的深基坑边坡，可在坡面垂直楔入直径为10～12 mm、长为40～50 cm的插筋，纵、横间距1 m，上铺20号铁丝网，在表面喷射40～60 mm厚的C15细石混凝土直到坡顶和坡脚；也可不铺铁丝网，在坡面铺ϕ4～6@250～300钢筋网片，浇筑50～60 mm厚的细石混凝土，表面抹光。

(4) 土袋或砌石压坡法。对深度在5 m以内的临时基坑边坡，应在边坡下部用草袋或聚丙烯扁丝编织袋装土堆砌或砌石压住坡脚。边坡高在3 m以内，可采用单排顶砌法；边坡高在5 m以内，水位较高，可用二排顶砌或一排一顶构筑法保持坡脚稳定。同时，应在坡顶设挡水土堤或排水沟，防止冲刷坡面；在底部做排水沟，防止冲坏坡脚。

二、基坑(槽)支护(撑)

开挖基坑(槽)时，如地质条件及周围环境许可，采用放坡开挖是较经济的。但在建筑稠密地区施工，或有地下水渗入基坑(槽)时，往往不可能按要求的坡度放坡开挖，这就需要进行基坑(槽)支护，以保证施工的顺利和安全，并减少对相邻建筑、管线等的不利影响。表2-12所列方法为一般沟槽的支护方法，主要采用横撑式支撑；表2-13所列方法为一般浅基坑的支护方法，主要采用结合上端放坡加以拉锚等单支点板桩或悬臂式板桩支撑，或采用重力支护结构，如水泥搅拌桩等；表2-14所列方法为一般深基坑的支护方法，主要采用多支点板桩。

表2-12　一般沟槽的支护方法

支撑方式	简　图	支撑方法及适用条件
间断式水平支撑	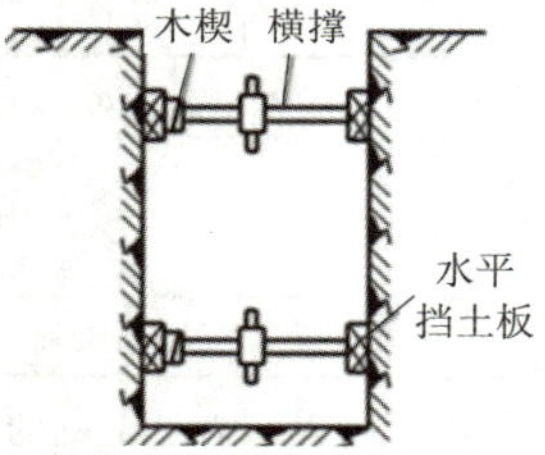	两侧挡土板水平放置，用工具式或横撑借木楔顶紧，挖一层土，支顶一层。 适用于能保持直立壁的干土或天然湿度的黏土类土，且地下水很少，沟槽深度在2 m以内的情况
继续式水平支撑	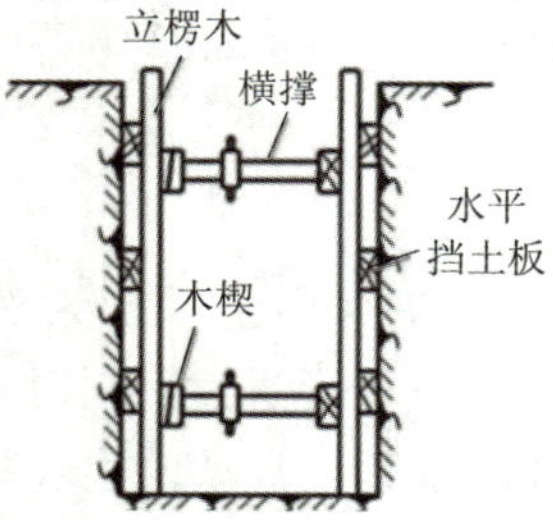	挡土板水平放置，中间留出间隔，并在两侧同时对称设立楞木，再用工具式或横撑上、下顶紧。 适用于能保持直立壁的干土或天然湿度的黏土类土，且地下水很少，沟槽深度在3 m以内的情况
连续式水平支撑	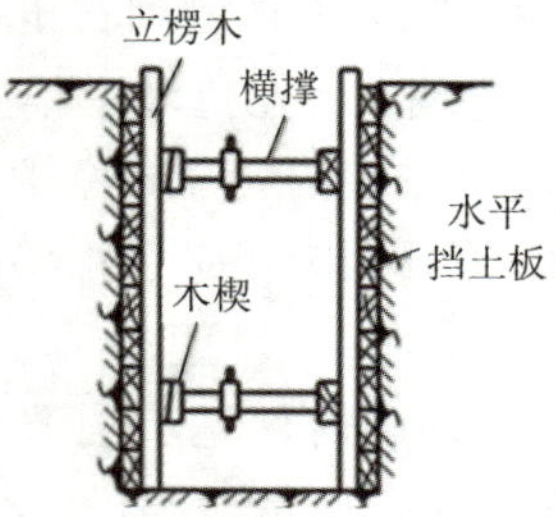	挡土板水平连续放置，不留间隙，然后两侧同时对称设立楞木，上、下各顶一根撑木，端头加木楔顶紧。 适用于较松散的干土或天然湿度黏土类土，且地下水很少，沟槽深度为3～5 m的情况

续表

支撑方式	简　图	支撑方法及适用条件
连续或间断式垂直支撑	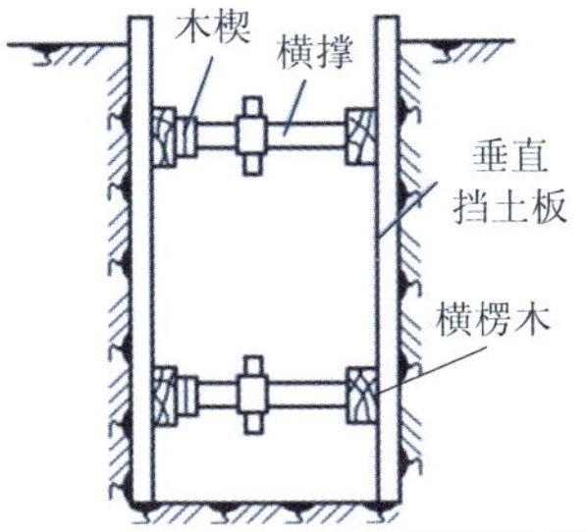	挡土板垂直放置，连续或留有适当间隙，每侧上、下各水平顶一根枋木，然后再用横撑顶紧。 适用于土质较松散或湿度很高的土，且地下水较少，沟槽深度不限的情况
水平与垂直混合支撑	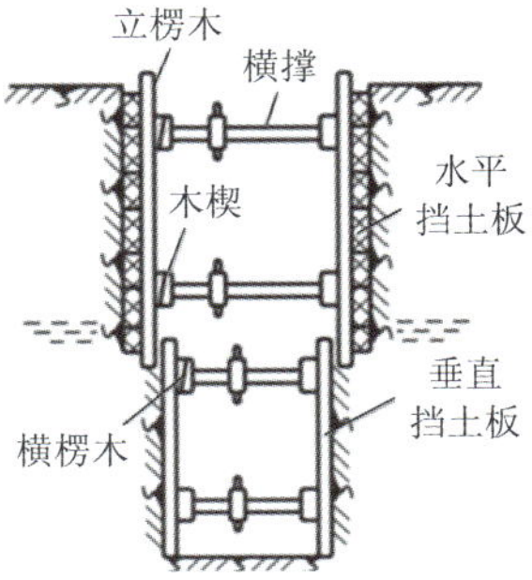	沟槽上部设连续水平支撑，下部设连续垂直支撑。 适用于沟槽深度较大，下部有含水土层的情况

表 2－13　一般浅基坑的支护方法

支撑方式	示 意 图	支撑方法及适用条件
斜柱支撑	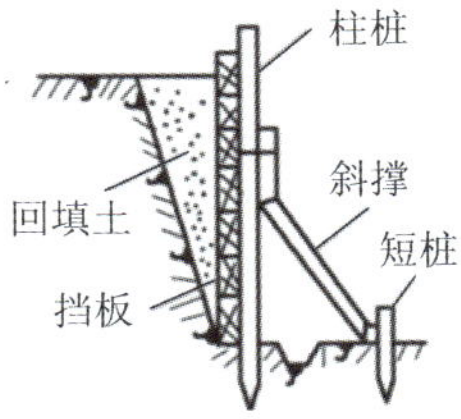	水平挡土板钉在柱桩内侧，柱桩外侧用斜撑支顶，斜撑底端支在木桩上，在挡土板内侧回填土。 适用于开挖面积较大、深度不大的基坑或使用机械挖土的情况
锚拉支撑	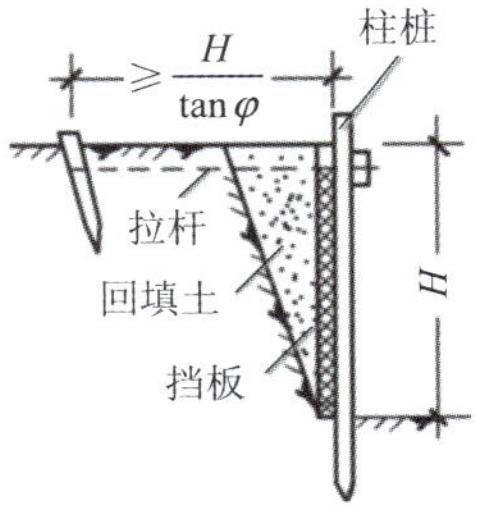	水平挡土板支在柱桩的内侧，柱桩一端打入土中，另一端用拉杆与锚桩拉紧，在挡土板内侧回填土。 适用于开挖面积较大、深度不大的基坑或使用机械挖土而不能安设横撑的情况
短桩横隔支撑	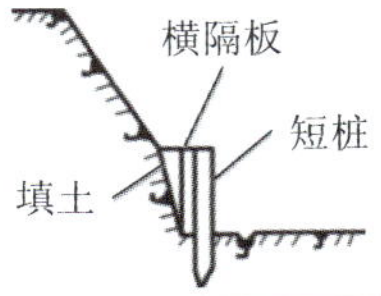	打入小短木桩，部分打入土中，部分露在地面，钉上水平挡土板，在背面填土。 适用于开挖宽度大的基坑或部分地段下部放坡不够的基坑
临时挡土墙支撑	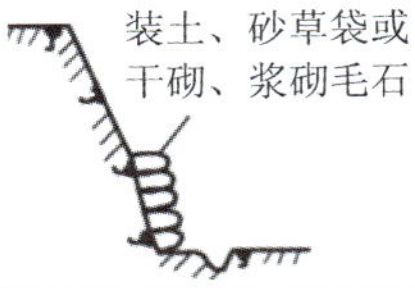	沿坡脚用砖、石叠砌或用草袋装土砂堆砌，使坡脚保持稳定。 适用于开挖宽度大的基坑或部分地段下部放坡不够的基坑

表 2－14　一般深基坑的支护方法

支撑方式	示 意 图	支撑方法及适用条件
型钢桩、横挡板支撑	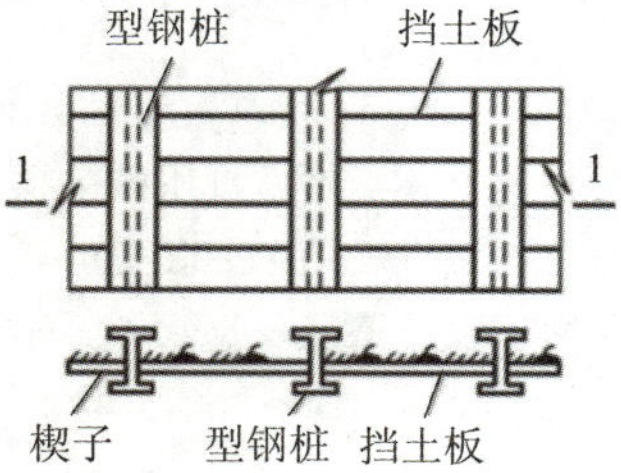	沿挡土位置预先打入钢轨、工字钢或 H 型钢桩，间距 1～1.5 m，然后边挖方边将 3～6 cm 厚的挡土板塞进钢桩之间挡土，并在横向挡板与型钢桩之间打入楔子，使横板与土体紧密接触。 适用于地下水较低、深度不是很大的一般黏性土或砂土层
钢板桩支撑	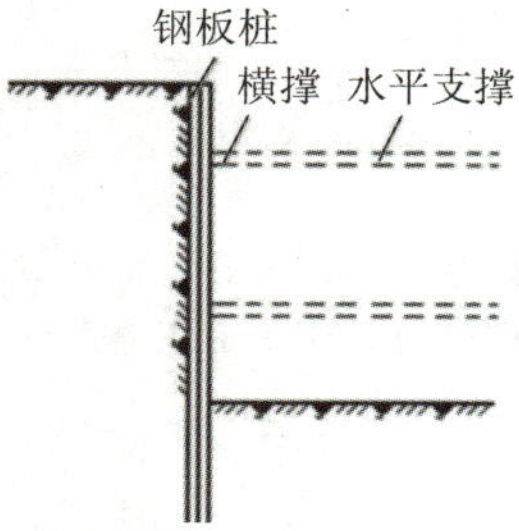	在开挖基坑的周围打钢板桩或钢筋混凝土板桩，板桩入土深度及悬臂长度应经计算确定，如基坑宽度很大，可加水平支撑。 适用于一般地下水、深度和宽度不是很大的黏性砂土层
钢板桩与钢构架结合支撑	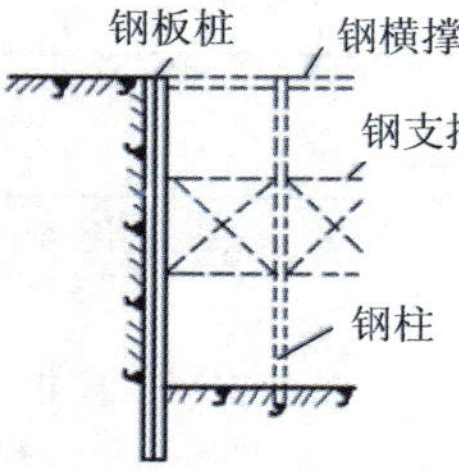	在开挖的基坑周围打钢板桩，在柱位置上打入暂设的钢柱，在基坑中挖土，每下挖 3～4 m，装上一层构架支撑体系，挖土在钢构架网格中进行，也可不预先打入钢柱，边挖边接长支柱。 适用于在饱和软弱土层中开挖较大、较深基坑且钢板桩刚度不够时
挡土灌注桩支撑	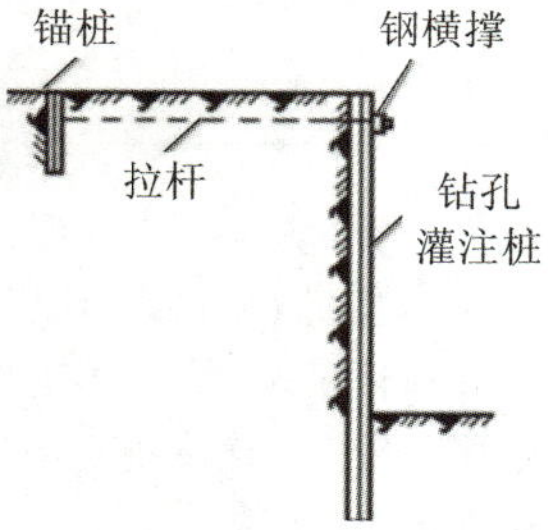	在开挖基坑的周围，用钻机钻孔，现场灌注钢筋混凝土桩，达到强度后，在基坑中间用机械或人工挖土，下挖 1 m 左右装上横撑，在桩背面装上拉杆与已设锚桩拉紧，然后继续挖土至要求深度。将桩间土方挖成外拱形，使之起土拱作用。如基坑深度小于 6 m，或邻近有建筑物，也可不设锚拉杆，采取减小桩距或加大桩径处理。 适用于开挖较大、较深(>6 m)基坑，邻近有建筑物，不允许支护，背面地基有下沉、位移时
挡土灌注桩与土层锚杆结合支撑	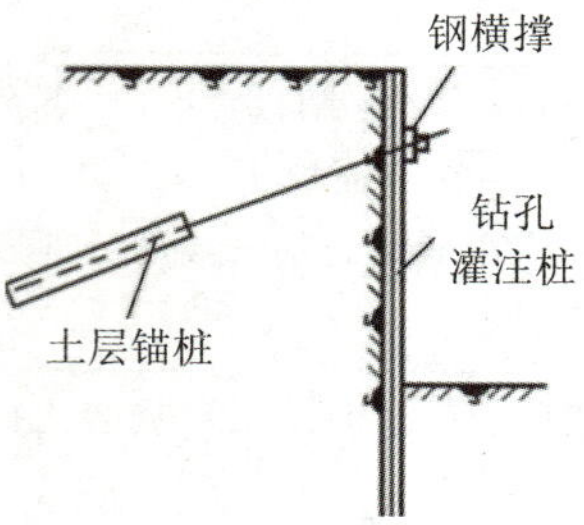	同挡土灌注桩支撑，但在桩顶不设锚桩锚杆，而是挖至一定深度，每隔一定距离向桩背面斜下方用锚杆钻机打孔，安放钢筋锚杆，用水泥压力灌浆，达到强度后，安上横撑，拉紧固定，在桩中间进行挖土，直至设计深度。如设 2 或 3 层锚杆，可挖一层土，装设一次锚杆。 适用于大型较深基坑，施工期较长，邻近有高层建筑，不允许支护，邻近地基不允许有任何下沉位移时

续表一

支撑方式	示 意 图	支撑方法及适用条件
地下连续墙支护	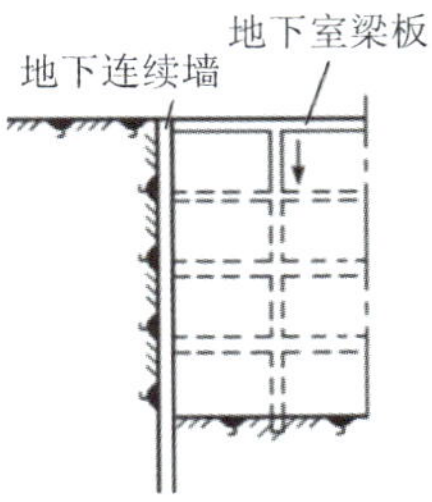	在开挖的基坑周围，先建造混凝土或钢筋混凝土地下连续墙，达到强度后，在墙中间用机械或人工挖土，直至要求深度。当跨度、深度很大时，可在内部加设水平支撑及支柱。用于逆作法施工，每下挖一层，把下一层梁、板、柱浇筑完成，以此作为地下连续墙的水平框架支撑。如此循环作业，直到地下室的底层全部挖完土，浇筑完成。 适用于开挖较大、较深(＞10 m)、有地下水、周围有建筑物或公路的基坑，作为地下结构的外墙部分，或用于高层建筑的逆作法施工，作为地下室结构的部分外墙
地下连续墙与土层锚杆结合支护	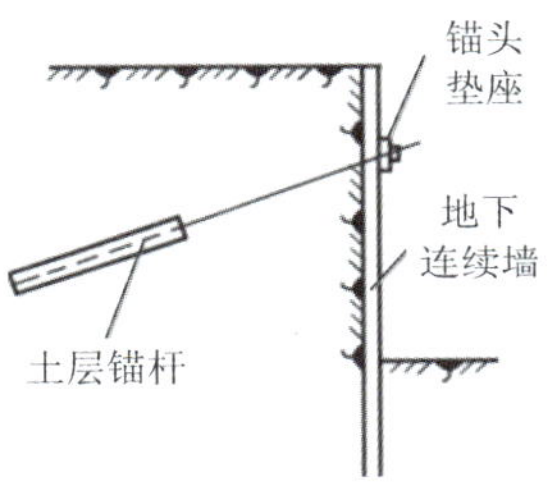	在开挖基坑的周围先建造地下连续墙支护，在墙中部用机械配合人工开挖土方至锚杆部位，用锚杆钻孔机在要求位置钻孔，放入锚杆，进行灌浆。待达到强度，装上锚杆横梁或锚头垫座，然后继续下挖至要求深度。如设 2 或 3 层锚杆，每挖一层装一层，采用快凝砂浆灌注。 适用于开挖较大、较深(＞10 m)、有地下水的大型基坑，周围有高层建筑，不允许支护有变形，采用机械挖方，要求有较大空间，不允许内部设支撑时
土层锚杆支护	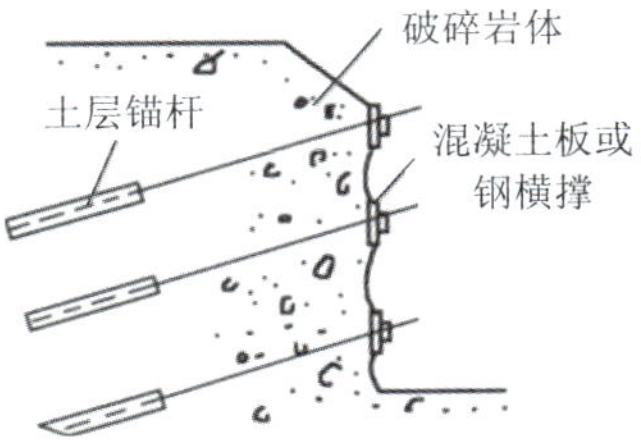	沿开挖基坑(或边坡)每 2～4 m 设置一层水平土层锚杆，直到挖土至要求深度。 适用于较硬土层或破碎岩石中开挖较大、较深基坑，邻近有建筑物必须保证边坡稳定时
板桩(灌注桩)中央横顶支撑	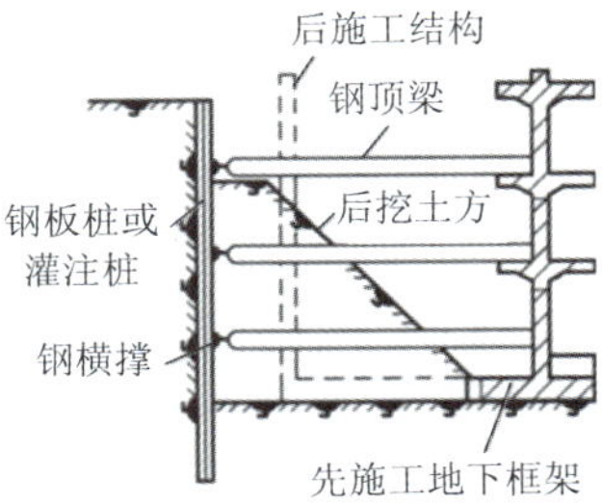	在基坑周围打板桩或设挡土灌注桩，在内侧放坡挖中间部分土方到坑底。先施工中间部分结构至地面，然后利用此结构作支撑向板桩(灌注桩)支水平横顶撑，挖除放坡部分土方，每挖一层支一层水平横顶撑，直至设计深度，最后再建该部分结构。 适用于开挖较大、较深的基坑，支护桩刚度不够，又不允许设置过多支撑时
板桩(灌注桩)中央斜顶支撑	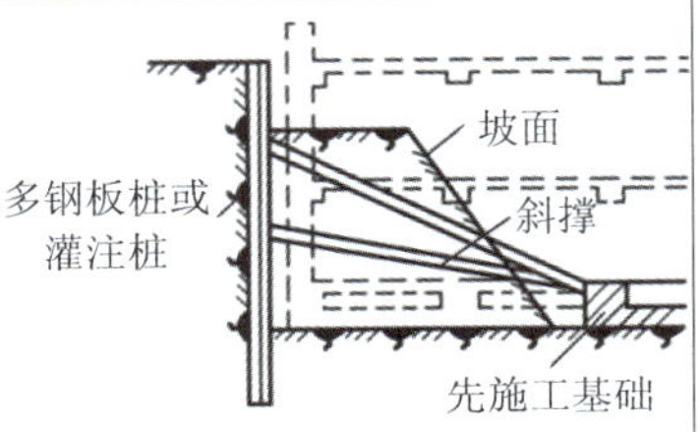	在基坑周围打板桩或设挡土灌注桩，在内侧放坡挖中间部分土方到坑底，并先施工好中间部分基础，再从基础向桩上方支斜顶撑。然后把放坡的土方挖除，每挖一层支一层斜撑，直至坑底。最后再建该部分结构。 适用于开挖较大、较深基坑，支护桩刚度不够、坑内不允许设置过多支撑时

续表二

支撑方式	示 意 图	支撑方法及适用条件
分层板桩支撑	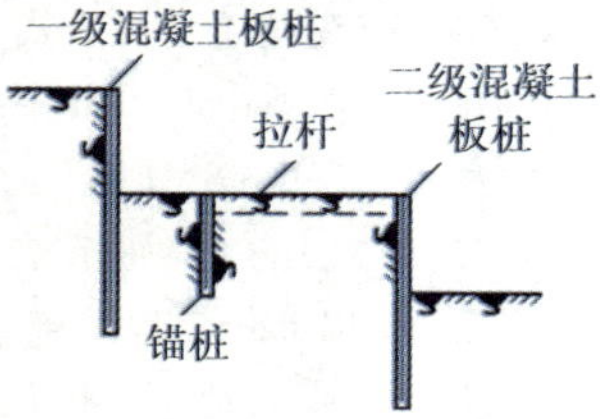	在开挖厂房群基坑周围先打支护板桩，然后在内侧挖土方至群基坑底标高，再在中部主体深基坑四周打二级支护板桩，挖主体深基坑土方，施工主体结构至地面，最后施工外围群基坑。 适用于开挖较大、较深基坑，当中部主体与周围群基坑标高不相等而又无重型板桩时

第五节 土方填筑与压实

一、填方压实质量标准

填方的密度要求和质量指标通常以压实系数 λ_c 表示。压实系数为土的实际干土密度 ρ_d 与最大干土密度 ρ_{dmax} 的比值。最大干土密度 ρ_{dmax} 是在最佳含水率时，通过标准的击实方法确定的。密实度要求，由设计根据工程结构性质、使用要求确定。如未作规定，可参考表 2－15 中的数值。

表 2－15　压实填土的质量控制

结构类型	填土部位	压实系数 λ_c	控制含水率/%
砌体承重结构和框架结构	在地基主要受力层范围内	≥0.97	$w_{op}\pm2$（ω_{op} 为最佳含水率）
	在地基主要受力层范围外	≥0.95	
排架结构	在地基主要受力层范围内	≥0.96	
	在地基主要受力层范围外	≥0.94	

压实填土的最大干密度 ρ_{dmax}（t/m^3）宜采用击实试验确定，当无试验资料时，可按下式计算：

$$\rho_{dmax}=\eta\frac{\rho_w d_s}{1+0.01w_{op}d_s} \tag{2-30}$$

式中：η 为经验系数，黏土取 0.95，粉质黏土取 0.96，粉土取 0.97；ρ_w 为水的密度（t/m^3）；d_s 为土粒相对密度；w_{op} 为最佳含水率（%），可按当地经验取值或取 w_p+2（w_p 为土的塑限）。

每层摊铺厚度和压实遍数，视土的性质、设计要求和使用的压实机具性能，通过现场碾（夯）压试验确定。表 2－16 所列数值为参考数值，若无试验依据，可参考使用。

表 2－16　填土施工时的分层厚度及压实遍数

压实机具	分层厚度/mm	每次压实遍数	压实机具	分层厚度/mm	每次压实遍数
平碾	250～300	6～8	柴油打夯机	200～250	3～4
振动压实机	250～350	3～4	人工打夯	<200	3～4

二、土方填料与填筑要求

1. 土方填料的要求

填方土料应符合设计要求，设计无要求时应符合以下规定：

(1) 碎石类土、砂土和爆破石渣(粒径不大于每层铺土厚的2/3),可用于表层下的填料。

(2) 含水率符合压实要求的黏性土,可作各层填料。

(3) 淤泥和淤泥质土一般不能用作填料,但在软土地区,经过处理后,含水率符合压实要求的,可用作填方中次要部位的填料。

(4) 填方土料含水率的大小直接影响到夯实(碾压)质量,在夯实(碾压)前应进行预试验,以得到符合密实度要求的最佳含水率和最少夯实(或碾压)遍数。含水率过小,则夯压(碾压)不实;含水率过大,则易成橡皮土。

(5) 土料含水率一般以手握成团、落地开花为宜。若含水率过大,则应采取翻松、晾干、风干、换土回填、掺入干土或其他吸水性材料等措施。若土料过干,则应预先洒水润湿,每1 m^3铺好的土层需要补充的水量按下式计算:

$$V=\frac{\rho_w}{1+w}(w_{op}-w) \tag{2-31}$$

式中:V 为单位体积土需要补充的水量(L);w 为土的天然含水率(%)(以小数计);w_{op} 为土的最佳含水率(%)(以小数计);ρ_w 为填土碾压前的密度(kg/m^3)。

(6) 当土料含水率小时,亦可采取增加压实遍数或使用大功率压实机械等措施;当气候干燥时,须加快施工速度,减少土的水分散失;当填料为碎石类土时,碾压前应充分洒水湿透,以提高压实效果。

2. 土方填筑的要求

(1) 人工填筑要求:

① 从场地最低部分开始,由一端向另一端自下向上分层铺垫。每层虚铺厚度,用打夯机械夯实时不大于25 cm。采取分段填筑,交接处应填成阶梯形。

② 墙基及管道回填应在两侧用细土同时均匀回填、夯实,防止墙基及管道中心线产生位移。

③ 回填用打夯机夯实,两机平行时间距不小于3 m,在同一路线上,前后间距不小于10 m。

(2) 机械填筑要求:

① 推土机填土。自下而上分层铺填,每层虚铺厚度不大于30 cm。推土机运土回填,可采用分堆集中、一次运送的方法,分段距离为10~15 m,以减少运土漏失量。用推土机来回行驶进行碾压,履带应重复宽度的一半。填土程序应采用纵向铺填顺序,从挖土区至填土区段,以40~60 m距离为宜。

② 铲运机填土。铺填土区段长度不宜小于20 m,宽度不宜小于8 m。铺土应分层进行,每次铺土厚度不大于30~50 cm。铺土后,空车返回时应将地表面刮平。

③ 汽车填土。自卸汽车成堆卸土,配以推土机摊平,每层厚度不大于30~50 cm。汽车不能在虚土层上行驶,卸土推平和压实工作须分段交叉进行。

三、填土压实方法

填土压实方法有碾压法、夯实法和振动压实法三种,如图2-24所示。此外,还可利用运土工具压实。

1. 碾压法

碾压法是利用机械滚轮的压力压实土壤,使之达到所需的密实度。碾压机械有平碾、羊足

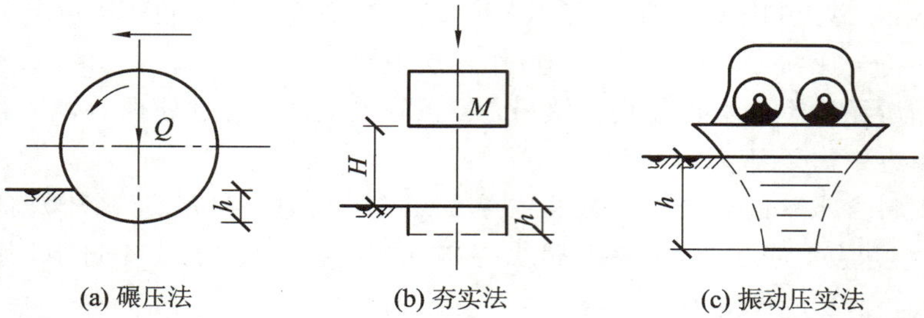

图 2－24　填土压实方法

碾等。平碾又称光碾压路机，是一种以内燃机为动力的自行压路机，按质量等级分为轻型(30～60 kN)、中型(60～100 kN)和重型(100～140 kN)三种，适于压实砂类土和黏性土。羊足碾一般无动力，靠拖拉机牵引，有单筒、双筒两种；根据碾压要求，又可分为空筒及装砂、注水等三种。羊足碾虽然与土接触面积小，但对单位面积土产生的压力比较大，土壤压实的效果好。羊足碾适用于对黏性土的压实。

碾压机械压实填方时，行驶速度不宜过快，一般平碾行驶速度被控制在 24 km/h 以内，羊足碾为 3 km/h 以内，否则会影响压实效果。

2. 夯实法

夯实法利用夯锤自由下落的冲击力来夯实土，主要用于小面积回填。夯实法分人工夯实和机械夯实两种。

人工夯土用的工具有木夯、石夯等。夯实机械有夯锤、内燃夯土机和蛙式打夯机。蛙式打夯机是常用的小型夯实机械，轻便灵活，适用于小型土方工程的夯实工作，多用于夯打灰土和回填土。夯锤是借助起重机悬挂重锤进行夯土的机械。夯锤底面面积为 0.15～0.25 m^2，质量为 1.5 t 以上，落距一般为 2.5～4.5 m，夯土影响深度大于 1 m，适用于夯实砂性土、湿陷性黄土、杂填土及含有石块的土。

3. 振动压实法

振动压实法是将振动压实机放在土层表面，借助振动机使压实机械振动，土颗粒发生相对位移而达到紧密状态。这种方法主要用于非黏性土的压实。若使用振动碾进行碾压，可使土受到振动和碾压两种作用，碾压效率高，适用于大面积填方工程。对于密度要求不高的大面积填方，在缺乏碾压机械时，可采用推土机、拖拉机或铲运机结合行驶、推(运)土、平土来压实。

四、影响填土压实质量的因素

填土压实质量与许多因素有关，其中主要影响因素为压实功、土的含水率及铺土厚度。

1. 压实功

填土压实后的干密度与压实机械在其上施加的功有一定关系。在开始压实时，土的干密度急剧增加，待到接近土的最大干密度时，压实功虽然增加许多，但土的干密度几乎没有变化。因此，在实际施工中，不要盲目地增加压实遍数。

2. 土的含水率

在同一压实功条件下，填土的含水率对压实质量有直接影响。较为干燥的土，土颗粒之间的摩擦力较大，因而不易压实。当土具有适当含水率时，水起到了润滑作用，土颗粒间的摩擦力减小，从而易压实。相比之下，严格控制最佳含水率，要比增加压实功效果好得多。当含水率不足且洒水困难时，适当增大压实功，可以收到较好的压实效果；当土的含水率过大时增大压实功，必将出现“弹簧现象”，以致压实效果很差，造成返工浪费。因此，在土基压实施工中，控制最佳含水率是关键所在。各种土的最佳含水率和所获得的最大干密度，可由击实试验取得。

3. 铺土厚度

土在压实功的作用下，压应力随深度增加逐渐减小，其影响深度与压实机械、土的性质和含水率有关。铺土厚度应小于压实机械压土时的作用深度，但其中涉及最优土层厚度问题：铺得过厚，要压多遍才能达到规定的密实度；铺得过薄，则要增加机械的总压实遍数。恰当的铺土厚度能使土方更好地压实且使机械耗费的功最少。

实践经验表明：土基压实时，在机具类型、土层厚度及行程遍数已确定的条件下，压实操作时宜按先轻后重、先慢后快、先边缘后中间的顺序进行。压实时，相邻两次的轮迹应重叠轮宽的 1/3，保持压实均匀，不漏压，对于压不到的边角，应辅以人力或小型机具夯实。压实过程中，应经常检查含水率和密实度，以达到规定的压实度。

第六节　土方工程机械化施工

一、推土机

推土机是在履带式拖拉机的前方安装推土铲刀（推土板）制成的。按铲刀的操纵机构不同，推土机分为机械传动和液压式两种，图 2 - 25 所示为推土机的外形。

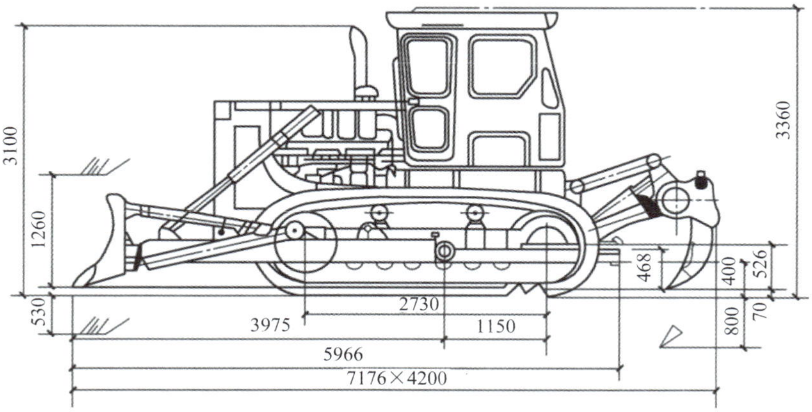

图 2 - 25　推土机的外形

推土机能单独完成挖土、运土和卸土工作，具有操纵灵活、运转方便、所需工作面较小、行驶速度较快等特点。推土机主要适用于一至三类土的浅挖短运，如场地清理或平整，开挖深度不大的基坑，以及回填、推筑高度不大的路基等。此外，推土机还可以牵引其他无动力的土方机械，如拖式铲运机、松土器、羊足碾等。

推土机推运土方的运距一般不超过 100 m，运距过长，从铲刀两侧流失的土过多，则会影响其工作效率。经济运距一般为 30～60 m，铲刀刨土长度一般为 6～10 m。为提高生产率，推土机可采用下述方法施工：

(1) 下坡推土(见图 2－26)。推土机顺地面坡势沿下坡方向推土，借助机械往下的重力作用，增大铲刀切土深度和运土数量，提高推土机能力，缩短推土时间，一般可提高 30%～40%的作业效率；但坡度不宜大于 15°，以免后退时爬坡困难。

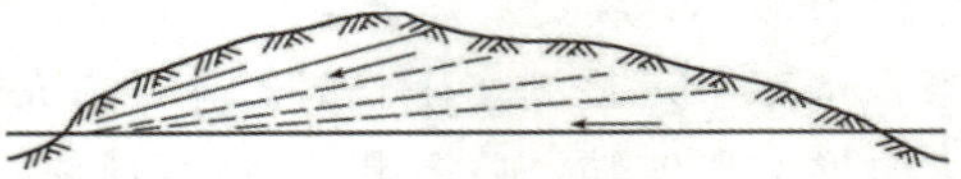

图 2－26 下坡推土

(2) 槽形推土(见图 2－27)。当运距较远、挖土层较厚时，利用已推过的土槽再次推土，可以减少铲刀两侧土的散漏，作业效率可提高 10%～30%。槽深以 1 m 左右为宜，槽间土埂宽约为 0.5 m。推出多条槽后，再将土埂推入槽内，然后运出。

此外，推运疏松土壤且运距较大时，还应在铲刀两侧装置挡板，以增加铲刀前土的体积，减少土向两侧的散失。在土层较硬的情况下，可在铲刀前面装置活动松土齿，当推土机倒退回程时，即可将土翻松，减少切土时的阻力，从而提高切土运行速度。

(3) 并列推土。对于大面积的施工区，可用 2～3 台推土机并列推土(见图 2－28)。推土时，两铲刀宜相距 15～30 cm，这样可以减少土的散失且增大推土量，提高 15%～30%的生产率；但平均运距不宜超过 50～75 m，亦不宜小于 20 m，且推土机数量不宜超过 3 台，否则会使推土机倒车不便，行驶不一致，反而影响作业效率。

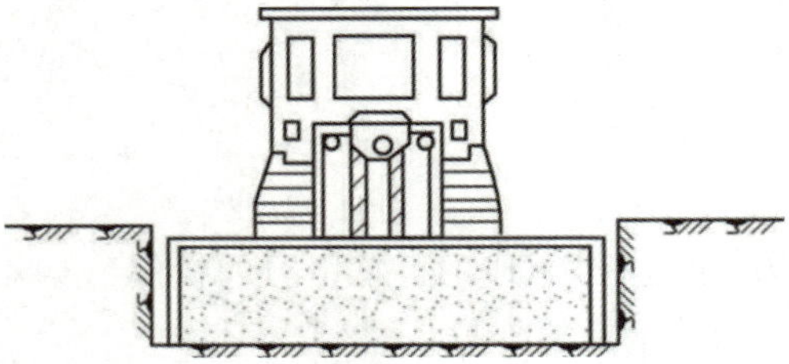

图 2－27 槽形推土

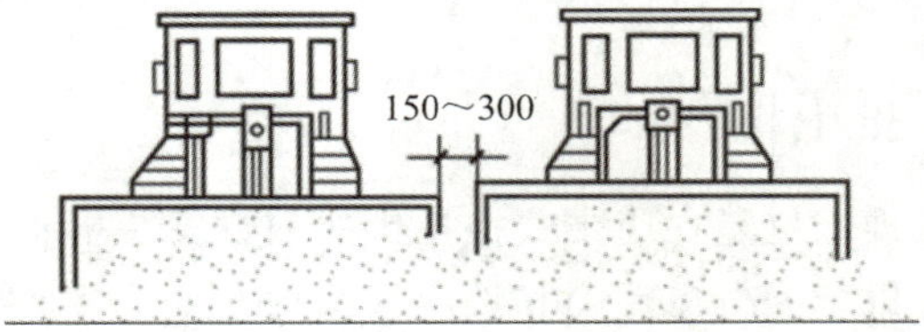

图 2－28 并列推土

(4) 分批集中，一次推送。当运距较远而土质又比较坚硬时，由于切土的深度不大，宜采用多次铲土、分批集中、一次推送的方法，使铲刀保持满载，以提高作业效率。

二、铲运机

铲运机是一种能综合完成挖、装、运、填的机械，对行驶道路要求较低，操纵灵活，效率较高。铲运机按行走机构的不同分为自行式铲运机和拖式铲运机两种，如图 2－29 和图2－30 所示；按铲斗操纵方式的不同分为机械传动和液压式两种。

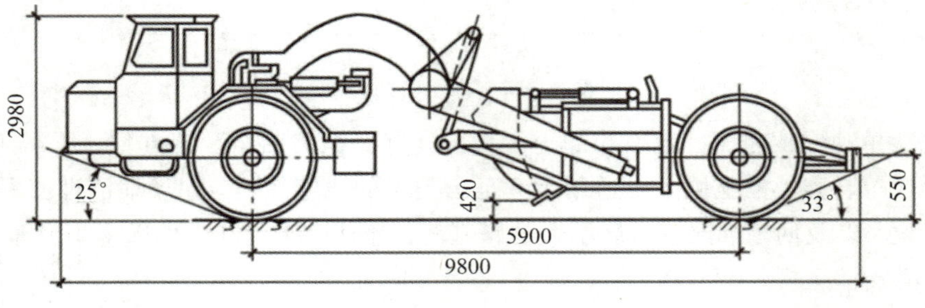

图 2－29 CL7 型自行式铲运机

铲运机一般适用于含水率不大于 27%的一至三类土的直接挖运，常用于坡度在 20°以内的大面积场地平整、大型基坑的开挖、堤坝和路基的填筑等，不适于在砾石层、冻土地带和沼泽地区使用。坚硬土开挖时要用推土机助铲或用松土器配合。拖式铲运机的运距以不超过 800 m 为宜，当运距在 300 m 左右时效率最高；自行式铲运机的行驶速度快，可用于稍长距离的挖运，其经济运距为 800～1500 m，但不宜超过 3500 m。铲运机适宜在松土、普通土且地形起伏不大（坡度在 20°以内）的大面积场地上施工。

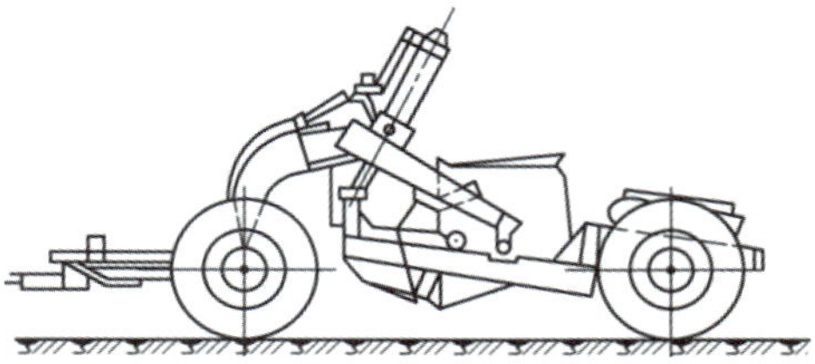

图 2－30　拖式铲运机

1. 铲运机的开行路线

铲运机的基本作业是铲土、运土、卸土三个工作行程和一个空载回驶行程。在施工中，由于挖填区的分布情况不同，为了提高生产效率，应根据不同的施工条件（工程大小、运距长短、土的性质和地形条件等），选择合理的开行路线和施工方法。由于挖填区的分布不同，应根据具体情况选择开行路线，铲运机的开行路线种类如下。

（1）环形路线。地形起伏不大、施工地段较短时，多采用环形路线。图 2－31(a)所示为小环形路线，这是一种既简单又常用的路线。从挖方到填方按环形路线回转，每循环一次完成一次铲土和卸土，挖填交替。当挖填之间的距离较短时，可采用大环形路线，如图2－31(b)所示，一个循环可完成多次铲土和卸土，这样可减少铲运机的转弯次数，提高工作效率。作业时应时常按顺时针、逆时针方向交换行驶，以避免机械行驶部分单侧磨损。

（2）“8”字形路线。施工地段加长或地形起伏较大时，多采用“8”字形路线，如图2－31(c)所示。采用这种开行路线，铲运机在上、下坡时是斜向行驶，受地形坡度限制小；一个循环中两次转弯的方向不同，可避免机械行驶部分的单侧磨损；一个循环完成两次铲土和卸土，减少了转弯次数及空车行驶距离，从而缩短了运行时间，提高了生产率。

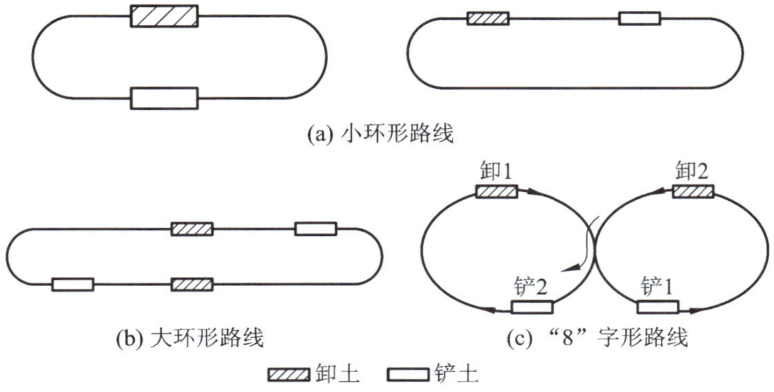

图 2－31　铲运机的开行路线

2. 铲运机的作业方法

（1）下坡铲土法。铲运机利用地形进行下坡铲土，借助铲运机的重力，加深铲斗切土深度。采用这种方法可缩短铲土时间，但纵坡坡度不得超过 25°，横坡坡度不得大于 5°，而且铲运机不能在陡坡上急转弯，以免翻车。

（2）跨铲法（见图 2－32）。铲运机间隔铲土，预留土埂。这样，在间隔铲土时由于形成一个土槽，可减少向外撒土量；铲土埂时，可使铲土阻力减小。一般土埂高度不大于300 mm，宽度不大于拖拉机两履带间的净距。

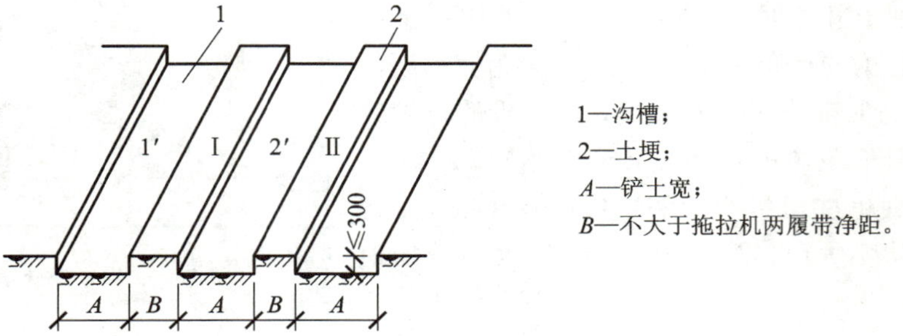

图 2-32　跨铲法

(3) 推土机助铲法(见图 2-33)。地势平坦、土质较坚硬时，可用推土机在铲运机后面顶推，以加大铲刀切土能力，缩短铲土时间，提高生产率。推土机在助铲的空隙可兼做松土或平整工作，为铲运机创造作业条件。

图 2-33　推土机助铲法

(4) 双联铲运法(见图 2-34)。当拖式铲运机的动力有富余时，可在拖拉机后面串联两个铲斗进行双联铲运。对于坚硬土层，可用双联单铲，即一个土斗铲满后，再铲另一土斗；对于松软土层，则可用双联双铲，即两个土斗同时铲土。

图 2-34　双联铲运法

三、单斗挖土机

单斗挖土机是土方开挖的常用机械，按行走装置分为履带式和轮胎式两类；按传动方式分为机械传动和液压式两种；按工作装置分为正铲、反铲、拉铲和抓铲四种，如图 2-35 所示。使用单斗挖土机进行土方开挖作业时，一般需自卸汽车配合运土。

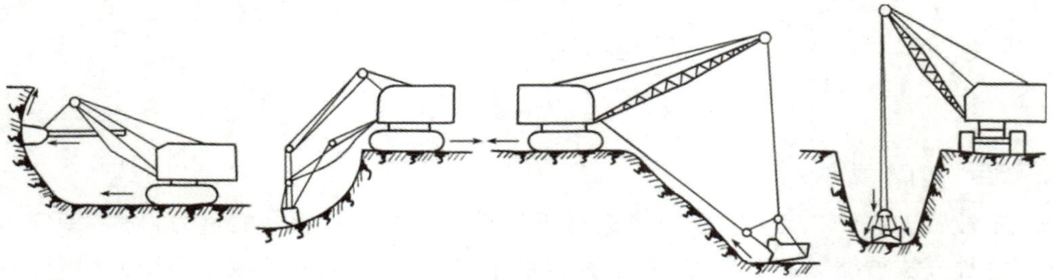

(a) 正铲挖土机　(b) 反铲挖土机　(c) 拉铲挖土机　(d) 抓铲挖土机

图 2-35　单斗挖土机

1. 正铲挖土机

正铲挖土机挖掘能力强，生产率高，适用于开挖停机面以上的一至三类土。它与运土汽车配合能完成整个挖运任务，可用于开挖大型干燥基坑及土丘等。

正铲挖土机的挖土特点是"前进向上，强制切土"，根据开挖路线与运输汽车相对位置的不同，一般有以下两种开挖方式。

(1) 正向开挖，侧向卸土。正铲向前进方向挖土，汽车在正铲的侧向装土，如图 2－36(a)所示。此法铲臂卸土回转角度最小(小于 90°)，装车方便，循环时间短，生产效率高，用于开挖工作面较大、深度不大的边坡、基坑(槽)、沟渠和路堑等，它是最常用的开挖方法。

(2) 正向开挖，后方卸土。正铲向前进方向挖土，汽车停在正铲的后面，如图 2－36(b)所示。此法开挖工作面较大，但铲臂卸土回转角度较大(约为 180°)，且汽车要侧向行车，增加工作循环时间，使生产效率降低(若回转角度为 180°，效率约降低 23%；若回转角度为 130°，效率约降低 13%)，用于开挖工作面较小且较深的基坑(槽)、管沟和路堑等。

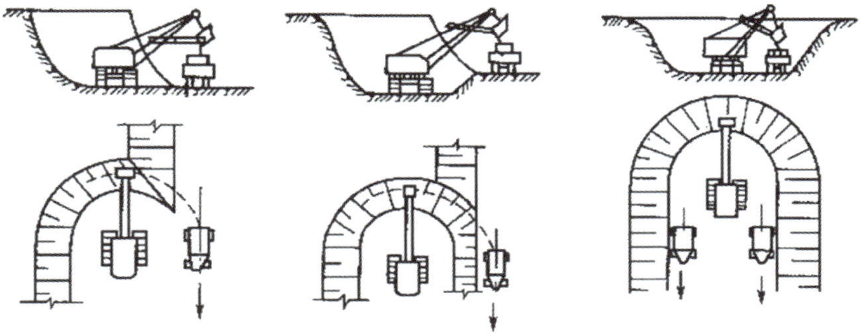

(a) 正向开挖，侧向卸土　　(b) 正向开挖，后方卸土

图 2－36　正铲挖土机开挖方式

2. 反铲挖土机

反铲挖土机适用于开挖停机面以下的土方，一般反铲挖土机的最大挖土深度为 4～6 m，经济合理的挖土深度为 3～5 m。其挖土特点是"后退向下，强制切土"，挖土能力比正铲小，适用于开挖一至三类土，需要汽车配合运土。

反铲挖土机的开挖可以采用沟端开挖法和沟侧开挖法，如图 2－37 所示。

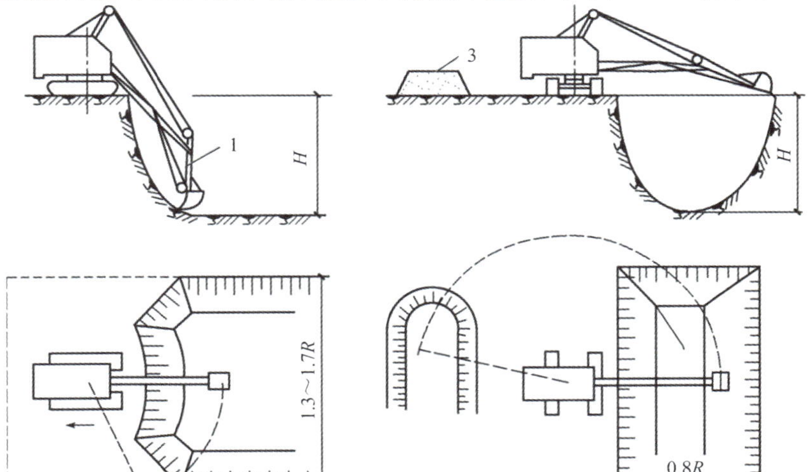

(a) 沟端开挖法　　(b) 沟侧开挖法

1—反铲挖土机；2—自卸汽车；3—弃土堆。

图 2－37　反铲挖土机的开挖

（1）沟端开挖法。反铲挖土机停于基坑或基槽的端部，后退挖土，向沟侧弃土或装车运走，如图 2-37(a)所示。其优点是挖土方便，挖掘深度和宽度较大。

（2）沟侧开挖法。反铲挖土机停于基坑或基槽的一侧，向侧面移动挖土，能将土体弃于沟边较远的地方，但挖土机的移动方向与挖土方向垂直，稳定性较差，且挖土的深度和宽度均较小，不易控制边坡坡度。因此，只在无法采用沟端开挖或所挖的土体不需运走时采用此法[见图 2-37(b)]。

3. 拉铲挖土机

拉铲挖土机的土斗用钢丝绳悬挂在挖土机长臂上，挖土时土斗在自重作用下落到地面切入土中。其挖土特点是“后退向下，自重切土”。其挖土深度和挖土半径均较大，能开挖停机面以下的一至二类土，但不如反铲动作灵活准确。拉铲挖土机适用于开挖较深较大的基坑(槽)、沟渠，挖取水中泥土及填筑路基、修筑堤坝等。履带式拉铲挖土机如图 2-38 所示。

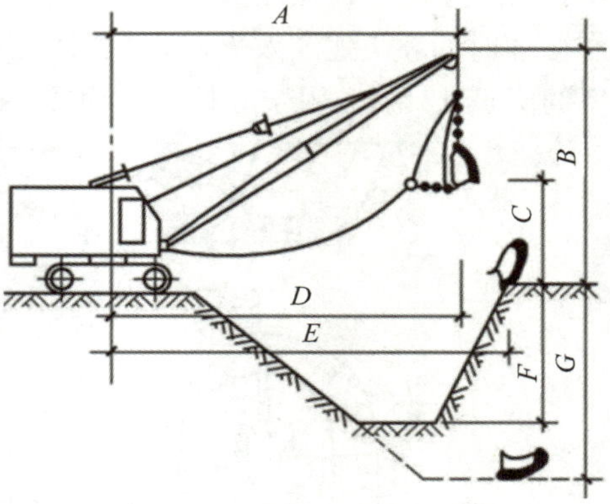

图 2-38 履带式拉铲挖土机

履带式拉铲挖土机的挖斗容量有 0.35 m^3、0.5 m^3、1 m^3、1.5 m^3、2 m^3 等数种，其最大挖土深度为7.6 m(W3-30 型挖土机)～16.3 m(W1-200 型挖土机)。

拉铲挖土机的开挖方式与反铲挖土机的开挖方式相似，可沟侧开挖也可沟端开挖。

4. 抓铲挖土机

机械传动抓铲挖土机是在挖土机臂端用钢丝绳吊装一个抓斗。其挖土特点是“直上直下，自重切土”。其挖掘力较小，能开挖停机面以下的一至二类土，适用于开挖软土地基基坑，特别是其中窄而深的基坑、深槽、深井。抓铲也可用于疏通旧有渠道及挖取水中淤泥等，或用于装卸碎石、矿渣等松散材料。抓铲还可采用液压传动操纵抓斗作业，其挖掘力和精度优于机械传动抓铲挖土机。履带式抓铲挖土机如图 2-39 所示。

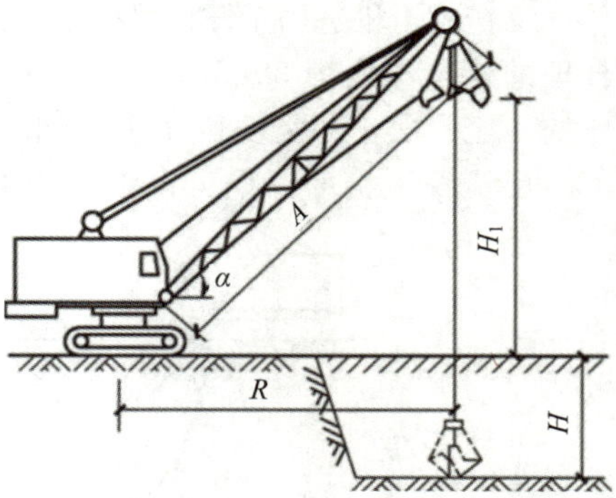

图 2-39 履带式抓铲挖土机

四、土方机械的选择

土方开挖机械的选择主要是确定机械的类型、型号、台数。挖土机械的类型根据土方开挖类型、工程量、地质条件及挖土机的适用范围确定；其型号根据开挖场地条件、周围环境及工期等确定；最后确定挖土机台数和配套汽车数量。挖土机的数量应根据所选挖土机的台班生产率、工程量大小和工期要求进行计算。

（1）挖土机台班产量 P_d(m^3/台班)按下式计算：

$$P_d = \frac{8 \times 3600}{t} \cdot q \cdot \frac{K_c}{K_s} \cdot K_B \tag{2-32}$$

式中：t 为挖土机每次作业循环延续时间(s)，由机械性能决定，如 W1-100 正铲挖土机为 25～40 s，W1-100 拉铲挖土机为 45～60 s；q 为挖土机铲斗容量(m^3)；K_c 为铲斗的充盈系数，可取 0.8～1.1；K_s 为土的最初可松性系数；K_B 为时间利用系数，一般取 0.6～0.8。

(2) 挖土机的数量 N(台)可按下式计算：

$$N = \frac{Q}{Q_d} \cdot \frac{1}{TCK} \tag{2-33}$$

式中：Q 为土方量(m^3)；Q_d 为挖土机生产率(m^3/台班)；T 为工期或工作日；C 为每天工作班数；K 为工作时间利用系数，取 0.8～0.9。

(3) 配套汽车数量计算。自卸汽车装载容量 Q_1，一般宜为挖土机铲斗容量的 3～5 倍。自卸汽车的数量 N_1(台)，应保证挖土机连续工作，可按下列计算式计算：

$$N_1 = \frac{T}{t_1} \tag{2-34}$$

$$t_1 = nt \tag{2-35}$$

$$T = t_1 + \frac{2l}{v_c} + t_2 + t_3 \tag{2-36}$$

$$n = \frac{Q_1}{q \cdot \frac{K_c}{K_s} \cdot \rho} \tag{2-37}$$

式中：T 为自卸汽车每一工作循环延续时间(min)；t_1 为自卸汽车每次装车时间(min)；n 为自卸汽车每车装土斗数；t 为挖土机每一作业循环的延续时间(s)(W1-100 正铲挖土机为 25～40 s)；q 为挖土机铲斗容量(m^3)；K_c 为铲斗充盈系数，取 0.8～1.1；K_s 为土的最初可松性系数；ρ 为土的重力密度(一般取 17 kN/m^3)；l 为运距(m)；v_c 为重车与空车的平均速度(m/min)，一般取 333～500 m/min；t_2 为卸车时间(一般为 1 min)；t_3 为操纵时间(包括停放待装、等车、让车等)，取 2～3 min。

本章小结

本章主要介绍了土方工程施工的特点，土的分类与性质，场地平整施工，排水降水施工，土方边坡与基坑支护，土方填筑与压实，土方工程机械化施工等内容。通过本章的学习，读者可以对土方工程施工技术有一定的认识，为在施工中正确、熟练应用这些施工技术建立基础。

课后练习

1. 土方工程施工的特点有哪些？
2. 土的工程性质指标有哪些？
3. 土方调配的原则是什么？
4. 土方填料的要求是什么？
5. 影响填土压实质量的因素有哪些？
6. 铲运机的作业方法有哪几种？

第三章
深基础施工

第一节 概 述

深基础是埋深较大、以下部坚实土层或岩层作为持力层的基础，其作用是把所承受的荷载相对集中地传递到地基的深层，而不像浅基础那样通过基础底面把所承受的荷载扩散分布于地基的浅层。因此，当建筑场地的浅层土质不能满足建筑物对地基承载力和变形的要求，而又不适宜采取地基处理措施时，就要考虑采用深基础方案了。深基础主要有桩基、地下连续墙等类型，其中桩基是一种最为古老且应用最为广泛的基础形式。

一、桩基的作用

基桩和连接于桩顶的承台共同作为上部结构的桩基，如图 3－1 所示。桩基的作用是将上部结构的荷载通过较弱地层或水传递到深部较坚硬的、压缩性小的土层或岩层上，因而其具有承载力高、沉降量小、沉降速率低且均匀的特点，能承受竖向荷载、水平荷载、土拔力及由机器产生的振动和动力作用等。

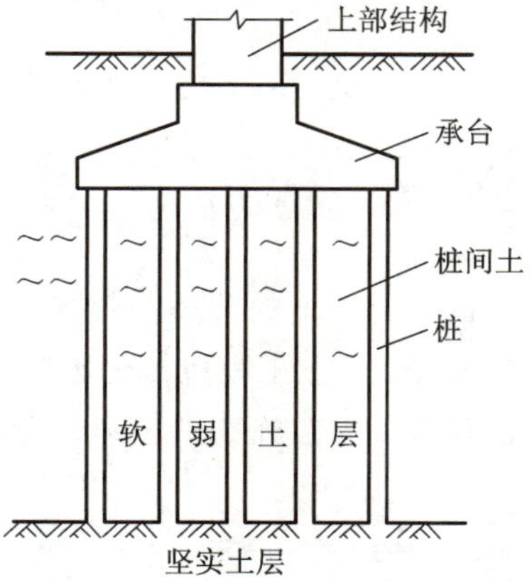

图 3－1 桩基

大多数桩基的桩数不止一根，各桩在桩顶通过承台连成一体。根据承台与地面的相对位置不同，桩基一般有低承台与高承台桩基之分。在工业与民用建筑中，几乎都使用低承台基础，而且大多采用的是竖直桩，甚少采用斜桩；但在桥梁、港湾和海洋构筑物等工程中，则常常使用高承台桩基，且较多采用斜桩，以承受较大的水平荷载。

二、桩的分类

随着桩的材料、构造形式和施工技术的发展，桩可按多种方法进行分类，如图 3－2 所示。

- 桩
  - 按受力性质分
    - 端承桩
    - 摩擦桩
  - 按施工方法分
    - 预制桩
      - 按材料分
        - 木桩
        - 混凝土桩
          - 普通混凝土桩
            - 方桩
            - 三角桩
            - 空心桩
          - 预应力混凝土桩
            - 方桩
            - 管桩
        - 钢桩
          - 钢管桩
          - 异形钢板桩
          - 工字钢桩
      - 按沉桩方法分
        - 锤击沉桩(打入桩)
        - 振动沉桩
        - 预钻孔打入桩
        - 静压桩
    - 灌注桩
      - 无护壁作业桩
        - 螺旋钻孔灌注桩
        - 钻扩孔灌注桩
        - 机动洛阳铲成孔灌注桩
      - 泥浆护壁作业桩
        - 潜水钻成孔灌注桩
        - 冲击钻成孔灌注桩
        - 旋转钻成孔灌注桩
      - 交替护壁作业桩
        - 振动成孔灌注桩
        - 锤击成孔灌注桩
        - 贝诺特桩
        - 弗朗基桩
      - 爆扩成孔作业桩
        - 机扩桩
        - 爆扩桩
  - 按功能分
    - 受压桩
    - 横向受荷桩
    - 锚桩
    - 抗拔桩
    - 护坡桩

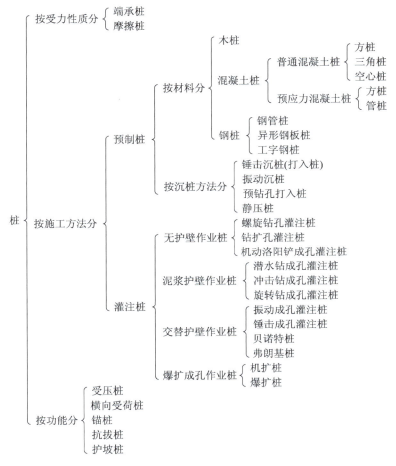

图 3－2　桩的分类

桩按受力性质分为摩擦桩和端承桩：摩擦桩是指在竖向极限荷载作用下，桩顶荷载全部或主要由桩侧阻力承受，其质量控制以控制入土标高为主，以控制贯入度为参考；端承桩是指在竖向极限荷载作用下，桩顶荷载全部或主要由桩端阻力承受，桩侧阻力相对桩端阻力而言较小，或可忽略不计的桩，其质量控制以控制贯入度为主，以控制入土标高为参考。

在实际应用中，摩擦桩和端承桩也可结合起来使用，可分为端承摩擦桩和摩擦端承桩。在极限承载力状态下，端承摩擦桩桩顶荷载主要由桩侧阻力承受，摩擦端承桩桩顶荷载主要由桩端阻力承受。

桩按施工方法分为预制桩和灌注桩：预制桩是指在工厂或施工现场预先将桩制成，采用锤击打入、静力压入或振入的方法将桩沉入土中；灌注桩是指在施工现场规定的桩位处成孔，然后向孔内灌注混凝土而成的桩，大多数加有钢筋。桩按功能分为受压桩、横向受荷桩、锚桩、抗拔桩和护坡桩。

第二节 预制桩施工

一、桩的制作、起吊、运输和堆放

1. 桩的制作

预制桩主要有混凝土方桩、预应力混凝土管桩、钢管和型钢桩等。预制桩能承受较大的荷载，坚固耐久，施工速度快。

钢筋混凝土预制桩有管桩和实心桩两种，可制成各种需要的断面及长度，承载能力较大，制作及沉桩工艺简单，不受地下水位高低的影响，是目前工程上应用最广的一种桩。

管桩为空心桩，由预制厂用离心法生产，管桩截面外径为400～500 mm；实心桩一般为正方形断面，常用实心桩断面面积为200 mm×200 mm～550 mm×550 mm。单根桩的最大长度，根据打桩架的高度确定。对30 m以上的桩可将桩制成几段，在打桩过程中逐段接长；如在工厂制作，每段长度不宜超过12 m。

钢筋混凝土预制桩可在工厂或施工现场预制。一般较长的桩在打桩现场或附近场地预制，较短的桩多在预制厂生产。

钢筋混凝土预制桩制作程序为：现场布置，场地平整，支模，绑扎钢筋、安设吊环，浇筑混凝土，养护至30%强度拆模，支上层模板，涂刷隔离剂；同法制作第二层混凝土，养护至70%强度起吊，达100%强度运输、堆放沉桩。

桩的制作质量除应符合有关规范的允许偏差规定外，还应符合下列要求：

(1) 桩的表面应平整、密实，掉角的深度不应超过10 mm，且局部蜂窝和掉角的缺损总面积不得超过该桩表面全部面积的0.5%，并不得过分集中。

(2) 混凝土收缩产生的裂缝深度不得大于20 mm，宽度不得大于0.25 mm；横向裂缝长度不得超过50%的边长(圆桩或多边形桩不得超过直径或对角线长的1/2)。

(3) 桩顶和桩尖处不得有蜂窝、麻面、裂缝和掉角。

2. 桩的起吊、运输和堆放

(1) 桩的起吊。预制桩在混凝土达到设计强度的70%后方可起吊，如需提前吊运和沉桩，则必须采取措施并经强度和抗裂度验算合格后方可进行。桩在起吊和搬运时，必须做到平稳，并不得损坏棱角，吊点应符合设计要求。如无吊环，设计又未作规定，可按吊点间的跨中弯矩与吊点处的负弯矩相等的原则来确定吊点位置。吊点位置如图3-3所示。

(2) 桩的运输。混凝土预制桩达到设计强度的100%后方可运输。当桩在短距离内搬运时，可在桩下垫以滚筒，用卷扬机拖桩拉运；当桩需长距离搬运时，可采用平板拖车或轻轨平板车拖运。桩在搬运前，必须进行制作质量的检查；桩经搬运后再进行外观检查，所有质量均应符合规范的有关规定。

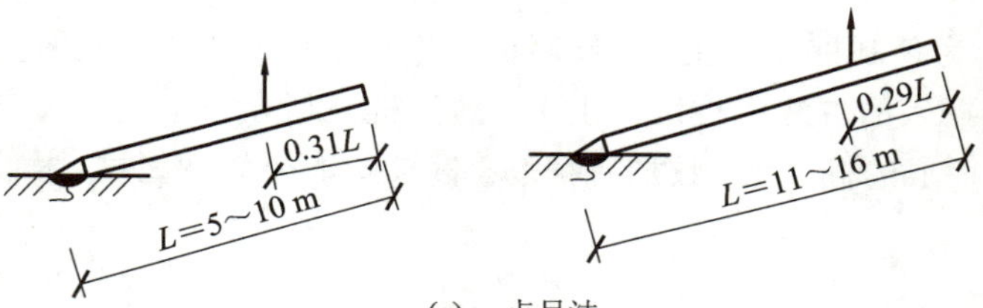

(a) 一点吊法

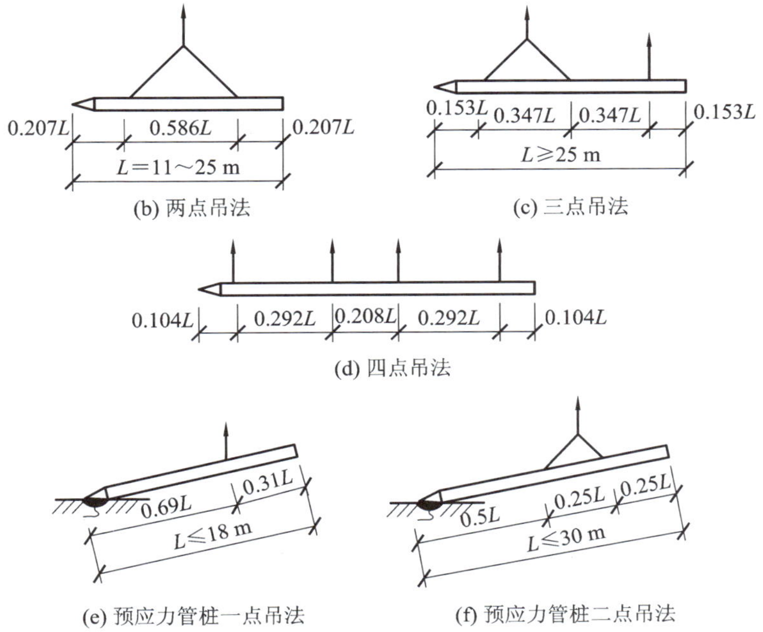

图 3－3　吊点位置

(3) 桩的堆放。桩堆放时，应按规格、桩号分层叠置在平整、坚实的地面上，支承点应设在吊点处或吊点附近，上、下层垫块应在同一直线上，堆放层数不宜超过 4 层。

二、打(沉)桩方法

打(沉)桩方法主要包括锤击沉桩法、振动沉桩法、静力压桩法等。锤击沉桩法应用最普遍。

1. 锤击沉桩法

(1) 打桩设备及选用。打桩所用的机具设备主要包括桩锤、桩架及动力装置三部分。

桩架主要有滚筒式桩架、多功能桩架和履带式桩架等。其作用是支持桩身和桩锤，将桩吊到打桩位置，并在打入过程中引导桩的方向，保证桩锤沿着所要求的方向冲击。

动力装置主要有卷扬机、锅炉、空气压缩机等，其作用是提供桩锤的动力。

(2) 确定打桩顺序。打桩顺序直接影响打桩工程质量和施工进度。确定打桩顺序时，应综合考虑桩基的平面布置、桩的密集程度、桩的规格和桩架移动方便等因素。当基坑不大时，打桩顺序一般分为自中间向两侧对称施打、自中间向四周施打、由一侧向单一方向逐排施打。自中间向两侧对称施打和自中间向四周施打这两种打桩顺序，适用于桩较密集、桩距$\leqslant 4d$(d 为桩径)时的打桩施工。如图 3－4(a)、(b)所示，打桩时土由中央向两侧或四周挤压，易于保证打桩工程质量。自一侧向单一方向逐排施打适用于桩不太密集、桩距$>4d$ 时的打桩施工。如图3－4(c)所示，打桩时桩架单向移动，打桩效率高，但这种打法使土向一个方向挤压，地基土挤压不均匀，导致后面桩的打入深度逐渐减小，最终引起建筑物的不均匀沉降。当基坑较大时，应将基坑分为数段，在各段内分别进行施工。

此外，当桩规格、埋深、长度不同时，打桩顺序宜先大后小、先深后浅、先长后短；当一侧毗邻建筑物时，应由毗邻建筑物一侧向另一方向施打；当桩头高出地面时，宜采取后退施打。

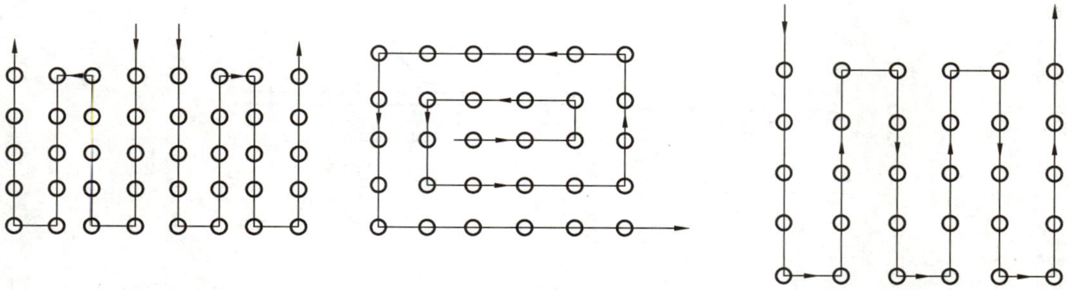
(a) 自中间向两侧对称施打　(b) 自中间向四周施打　(c) 由一侧向单一方向逐排施打

图 3-4　打桩顺序

(3) 确定打桩的施工工艺。打桩的施工程序包括桩机就位→吊装→打桩→送桩→接桩、拔桩→截桩等。

打桩时采用“重锤低击”，可取得良好效果。

打桩是隐蔽工程施工，应做好记录，作为工程验收时鉴定桩的质量的依据之一。打桩的质量要求包括两个方面：一是能否满足贯入度或标高的设计要求；二是打入后的偏差是否在施工及验收规范允许的范围以内。

2. 振动沉桩法

振动沉桩的原理是借助固定于桩头上的振动沉桩机所产生的振动力，减小桩与土壤颗粒之间的摩擦力，使桩在自重与机械力的作用下沉入土中。

振动沉桩机由电动机、弹簧支承、偏心振动块和桩帽组成。

3. 静力压桩法

静力压桩法是在软土地基上，利用静力压桩机或液压压桩机用无振动的静压力，将预制桩压入土中的一种沉桩工艺，它可以消除噪声和振动的危害。

静力压桩施工工艺流程包括场地清理→测量定位→尖桩就位(包括对中和调直)→压桩→接桩→再压桩→截桩等。最重要的是测量定位、尖桩就位、压桩和接桩四大施工过程，这些过程是保证压桩质量的关键。

静力压桩机有顶压式、箍压式和前压式三种类型。

第三节　混凝土灌注桩施工

一、泥浆护壁成孔灌注桩

泥浆护壁成孔灌注桩是通过桩机在泥浆护壁条件下慢速钻进，将钻渣利用泥浆带出，并保护孔壁不致坍塌，成孔后使用水下混凝土浇筑的方法将泥浆置换出来而成的桩。

泥浆护壁成孔灌注桩一般施工工艺流程为：测定桩位→埋设护筒→钻机就位→钻进(设泥浆池制备泥浆，泥浆循环清渣)→清孔→检查垂度及孔径→制作及安放钢筋笼→灌注混凝土。

1. 测定桩位

要由专业测量人员根据给定的控制点用“双控法”测量桩位，并用标桩标定准确。

2. 埋设护筒

泥浆护壁成孔时，宜采用孔口护筒，护筒设置应符合下列规定：

(1) 护筒埋设应准确、稳定，护筒中心与桩位中心的偏差不得大于 50 mm。

(2) 护筒可用 4～8 mm 厚钢板制作，其内径应大于钻头直径 100 mm，上部宜开设 1～2 个溢浆孔。

(3) 护筒的埋设深度：黏性土中不宜小于 1.0 m；砂土中不宜小于 1.5 m。护筒下端外侧应采用黏土填实，其高度尚应满足孔内泥浆面高度的要求。

(4) 受水位涨落影响或在水下进行施工的钻孔灌注桩，护筒应加高加深，必要时应打入不透水层。

3. 钻机就位

钻机就位前，先平整场地，铺好枕木并用水平尺校正，保证钻机平稳、牢固。成孔设备就位后，必须平正、稳固，确保在施工过程中不发生倾斜、移动。使用双向吊锤球校正调整钻杆垂直度，必要时可使用经纬仪校正钻杆垂直度。为准确控制钻孔深度，应在桩架上做出控制深度的标尺，以便在施工中进行观测、记录。

4. 钻进

开钻时，在护筒下一定范围内应慢速钻进。待导向部位或钻头全部进入土层后，方可加速钻进。钻进速度应根据土质情况、孔径、孔深和供水、供浆量的大小确定，一般控制在 5 m/min 左右，在淤泥和淤泥质黏土中不宜大于 1 m/min，在较硬的土层中以钻机无跳动、电动机不超荷为准。在钻孔、排渣或因故障停钻时，应始终保持孔内具有符合规定的水位及满足要求的泥浆相对密度和黏度。

钻头到达持力层时，钻速会突然减慢，这时应对浮渣取样并与地质报告比较，予以判定。原则上应由地质勘探单位派出有经验的技术人员判定钻头是否到达设计持力层深度，并用测绳测定孔深作进一步判断。经判定满足设计规范要求后，方可同意施工收桩，提升钻头。

5. 清孔

当钻孔达到设计深度后，即应进行验孔和清孔。用带有活片的竹筒检验孔径，用泥浆循环清除孔底沉渣、淤泥，此时孔内泥浆的相对密度以控制在 1.1 为宜。孔底沉渣允许厚度：采用端承桩时≤50 mm；采用摩擦桩时≤150 mm。

6. 检查垂度及孔径

(1) 使用自制检验器检测垂度方法如下：

① 移开转盘(桩孔直径小于转盘通孔直径时，可不移)。

② 用升降机将检验器下入孔内，将转盘移回原位固定。

③ 提引绳从转盘中间穿过与检验器连接，将开口检测圆环放到转盘槽内，这时检测圆环的内支撑的交点 O 既是转盘中心又是设计钻孔中心。

④ 将检验器提起，下放到孔口，使其处于悬垂状态，此时提引绳与转盘平面有一个交点 B，用直尺量出 OB 距离(精确到 1 mm)。

⑤ 量出天车滑轮前沿距转盘平面的距离 h(此高是固定的)，以及转盘平面距孔口距离(精确到 1 mm)。

⑥ 继续下放检验器到预测定的位置，此时提引绳与转盘平面又会产生一个交点 B'，量出

OB'的距离。

(2) 使用笼式井径器检测孔径方法如下：

① 孔径检查是在桩孔成孔后、下入钢筋笼前进行的，根据设计桩径制作笼式井径器入孔检测。

② 笼式井径器用 $\phi 8$ 和 $\phi 12$ 的钢筋制作，其长度等于钻孔的设计孔径的 4～6 倍。其长度与孔径的比值应根据钻机的性能及土层的具体情况而定。

③ 检测时，将井径器吊起，使笼的中心、孔的中心与起吊钢绳保持一致，慢慢放入孔内，上下通畅无阻表明孔径大于给定的笼径；若中途遇阻则有可能在遇阻部位有缩径或孔斜现象，应采取措施予以消除。

7. 制作及安放钢筋笼

(1) 制作钢筋笼应注意以下几点：

① 钢筋笼的加工场地应选择在运输和就位比较方便的场所，最好设置在现场内。

② 钢筋的种类、型号及规格尺寸要符合设计要求。

③ 钢筋进场后应按钢筋的不同型号、直径、长度分别堆放。

④ 钢筋笼绑扎顺序：先在架立筋(加强箍筋)上将主筋等间距布置好，再按规定的间距绑扎箍筋。箍筋、架立筋和主筋之间的接点可用电焊焊接等方法固定。在直径大于 2 m 的大直径钢筋笼中，可使用角钢或扁钢作为架立筋，以增大钢筋笼刚度。

⑤ 钢筋笼长度一般在 8 m 左右，采取辅助措施后，可加长到 12 m 左右。

⑥ 钢筋笼下端部的加工应适应钻孔情况。

⑦ 为确保桩身混凝土保护层的厚度，一般应在主筋外侧安设钢筋定位器或滚轴垫块。

⑧ 钢筋笼堆放应考虑安装顺序、钢筋笼变形和防止事故等因素，以堆放两层为好，如果采取措施可堆放三层。

(2) 安放钢筋笼应注意以下几点：

① 钢筋笼安放要对准孔位，扶稳、缓慢安放，避免碰撞井壁，到位后立即固定。

② 大直径桩的钢筋笼要使用与吨位相适应的吊车将钢筋笼吊入孔内。在吊装过程中，要防止钢筋笼发生变形。

③ 当钢筋笼需要接长时，要先将第一段钢筋笼放入孔中，利用其上部架立筋暂时固定在护筒上部，然后吊起第二段钢筋笼对准位置后用绑扎或焊接等方法接长后放入孔中，如此逐段接长后放到预定位置。

④ 钢筋笼安放后，要检查确认钢筋顶端的高度。

8. 灌注混凝土

灌注混凝土应注意以下几点：

(1) 灌注混凝土的导管直径宜为 200～250 mm，壁厚不小于 3 mm，分节长度视工艺要求而定，一般为 2.0～2.5 m，导管与钢筋应保持 100 mm 的距离，导管使用前应试拼装，以 0.6～1.0 MPa 水压力进行试压。

(2) 开始灌注水下混凝土时，管底至孔底的距离宜为 300～500 mm，并使导管一次埋入混凝土面以下 0.8 m 以上，在以后的浇筑中，导管埋深宜为 2～6 m。

(3) 桩顶灌注高度不能偏低，应在凿除泛浆层后使桩顶混凝土达到强度设计值。

二、套管成孔灌注桩

套管成孔灌注桩是指用锤击或振动的方法，将带有预制混凝土桩尖或钢活瓣桩尖的钢套管沉入土中，到达规定的深度后，立即在管内浇筑混凝土或管内放入钢筋笼后，再浇筑混凝土，随后拔出钢套管，并利用拔管时的冲击或振动，使混凝土捣实而形成的桩，故又称沉管或打拔管灌注桩。

套管成孔灌注桩按沉管的方法不同，又分为振动沉管灌注桩和锤击沉管灌注桩两种。套管成孔灌注桩适用于一般黏性土、淤泥质土、砂土、人工填土及中密碎石土地基的沉桩。

1. 振动沉管灌注桩

（1）施工工艺流程。振动沉管灌注桩施工工艺流程如图 3－5 所示。

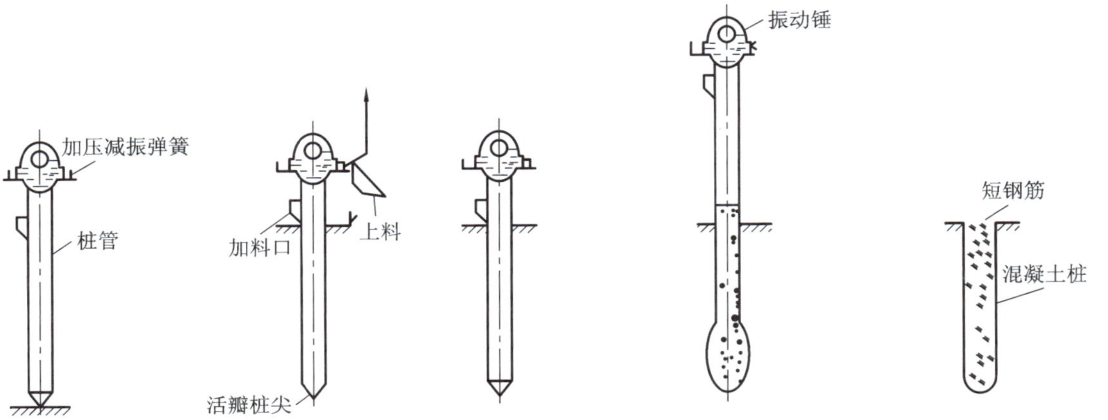

图 3－5　振动沉管灌注桩施工工艺流程

① 桩机就位。施工前，应根据土质情况选择适用的振动打桩机，桩尖采用活瓣式。施工时先安装好桩机，将桩管对准桩位中心，桩尖活瓣合拢，放松卷扬机钢丝绳，利用振动机及桩管自重，把桩尖压入土中，勿使其偏斜，这样即可启动振动箱沉管。

② 振动沉管。沉管过程中，应经常探测管内有无地下水或泥浆。如发现水或泥浆较多，应拔出桩管，检查活瓣桩尖缝隙是否过疏而漏进泥水。如过疏，应加以修理，并用砂回填桩孔后重新沉管。如仍发现有少量水，一般可在沉入前先灌入 0.1 m^3 左右的混凝土或砂浆，封堵活瓣桩尖缝隙，再继续沉入。

沉管时，为了适应不同土质条件，常用加压方法来调整土的自振频率。桩尖压力改变可利用卷扬机滑轮钢丝绳，把桩架的部分质量传到桩管上，并根据钢管沉入速度随时调整离合器，防止桩架抬起，发生事故。

③ 浇筑混凝土。桩管沉到设计位置后停止振动，用上料斗将混凝土灌入桩管内，一般应灌满或略高于地面。

④ 边拔管、边振动、边浇筑混凝土。开始拔管时，先启动振动箱片刻再拔管，并用吊砣探测确定桩尖活瓣已张开，混凝土从桩管中流出以后，方可继续抽拔桩管，边拔边振。拔管速度：活瓣桩尖不宜大于 2.5 m/min；预制钢筋混凝土桩尖不宜大于 4 m/min。拔管方法一般宜采用单打法，每拔起 0.5～1.0 m 时停拔，振动 5～10 s，再拔管 0.5～1.0 m，振动 5～10 s，如

此反复进行，直至全部拔出。在拔管过程中，桩管内的混凝土应至少保持 2 m 的高度或不低于地面，可用吊砣探测，不足时要及时补灌，以防混凝土中断，形成缩颈。

振动灌注桩的中心距不宜小于桩管外径的 4 倍，相邻桩施工时，其间隔时间不得超过水泥的初凝时间。中间需停顿时，应在停歇前将桩管先沉入土中。

⑤ 安放钢筋笼或插筋。第一次浇筑至笼底标高，然后安放钢筋笼，再灌注混凝土至设计标高。

(2) 施工要点。振动沉管施工法是在振动锤竖直方向往复振动作用下，桩管也以一定的频率和振幅产生竖向往复振动，减小桩管与周围土体间的摩擦力。当强迫振动频率与土体的自振频率相同时(砂土自振频率为 900～1200 Hz，黏性土自振频率为 600～700 Hz)，土体结构因共振而破坏。与此同时，桩管受加压作用而沉入土中。在达到设计要求深度后，边拔管、边振动、边灌注混凝土、边成桩。

振动沉管施工法、振动冲击沉管施工法一般有单打法、复打法、反插法等，应根据土质情况和荷载要求分别选用。单打法适用于含水率较小的土层，且宜采用预制桩尖；复打法及反插法适用于软弱饱和土层。

① 单打法：一次拔管法，拔管时每提升 0.5～1 m，振动 5～10 s，再拔管 0.5～1 m，如此反复进行，直至全部拔出为止。一般情况下，振动沉管灌注桩均采用此法。

② 复打法：在同一桩孔内进行两次单打，即按单打法制成桩后，在混凝土桩内成孔并灌注混凝土。采用此法可扩大桩径，大大提高桩的承载力。

③ 反插法：将套管每提升 0.5 m，再下沉 0.3 m，反插深度不宜大于活瓣桩尖长度的 2/3，如此反复进行，直至拔离地面。此法通过在拔管过程中反复向下挤压，可有效地避免颈缩现象，且比复打法经济、快速。

2. 锤击沉管灌注桩

(1) 施工工艺流程。锤击沉管灌注桩施工工艺流程如图 3－6 所示。

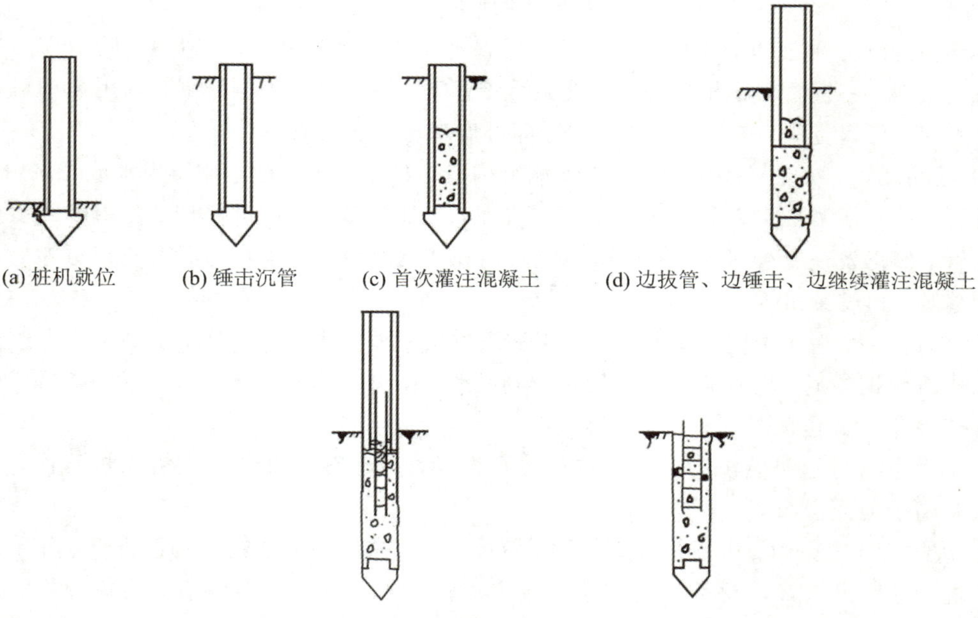

(a) 桩机就位　(b) 锤击沉管　(c) 首次灌注混凝土　(d) 边拔管、边锤击、边继续灌注混凝土

(e) 放钢筋笼，继续灌注混凝土　(f) 成桩

图 3－6　锤击沉管灌注桩施工工艺流程

① 桩机就位。将桩管对准预先埋设在桩位上的预制桩尖或将桩管对准桩位中心，使它们三点一线，然后把桩尖活瓣合拢，放松卷扬机钢丝绳，利用桩机和桩管自重，把桩尖打入土中。

② 锤击沉管。在检查桩管与桩锤、桩架等是否在一条垂直线上之后，看桩管垂直度偏差是否小于或等于0.5%。可用桩锤先低锤轻击桩管，观察偏差是否在容许范围内，再正式施打，直至将桩管打入至设计标高或要求的贯入度。

③ 首次灌注混凝土。沉管至设计标高后，应立即灌注混凝土，尽量减少间隔时间。在灌注混凝土前，必须确保桩管内无泥浆或无渗水(用吊砣检查)，然后用吊斗将混凝土通过灌注漏斗灌入桩管内。

④ 边拔管、边锤击、边继续灌注混凝土。当混凝土灌满桩管后，便可开始拔管，一边拔管，一边锤击。拔管的速度要均匀，对一般土层以 1 m/min 为宜，在软弱土层和软硬土层交界处，宜控制在 0.3～0.8 m/min；采用倒打拔管的打击次数，单动汽锤不得少于 50 次/min，自由落锤轻击(小落距锤击)不得少于 40 次/min；在管底未拔至桩顶设计标高前，倒打和轻击不得中断。在拔管过程中应向桩管内继续灌入混凝土，以满足灌注量的要求。

⑤ 放钢筋笼，继续灌注混凝土。当桩身配钢筋笼时，第一次灌注混凝土时应先灌至笼底标高，然后放置钢筋笼，再灌混凝土至桩顶标高。第一次拔管高度应以能容纳第二次所需灌入的混凝土量为限，不宜拔得过高。在拔管过程中应有专用测锤或浮标，检查混凝土面的下降情况。

(2) 施工要点。锤击沉管施工法是利用桩锤将桩管和预制桩尖(桩靴)打入土中，边拔管、边锤击、边灌注混凝土、边成桩的方法。在拔管过程中，应保持对桩管进行连续低锤密击，使钢管不断受到冲击振动，从而密实混凝土。锤击沉管灌注桩的施工应该根据土质情况和荷载要求，选用单打法、复打法或反插法。

三、干作业成孔灌注桩

干作业成孔灌注桩适用于地下水位以上的黏性土、粉土、填土、砂土、粒径不大的砂砾土及风化岩层等，但不宜用于地下水位以下的上述土层及碎石土、淤泥土。

干作业成孔灌注桩一般采用螺旋钻成孔，螺旋成孔机成孔灌注桩施工工艺流程为：钻孔→检查成孔质量→孔底清理→盖好孔口盖板→移桩机至下一桩位→移走盖口板→复测桩孔深度及垂直度→安放钢筋笼→放混凝土串筒→浇筑混凝土→插桩顶钢筋。施工时应注意以下事项：

(1) 钻进时要求钻杆垂直，钻孔过程中发现钻杆摇晃或进钻困难时，可能是遇到石块等硬物，应立即停车检查，及时处理，以免损坏钻具或导致桩孔偏斜。

(2) 施工中，如发现钻孔偏斜，应提起钻头上、下反复扫钻数次，以便削去硬土。如纠正无效，应在孔中回填黏土至偏孔处以上 0.5 m，再重新钻进。如成孔时发生塌孔，宜钻至塌孔处以下 1～2 m 处，用低强度等级的混凝土填至塌孔以上 1 m 左右，待混凝土初凝后再继续下钻钻至设计深度，也可用 3∶7 的灰土代替混凝土。

(3) 钻孔达到要求深度后，进行孔底土清理，即钻到设计钻深后，必须在深处进行空转清土，然后停止转动，提钻杆，不得回转钻杆。

(4) 提钻后应检查成孔质量，即用测绳(锤)或手提灯测量孔深垂直度及虚土厚度。虚土厚度等于测量深度与孔深的差值，虚土厚度一般不应超过 100 mm。清孔时，若有少量浮土泥浆不易清除，可投入 25～60 mm 厚的卵石或碎石插捣，以挤密土体；也可用夯锤夯击孔底虚土或用压力在孔底灌入水泥浆，以减少桩的沉降和提高其承载力。

(5) 钻孔完成后，应尽快吊放钢筋笼并浇筑混凝土。混凝土应分层浇筑，每层高度不得大于 1.5 m，混凝土的坍落度在一般黏性土中为 50～70 mm，在砂类土中为 70～90 mm。

四、人工挖孔灌注桩

人工挖孔灌注桩是指在桩位采用人工挖掘方法成孔(或端部扩大)，然后安放钢筋笼、灌注混凝土而成桩。人工挖孔灌注桩宜用于地下水位以上的黏性土、粉土、填土、中等密实以上的砂土、风化岩层，也可在黄土、膨胀土和冻土中使用，适应性较强。在地下水位较高，有承压水的砂土层、滞水层、厚度较大的流塑状淤泥、淤泥质土层中不得选用人工挖孔灌注桩。人工挖孔灌注桩的孔径(不含护壁)不得小于 0.8 m，且不宜大于 2.5 m；孔深不宜大于 30 m。当桩净距小于 2.5 m 时，应采用间隔开挖。相邻排桩跳挖的最小施工净距不得小于 4.5 m。

1. 施工机具

人工挖孔灌注桩的机具比较简单，主要有：

(1) 吊架。可用木头或钢架构成。

(2) 电动葫芦(或手摇辘轳)和提土筒。用于材料和弃土的垂直运输及施工工人上、下。使用的电动葫芦、吊笼等应安全可靠，并配有自动卡紧保险装置，不得使用麻绳和尼龙绳吊挂或脚踏井壁凸缘上、下。电动葫芦宜用按钮式开关，使用前必须检验其安全起吊能力。

(3) 短柄铁锹、镐、锤、钎等挖土工具。

(4) 护壁钢模板。

(5) 鼓风机和送风机，用于向桩孔中强制送入新鲜空气。当桩孔开挖深度超过 10 m 时，应有专门向井下送风的设备，风量不宜小于 25 L/s。

(6) 应急软爬梯。桩孔内必须设置应急软爬梯供人员上、下。

(7) 潜水泵，用于抽出桩孔中的积水。其绝缘性应完好，电缆不应漏电，无划破之处。有地下水时，应配潜水泵及胶皮软管等。

(8) 混凝土浇筑机具、小直径插入式振动器、串筒等。当水下浇筑混凝土时，尚应配导管、吊斗、混凝土储料斗、提升装置(卷扬机或起重机等)、浇筑架、测锤。

2. 施工工艺

人工挖孔灌注桩的施工工艺如下：

(1) 测量放线、定桩位。

(2) 桩孔内土方开挖。采取分段开挖，每段开挖深度取决于土层保持直立的能力，一般 0.5～1.0 m 为一个施工段，开挖范围为设计桩径加护壁厚度。

(3) 支护壁模板。常在井外预拼 4～8 块工具式模板。

(4) 浇筑护壁混凝土。护壁起着防止土壁坍塌与防水的双重作用，因此护壁混凝土要捣实，第一节护壁厚宜增加 100～150 mm，上、下节用钢筋拉结。

(5) 拆模，继续下一节的施工。护壁混凝土强度达到 1 MPa 时(常温下约 24 h)方可拆模，拆模后开挖下一节的土方，再支模浇筑护壁混凝土，如此循环，直至挖到设计深度。

(6) 浇筑桩身混凝土。排除桩底积水后，浇筑桩身混凝土至钢筋笼底面设计标高，安放钢筋笼，再继续浇筑混凝土。混凝土浇筑时应用溜槽或串筒，用插入式振动器捣实。

3. 施工注意事项

人工挖孔灌注桩施工应注意以下几点：

(1) 开挖前，桩位定位应准确，在桩位外设置龙门桩，安装护壁模板时，须用桩心点校正模板位置，并由专人负责。

(2) 保证桩孔的平面位置和垂直度。桩孔中心线的平面位置偏差不宜超过 50 mm，桩的垂直度偏差不得超过 0.5%，桩径不得小于设计直径。为保证桩孔平面位置和垂直度符合要求，每开挖一段，安装护圈楔板时，可用十字架放在孔口上方，对准预先标定的轴线标记，在十字架交叉点悬吊垂球对中，务必使每一段护壁符合轴线要求，以保证桩身的垂直度。

(3) 防止土壁坍落及流砂。在开挖过程中，遇有特别松散的土层或流砂层时，为防止土壁坍落及流砂，可采用钢套管护圈或沉井护圈作为护壁，或将混凝土护圈的高度减小到 300～500 mm。流砂现象严重时，可采用井点降水法降低地下水位，以确保施工安全和工程质量。

(4) 人工挖孔桩混凝土护壁厚度不宜小于 100 mm，混凝土强度等级不得低于桩身混凝土强度等级。采用多节护壁时，应用钢筋拉结起来。第一节井圈顶面应比场地高出 150～200 mm，壁厚比下面井壁厚度增加 100～150 mm。

(5) 浇筑桩身混凝土时，应及时清孔及排除井底积水。桩身混凝土宜一次连续浇筑完毕，不留施工缝。浇筑前，应认真清除孔底的浮土、石渣。在浇筑过程中，要防止地下水流入，保证浇筑层表面无积水层。当地下水穿过护壁流入量较大、无法抽干时，应采用导管法浇筑。

第四节　地下连续墙施工

一、概述

在所定位置利用专用的挖槽机械和泥浆(又叫稳定液、触变泥浆等)护壁，开挖出一定长度(一般为 4～6 m，叫单元槽段)的深槽后，插入钢筋笼，并在充满泥浆的深槽中用导管法浇筑混凝土(混凝土浇筑从槽底开始，逐渐向上，泥浆也就被置换出来)，最后把这些槽段用特制的接头相互连接起来形成一道连续的现浇地下墙(见图 3-7)，这就是地下连续墙。

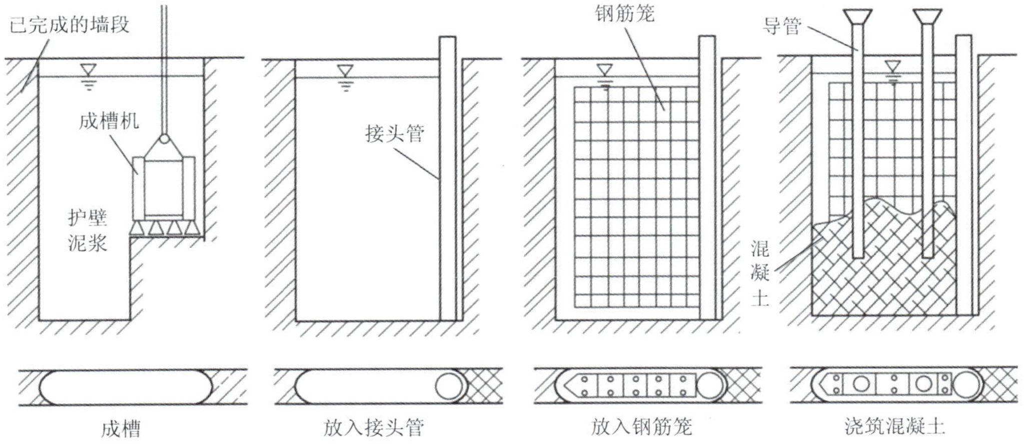

图 3-7　地下连续墙

地下连续墙作为挡土结构，按其支护方式分为：

(1) 自立式。在开挖过程中不须设置支撑或锚杆，依赖其自身保持稳定，适用于 4～5 m 深的浅坑开挖。为了开挖较大的基坑，可采用刚度较大的 T 形或 I 形断面。

(2) 锚定式。常采用多层斜向锚杆，但在软土地区，锚杆承载力较低，其应用问题还需进一步解决。

(3) 支撑式。这种支护方式用得较多，与钢板桩支撑相似。常用 H 型钢、实腹梁、钢管或桁架等作为支撑，也可用主体结构的钢筋混凝土梁兼做支撑。如挖坑较深，可用多层支撑，但应注意及时架设支撑及分析受力情况，避免在开挖过程中因支撑不妥而造成墙突然倾倒、支撑倒塌等事故。

(4) 逆作法式。常用于较深的多层地下室施工，先沿建筑物周围进行地下连续墙施工，并在建筑物内部设置中间支承柱，然后开挖土方到第一层地下室底面标高，并完成地面层底面的梁板体系作为支撑系统。继续向下开挖土方并向下逐层进行各层地下室结构施工，同时，接长柱子或墙板，向上逐层进行地面以上各层结构的施工，这样以地面层为始点，上、下同时进行施工，直至工程结束。有时，根据需要也可选用部分逆作法，即由上而下进行逆作法施工，地下室的每层楼盖梁形成水平框架或支撑，地下室封底后再向上逐层浇筑楼板。与常规施工方法相比，逆作法有下列优点：缩短工期；减少基坑开挖对周围地层和邻近建筑物的影响；大大节省支撑材料，造价较低；结构设计更为合理等。

二、施工工艺流程

地下连续墙施工工艺流程：修筑导墙→挖槽→吊放钢筋笼→浇筑混凝土。

1. 修筑导墙

导墙是地下连续墙挖槽之前修筑的临时结构，对挖槽起重要作用。导墙一般为现浇的钢筋混凝土结构，但亦有钢制的或预制钢筋混凝土的装配式结构，可重复多次使用。不论采用哪种结构，导墙都应具有必要的强度、刚度和精度，且一定要满足挖槽机械的施工要求。导墙的形式主要有如图 3-8 所示的几种，其中图 3-8(a)所示的导墙的断面形状最简单，适用于地表层土较好、具有足够地基强度、作用在导墙上的荷载较小的情况；图 3-8(b)适用于表层地基土差，特别是坍塌性大的砂土或回填杂土，需将导墙筑成如“L”形或上、下两端都向外伸的“][”形；图 3-8 (c)适用于导墙上荷载大的情况；图 3-8(d)适用于有邻近建筑物的情况。

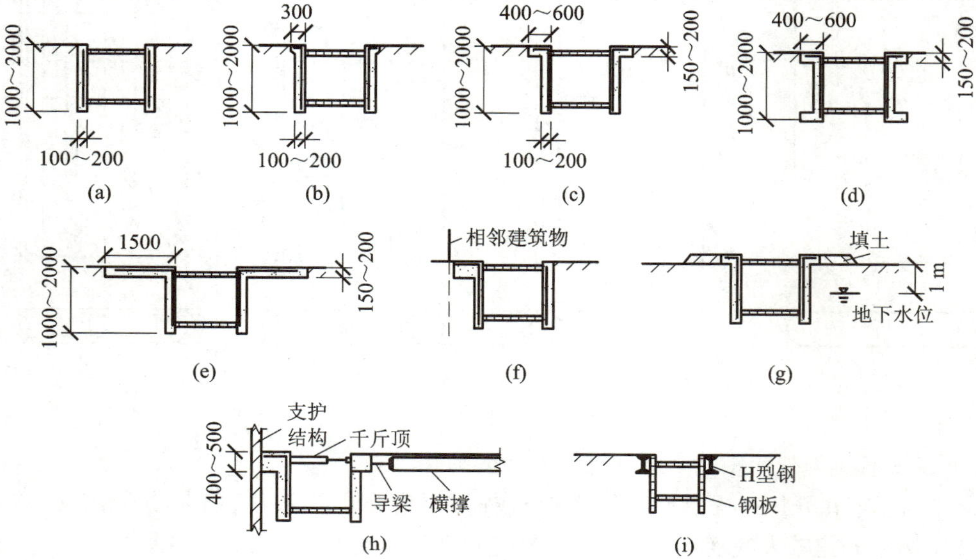

图 3-8　导墙的形式

修筑导墙的工艺流程为：平整场地→测量定位→挖槽→绑钢筋→支模板(按设计图，外侧可利用土模，内侧用模板)→浇筑混凝土→拆模并设置横撑→回填外侧空隙并碾压。

导墙施工精度直接关系到地下连续墙的精度，要特别注意导墙内侧净空尺寸、垂直与水平精度和平面位置等。导墙水平钢筋须连接起来，使导墙成为一个整体，要防止因强度不足或施工不良而发生事故。

导墙的厚度一般为 150～200 mm，墙趾不宜小于 0.20 m，深度为 1.0～2.0 m。导墙的配筋多为 ϕ12@200，水平钢筋必须连接起来，使导墙成为整体。导墙施工接头位置应与地下连续墙施工接头位置错开。

导墙面应高于地面约 100 mm，防止地面水流入槽内污染泥浆。导墙的内墙面应平行于地下连续墙轴线，对轴线距离的最大允许偏差为±10 mm；内外导墙面的净距，应为地下连续墙名义厚度加 40 mm，允许误差为±5 mm，墙面应垂直；导墙顶面应水平，全长范围内的高差应小于±10 mm，局部高差应小于 5 mm。导墙的基底应和土面密贴，以防泥浆渗入导墙后面。

现浇钢筋混凝土导墙拆模后，应沿纵向每隔 1 m 左右加设上、下两道木支撑，将两片导墙支撑起来，在导墙的混凝土达到设计强度之前，禁止任何重型机械和运输设备在旁边行驶，以防导墙受压变形。

2. 挖槽

开挖槽段是地下连续墙施工中的重要环节，约占工期的一半。挖槽精度又决定了墙体制作精度，所以它是决定施工进度和质量的关键工序。地下连续墙通常是分段施工的，每一段称为一个槽段，一个槽段是一次混凝土浇筑单位。

选择的槽段长度不能小于钻机长度，一般情况下越长越好，可以减少地下墙的接头数，以提高地下连续墙的防水性能和整体性。确定实际长度时，一般应考虑地质情况的好坏、周围环境，工地具备的起重机起重能力、单位时间内供应混凝土的能力，工地所具备的稳定液槽容积，工地占用的场地面积，以及能够连续作业的时间等因素。

此外，划分单元槽段时还应考虑单元槽段之间的接头位置。接头应避免设在转角处及地下连续墙与内部结构的连接处，以保证地下连续墙的整体性。此外，接头布置还应与内衬墙体结构的变形缝或伸缩缝相协调。

3. 吊放钢筋笼

对钢筋笼的吊放等应周密地制订施工方案，不允许在此过程中产生不能恢复的变形。

钢筋笼起吊应用横吊梁式吊架，吊点布置和起吊方式要防止起吊时引起钢筋笼变形。起吊时不能使钢筋笼下端在地面上拖引，以防造成下端钢筋弯曲变形。为防止钢筋吊起后在空中摆动，应在钢筋笼下端系上曳引绳以人力操纵。

插入钢筋笼时，最重要的是使钢筋笼对准单元槽段的中心，垂直而又准确地插入槽内。钢筋笼进入槽内时，吊点中心必须对准槽段中心，然后徐徐下降，此时必须注意不要因起重臂摆动而使钢筋笼产生横向摆动，造成坍塌。

钢筋插入槽内后，检查其顶端高度是否符合设计要求，然后将其搁置在导墙上。如钢筋笼分段制作，吊放时需接长，下段钢筋笼要垂直悬挂在导墙上，然后将上段钢筋笼垂直吊起，上、下两段钢筋笼呈直线连接。

如果钢筋笼不能顺利插入槽内，应该将钢筋笼吊出，查明原因加以解决。如果需要修槽，则在修槽之后再吊放。不能强行插放，否则会引起钢筋笼变形或使槽壁坍塌，产生大量沉渣。

4. 浇筑混凝土

地下连续墙混凝土用导管法进行浇筑。由于导管内混凝土和槽内泥浆的压力不同，在导管口处存在压力差，因而混凝土可以从导管内流出。

在混凝土浇筑过程中，导管下口总是埋在混凝土内 1.5 m 以上，使从导管下口流出的混凝土将表层混凝土向上推动而避免与泥浆直接接触。但导管插入太深会使混凝土在导管内流动不畅，有时还可能产生钢筋笼上浮，因此无论何种情况，导管最大插入深度亦不宜超过9 m。当混凝土浇筑到地下连续墙顶附近时，导管内混凝土不易流出，一方面要降低浇筑速度，另一方面可将导管的最小埋入深度减为 1 m 左右。如果混凝土还浇筑不下去，可将导管上下扭动，但上下扭动范围不得超过 30 cm。

本 章 小 结

本章主要介绍了桩基的作用，桩的分类，预制桩施工，混凝土灌注桩施工，地下连续墙施工等内容。通过本章的学习，读者可以对深基础施工有一定的认识，为在工作中合理、熟练应用这些施工技术建立基础。

课 后 练 习

1. 什么是深基础？深基础有哪几种类型？
2. 桩基的作用是什么？
3. 简述静力压桩施工工艺流程。
4. 简述泥浆护壁钻孔灌注桩的一般施工工艺流程。
5. 什么是套管成孔灌注桩？套管成孔灌注桩按沉管的方法不同分为哪几种？
6. 什么是人工挖孔灌注桩？其适用在哪些场合？
7. 地下连续墙作为挡土结构，按其支护方式分为哪几种？

第四章
砌 体 工 程

第一节　砌筑砂浆

砂浆是砌体工程中不可或缺的材料。砂浆在砌体内的作用，主要是填充块体之间的空隙，并将其黏结成整体，使上层砌体的荷载能均匀地传到下面。

砌筑砂浆按材料组成不同分为水泥砂浆（水泥、砂、水）、混合砂浆（水泥、砂、石灰膏、水）、石灰砂浆（石灰膏、砂、水）、石灰黏土砂浆（石灰膏、黏土、砂、水）、黏土砂浆（黏土、水）。

石灰砂浆、石灰黏土砂浆、黏土砂浆强度较低，只用于临时设施的砌筑。建筑工程常用砌筑砂浆为水泥砂浆、混合砂浆。其中水泥砂浆可用于潮湿环境中的砌体，混合砂浆宜用于干燥环境中的砌体。

一、砂浆对原材料的要求

砂浆对原材料的要求有以下几个方面：

（1）水泥：水泥品种及强度等级应根据设计要求、砌体的部位和所处环境来选择。水泥砂浆采用的水泥，其强度等级不宜大于 32.5 级；混合砂浆采用的水泥，其强度等级不宜大于 42.5 级。

水泥进场使用前，应分批对其强度、安定性进行复验。检验批次应以同一生产厂家、同一编号为一批次。当在使用中对水泥质量有怀疑或水泥出厂超过 3 个月（快硬硅酸盐水泥超过 1 个月）时，应复查试验，并按其结果使用。不同品种的水泥，不得混合使用。

（2）砂：砂宜用中砂，并应过筛，其中毛石砌体宜用粗砂。砂中不应含有有害杂物。砂的含泥量：对水泥砂浆和强度等级不小于 M5 的混合砂浆不应超过 5%；强度等级小于 M5 的混合砂浆不应超过 10%。人工砂、山砂及特细砂，应经试配，要求满足砌筑砂浆技术条件。

（3）水：拌制砂浆用水的水质应符合国家现行标准《混凝土用水标准》（JGJ 63—2006）的规定，宜用饮用水。

（4）石灰膏：生石灰熟化成石灰膏时，应用孔径不大于 3mm×3mm 的网过滤，熟化时间不得少于 7d；磨细生石灰粉的熟化时间不得少于 2d。沉淀池中储存的石灰膏，应采取防止干燥、冻结和污染的措施。配制水泥石灰砂浆时，不得采用脱水硬化的石灰膏。消石灰粉不得直接用于砌筑砂浆中。

（5）外加剂：凡在砂浆中掺入有机塑化剂、早强剂、缓凝剂、防冻剂等，应经检验和试配符合要求后，方可使用。有机塑化剂应有砌体强度的形式检验报告。

二、砂浆的技术要求

为便于操作，砌筑砂浆应有较好的和易性，即良好的流动性(稠度)和保水性。和易性好的砂浆能保证砌体灰缝饱满、均匀、密实，并能提高砌体强度。砌筑砂浆的稠度见表 4-1。

表 4-1　砌筑砂浆的稠度

砌体种类	砂浆稠度/mm	砌体种类	砂浆稠度/mm
烧结普通砖砌体	70～90	普通混凝土小型空心砌块砌体	50～70
轻集料混凝土小型空心砌块砌体	60～90	加气混凝土小型空心砌块砌体	50～70
烧结多孔砖、空心砖砌体	60～80	石砌体	30～50

(1) 流动性(稠度)：砂浆的流动性是指砂浆拌和物在使用过程中是否易于流动的性能。砂浆的流动性是以稠度表示的，即以标准圆锥体在砂浆中沉入的深度来表示。沉入值越大，砂浆的稠度就越大，表明砂浆的流动性越大。一般来说，对于干燥及吸水性强的砌体，砂浆稠度应采用较大值；对于潮湿、密实、吸水性差的砌体宜采用较小值。

(2) 保水性：砂浆的保水性是指砂浆拌和物保存水分不致因泌水而分层离析的性能。砂浆的保水性是以分层度来表示的，其分层度不宜大于 20 mm。保水性差的砂浆，在运输过程中，容易产生泌水和离析现象，从而降低其流动性，影响砌筑。

(3) 强度等级：砂浆的强度等级是用边长为 70.7 mm 的立方体试块，在 20℃±5℃及正常湿度条件下，置于室内不通风处养护 28 d 的平均抗压极限强度确定的，其强度等级有 M20、M15、M10、M7.5、M5、M2.5。

三、砂浆的制备与使用

砌筑砂浆应通过试配确定配合比，配料要准确。

砌筑砂浆应采用砂浆搅拌机进行拌制。自投料完算起，搅拌时间应符合下列规定：水泥砂浆和混合砂浆不得少于 2 min；掺用外加剂的砂浆不得少于 3 min；掺用有机塑化剂的砂浆，应为 3～5 min。

掺用外加剂时，应先将外加剂按规定浓度溶于水中，在拌和水时投入外加剂溶液，外加剂不得直接投入拌制的砂浆中。

砂浆应随拌随用，水泥砂浆和水泥混合砂浆应分别在 3 h 和 4 h 内使用完毕；当施工期间最高气温超过 30℃时，应分别在拌成后 2 h 和 3 h 内使用完毕。对掺用缓凝剂的砂浆，其使用时间可根据具体情况延长。

第二节　砖砌体施工

一、砖材料

砖材料主要有以下几种：

(1) 烧结普通砖。烧结普通砖是指以黏土、页岩、煤矸石、粉煤灰等为主要原料，经成型、焙烧而成的实心或孔洞率不大于 15%的砖。烧结普通砖按所用原材料不同分为黏土砖(N)、页岩砖(Y)、煤矸石砖(M)、粉煤灰砖(F)、建筑渣土砖(Z)、淤泥砖(U)、污泥砖(W)、固体废弃物砖(G)等；按生产工艺不同分为烧结砖和非烧结砖；按有无空洞分为空心砖和实心砖。烧结普通砖按抗压强度分为 MU30、MU25、MU20、MU15、MU10 五个强度等级。

(2) 烧结多孔砖。烧结多孔砖即竖孔空心砖，是以黏土、页岩、煤矸石为主要原料，经焙烧而成的主要用于承重部位的多孔砖，其孔洞率在 20%左右。烧结多孔砖按主要原料分为黏土砖(N)、页岩砖(Y)、煤矸石砖(M)、粉煤灰砖(F)、淤泥砖(U)、固体废弃物砖(G)。烧结多孔砖根据抗压强度分为 MU30、MU25、MU20、MU15、MU10 五个强度等级。

(3) 烧结空心砖。烧结空心砖是以黏土、页岩、粉煤灰、煤矸石等为主要原料，经焙烧而成的孔洞率大于或等于 35%的砖。其自重较轻、强度低，主要用于非承重墙和填充墙体。孔洞多为矩形孔或其他孔形，数量少而尺寸大，孔洞平行于受压面。烧结空心砖根据抗压强度分为 MU10.0、MU7.5、MU5.0、MU3.5 四个强度等级。

(4) 蒸压蒸养砖。蒸压蒸养砖(又称硅酸盐砖)是以硅质材料和石灰为主要原料，必要时加入骨料和适量石膏，经压制成型，湿热处理制成的建筑用砖。根据所用硅质材料不同，蒸压蒸养砖分为蒸压灰砂砖、蒸压粉煤灰砖、炉渣砖等。

① 蒸压灰砂砖。蒸压灰砂砖是以石灰和砂为主要原料，经坯料制备、压制成型、蒸压养护而成的实心砖。根据抗压强度及抗折强度，蒸压灰砂砖的强度等级分为 MU25、MU20、MU15、MU10 四个等级。

② 蒸压粉煤灰砖。蒸压粉煤灰砖是以粉煤灰和石灰为主要原料，配以适量的石膏和炉渣，加水拌和后压制成型，经常压或高压蒸汽养护而制成的实心砖。根据抗压强度及抗折强度，蒸压粉煤灰砖的强度等级分为 MU30、MU25、MU20、MU15、MU10 五级。

③ 炉渣砖。炉渣砖是以煤燃烧后的残渣为主要原料，配以一定数量的石灰和少量石膏，经加水搅拌混合、压制成型、蒸养或蒸压养护而制成的实心砖。根据抗压强度，炉渣砖分为 MU25、MU20、MU15 三个强度等级。

二、砖墙的砌筑形式

普通砖墙的砌筑形式有全顺、两平一侧、全丁、一顺一丁、梅花丁或三顺一丁的砌筑形式(见图 4-1)。

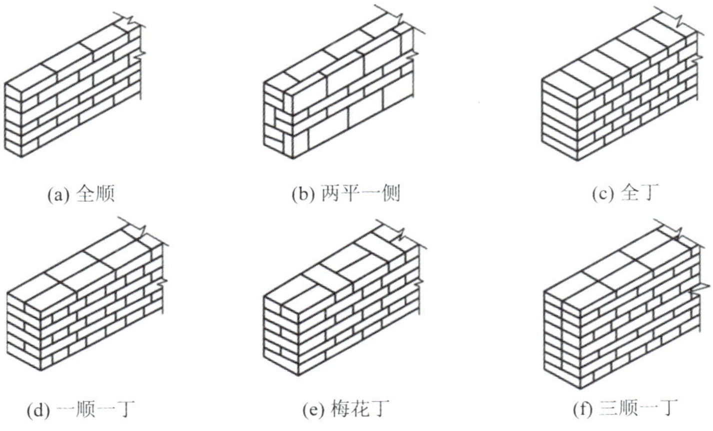

图 4-1 普通砖墙的砌筑形式

(1) 全顺。各皮砖均顺砌，上、下皮垂直灰缝相互错开半砖长(120 mm)，适合砌半砖厚(115 mm)墙。

(2) 两平一侧。两皮顺砖与一皮侧砖相间，上、下皮垂直灰缝相互错开 1/4 砖长(60 mm)以上，适合砌 3/4 砖厚(178 mm)墙。

(3) 全丁。各皮砖均丁砌，上、下皮垂直灰缝相互错开 1/4 砖长，适合砌一砖厚(240 mm)墙。

(4) 一顺一丁。一皮顺砖与一皮丁砖相间，上、下皮垂直灰缝相互错开 1/4 砖长，适合砌一砖及一砖以上厚墙。

(5) 梅花丁。同皮中顺砖与丁砖相间，丁砖的上、下均为顺砖，并位于顺砖中间，上、下皮垂直灰缝相互错开 1/4 砖长，适合砌一砖厚墙。

(6) 三顺一丁。三皮顺砖与一皮丁砖相间，顺砖与顺砖上、下皮垂直灰缝相互错开 1/2 砖长；顺砖与丁砖上、下皮垂直灰缝相互错开 1/4 砖长。其适合砌一砖及一砖以上厚墙。

三、砌筑准备与砌筑工艺

砌筑砖砌体时，砖应提前 1～2 d 浇筑湿润，以免砖过多吸收砂浆中的水分而影响其黏结力，同时也可除去砖面上的粉末。烧结多孔砖的含水率应控制在 10%～15%；灰砂砖、煤渣砖的含水率应控制在 5%～8%。

砖砌体的施工过程通常有抄平、放线、摆砖、立皮数杆、盘角、挂线、砌筑墙身、勾缝、清理等工序。

(1) 抄平。砌砖墙前，先在基础面或楼面上按标准水准点定出各层标高，并用水泥砂浆或 C10 细石混凝土找平。

(2) 放线。依据施工现场龙门板上的轴线定位钉拉通线，并沿通线挂线坠，将墙轴线引测到基础面上，再以轴线为标准弹出墙边线，并定出门窗洞口的平面位置。

(3) 摆砖。摆砖是指在放线的基面上按选定的组砌方式用干砖试摆。摆砖时由一个大角摆到另一个大角，砖与砖留 10 mm 缝隙，目的是校对所放出的墨线在门窗洞口、附墙垛等处是否符合砖的模数，以尽可能减少砍砖，并使砌体灰缝均匀，组砌得当。山墙、檐墙一般采用“山丁檐跑”，即在房屋外纵墙(檐墙)方向摆顺砖，在外横墙(山墙)方向摆丁砖。

(4) 立皮数杆。皮数杆是指在其上画有每皮砖厚、灰缝厚及门窗洞口的下口、窗台、过梁、圈梁、楼板、大梁、预埋件等标高位置的一种木制标杆，它是在砌墙过程中控制砌体竖向尺寸和各种构配件设置标高的主要依据。

皮数杆一般设置在墙体操作面的另一侧，立于建筑物的四个大角处、内外墙交接处、楼梯间及洞口较多的地方，并从两个方向设置斜撑或用锚钉加以固定，以确保垂直和牢固，如图 4-2 所示。皮数杆的间距为 10～15 m，间距超过该范围时中间应增设皮数杆。支设皮数杆时，要统一进行找平，使皮数杆上的各种构件标高与设计要求一致。每次开始砌砖前，均应检查皮数杆的垂直度和牢固性，以防有误。

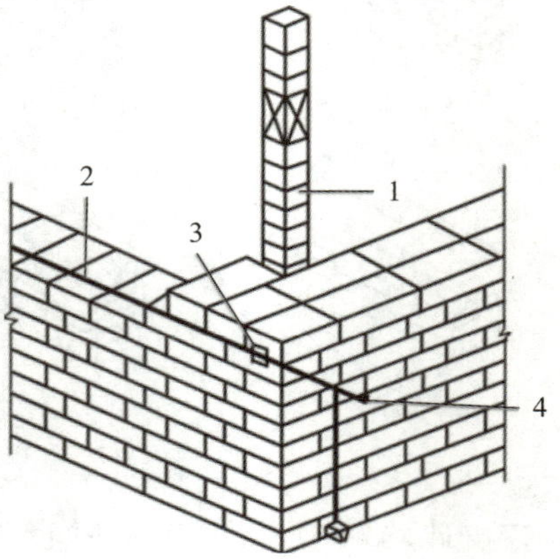

1—皮数杆；
2—准线；
3—竹片；
4—圆铁钉。

图 4-2 设置皮数杆

(5) 盘角。盘角又称立头角，是指墙体正式砌砖前，在墙体的转角处由高级瓦工先砌起，并始终高于周围墙面 4～6 皮砖，作为整片墙体控制垂直度和标高的依据。盘角的质量直接影响墙体施工质量，因此必须严格按皮数杆标高控制墙面高度和灰缝厚度，做到墙角方正、墙面顺直、方位准确、每皮砖的顶面近似水平，并要“三皮一靠，五皮一吊”，确保盘角质量。

（6）挂线。挂线是指以盘角的墙体为依据，在两个盘角中间的墙外侧挂通线。挂线应用尼龙线或棉线绳拴砖坠重拉紧，使线绳水平、无下垂。墙身过长时，除在中间设置皮数杆外，还应砌一块“腰线砖”或再加一个细铁丝揽线棍，用以固定挂通的准线，使之不下垂和内外移动。盘角处的通线是靠墙角的灰缝卡挂的，为避免通线陷入水平灰缝内，应采用不超过 1 mm 厚的小别棍（用小竹片或包装用薄钢板片）别在盘角处墙面与通线之间。

（7）砌筑墙身。铺灰砌砖的操作方法很多，常用的方法有“三一”砌筑法和铺浆法。“三一”砌筑法，即一铲灰、一块砖、一挤揉，并随手将挤出的砂浆刮去的砌筑方法。该方法易使灰缝饱满、黏结力好、墙面整洁，故宜用此法砌砖，尤其是对抗震设防的工程。当采用铺浆法砌筑时，铺浆长度不得超过 750 mm；当气温超过 30℃时，铺浆长度不得超过 500 mm。

（8）勾缝。勾缝具有保护墙面并增加墙面美观的作用，是砌清水墙的最后一道工序。清水墙砌筑应随砌随勾缝，一般深度以 6～8 mm 为宜，缝深浅应一致，并应清扫干净。勾缝宜用 1∶1.5 的水泥砂浆，应用细砂，也可用原浆勾缝。

（9）清理。每天施工结束后，应将施工操作面的落地灰和拆除后的模板碎片、废弃材料等杂物清理干净。

四、砖筑基本规定和质量要求

1. 砖筑基本规定

砖筑基本规定有如下几条：

（1）用于清水墙、柱表面的砖，应边角整齐，色泽均匀。

（2）有冻胀环境和条件的地区，地面以下或防潮层以下的砌体，不宜采用多孔砖。

（3）砌筑砖砌体时，砖应提前 1～2 d 浇水湿润。

（4）采用铺浆法砌筑时，铺浆长度不得超过 750 mm；施工期间若气温超过 30℃，铺浆长度不得超过 500 mm。

（5）240 mm 厚承重墙的每层墙的最上一皮砖，砖砌体的阶台水平面上及挑出层，应整砖丁砌。

（6）砖过梁底部的模板，应在灰缝砂浆强度不低于设计强度的 50%时，方可拆除。

（7）多孔砖的孔洞应垂直于受压面砌筑。

（8）施工时施砌的蒸压（养）砖的产品龄期不应小于 28 d。

（9）预留孔洞及预埋件留置应符合下列要求：

① 设计要求的洞口、管道、沟槽，应在砌筑时按要求预留或预埋，未经设计同意，不得打凿墙体和在墙体上开凿水平沟槽。超过 300 mm 的洞口上部应设过梁。

② 砌体中的预埋件应做防腐处理，预埋木砖的木纹应与钉子垂直。

③ 在墙上留置临时施工洞口，其侧边离高楼处墙面不应小于 500 mm，洞口净宽度不应超过 1 m，洞顶部应设置过梁。抗震设防烈度为 9 度的地区，建筑物的临时施工洞口位置应会同设计单位确定。临时施工洞口应做好补砌。

④ 预留外窗洞口位置应上、下挂线，保持上、下楼层洞口位置垂直；洞口尺寸应准确。

2. 砖筑质量要求

砌筑质量应符合《砌体结构工程施工质量验收规范》（GB 50203—2011）的要求，做到“横平竖直、砂浆饱满、组砌得当、接槎可靠”。

(1) 横平竖直。砖砌体主要承受垂直力，为使砖砌筑时横平竖直、均匀受压，要求砌体的水平灰缝应平直、竖向灰缝应垂直对齐，不得游丁走缝。

(2) 砂浆饱满。砂浆层的厚度和饱满度对砖砌体的抗压强度影响很大，这就要求砌体灰缝符合下列条件：

① 砖砌体的灰缝应横平竖直，厚薄均匀。水平灰缝厚度和竖向灰缝宽度宜为 10 mm，但不应小于 8 mm，也不应大于 12 mm。砌筑方法宜采用“三一”砌砖法，即“一铲灰、一块砖、一揉挤”的操作方法。竖向灰缝宜采用挤浆法或加浆法，使其砂浆饱和，严禁用水冲浆灌缝。如采用铺浆法砌筑，铺浆长度不得超过 750 mm。施工期间气温超过 30℃时，铺浆长度不得超过 500 mm。水平灰缝的砂浆饱满度不得低于 80%；竖向灰缝不得出现透明缝、瞎缝和假缝。

② 清水墙面不应有上、下两皮砖搭接长度小于 25 mm 的通缝，不得有三分头砖，不得在上部随意变活乱缝。

③ 空斗墙的水平灰缝厚度和竖向灰缝宽度一般为 10 mm，但不应小于 7 mm，也不应大于 13 mm。

④ 筒拱拱体灰缝应全部用砂浆填满，拱底灰缝宽度宜为 5～8 mm，筒拱的纵向缝应与拱的横断面垂直。筒拱的纵向两端不宜砌入墙内。

⑤ 为保持清水墙面立缝垂直一致，当砌至一步架子高时，应每隔 2 m 水平间距，在丁砖竖缝位置弹两道垂直线，以控制游丁走缝。

⑥ 清水墙勾缝应采用加浆勾缝，勾缝砂浆宜采用细砂拌制的 1∶1.5 水泥砂浆。勾凹缝时深度为 4～5 mm，多雨地区或多孔砖可采用稍浅的凹缝或平缝。

⑦ 砖砌平拱过梁的灰缝应砌成楔形缝。灰缝宽度：在过梁底面不应小于 5 mm；在过梁的顶面不应大于 15 mm。

⑧ 拱脚下面应伸入墙内不小于 20 mm，拱底应有 1%起拱。

⑨ 砌体的伸缩缝、沉降缝、防震缝中，不得夹有砂浆、碎砖和杂物等。

(3) 组砌得当。为提高砌体的整体性、稳定性和承载力，砖块排列应遵守上、下错缝的原则，避免垂直通缝出现，错缝或打砌长度一般不小于 60 mm。为满足错缝要求，实心墙体组砌时，一般采用一顺一丁、三顺一丁和梅花丁的砌筑形式。

(4) 接槎可靠。接槎是指墙体临时间断处的接合方式，一般有斜槎和直槎两种方式。砌体留槎及拉结筋应符合下列要求：

① 砖砌体的转角处和交接处应同时砌筑，严禁无可靠措施的内外墙分砌施工。对不能同时砌筑而又必须留置的临时间断处，应砌成斜槎，斜槎水平投影长度不应小于高度的 2/3。

② 非抗震设防及抗震设防烈度为 6 度、7 度地区的临时间断处，当不能留斜槎时，除转角处外，可留直槎，但直槎必须做成凸槎。留直槎处应加设拉结钢筋，拉结钢筋的数量为每 120 mm 墙厚放置 1 根 ϕ6 拉结钢筋(120 mm 厚墙放置 2 根 ϕ6 拉结钢筋)，间距沿墙高不应超过 500 mm；埋入长度从留槎处算起每边均不应小于 500 mm，对抗震设防烈度为 6 度、7 度的地区，不应小于 1000 mm；末端应有 90°弯钩，如图 4-3 所示。

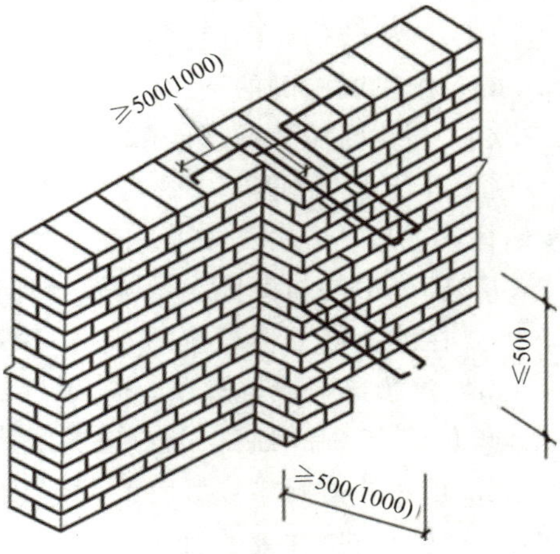

图 4-3　留直槎

③ 多层砌体结构中，后砌的非承重砌体隔墙，应沿墙高每隔 500 mm 配置 2ϕ6 的钢筋与承重墙或柱拉结，每边伸入墙内不应小于 500 mm。抗震设防烈度为 8 度和 9 度地区，长度大于5 m 的后砌隔墙的墙顶，尚应与楼板或梁拉结。隔墙砌至梁板底时，应留一定空隙，间隔一周后再补砌挤紧。

第三节 石砌体施工

一、石砌体材料

石砌体所用的石材应质地坚实，无风化剥落和裂纹。用于清水墙、柱表面的石材，还应色泽均匀。石材表面的泥垢、水锈等杂质，砌筑前应清除干净。砌筑用石有毛石和料石两类。

（1）毛石分为乱毛石和平毛石。乱毛石是指形状不规则的石块；平毛石是指形状不规则，但有两个平面大致平行的石块。毛石应呈块状，其中部厚度不应小于 200 mm。

（2）料石按其加工面的平整程度分为细料石、粗料石和毛料石三种。料石各面的加工要求应符合表 4－2 的规定。料石加工允许偏差应符合表 4－3 的规定。料石的宽度、厚度均不宜小于 200 mm，长度不宜大于厚度的 4 倍。

表 4－2 料石各面的加工要求

料石种类	外露面及相接周边的表面凹入深度	叠砌面和接砌面凹入深度
细料石	不大于 2 mm	不大于 10 mm
粗料石	不大于 20 mm	不大于 20 mm
毛料石	稍加修整	不大于 25 mm

注：相接周边的表面是指叠砌面、接砌面与外露面相接处 20～30 mm 范围内的部分。

表 4－3 料石加工允许偏差

料石种类	加工允许偏差/mm	
	宽度、厚度	长　度
细料石	±3	±5
粗料石	±5	±7
毛料石	±10	±15

注：如设计有特殊要求，应按设计要求加工。

砌体所用石材的强度等级包括 MU100、MU80、MU60、MU50、MU40、MU30、MU20、MU15 和 MU10。

二、砌筑施工要求

1. 毛石砌体施工要求

1）毛石基础

毛石基础用乱毛石或平毛石与水泥混合砂浆或水泥砂浆砌成。毛石基础的施工要求如下：

（1）砌第一皮毛石时，应选用有较大平面的石块，先在基坑底铺设砂浆，再将毛石砌上，并使毛石的大面向下。

（2）砌第一皮毛石时，应分皮卧砌，并应上、下错缝，内外搭砌，不得采用先砌外面石块后中间填心的砌筑方法。石块间较大的空隙应先填塞砂浆，后用碎石嵌实，不得采用先摆碎石后塞砂浆或干填碎石的方法。

（3）砌筑第二皮及以上各皮时，应采用坐浆法分层卧砌。砌石时首先铺好砂浆，砂浆不必铺满，可随砌随铺，在角石和面石处，坐浆略厚些，再砌上石块将砂浆挤压成要求的灰缝厚度。

（4）砌石时搬取石块应根据空隙大小、楂口形状选用合适的石料先试砌、试摆一下，尽量使缝隙减少、接触紧密。但石块之间不能直接接触形成干研缝，同时应避免石块之间形成空隙。

（5）砌石时，大、中、小毛石应搭配使用，以免将大块都砌在一侧，而另一侧全用小块，造成两侧不均匀，使墙面不平衡而产生倾斜。

（6）砌石时，先砌里外两面，长短搭砌，后填砌中间部分，但不允许将石块侧立砌成立斗石，也不允许先把里外皮砌成长向两行（牛槽状）。

（7）毛石基础每 0.7 m^2 且每皮毛石内间距不大于 2 m 设置一块拉结石，上、下两皮拉结石的位置应错开，立面应砌成梅花形。拉结石宽度：如基础宽度等于或小于 400 mm，拉结石宽度应与基础宽度相等；如基础宽度大于 400 mm，可用两块拉结石内外搭接，搭接长度不应小于 150 mm，且其中一块长度不应小于基础宽度的 1/2。

2）毛石墙

毛石墙第一皮及转角处、交接处和洞口处，应用较大的平毛石砌筑；每个楼层墙体的最上一皮，宜用较大的毛石砌筑。

毛石墙每日砌筑高度不应超过 1.2 m。

在毛石和实心砖的组合墙中，毛石砌体与砖砌体应同时砌筑，并每隔 4～6 皮砖用 2～3 皮丁砖与毛石砌体拉结砌合；两种砌体间的空隙应用砂浆填满（见图 4-4）。

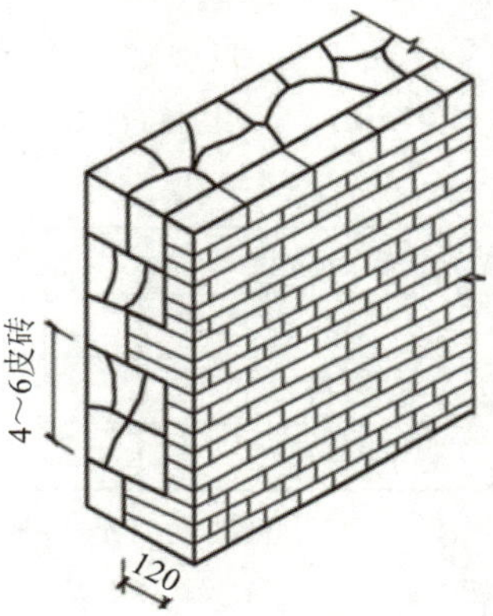

图 4-4　毛石和实心砖的组合墙

2. 料石砌体施工要求

1）料石基础

（1）砌筑准备。料石基础的砌筑准备如下：

① 放好基础的轴线和边线，测出水平标高，立好皮数杆。皮数杆间距以不大于 15 m 为宜，在料石基础的转角处和交接处均应设置皮数杆。

② 砌筑前，应将基础垫层上的泥土、杂物等清除干净，并浇水湿润。

③ 拉线检查基础垫层表面标高是否符合设计要求。第一皮水平灰缝厚度超过 20 mm 时，应用细石混凝土找平，不得用砂浆或在砂浆中掺碎砖或碎石代替。

④ 常温施工时，砌石前 1 d 应将料石浇水湿润。

（2）砌筑要点。料石基础的砌筑要点有以下几条：

① 料石基础宜用粗料石或毛料石与水泥砂浆砌筑。料石的宽度、厚度均不宜小于 200 mm，长度不宜大于厚度的 4 倍。料石强度等级应不低于 M20。砂浆强度等级应不低于 M5。

② 料石基础砌筑前，应清除基槽底杂物；在基槽底面上弹出基础中心线及两侧边线；在基础两端立起皮数杆，在两皮数杆之间拉准线，依准线进行砌筑。

③ 料石基础的第一皮石块应坐浆砌筑，即先在基槽底摊铺砂浆，再将石块砌上，所有石块应丁砌，以后各皮石块应铺灰挤砌，上、下错缝，搭砌紧密，上、下皮石块竖缝应相互错开不小于石块宽度的 1/2。料石基础立面组砌形式宜采用一顺一丁，即一皮顺石与一皮丁石相间。

④ 对于阶梯形料石基础，上阶的料石至少压砌下阶料石的 1/3。料石基础的水平灰缝厚度和竖向灰缝宽度不宜大于 20 mm，灰缝中砂浆应饱满。

⑤ 料石基础宜先砌转角处或交接处，再依准线砌中间部分，临时间断处应砌成斜槎。

2）*料石墙*

料石墙是用料石与水泥混合砂浆或水泥砂浆砌成。料石用毛料石、粗料石、半细料石、细料石均可。

（1）砌筑准备。料石墙的砌筑准备如下：

① 基础通过验收，土方回填完毕，并办完隐检手续。

② 在基础丁面放好墙身中线与边线及门窗洞口位置线，测出水平标高，立好皮数杆。皮数杆间距以不大于 15 m 为宜，在料石墙体的转角处和交接处均应设置皮数杆。

③ 砌筑前，应将基础顶面的泥土、杂物等清除干净，并浇水湿润。

④ 拉线检查基础顶面标高是否符合设计要求。第一皮水平灰缝厚度超过 20 mm 时，应用细石混凝土找平，不得用砂浆或在砂浆中掺碎砖或碎石代替。

⑤ 常温施工时，砌石前 1 d 应将料石浇水湿润。

⑥ 操作用脚手架、斜道及水平、垂直防护设施已准备妥当。

（2）砌筑要点。料石墙的砌筑要点有以下几条：

① 料石砌筑前，应在基础丁面上放出墙身中线、边线及门窗洞口位置线，并抄平，立皮数杆，拉准线。

② 料石砌筑前，必须按照组砌图将料石试排妥当后，才能开始砌筑。

③ 料石墙应双面拉线砌筑，全顺叠砌单面挂线砌筑。先砌转角处和交接处，后砌中间部分。

④ 料石墙的第一皮及每个楼层的最上一皮应丁砌。

⑤ 料石墙采用铺浆法砌筑。料石灰缝厚度：毛料石和粗料石墙砌体不宜大于 20 mm，细料石墙砌体不宜大于 5 mm。砂浆铺设厚度略高于规定灰缝厚度，其高出厚度：细料石为 3～5 mm，毛料石、粗料石宜为 6～8 mm。

⑥ 砌筑时，应先将料石里口落下，再慢慢移动就位，进行垂直与水平校正。在料石砌块校正到正确位置后，顺石面将挤出的砂浆清除，然后向竖缝中灌浆。

⑦ 在料石和砖的组合墙中，料石墙和砖墙应同时砌筑，并每隔 2～3 皮料石用丁砌石与砖墙拉结砌合。丁砌石的长度宜与组合墙厚度相等，如图 4-5 所示。

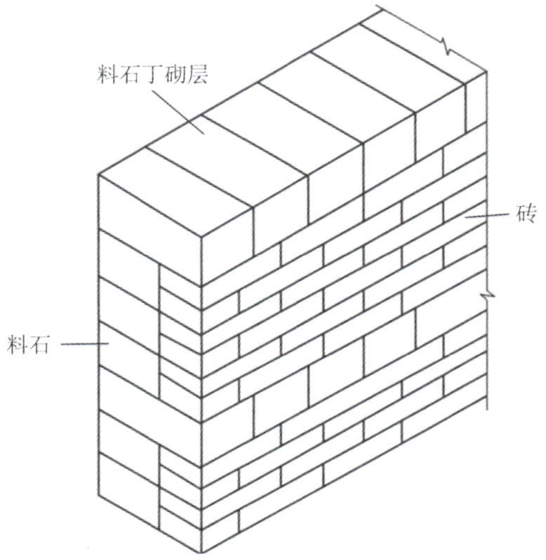

图 4-5　料石和砖的组合墙

⑧ 料石墙宜从转角处或交接处开始砌筑，再依准线砌中间部分，临时间断处应砌成斜槎，斜槎长度应不小于斜槎高度。料石墙每日砌筑高度不宜超

过 1.2 m。

3）料石柱

料石柱是用半细料石或细料石与水泥混合砂浆或水泥砂浆砌成。料石柱有整石柱和组砌柱两种。整石柱每一皮料石是整块的，即料石的叠砌面与柱断面相同，只有水平灰缝，无竖向灰缝。组砌柱每皮由几块料石组砌，上、下皮竖缝相互错开。料石柱的主要施工要求如下：

（1）砌筑料石柱前，应在柱座面上弹出柱身边线，在柱座侧面弹出柱身中心线。

（2）整石柱所用石块的四侧应弹出石块中心线。

（3）砌整石柱时，应将石块的叠砌面清理干净。先在柱座面上抹一层水泥砂浆，厚约10 mm，再将石块对准中心线砌上，以后各皮石块砌筑应先铺好砂浆，对准中心线，将石块砌上。石块如有竖向偏斜，可用铜片或铝片在灰缝边缘内垫平。

（4）砌筑料石柱时，应按规定的组砌形式逐皮砌筑，上、下皮竖缝相互错开，无通天缝，不得使用垫片。

（5）灰缝要横平竖直。灰缝厚度：细料石柱不宜大于 5 mm；半细料石柱不宜大于10 mm。砂浆铺设厚度应略高于规定灰缝厚度，其高出厚度为 3～5 mm。

（6）砌筑料石柱，应随时用线坠检查整个柱身的垂直度，如有偏斜，应拆除重砌，不得用敲击方法去纠正。

（7）料石柱每天砌筑高度不宜超过 1.2 m。砌筑完应立即加以围护，严禁碰撞。

4）料石平拱

用料石作平拱，应按设计要求加工。如设计无规定，则料石应加工成楔形，斜度应预先设计，拱两端部的石块，在拱脚处坡度以 60°为宜。平拱石块数应为单数，厚度与墙厚相等，高度为二皮料石高。拱脚处斜面应修整加工，使拱石相互吻合(见图 4－6)。

砌筑时，应先支设模板，并从两边对称地向中间砌。正中一块锁石要挤紧。所用砂浆强度等级不应低于 M10，灰缝厚度宜为 5 mm。

养护到砂浆强度达到其设计强度的 70％以上时，才可拆除模板。

5）料石过梁

用料石作过梁，如设计无规定，过梁的高度应为 200～450 mm，过梁宽度与墙厚相同。过梁净跨度不宜大于 1.2 m，两端各伸入墙内长度不应小于 250 mm。

过梁上续砌墙时，其正中石块长度不应小于过梁净跨度的 1/3，其两旁应砌不小于 2/3 过梁净跨度的料石(见图 4－7)。

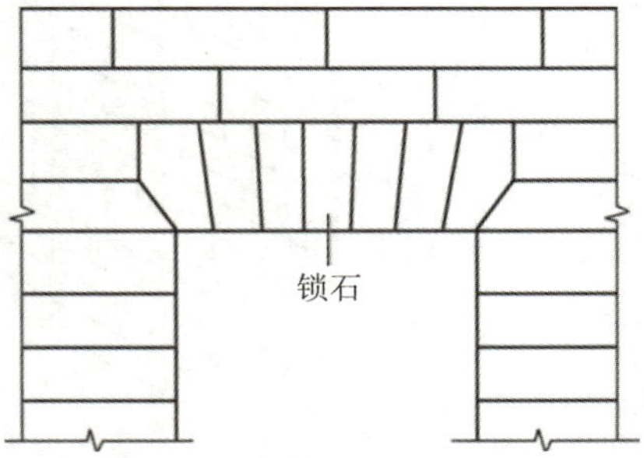

图 4－6　料石平拱

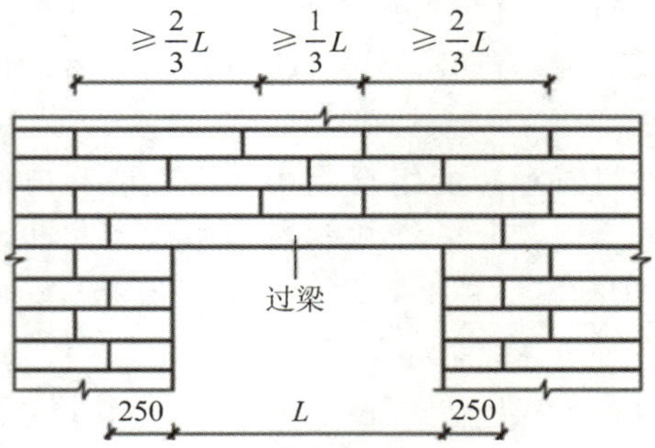

图 4－7　料石过梁

第四节　砌块砌体施工

一、砌块材料

砌块是以混凝土或工业废料做原料制成的实心或空心块材。它具有自重轻、机械化和工业化程度高、施工速度快、生产工艺和施工方法简单且可大量利用工业废料等优点，因此，用砌块代替烧结普通砖是墙体改革的重要途径。

砌块按形状分为实心砌块和空心砌块两种；按制作原料分为粉煤灰、加气混凝土、混凝土、硅酸盐、石膏砌块等数种；按规格分为小型砌块、中型砌块和大型砌块。砌块高度为115～380 mm 的称小型砌块；高度为 380～980 mm 的称中型砌块；高度大于 980 mm 的称大型砌块。目前，在工程中多采用中小型砌块，各地区生产的砌块规格不一，用于砌筑的砌块外观、尺寸和强度应符合设计要求。

（1）普通混凝土小型空心砌块。普通混凝土小型空心砌块是以水泥、砂、石等普通混凝土材料制成的混凝土砌块，空心率为 25%～50%，主要规格尺寸为 390 mm×190 mm×190 mm，适合人工砌筑。其强度高、自重轻、耐久性好，外形尺寸规整，有些还具有美化饰面及良好的保温隔热性能，适用范围广泛。

（2）轻集料混凝土小型空心砌块。轻集料混凝土小型空心砌块是以浮石、火山渣、煤渣、自然煤矸石、陶粒为集料制作的混凝土空心砌块，简称轻集料混凝土小砌块。

（3）粉煤灰砌块。粉煤灰砌块又称粉煤灰硅酸盐砌块，是以粉煤灰、石灰、石膏和炉渣等集料为原料，按照一定比例加水搅拌，振动成型，再经蒸汽养护而制成的密实砌块。

粉煤灰砌块常用规格尺寸：长度×高度×宽度为 880 mm×380 mm×40 mm 或 880 mm×430 mm×240 mm。砌块的端面应加灌浆槽，坐浆面（又称铺灰面）宜设抗剪槽。

（4）粉煤灰小型空心砌块。粉煤灰小型空心砌块是以粉煤灰、水泥及各种轻、重集料加水经拌和制成的小型空心砌块。其中，粉煤灰用量不应低于原材料质量的 10%，生产过程中也可加入适量的外加剂调节砌块的性能。

粉煤灰小型空心砌块按孔的排数分为单排孔、双排孔、三排孔和四排孔四种类型。其常用规格尺寸为 390 mm×190 mm×190 mm，其他规格尺寸可由供需双方协商确定。

二、砌筑准备与施工工艺

1. 小型砌块砌体砌筑准备

运到现场的小砌块应分规格、分等级堆放，堆垛上应设标记，堆放现场必须平整，并做好排水工作。小砌块的堆放高度不宜超过 1.6 m，堆垛之间应保持适当的通道。

基础施工前，应用钢尺校核建筑物的放线尺寸，其允许偏差不应超过表 4－4 的规定。

砌筑基础前，应对基坑（或基槽）进行检查，符合要求后，方可开始砌筑基础。

普通混凝土小砌块不宜浇水；当天气干燥炎热时，可在小砌块上喷水将其稍加润湿；轻集料混凝土小砌块可洒水，但不宜过多。

表 4-4　建筑物放线尺寸允许偏差

长度 l(宽度 b)/m	允许偏差/mm
$l(b) \leqslant 30$	±5
$30 < l(b) \leqslant 60$	±10
$60 < l(b) \leqslant 90$	±15
$l(b) > 90$	±20

2. 小型砌块砌体施工工艺

小型砌块砌体的施工过程通常包括铺灰、砌块吊装就位、校正、灌缝、镶砖等工艺。

(1) 铺灰。砌块墙体所采用的砂浆应具有较好的和易性；砂浆稠度宜为 50～80 mm；铺灰应均匀平整，长度一般不超过 5 m，炎热天气及严寒季节应适当予以缩短。

(2) 砌块吊装就位。砌块的吊装一般按施工段依次进行，其次序为先外后内、先远后近、先下后上，在相邻施工段之间留阶梯形斜槎。吊装砌块一般用摩擦式夹具，夹砌块时应避免偏心。砌块就位时，应使夹具中心尽可能与墙身中心线在同一垂直线上，对准位置徐徐下落于砂浆层上，待砌块安放稳定后，方可松开夹具。

(3) 校正。砌块吊装就位后，用锤球或托线板检查砌块的垂直度，用拉准线的方法检查砌块的水平度。校正时可用人力轻微推动砌块或用撬杠轻轻撬动砌块。

(4) 灌缝。采用砂浆灌竖缝，两侧用夹板夹住砌块，超过 30 mm 宽的竖缝采用不低于 C20 的细石混凝土灌缝，收水后进行嵌缝，即原浆勾缝。此后，一般不应再撬动砌块，以防破坏砂浆的黏结力。

(5) 镶砖。砌块排列尽量不镶砖或少镶砖，必须镶砖时，应用整砖平砌，且要尽量分散，镶砌砖的强度不应小于砌块强度等级。砌筑空心砌块之前，在地面或楼面上先砌三皮实心砖(厚度不小于 200 mm)，空心砖墙砌至梁或板底最后一皮时，选用顶砖镶砌。

三、砌筑施工要求

砌块砌体砌筑的施工要求如下：

(1) 立皮数杆。应在建筑物四角或楼梯间转角处设置皮数杆，皮数杆间距不宜超过15 m。皮数杆上画出小砌块高度、水平灰缝的厚度及砌体中其他构件标高位置。相对两皮数杆之间拉准线，依准线砌筑。

(2) 小砌块应底面朝上反砌。

(3) 小砌块应对孔错缝搭砌。当因个别情况无法对孔砌筑时，普通混凝土小砌块的搭接长度不应小于 90 mm，轻集料混凝土小砌块的搭接长度不应小于 120 mm；当不能保证此规定时，应在水平灰缝中设钢筋网片或设拉结筋，网片或钢筋的长度不应小于 700 mm，如图 4-8 所示。

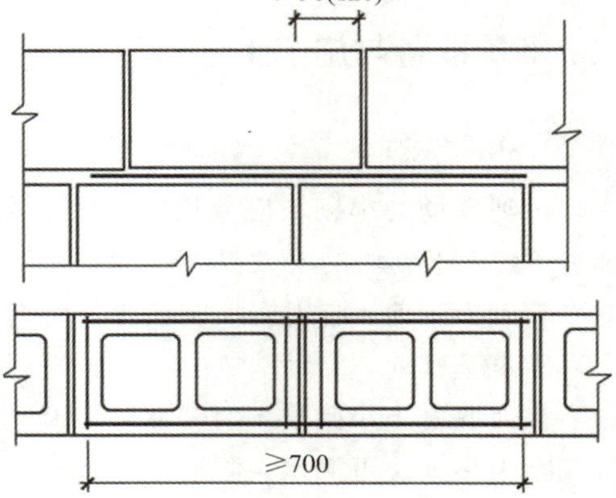

图 4-8　在小砌块灰缝中设拉结筋

(4) 小砌块应从转角或定位处开始，内外墙同时砌筑，纵、横墙交错连接。墙体临时间断处应砌成斜槎，斜槎长度不应小于高度的 2/3(一般按一步脚手架高度控制)；如留斜槎有困难，除外墙转角处、抗震设防地区及墙体临时间断处以外的地方可留直槎，而这些不应留直槎的地方可以从墙面伸出200 mm 砌成阴阳槎，并沿墙高每三皮砌块(600 mm)设拉结筋或钢筋网片，接槎部位宜延至门窗洞口，如图 4-9 所示。

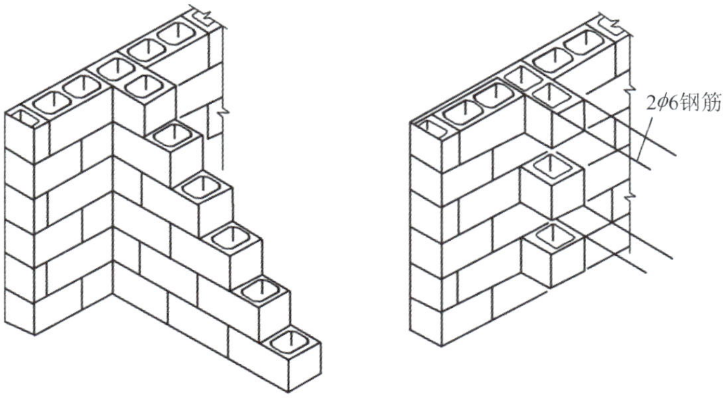

(a) 斜槎　(b) 直槎

图 4-9　混凝土小砌块墙接槎

(5) 小砌块外墙转角处，应用小砌块隔皮交错搭砌，小砌块端面外露处用水泥砂浆补抹平整。小砌块内外墙 T 字交接处，应隔皮加砌两块 290 mm×190 mm×190 mm 的辅助规格小砌块，辅助小砌块位于外墙上，开口处对齐，如图 4-10 所示。

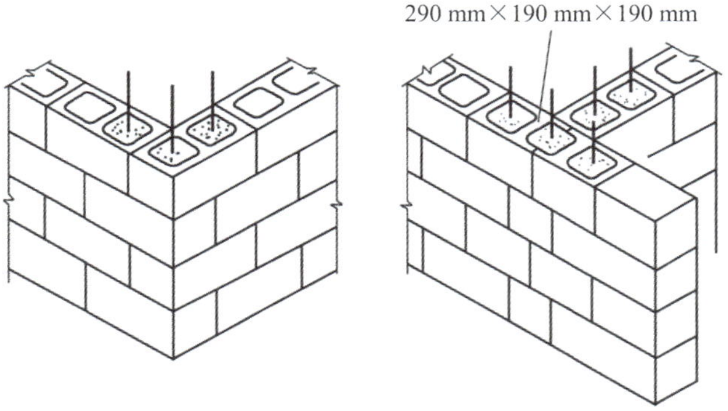

(a) 转角处　(b) T字交接处

图 4-10　小砌块墙转角及交接处砌法

(6) 小砌块砌体的灰缝应横平竖直，全部灰缝应填满砂浆。水平灰缝的砂浆饱满度不得低于 90%；竖向灰缝的砂浆饱满度不得低于 80%。砌筑中不得出现瞎缝、透明缝。

(7) 小砌块的水平灰缝厚度和竖向灰缝宽度应控制在 8～12 mm。砌筑时，铺灰长度不得超过 800 mm，严禁用水冲浆灌缝。

(8) 当缺少辅助规格小砌块时，墙体通缝不应超过两皮砌块。

(9) 承重墙体不得采用小砌块与烧结砖等其他块材混合砌筑。严禁使用断裂小砌块或壁肋中有竖向凹形裂缝的小砌块砌筑承重墙体。

(10) 对设计规定的洞口、管道、沟槽和预埋件等，应在砌筑时预留或预埋，严禁在砌好的墙体上打凿。在小砌块墙体中不得预留水平沟槽。

(11) 小砌块砌体内不宜设脚手眼。如必须设置，可用 190 mm×190 mm×190 mm 小砌块侧砌，利用其孔洞作脚手眼，砌筑完用 C15 混凝土填实脚手眼。

(12) 施工中需要在砌体中设置的临时施工洞口，其侧边离交接处的墙面不应小于600 mm，并在洞口顶部设过梁，填砌施工洞口的砌筑砂浆强度等级应提高一级。

(13) 砌体相邻工作段的高度差不得大于一个楼层高或4 m。

(14) 在常温条件下，普通混凝土小砌块日砌筑高度应控制在1.8 m以内；轻集料混凝土小砌块日砌筑高度应控制在2.4 m以内。

第五节 砌体冬期施工

一、砌体冬期施工要求

砌体冬期施工要求如下：

(1) 当室外日平均气温连续5 d稳定低于5℃时，砌体工程应采取冬期施工措施。需要注意的是：气温根据当地气象资料确定；冬期施工期限以外，当日最低气温低于0℃时，也应按冬期施工规定执行。

(2) 冬期施工的砌体工程质量验收除应符合本地区要求外，还应符合现行行业标准《建筑工程冬期施工规程》(JGJ/T 104—2011)的有关规定。

(3) 砌体工程冬期施工应有完整的冬期施工方案。

(4) 冬期施工所用材料应符合下列规定：

① 石灰膏、电石膏等应采取防冻措施，如遭冻结，应经融化后使用；

② 拌制砂浆用砂，不得含有冰块和大于10 mm的冻结块；

③ 砌体用块体不得遭水浸冻。

(5) 冬期施工砂浆试块的留置，除应满足常温规定要求外，还应增加一组与砌体同条件养护的试块，用于检验转入常温28 d的强度。如有特殊需要，可另外增加相应龄期的同条件养护试块。

(6) 地基土有冻胀性时，应在未冻的地基上砌筑，并应防止在施工期间和回填土前地基受冻。

(7) 冬期施工中，砖、小砌块浇(喷)水湿润应符合下列规定：

① 烧结普通砖、烧结多孔砖、蒸压灰砂砖、蒸压粉煤灰砖、烧结空心砖、吸水率较大的轻集料混凝土小型空心砌块在气温高于0℃条件下砌筑时，应浇水湿润；在气温不高于0℃条件下砌筑时，可不浇水，但必须增大砂浆稠度。

② 普通混凝土小型空心砌块、混凝土多孔砖、混凝土实心砖及采用薄灰砌筑法的蒸压加气混凝土砌块施工时，不应对其浇(喷)水湿润。

③ 抗震设防烈度为9度的建筑物，当烧结普通砖、烧结多孔砖、蒸压粉煤灰砖、烧结空心砖无法浇水湿润时，如无特殊措施，不得砌筑。

(8) 拌和砂浆时水的温度不得超过80℃，砂的温度不得超过40℃。

(9) 采用砂浆掺外加剂法、暖棚法施工时，砂浆使用温度不应低于5℃。

(10) 采用暖棚法施工，块体在砌筑时的温度不应低于5℃，距离所砌的结构底面0.5 m处的棚内温度也不应低于5℃。

(11) 在暖棚内的砌体养护时间应根据暖棚内的温度按表4-5确定。

表 4-5　在暖棚内的砌体养护时间

暖棚内的温度/℃	5	10	15	20
养护时间/d	≥6	≥5	≥4	≥3

(12) 采用外加剂法配制的砌筑砂浆，当设计无要求，且最低气温等于或低于－15 ℃时，砂浆强度等级应较常温施工提高一级。

(13) 配筋砌体不得采用掺氯盐的砂浆施工。

二、砌体冬期施工常用方法

砌体冬期施工常用方法有掺盐砂浆法、冻结法和暖棚法。

1. 掺盐砂浆法

掺盐砂浆法是在砂浆中掺入一定数量的氯化钠(单盐)或氯化钠加氯化钙(双盐)，以降低冰点，使砂浆中的水分在低于 0 ℃一定范围内不冻结。这种方法施工简便、经济、可靠，是砌体工程冬期施工中广泛采用的方法。掺盐砂浆的掺盐量应符合规定。当设计无要求且最低气温≤－15 ℃时，砌筑承重砌体的砂浆强度等级应按常温施工提高一级。配筋砌体不得采用掺盐砂浆法施工。

2. 冻结法

冻结法采用不掺外加剂的水泥砂浆或水泥混合砂浆砌筑砌体，允许砂浆遭受冻结。砂浆解冻时，当气温回升至 0 ℃以上后，砂浆继续硬化，但此时的砂浆经过冻结、融化、再硬化以后，其强度及与砌体的黏结力都有不同程度的下降，且砌体在解冻时变形大，对于空斗墙、毛石墙、承受侧压力的砌体、在解冻期间可能受到振动或动力荷载的砌体、在解冻期间不允许发生沉降的砌体(如筒拱支座)，不得采用冻结法。冻结法施工，当设计无要求且日最低气温＞－25 ℃时，砌筑承重砌体的砂浆强度等级应按常温施工提高一级；当日最低气温≤－25 ℃时，应提高二级。砂浆强度等级不得小于 M2.5，重要结构砂浆强度等级不得小于 M5。

为保证砌体在解冻时正常沉降，冻结法施工还应符合下列规定：

(1) 每日砌筑高度及临时间断的高度差，均不得大于 1.2 m；

(2) 门窗框的上部应留出不小于 5 mm 的缝隙；

(3) 砌体水平灰缝厚度不宜大于 10 mm；

(4) 留置在砌体中的洞口和沟槽等，宜在解冻前填砌完毕，解冻前应清除结构的临时荷载；

(5) 在冻结法施工的解冻期间，应经常对砌体进行观测和检查，如发现裂缝、不均匀沉降等情况，应立即采取加固措施。

3. 暖棚法

暖棚法是利用简易结构和廉价的保温材料，将需要砌筑的砌体和工作面临时封闭起来，棚内加热，使之在正温条件下砌筑和养护。暖棚法费用高、热效低、劳动效率不高，因此宜少采用。一般而言，地下工程、基础工程及量小又急需使用的砌体，可考虑采用暖棚法施工。

采用暖棚法施工，块材在砌筑时的温度不应低于 5 ℃，距离所砌的结构底面 0.5 m 处的棚内温度也不应低于 5 ℃。

第六节　脚手架及垂直运输设施

脚手架是砌筑过程中堆放材料和工人进行操作的临时设施。按其搭设位置分为外脚手架和里脚手架两大类；按其所用材料分为木脚手架、竹脚手架和金属脚手架；按其结构形式分为多立杆式、碗扣式、门式、方塔式、附着式及悬挑式脚手架等。

一、外脚手架

外脚手架是指架设在外墙外面的脚手架。其主要结构形式有扣件式钢管脚手架、碗扣式钢管脚手架、门式钢管脚手架、附着式脚手架和悬挑式脚手架等。

1. 扣件式钢管脚手架

扣件式钢管脚手架是由钢管杆件用扣件连接而成的临时结构架，具有工作可靠、装拆方便和适应性强等优点，是目前我国使用最为普遍的脚手架类型。

1）扣件式钢管脚手架的构造

扣件式钢管脚手架由钢管和扣件组成，如图 4－11 所示。扣件为钢管与钢管之间的连接件，其基本形式有三种——直角扣件、回转扣件和对接扣件，如图 4－12 所示，用于钢管之间的直角连接、直角对接接长或成一定角度的连接。扣件式钢管脚手架的主要构件有立杆、大横杆、斜杆和底座等，一般均采用外径 48 mm、壁厚 3.5 mm 的焊接钢管。立杆、大横杆、斜杆的钢管长度为 4.0～6.5 m，小横杆的钢管长度为 2.1～2.3 m。

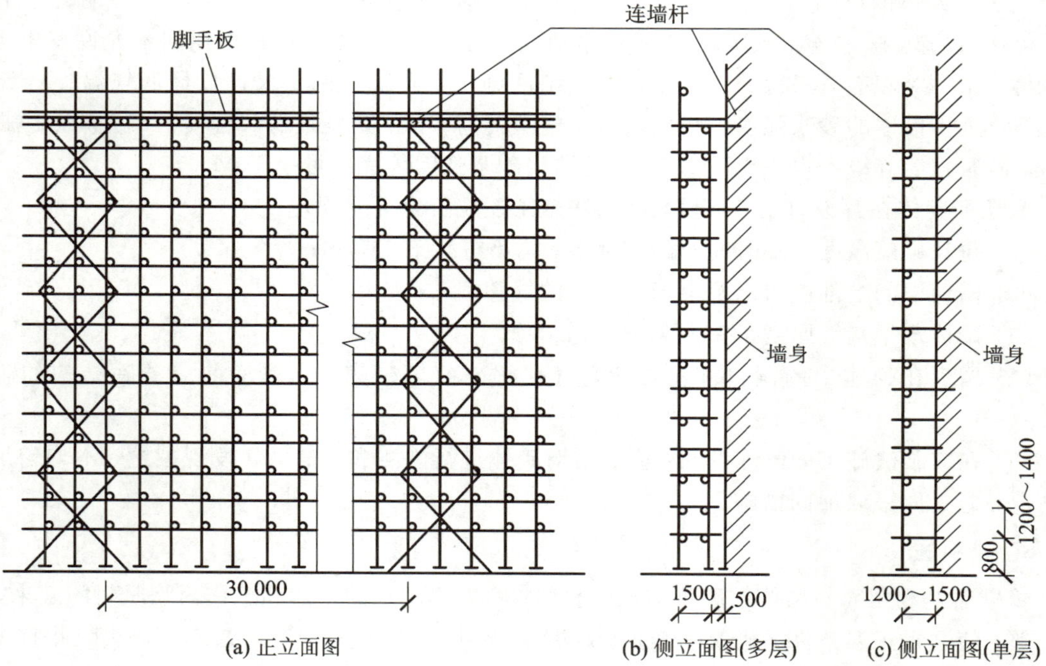

图 4－11　扣件式钢管脚手架

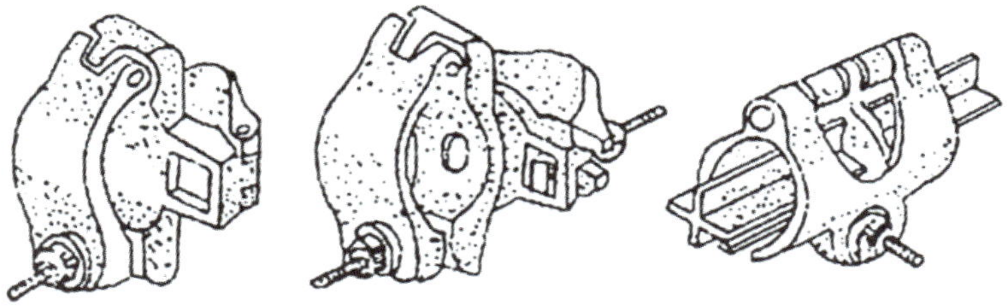

(a) 直角扣件　　(b) 回转扣件　　(c) 对接扣件

图 4－12　扣件形式

2）扣件式钢管脚手架的搭设要求

(1) 地基处理和底座安装。先按一般要求或设计计算结果进行搭设场地的平整、夯实等地基处理，确保立杆有稳固可靠的地基。然后按构架设计的立杆间距 l_a 和 l_b 进行放线定位，铺设垫板(块)和安放立杆底座，并确保位置准确、铺放平稳，不得悬空。使用双立杆时，应相应采用双底座、双管底座或将双立杆焊于一根槽钢底座板上(槽口朝上)。

(2) 搭设作业注意事项。扣件式钢管脚手架的搭设应注意以下几点：

① 严禁不同规格钢管及其相应扣件混用。

② 底立杆应按立杆接长要求选择不同长度的钢管交错设置，至少应有两种适合不同长度的钢管作立杆。

③ 在设置第一排连墙件前，应约每隔 6 跨设一道抛撑，以确保架子稳定。

④ 一定要采取先搭设起始段从后向前延伸的方式，当两组作业时，可分别从相对角开始搭设。

⑤ 连墙件和剪刀撑应及时设置，滞后不得超过两步。

⑥ 杆件端部伸出扣件之外的长度不得小于 100 mm。

⑦ 在顶排连墙件之上的架高(以纵向平杆计)不得多于三步，否则应每隔 6 跨加设一道撑拉措施。

⑧ 剪刀撑的斜杆与基本构架结构杆件之间至少有三道连接，其中斜杆的对接或搭接接头部位至少有一道连接。

⑨ 周边脚手架的纵向平杆必须在角部交圈并与立杆连接固定，因此，东西两面和南北两面的作业层(步)有一交会搭接固定所形成的小错台，铺板时应处理好交接处的构造。当要求周边铺板高度一致时，角部应增设立杆和纵向平杆(至少与三根立杆连接)。

⑩ 对接平板脚手板时，对接处的两侧必须设置间横杆。

3）扣件式钢管脚手架搭设作业程序

扣件式钢管脚手架搭设作业程序为：放置纵向扫地杆→自角部起依次向两边竖立底(第 1 根)立杆，底端与纵向扫地杆扣接固定后，装设横向扫地杆并与立杆固定(固定立杆底端前，应吊线确保立杆垂直)，每边竖起 3～4 根立杆后，随即装设第一步纵向平杆(与立杆扣接固定)和横向平杆(小横杆，靠近立杆并与纵向平杆扣接固定)、校正立杆垂直和平杆水平，使其符合要求后，按 40～60 N·m 力矩拧紧扣件螺栓，形成构架的起始段→按上述要求依次向前延伸搭设，直至第一步架交圈完成(交圈后，全面检查一遍构架质量和地基情况，严格确保设计要求和构架质量)→设置连墙件(或加抛撑)→按第一步架的作业程序和要求搭设第二步架、第三步架→随搭设进程及时装设连墙件和剪刀撑→装设作业层间横杆(在构架横向平杆之间加设的、用于缩小铺板支承跨度的横杆)，铺设脚手板和装设作业层栏杆、挡脚板或围护、封闭措施。

4）扣件式钢管脚手架的拆卸要求

扣件式钢管脚手架的拆卸作业按搭设作业的相反程序进行，并应特别注意以下几点：

① 连墙件待其上部杆件拆除完毕（伸上来的立杆除外）后才能松开拆去。

② 松开扣件的平杆件应随即撤下，不得松挂在架上。

③ 拆除长杆件时应两人协同作业，以免发生单人作业时的闪失事故。

④ 拆下的杆配件应吊运至地面，不得向下抛掷。

2. 碗扣式钢管脚手架

1）碗扣式钢管脚手架的构造

碗扣式钢管脚手架又称多功能碗扣型脚手架，其基本构造和搭设要求与扣件式钢管脚手架类似，不同之处在于其杆件接头处采用碗扣连接。由于碗扣是固定在钢管上的，因此连接可靠，组成的脚手架整体性好，也不存在扣件丢失问题。碗扣式接头由上、下碗扣及横杆接头、限位销等组成，如图 4-13 所示。上、下碗扣和限位销按 600 mm 间距设置在钢管立杆上，其中，下碗扣和限位销直接焊接在立杆上，搭设时将上碗扣的缺口对准限位销后，即可将上碗扣向上拉起（沿立杆向上滑动）。然后将横杆接头插入下碗扣圆槽内，再将上碗扣沿限位销滑下，并顺时针旋转扣紧，用小锤轻击几下即可完成接点的连接。立杆连接处外套管与立杆间隙不得大于 2 mm，外套长度不得小于 160 mm，外伸长度不得小于 110 mm。

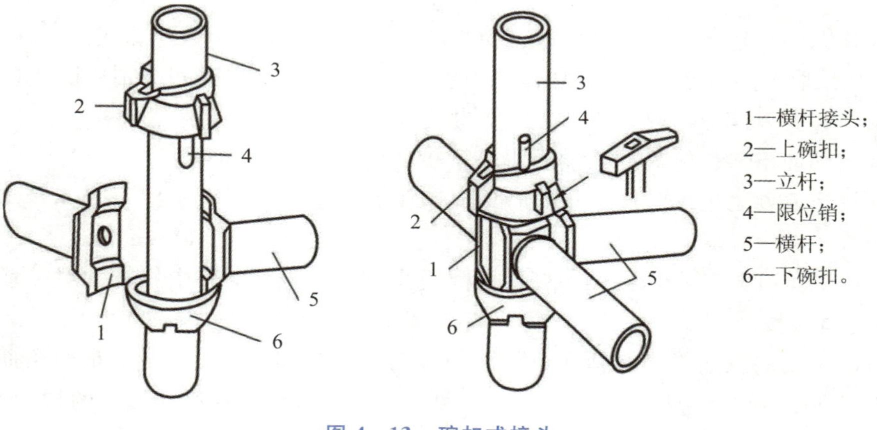

图 4-13　碗扣式接头

2）碗扣式钢管脚手架的搭设要求

碗扣式钢管脚手架的搭设要求如下：

(1) 底座和垫板应准确地放置在定位线上；垫板宜采用长度不少于 2 跨、厚度不小于 50 mm 的木垫板；底座的轴心线应与地面垂直。

(2) 脚手架搭设应按立杆、横杆、斜杆、连墙件的顺序逐层搭设，每次上升高度不大于 3 m。底层水平框架的纵向直线度小于等于 $L/200$；横杆间水平度偏差应小于等于 $L/400$。

(3) 脚手架的搭设应分阶段进行，第一阶段的撂底高度一般为 6 m，搭设后必须经检查验收后方可正式投入使用。

(4) 脚手架的搭设应与建筑物的施工同步上升，每次搭设高度必须高于即将施工楼层 1.5 m。

(5) 脚手架全高的垂直度偏差应小于 $L/500$，最大允许偏差应小于 100 mm。

(6) 脚手架内外侧加挑梁时，挑梁范围内只允许承受人行荷载，严禁堆放物料。

(7) 连墙件必须随架子高度上升及时在规定位置处设置，严禁任意拆除。

(8) 作业层设置应符合下列要求：

① 必须满铺脚手板，外侧应设挡脚板及护身栏杆。

② 护身栏杆可用横杆在立杆的 0.6 m 和 1.2 m 的碗扣接头处搭设两道。

③ 作业层下的水平安全网应按《建筑施工扣件式钢管脚手架安全技术规范》(JGJ 130—2011)的规定设置。

(9) 采用钢管扣件作加固件、连墙件、斜撑时应符合《建筑施工扣件式钢管脚手架安全技术规范》(JGJ 130—2011)的有关规定。

(10) 脚手架搭设到顶时，应组织技术、安全、施工人员对整个架体结构进行全面的检查和验收，及时解决存在的结构缺陷。

3) 碗扣式钢管脚手架搭设施工准备

碗扣式钢管脚手架的搭设施工准备如下：

(1) 脚手架施工前必须制定施工设计或专项方案，保证其技术可靠和使用安全。经技术审查批准后方可实施。

(2) 脚手架搭设前工程技术负责人应按脚手架施工设计或专项方案的要求对搭设和使用人员进行技术交底。

(3) 进入现场的脚手架构配件，使用前应对其质量进行复检。

(4) 构配件应按品种、规格分类放置在堆料区内或码放在专用架上，清点好数量备用。脚手架堆放场地排水应畅通，不得有积水。

(5) 连墙件如采用预埋方式，应提前与设计协商，并保证预埋件在混凝土浇筑前埋入。

(6) 脚手架搭设场地必须平整、坚实、排水措施得当。

4) 碗扣式钢管脚手架的拆除要求

碗扣式钢管脚手架的拆除要求有如下几点：

(1) 应全面检查脚手架的连接、支撑体系等是否符合构造要求，经技术管理程序批准后方可实施拆除作业。

(2) 脚手架拆除前现场工程技术人员应对在岗操作工人进行有针对性的安全技术交底。

(3) 脚手架拆除时必须划出安全区，设置警戒标志，派专人看管。

(4) 拆除前应清理脚手架上的器具及多余的材料和杂物。

(5) 拆除作业应从顶层开始，逐层向下进行，严禁上下层同时拆除。

(6) 连墙件必须拆到该层时方可拆除，严禁提前拆除。

(7) 拆除的构配件应成捆用起重设备吊运或人工传递到地面，严禁抛掷。

(8) 脚手架采取分段、分立面拆除时，必须事先确定分界处的技术处理方案。

(9) 拆除的构配件应分类堆放，以便于运输、维护和保管。

3. 门式钢管脚手架

门式钢管脚手架又称为多功能门形钢管脚手架，是目前国际上应用较为普遍的脚手架之一。门式钢管脚手架有多种用途，除可用于搭设外脚手架外，还可用于搭设里脚手架、施工操作平台或用于模板支架等。

1) 门式钢管脚手架的构造

门式钢管脚手架的基本结构由门架、交叉支撑、连接棒、挂扣式脚手板或水平架、锁臂等组成，再设置水平加固杆、剪刀撑、扫地杆、封口杆、托座与底座，并采用连墙件与建筑物主体结构相连，是一种标准化钢管脚手架。门式钢管脚手架基本单元由一副门式框架、两副剪刀撑、一副水平梁架和四个连接器组合而成。若干基本单元通过连接器在竖向叠加，扣上臂扣，组成了一个多层框架。在水平方向，用加固杆和水平梁架使相邻单元连成整体，加上斜梯、栏杆柱和横杆，组成上下不相通的外脚手架，即构成整片脚手架，如图 4－14 所示。

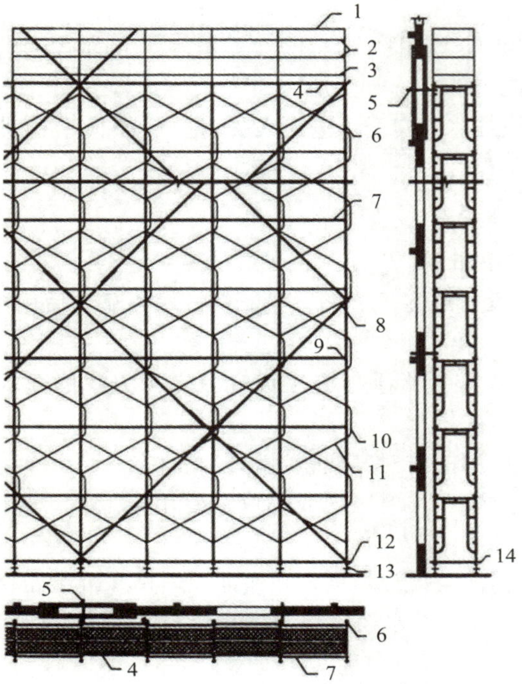

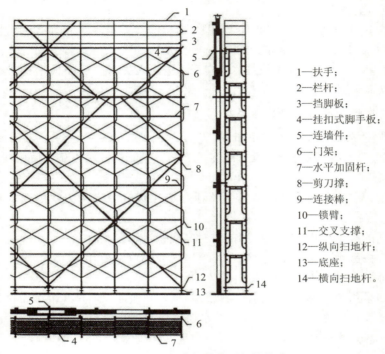

1—扶手；
2—栏杆；
3—挡脚板；
4—挂扣式脚手板；
5—连墙件；
6—门架；
7—水平加固杆；
8—剪刀撑；
9—连接棒；
10—锁臂；
11—交叉支撑；
12—纵向扫地杆；
13—底座；
14—横向扫地杆。

图 4－14　门式钢管脚手架的构造

2）门式钢管脚手架的搭设要求

门式钢管脚手架的搭设要求如下：

(1) 交叉支撑、水平架、脚手板、连接棒和锁臂的设置应符合规范要求；不配套的门架配件不得混合用于同一整片脚手架。

(2) 门架安装应自一端向另一端延伸，并逐层改变搭设方向，不得相对进行；搭完一步架后，应按规范要求检查并调整其水平度与垂直度。

(3) 交叉支撑、水平架或脚手板应紧随门架的安装及时设置，连接门架与配件的锁臂、搭钩必须处于锁住状态。

(4) 水平架或脚手板应在同一步内连续设置，脚手板应满铺。

(5) 底层钢梯的底部应加设钢管并用扣件扣紧在门架的立杆上，钢梯的两侧均应设置扶手，每段梯可跨越两步或三步门架再行转折。

(6) 栏板(杆)、挡脚板应设置在脚手架操作层外侧、门架立杆的内侧。

(7) 加固杆、剪刀撑必须与脚手架同步搭设；水平加固杆应设于门架立杆内侧，剪刀撑应设于门架立杆外侧并连接牢固。

(8) 连墙件的搭设必须随脚手架搭设同步进行，严禁滞后设置或搭设完毕后补做；连墙件应连于上、下两榀门架的接头附近，且垂直于墙面，锚固可靠。

(9) 当脚手架操作层高出相邻连墙件以上两步时，应采用确保脚手架稳定的临时拉结措施，直到连墙件搭设完毕后方可拆除。

(10) 脚手架应沿建筑物周围连续、同步搭设升高，在建筑物周围形成封闭结构；如不能封闭，在脚手架两端应按规范要求增设连墙件。

3) 门式钢管脚手架搭设顺序

门式钢管脚手架搭设顺序为：铺放垫木→拉线放底座→自一端立门架，并随即装剪刀撑→装水平梁架(或脚手板)→装梯子→装通长的大横杆(一般用 48 mm 脚手架钢管)→装设连墙杆→插上连接棒→安装上一步门架→装上锁臂→按上述步骤逐层向上安装→装加强整体刚度的长剪刀撑→装设顶部栏杆。

4. 附着式脚手架

在高层、超高层建筑的施工中，凡采用附着于工程结构、依靠自身提升设备实现升降的悬空脚手架，统称为附着式脚手架。附着式脚手架也是工具式脚手架，其主要架体构件为工厂制作的专用的钢结构的产品，在现场按特定的程序组装后，将其固定(附着)在建筑物上。脚手架本身带有升降机构和升降动力设备，随着工程的进展，脚手架沿建筑物整体或分段升降，满足结构和外装修施工的需要。

附着式脚手架由架体、附着支承、提升机构和设备、安全装置和控制系统等基本部分构成。

1) 架体

附着式脚手架的架体由竖向主框架、水平梁架(也称作水平支承桁架)和架体板(或架体构架)构成，如图 4-15 所示。竖向主框架既是构成架体的边框架，也是与附着支承构造连接，并将架体荷载传给工程结构承受的架体主承传载构造。带导轨体的导轨一般都设计为竖向主框架的内侧立杆。竖向主框架的形式可为单片框架或由两个片式框架(分别为相邻跨的边框架)组成的格构柱式框架，后者多用于采用挑梁悬吊架体的附着式脚手架。水平梁一般设于底部，承受架体板传下来的架体荷载并将其传给竖向主框架，水平梁架的设置也是加强架体的整体性和刚度的重要措施，因而要求采用定型焊接或组装的型钢结构。除竖向主框架和水平梁架的其余架体部分为架体构架，即采用钢管件搭设的位于相邻两竖向主框架之间和水平支承桁架之上的架体，是附着式脚手架架体结构的组成部分，也是操作人员的作业场所。

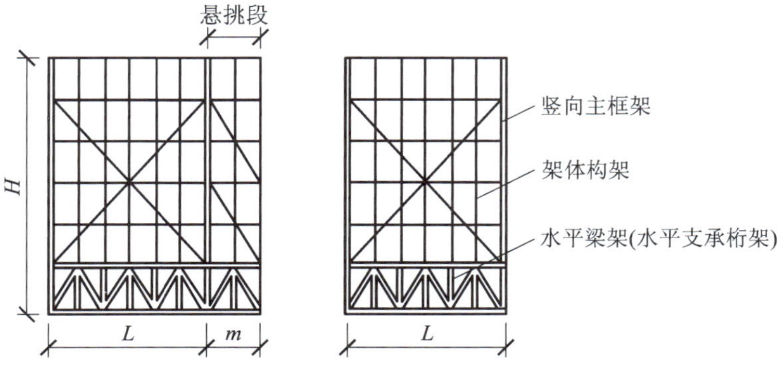

图 4-15 附着式脚手架的架体构成

对架体进行设计时，按竖向荷载传给水平梁架，再传给竖向主框架和水平荷载直接由架体板、水平梁架传给竖向主框架进行验算，这是偏于安全的算法。

实际工程施工中，部分架体构架上的竖向荷载可以直接传给竖向主框架，而水平梁架的竖杆亦为架体板的立杆时(如水平梁亦采用脚手架杆件搭设且与立杆共用)，将会提高其承载能力(相关试验表明，可提高 30%左右)。因此，当水平梁架采用焊接桁架片组装时，其竖杆宜采用 $\phi48\times3.5$ 钢管并伸出其上弦杆，相邻杆的伸出长度应相差不小于 500 mm，以便向上接架体板的立杆，使水平梁和架体板形成整体。

2）附着支承

附着支承的形式虽有图 4－16 的七种，但其基本构造却只有挑梁、拉杆、导轨、导座(或支座、锚固件)和套框(管)等五种，并视需要组合使用。为了确保架体在升降时处于稳定状态，避免晃动和抵抗倾覆作用，要求达到以下两项要求：

(1) 架体在任何状态(使用、上升、下降)下，与工程结构之间必须有不少于两处的附着支承点。

(2) 必须设置防倾装置。在采用非导轨或非导座附着方式(其导轨或导座既起支承和导向作用，也起防倾作用)时，必须另外附设防倾导杆。

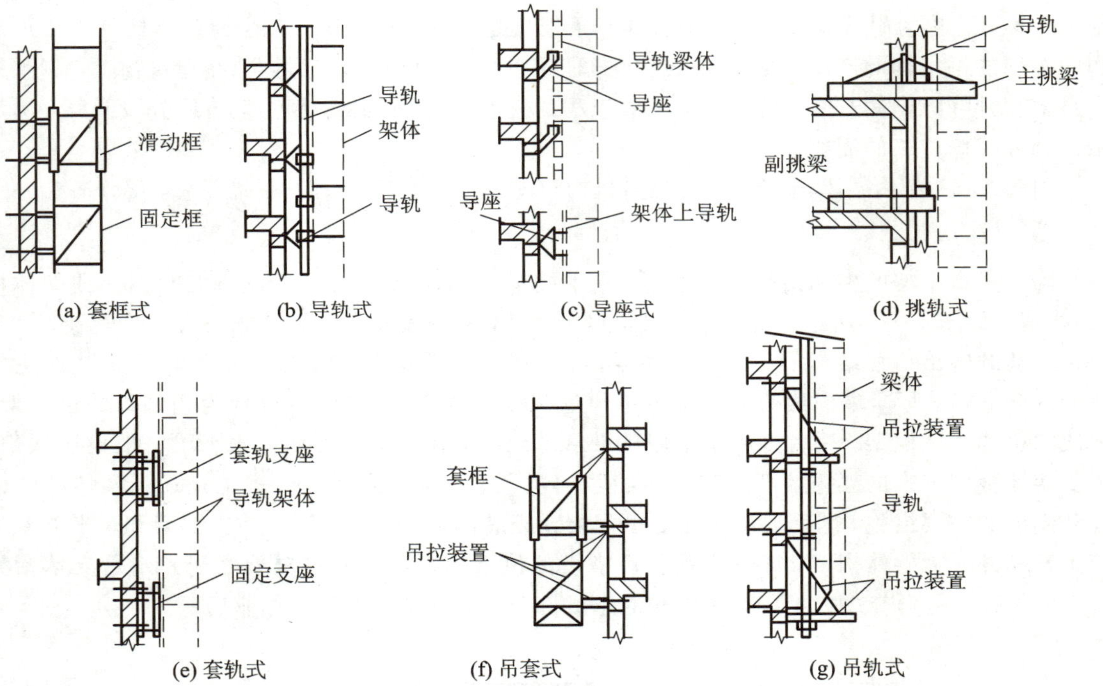

图 4－16 附着支承结构的七种形式

即使在附着支承构造完全满足以上两项要求的情况下，架体在提升阶段也多会出现上部自由高度过大的问题，解决的途径有以下两个：采用刚度大的防倾导轨，使其增加支承点以上的设置高度(悬臂高度)，以减少架体在接近每次提升最大高度时的自由高度；在外墙模板顶部外侧设置支、拉座构造，利用模板及其支承体系建立上部附着支承点，这需要进行严格的设计和验算，包括增加或加强模板体系的撑拉杆件。

3）提升机构和设备

附着式脚手架的提升机构取决于提升设备，有吊升、顶升和爬升等。

(1) 吊升。在梁架(或导轨、导座、套管架等)挂置电动葫芦，以链条或拉杆(竖向或斜向)吊着架体，实际为沿导轨滑动的吊升。提升设备为小型卷扬机时，则采用钢丝绳，经导向滑轮实现对架体的吊升。

（2）顶升。如图 4－17 所示，通过液压缸活塞杆的伸长，使导轨上升并带动架体上升。

（3）爬升。如图 4－18 所示，脚手架的上下爬升箱带着架体沿导轨自动向上爬升。

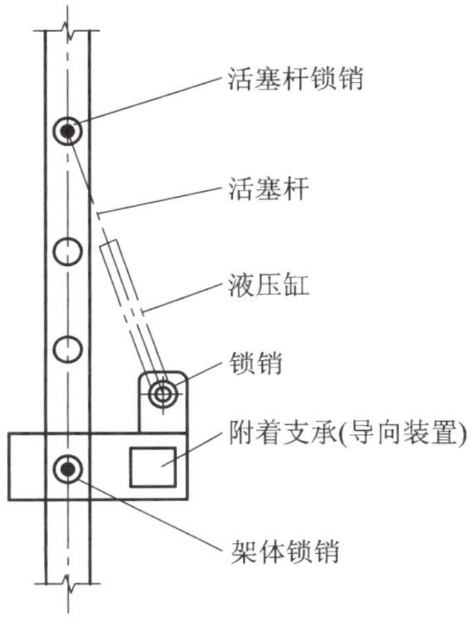

图 4－17　临设型液压提升装置

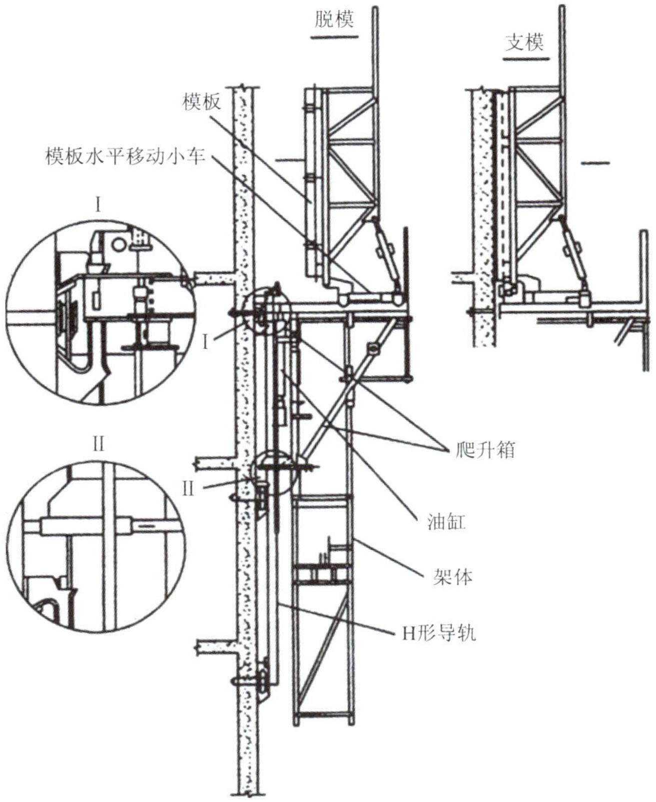

图 4－18　带模液压升降脚手架

4）安全装置和控制系统

附着式脚手架必须具有防倾覆、防坠落和同步升降控制的安全装置。防倾覆装置采用防倾导轨及其他适合的控制架体水平位移的构造。防坠装置则为防止架体坠落的装置，即一旦因断链（绳）等造成架体坠落时，能立即动作，及时将架体制停在防坠杆等支持构造上。防坠装置的制动有棘轮棘爪、楔块斜面自锁、摩擦轮斜面自锁、楔块套管、偏心凸轮、摆针等多种类型（见图 4－19），这些类型的防坠装置一般都能达到制停的要求，已有几种防坠产品面市，如广西某建筑外架技术开发部研制出的限载连动防坠装置，采用凸轮式防坠器（见图 4－20），广西某建筑公司开发的"爬架防坠器"采用楔块套管构造（见图 4－21）。

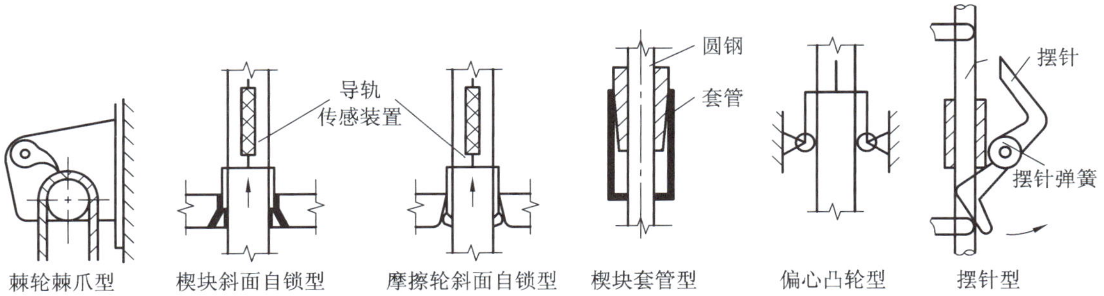

图 4－19　防坠装置的制动类型

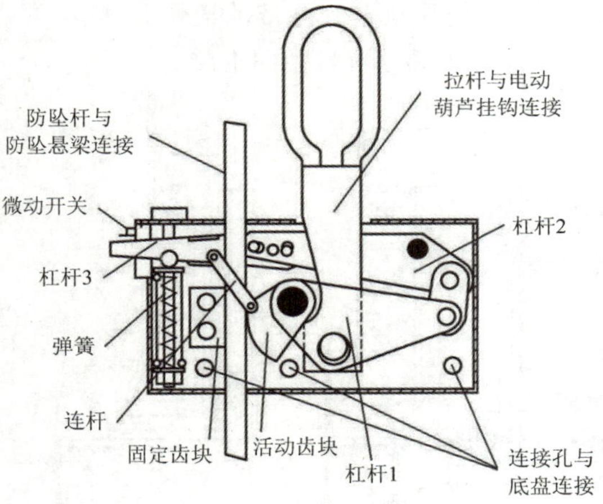

图 4－20　凸轮式防坠器

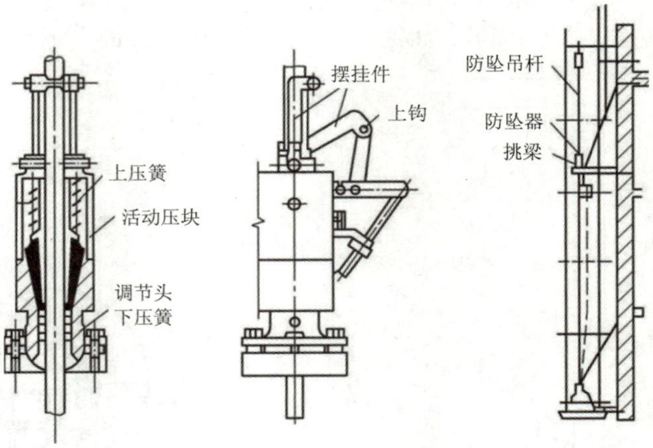

图 4－21　采用楔块套管构造的防坠器

附着式脚手架采用整体提升方式时，其控制系统应确保实现同步提升和限载保安全的要求。由于同步和限载要求之间有密切的内在联系，不同步时荷载的差别很大。

5. 悬挑式脚手架

悬挑式脚手架简称挑架，是将外脚手架分段搭设在建筑物外边缘向外伸出的悬挑结构上，如图 4－22 所示。悬挑支承结构有型钢焊接制作的三角桁架下撑式结构，以及用钢丝绳先拉住水平型钢挑梁的斜拉式结构两种主要形式。在悬挑结构上搭设的双排脚手架与落地式相同，适用于高层建筑的施工。

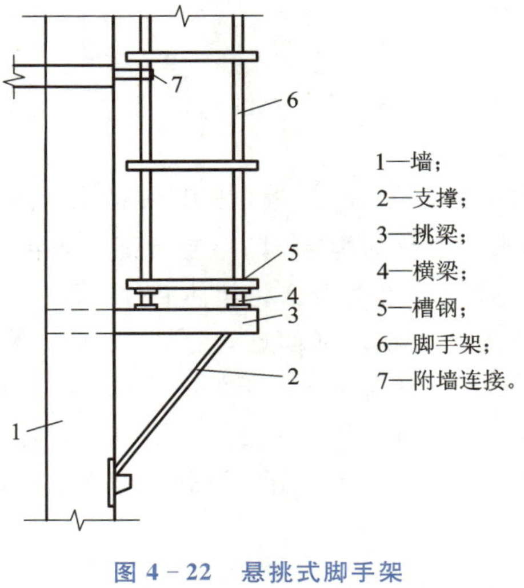

图 4－22　悬挑式脚手架

二、里脚手架

里脚手架是搭设在施工对象内部的脚手架，主要用于在楼层上砌墙和进行内部装修等施工作业。由于建筑内部施工作业量大，平面分布十分复杂，要求里脚手架频繁搬移和装拆，因此，里脚手架必须轻便灵活、稳固可靠，搬移和装拆方便。常用的里脚手架有如下两种。

1. 折叠式里脚手架

折叠式里脚手架可用角钢、钢筋、钢管等材料焊接制作，角钢折叠式里脚手架如图 4-23 所示。架设间距：砌墙时宜为 1.0～2.0 m，内部装修时宜为 2.2～2.5 m。

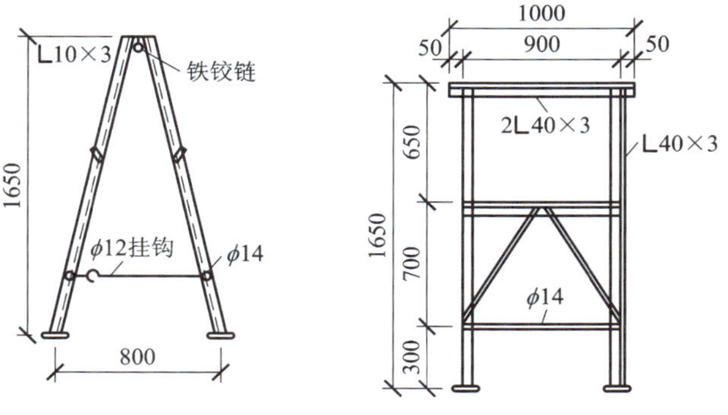

图 4-23　角钢折叠式里脚手架

2. 支柱式里脚手架

支柱式里脚手架由支柱及横杆组成，上铺脚手板。搭设间距：砌墙时宜为 2.0 m，内部装修时不超过 2.5 m。支柱式里脚手架的支柱有套管式支柱和承插式钢管支柱。

(1) 套管式支柱。搭设时插管插入立杆中，以销孔间距调节高度，插管顶端的 U 形支托搁置方木横杆用于铺设脚手板，如图 4-24 所示。架设高度为 1.57～2.17 m，每个支柱为 14 kg。

(2) 承插式钢管支柱。架设高度为 1.2 m、1.6 m、1.9 m，搭设第三步时要加销钉以确保安全，如图 4-25 所示。每个支柱为 13.7 kg，横杆为 5.6 kg。

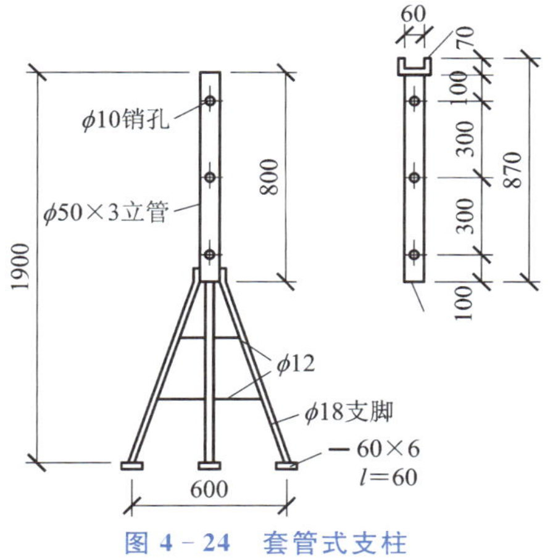

图 4-24　套管式支柱

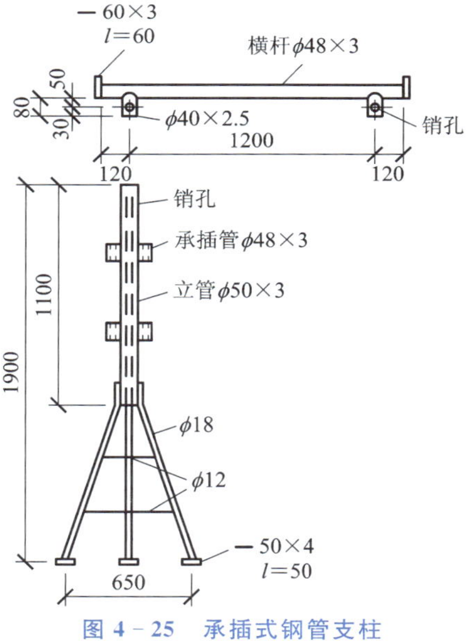

图 4-25　承插式钢管支柱

三、垂直运输设施

砌筑工程所需的各种材料绝大部分需要通过垂直运输机械运送到各施工楼层，因此，砌筑工程垂直运输工程量很大。目前，垂直运输建筑材料和供人员上、下的常用垂直运输设备有井架、龙门架、施工电梯等。

1. 井架

井架是施工中最常用亦是最简便的垂直运输设施，它稳定性好，运输量大。除用型钢或钢管加工的定型井字架之外，还可以用多种脚手架材料现场搭设而成。井架内设有吊篮，一般的井架多为单孔井架，但也可构成双孔或多孔井架，以满足同时运输多种材料的需要。井架上部还可设小型扒杆，供吊运长度较大的构件，其起重量一般为 0.5～1.5 t，回转半径可达 10 m。井架起重能力一般为 1～3 t，提升高度一般在 60 m 以内，在采取措施后，亦可搭设得更高，如图 4－26、图 4－27 所示。

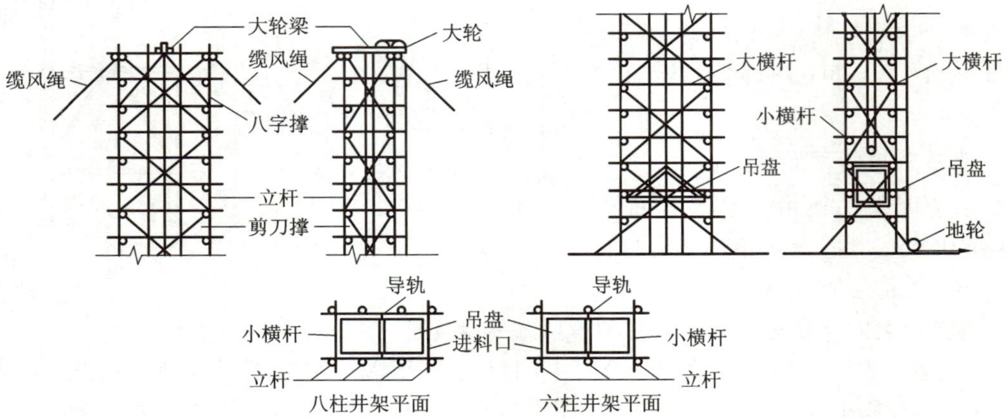

图 4－26　井架

2. 龙门架

龙门架主要由横梁、立柱、底盘、导梁和支点组成，用作升降设备的支架，如龙门吊支架等，两柱犹如盘龙柱，形象称为龙门架。龙门架的立柱由若干个格构柱用螺栓拼装而成，而格构柱用角钢及钢管焊接而成或直接用厚壁钢管构成门架。

龙门架设有滑轮、导轨、吊盘、安全装置及起重索、缆风绳等，其构造如图 4－28 所示。

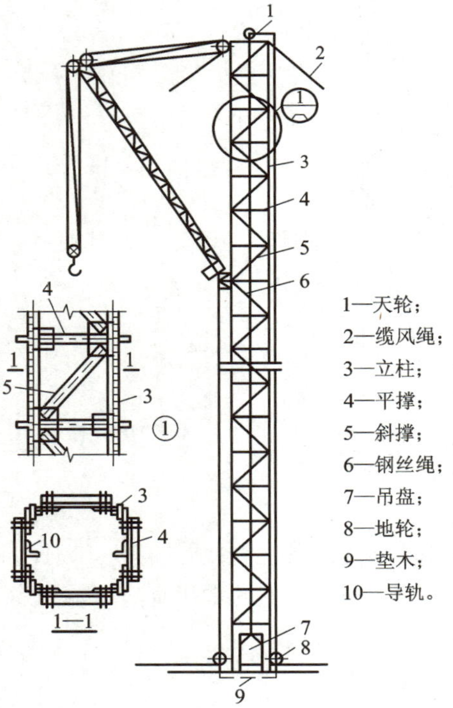

图 4－27　型钢井架

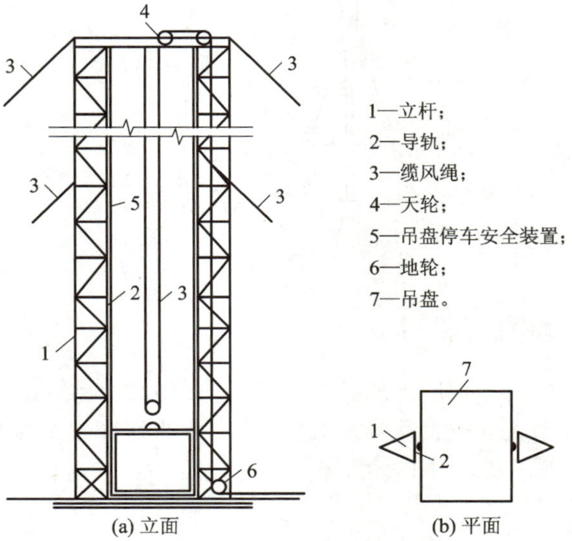

图 4－28　龙门架

龙门架不能作水平运输。如果选用龙门架作垂直运输方案，则要考虑地面或楼层面上的水平运输设备。

3. 施工电梯

多数施工电梯为人货两用，少数仅供货用。电梯按其驱动方式分为齿条驱动和绳轮驱动两种。齿条驱动电梯(见图 4 - 29)又有单吊厢(笼)式和双吊厢(笼)式两种，并装有可靠的限速装置，适于 20 层以上的建筑工程使用；绳轮驱动电梯(见图 4 - 30)为单吊厢(笼)式，轻巧便宜，适于 20 层以下的建筑工程使用。

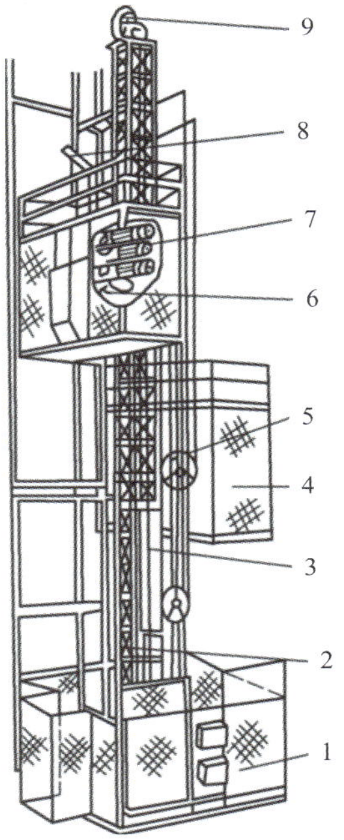

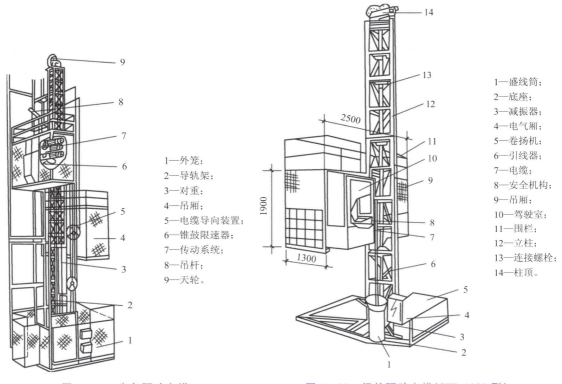

1—外笼；
2—导轨架；
3—对重；
4—吊厢；
5—电缆导向装置；
6—锥鼓限速器；
7—传动系统；
8—吊杆；
9—天轮。

图 4 - 29　齿条驱动电梯

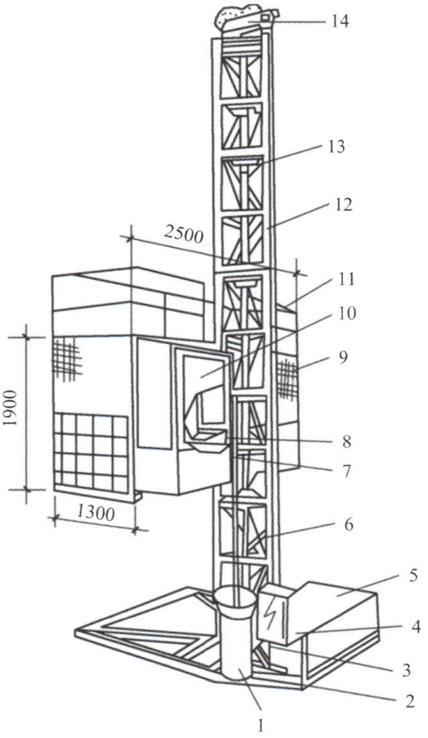

1—盛线筒；
2—底座；
3—减振器；
4—电气厢；
5—卷扬机；
6—引线器；
7—电缆；
8—安全机构；
9—吊厢；
10—驾驶室；
11—围栏；
12—立柱；
13—连接螺栓；
14—柱顶。

图 4 - 30　绳轮驱动电梯(SFD-1000 型)

本 章 小 结

本章主要介绍了砌筑砂浆、砖砌体施工、石砌体施工、砌块砌体施工、砌体冬期施工、脚手架及垂直运输设施等内容。通过本章的学习，读者可以对砌体工程施工技术有一定的认识，为在工作中合理、正确使用这些施工技术建立基础。

课 后 练 习

1. 烧结普通砖如何分类？
2. 砂浆对原材料的要求有哪些？
3. 普通砖墙的砌筑形式有哪些？并加以简述。
4. 砖砌体的施工过程有哪些？
5. 简述小型砌块砌体施工工艺。
6. 什么是扣件式钢管脚手架？
7. 碗扣式钢管脚手架的拆除要求有哪些？

第五章 混凝土结构工程

第一节　概　述

一、钢筋混凝土结构简介

钢筋混凝土结构是指按施工图纸设计要求将钢筋和混凝土两种材料，利用模板浇筑而成的具有各种形状和大小的构件或结构。在结构中，钢筋承受拉力，混凝土承受压力。钢筋混凝土结构具有坚固、耐久、防火性能好、比钢结构节省钢材和成本低等优点。钢筋混凝土结构工程由钢筋工程、模板工程、混凝土工程等多个分项工程组成。

二、钢筋混凝土结构工程的种类

钢筋混凝土结构工程按照施工方法可以分为现浇钢筋混凝土结构施工和装配式钢筋混凝土结构施工。现浇钢筋混凝土结构是在现场依照设计位置，进行支模、绑扎钢筋、浇筑混凝土，经养护、拆模板制作而成的。装配式钢筋混凝土结构是钢筋混凝土结构基本构件(如梁、板、墙、柱)在预制构件厂进行制作后，在现场进行装配、连接而成的。装配式钢筋混凝土结构是我国建筑结构发展的重要方向之一，它有利于我国建筑工业化的发展，有利于提高生产效率、节约能源、发展绿色环保建筑，并且有利于提高和保证建筑工程质量。

三、钢筋混凝土结构工程的组成及施工工艺流程

钢筋混凝土结构工程由模板工程、钢筋工程和混凝土工程三部分组成。混凝土结构工程施工时，要由模板、钢筋、混凝土等多个工种相互配合进行，因此施工前要做好充分的准备，施工中合理组织，加强管理，使各工种紧密配合，以加快施工进度。现浇混凝土结构工程施工工艺流程如图 5-1 所示。

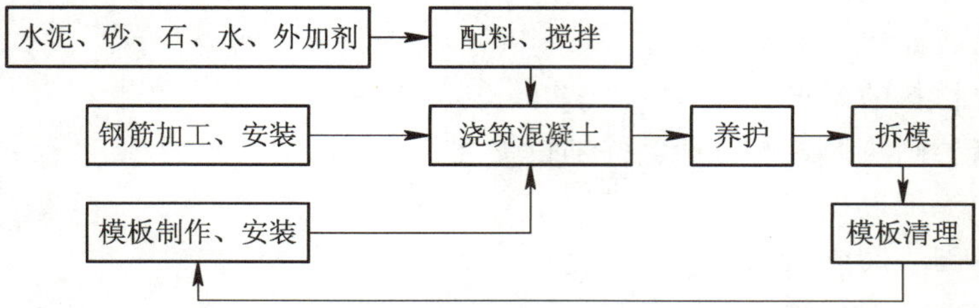

图 5-1　现浇混凝土结构工程施工工艺流程

第二节　模板工程

一、模板系统的组成和要求

在钢筋混凝土结构施工中，为使新拌混凝土在浇筑过程中保持设计要求的位置尺寸和几何形状，硬化成为钢筋混凝土结构或构件，并承受施工过程中的各种荷载，需采用模板系统。

模板系统由模板和支撑系统两部分构成。模板的作用是使混凝土成型，使硬化后的混凝土具有设计所要求的形状和尺寸；支撑系统的作用是保证结构构件的空间布置，同时也承受、传递模板和新浇筑混凝土的质量及施工荷载，保证整个模板系统的整体性和稳定性。

模板系统的基本要求：应保证结构和构件各部分形状、尺寸和相互位置正确；要有足够的强度、刚度和稳定性，并能可靠地承受新浇筑混凝土的自重荷载、侧压力及施工荷载，不致发生不允许的下沉与变形；构造要简单，便于装拆，并便于钢筋的绑扎与安装，有利于混凝土的浇筑及养护；模板接缝严密，不漏浆；能多次周转使用，节约材料。

二、模板工程分类

1. 按材料性质分类

模板是混凝土浇筑成型的模壳和支架，按材料的性质可分为钢模板、木模板、塑料模板等。

(1) 钢模板。国内使用的钢模板大致可分为两类：一类为小块钢模，也称为小块组合钢模，它是以一定尺寸模数做成不同大小的单块钢模。单块钢模最大尺寸是 300 mm×1500 mm×50 mm，在施工时可拼装成构件所需的尺寸，组合拼装时采用 U 形卡将板缝卡紧形成一体。另一类是大模板，它用于墙体的支模，多用在剪力墙结构中，模板的大小按设计的墙身大小定型制作。

(2) 木模板。混凝土工程开始出现时，都是使用木材来做模板的。木材被加工成木板、木方，然后组合成构件所需的模板。近些年，人们用多层胶合板作模板料进行施工。对这种胶合板做的模板，国家专门制定了《混凝土模板用胶合板》(GB/T 17656—2018)，它对模板的尺寸、材质、加工提出了规定。用胶合板制作模板，加工成型比较省力，材质坚韧、不透水、自重轻，浇筑出的混凝土外观比较清晰美观。

(3) 塑料模板。塑料模板是随着钢筋混凝土预应力现浇密肋楼盖的出现而被创制出来的。其形状如一个方的大盆，支模时倒扣在支架上，底面朝上，称为塑壳定型模板。在壳模四侧形成十字交叉的楼盖肋梁。这种模板的优点是拆模快，容易周转，不足之处是仅能用在钢筋混凝土结构的楼盖施工中。

(4) 其他模板。20 世纪 80 年代中期以来，现浇结构模板趋向多样化，发展更为迅速。其中主要有胶合板模板、玻璃钢模板、压型钢模、钢木(竹)组合模板、装饰混凝土模板及复合材料模板等。

2. 按组装方式和施工工艺分类

按组装方式和施工工艺，模板可分为工具式模板、组合式模板、胶合板模板和永久性模板等。

(1) 工具式模板。工具式模板一般有大模板、滑升模板、爬升模板、台模等，具有使用灵活、适应性强等特点，多用于多层和高层建筑。

(2) 组合式模板。组合式模板常见的有 55 型组合钢模板、中型组合钢模板，具有通用性强、装拆方便、周转使用次数多等特点，是现浇混凝土结构工程施工常用模板类型。

(3) 胶合板模板。胶合板模板近年来发展较为迅速，其以施工便捷、拼装方便、拆后浇筑面光滑、透气性好而得到广泛的应用。常见的胶合板模板有钢框胶合板模板、无框带肋胶合板模板、木胶合板模板、竹胶合板模板、早拆体系钢框胶合板模板等。

(4) 永久性模板。永久性模板亦称一次性消耗模板，在结构构件混凝土浇筑后模板不拆除，并构成构件受力或非受力的组成部分。这种模板一般应用于房屋建筑的现浇混凝土楼板工程，作为楼板的永久性模板。它具有施工工序简化、操作简便、改善劳动条件、不用或少用模板支撑、模板支拆量小和加快施工进度等优点。

目前，我国用在现浇楼板工程中作永久性模板的材料，一般有压型钢板和钢筋混凝土薄板两种，后者又分为预应力和非预应力混凝土薄板模板。永久性模板要结合工程任务情况、结构特点和施工条件合理选用。

三、模板设计

模板设计的内容主要包括选型、选材、配卡、荷载计算、结构设计和绘制模板施工图等。各项设计的内容和详尽程度，可根据工程的具体情况和施工条件确定。

模板设计要求包括以下内容：

(1) 模板及其支架应根据工程结构形式、荷载大小、地基土类、施工设备、材料供应等条件进行设计。模板及其支撑系统必须具有足够的强度、刚度和稳定性，其支撑系统的支承部分必须有足够的支撑面积，能可靠地承受浇筑混凝土的质量、侧压力及施工荷载。

(2) 模板工程应依据设计图纸编制施工方案，进行模板设计，并根据施工条件确定的荷载对模板及支撑体系进行验算，必要时应进行有关试验。在浇筑混凝土之前，应对模板工程进行验收。

(3) 安装模板和浇筑混凝土时，应对模板及其支架进行观察和维护。发生异常情况时，应按施工技术方案及时进行处理。

(4) 对模板工程所用的材料必须认真检查、选取，不得使用不符合质量要求的材料。模板工程施工应具备制作简单、操作方便、牢固耐用、运输及整修容易等特点。

四、模板安装

1. 施工前的准备工作

(1) 安装前，要做好模板的定位工作：

① 进行中心线的放线。首先引测建筑的边柱或墙轴线，并以该轴线为起点，引出每条轴线。模板放线时，根据施工图用墨线弹出模板的内边线和中心线，墙模板要弹出模板的边线和外侧控制线，以便于模板安装和校正。

② 做好标高测量工作。用水准仪把建筑物水平标高根据实际标高的要求，直接引测到模板安装位置。

③ 进行找平工作。模板承垫底部应预先找平，以保证模板位置正确，防止模板底部漏浆。常用的找平方法是沿模板边线用 1∶3 水泥砂浆抹找平层，如图 5-2(a)所示。另外，在外墙、外柱部位，继续安装模板前，要设模板承垫条带[见图 5-2(b)]，并校正其平直度。

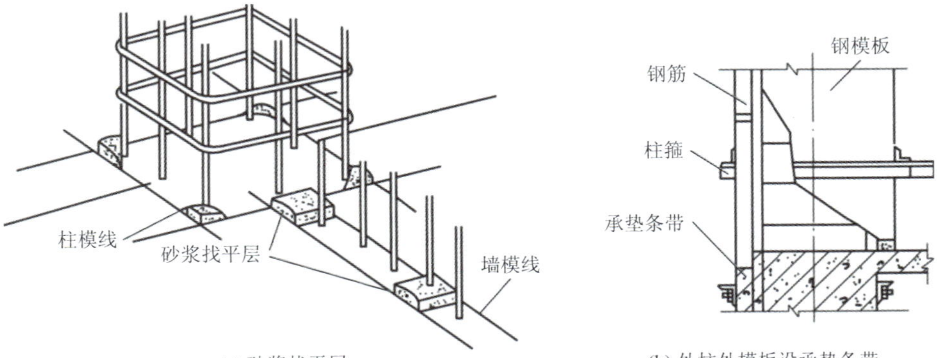

(a) 砂浆找平层　　(b) 外柱外模板设承垫条带

图 5-2　墙、柱模板找平

④ 设置模板定位基准。设置模板定位基准的一种做法是按照构件的断面尺寸先用同强度等级的细石混凝土浇筑 50～100 mm 的短柱或导墙，作为模板定位基准；另一种做法是采用钢筋定位，即根据构件断面尺寸切割一定长度的钢筋或角钢头，点焊在主筋上(以勿烧主筋断面为准)，并按二排主筋的中心位置分档，以保证钢筋与模板位置的准确性，如图5-3 所示。

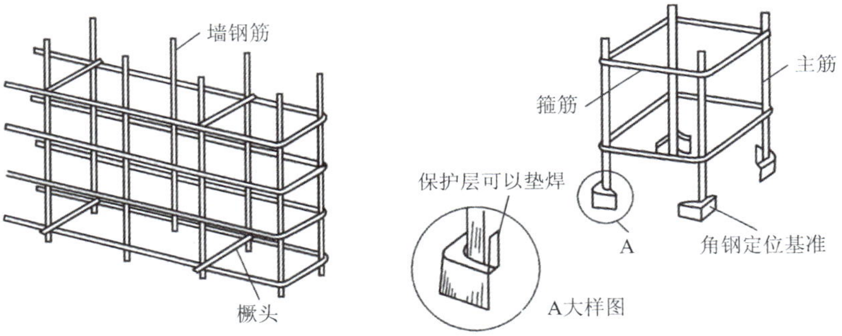

(a) 钢筋定位　　(b) 角钢头定位

图 5-3　钢筋或角钢头定位基准

(2) 采取预组装模板施工时，预组装工作应在组装平台或经平整处理的地面上进行，并按表 5-1 的质量标准逐块检验后进行试吊，试吊后再进行复查，并检查配件数量、位置和紧固情况。

表 5-1　钢模板施工组装质量标准

项　目	允许偏差/mm
两块模板之间拼接缝隙	≤2.0
相邻模板面的高低差	≤2.0
组装模板板面平面度	≤2.0(用 2 m 长平尺检查)
组装模板板面的长宽尺寸	≤长度和宽度的 1/1000，最大±4.0
组装模板两对角线长度差值	≤对角线长度的 1/1000，且≤7.0

(3) 支承支柱的地面应事先夯实整平，并做好防水、排水设施，准备支柱底垫木。

(4) 竖向模板安装的底面应平整坚实，并采取可靠的定位措施，按施工设计要求预埋支承锚固件。

(5) 模板应涂刷脱模剂。结构表面需做处理的工程，严禁在模板上涂刷废润滑油。

2. 模板安装一般规定

模板的支设方法基本上有两种，即单块就位组拼和预组拼，其中预组拼又可分为分片组拼和整体组拼两种。采用预组拼方法，可以加快施工速度，提高模板的安装质量，但必须具备相适应的吊装设备和有较大的拼装场地。

模板的支设安装应遵守下列规定：

(1) 按配板设计循序拼装，以保证模板系统的整体稳定。

(2) 配件必须装插牢固。支柱和斜撑下的支撑面应平整垫实，要有足够的受压面积。支撑件应着力于外钢楞。

(3) 预埋件与预留孔洞必须位置准确，安设牢固。

(4) 基础模板必须支撑牢固，防止变形，侧模斜撑的底部应加设垫木。

(5) 墙和柱子模板的底面应找平，下端应与事先做好的定位基准靠紧垫平，在墙、柱上继续安装模板时，模板应有可靠的支撑点，对其平直度应进行校正。

(6) 楼板模板支模时，应先完成一个格构的水平支撑及斜撑安装，再逐渐向外扩展，以保持支撑系统的稳定性。

(7) 多层支设的支柱，上、下应设置在同一竖向中心线上，下层楼板应具有承受上层荷载的承载能力或加设支架支撑。下层支架的立柱应铺设垫板。

3. 基础模板

1) 阶形基础模板

阶形基础模板的安装顺序为：放线→安下台阶模板→安上台阶模板→安上台阶围箍和支撑→搭设模板吊架→检查、校正→验收。

模板安装前，应在侧模板内侧划出中线，在基坑底弹出基础中线，把各台阶侧模板拼成方框。安装时，先把下台阶模板放在基坑底，两者中线互相对准，并用水平尺校正其标高，在模板周围钉上木桩，在木桩与侧板之间，用斜撑和平撑进行支撑。然后把钢筋网放入模板内，再把上台阶模板放在下台阶模板上，两者中线互相对准，并用斜撑和平撑钉牢，如图 5-4 所示。

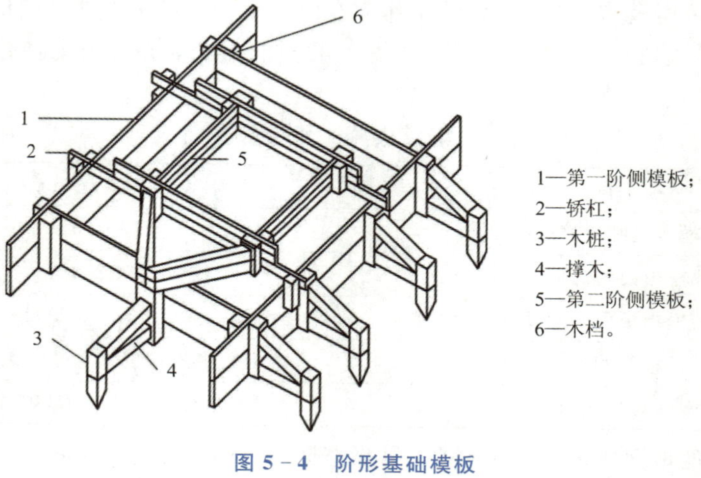

图 5-4　阶形基础模板

2) 杯形基础模板

杯形基础模板的安装顺序为：放线→安下台阶模板→安下台阶模板支撑→安上台阶模板

→安上台阶围箍和支撑→搭设模板吊架→(安杯芯模板→)检查、校正→验收。

模板安装前，先将各部分划出中线，在基础垫层上弹出基础中线。将各台阶钉成方框，杯芯模板钉成整体，上台阶模板及杯芯两侧钉上轿杠。安装时，先将下台阶模板放在垫层上，两者中心对准，四周用斜撑和平撑钉牢，再把钢筋网放入模板内；然后把上台阶模板摆上，对准中线，校正标高；最后在下台阶侧模板外加木档，把轿杠的位置固定住。杯芯模板应最后安装，对准中线，再将轿杠搁于上台阶模板上，并加木档予以固定，如图 5－5 所示。

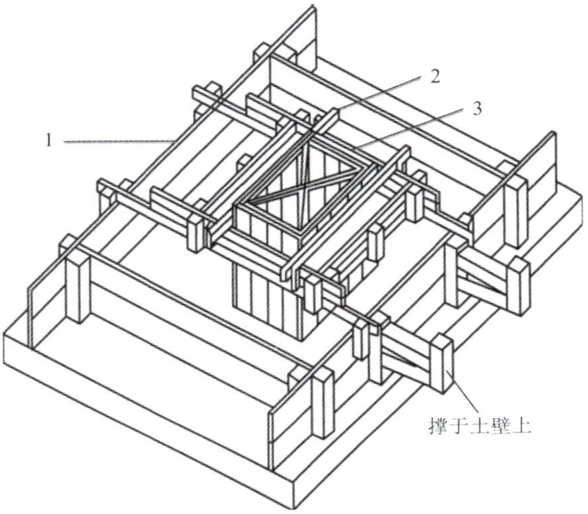

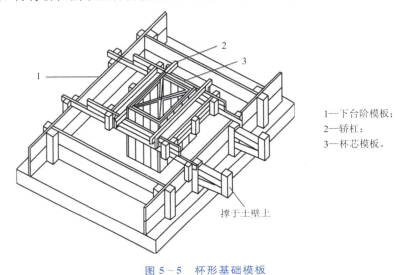

1—下台阶模板；
2—轿杠；
3—杯芯模板。

图 5－5　杯形基础模板

杯芯模板分为整体式和装配式，如图 5－6 和图 5－7 所示。尺寸较小的构件或结构一般采用整体式杯芯模板。

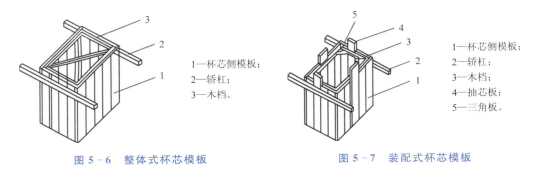

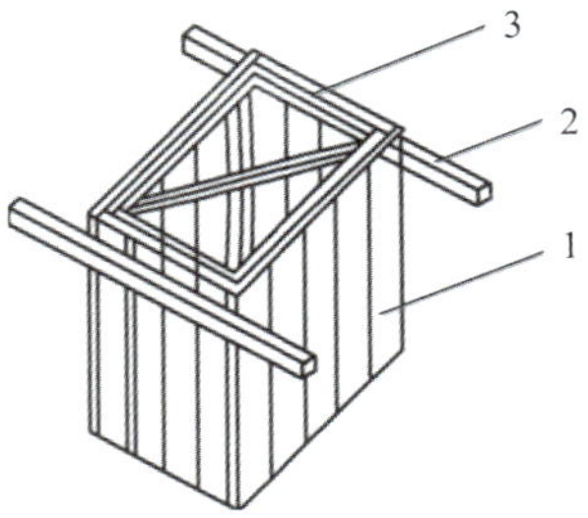

1—杯芯侧模板；
2—轿杠；
3—木档。

图 5－6　整体式杯芯模板

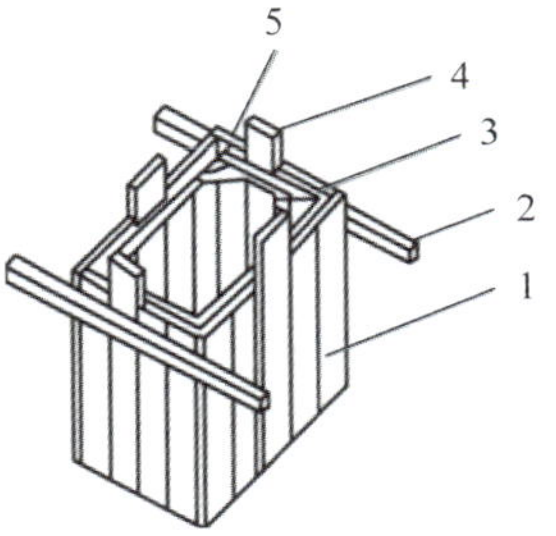

1—杯芯侧模板；
2—轿杠；
3—木档；
4—抽芯板；
5—三角板。

图 5－7　装配式杯芯模板

3）条形基础模板

条形基础模板的安装根据土质的情况分为两种情况：土质较好时，下半段利用原土削铲平整，不支设模板，仅上半段采用吊模；土质较差时，其上、下两段均应支设模板。侧模板和端头模板制成后，应先在基础底弹出基础边线和中心线，再把侧模板和端头模板对准边线和中心线，用水平尺校正侧模板顶面水平度，经检测无误差后，用斜撑、水平撑及拉撑钉牢。最后校核基础模板几何尺寸及轴线位置。

安装模板前先复查地基垫层标高及中心线位置，弹出基础边线。基础模板板面标高应符合设计要求。安装时基础下段要求土质良好，利用土模时，开挖基坑和基槽尺寸必须准确。采用木板拼装的杯芯模板，应采用竖向直板拼钉，不宜采用横板，以免拔出时困难。脚手板不能搭设在基础模板上。

4. 墙模板

安装墙模板时，先在基础或地面上弹出墙的中线及边线，根据边线立一侧模板，临时用支撑撑住，用线坠校正模板的垂直度，然后钉牵杠，再用斜撑和平撑固定；也可不用临时支撑，直接将斜撑和平撑的一端先钉在牵杠上，用线坠校正侧板的垂直度，即将另一端钉牢。用大块侧模板时，上、下竖向拼缝要互相错开，先立两端，后立中间部分。待钢筋绑扎后，按同样方法安装另一侧模板及斜撑等。

为了保证墙体的厚度正确，在两侧模板之间可用小方木撑好(小方木长度等于墙厚)。小方木要随着浇筑混凝土逐个取出。为了防止浇筑混凝土的墙身鼓胀，可用8～10号钢丝或直径为12～16 mm的螺栓拉结两侧模板，间距不大于1 m。螺栓要纵、横排列，并在混凝土凝结前经常转动，以便在凝结后取出。如墙体不高，厚度不大，亦可在两侧模板上口钉上搭头木。

5. 柱模板

柱模板安装顺序：放线→设置定位基准→第一块模板安装就位→安装支撑→邻侧模板安装就位→连接第二块模板，安装第二块模板支撑→安装第三、四块模板及支撑→调直纠偏→安装柱箍→全面检查校正→柱模板群体固定→清除柱模板内杂物、封闭清扫口。

安装柱模板时，先在基础面(或楼面)上弹柱轴线及边线。同一柱列应先弹两端柱轴线、边线，然后拉通线弹出中间部分柱的轴线及边线。按照边线先把底部方盘固定好，再对准边线安装两侧纵向侧板，用临时支撑支牢，并在另两侧钉几块横向侧板，把纵向侧板互相拉住。用线坠校正柱模垂直后，用支撑加以固定，再逐块钉上横向侧板。为了保证柱模的稳定，柱模之间要用水平撑、剪刀撑等互相拉结固定(见图5-8)。

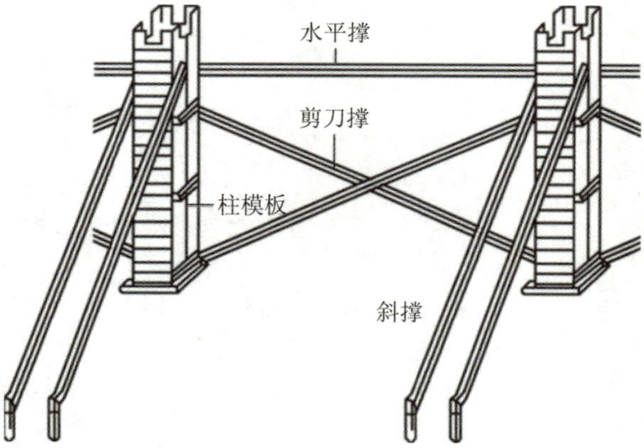

图5-8　柱模板固定

同一柱列的模板，可先校正两端的柱模，在柱模顶中心拉通线，按通线校正中间部分的柱模板。

6. 梁模板

梁模板安装顺序为：放线→搭设支模架→安装梁底模板→梁模板起拱→绑扎钢筋与垫块→安装两侧模板→固定梁夹→安装梁柱节点模板→检查校正→安梁口卡→固定相邻梁模板。

安装梁模板时，应在梁模板下方地面上铺垫板，在柱模板缺口处钉衬口档，然后把底板两头搁置在柱模板衬口档上，再立靠柱模板或墙边的顶撑，并按梁模板长度等分顶撑间距，立中间部分的顶撑。顶撑底应打入木楔。安放侧模板时，两头要钉牢在衬口档上，并在侧模板底外侧铺上夹木，用夹木将侧模板夹紧并钉牢在顶撑帽木上，随即把斜撑钉牢。

次梁模板的安装，要待主梁模板安装并校正后才能进行。其底模板及侧模板两头钉在主梁模板缺口处的衬口档上。次梁模板的两侧模板外侧要按格栅底标高钉上托木。

梁模板安装后，要拉中线进行检查，复核各梁模中心位置是否对正。待平板模板安装后，检查并调整标高，将木楔钉牢在垫板上。各顶撑之间要设水平撑或剪刀撑，以保持顶撑的稳固(见图 5－9)。

当梁的跨度在 4 m 或 4 m 以上时，在梁模的跨中要起拱，起拱高度为梁跨度的 0.1%～0.3%。

当楼板采用预制圆孔板、梁为现浇花篮梁时，应先安装梁模板，再吊装圆孔板，圆孔板的质量暂时由梁模板来承担，这样可以加强预制板和现浇梁的连接，其模板构造如图 5－10 所示。安装时，先按前述方法将梁底模板和侧模板安装好，然后在侧模板的外边立支撑(在支撑底部同样要垫上木楔和垫板)，再在支撑上钉通长的格栅，格栅要与梁侧模板上口靠紧，在支撑之间用水平撑和剪刀撑互相连接。

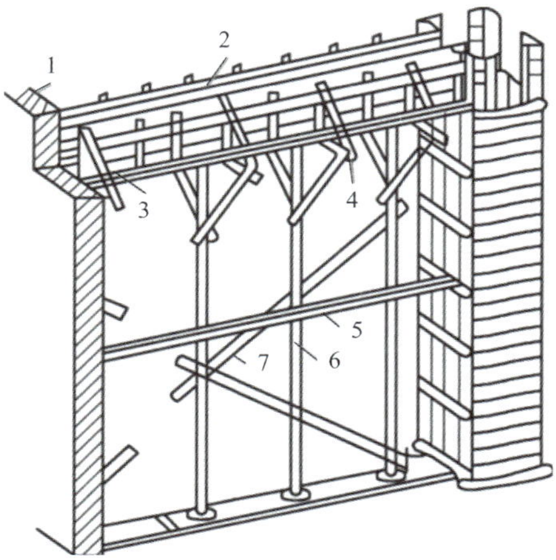

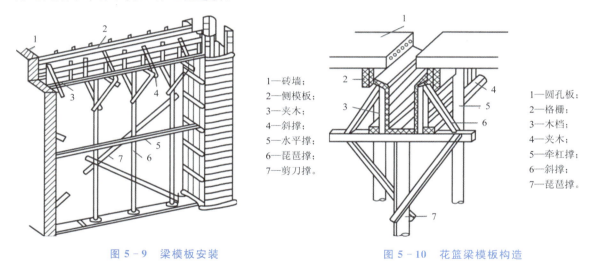

1—砖墙；
2—侧模板；
3—夹木；
4—斜撑；
5—水平撑；
6—琵琶撑；
7—剪刀撑。

图 5－9　梁模板安装

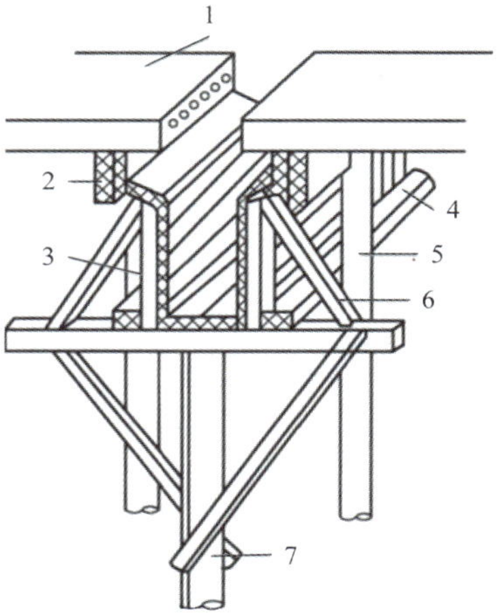

1—圆孔板；
2—格栅；
3—木档；
4—夹木；
5—牵杠撑；
6—斜撑；
7—琵琶撑。

图 5－10　花篮梁模板构造

五、模板拆除

1. 现浇混凝土结构拆模条件

对于整体式结构的拆模期限，应遵守以下规定：

(1) 非承重的侧面模板，在混凝土强度能保证其表面及棱角不因拆除模板而损坏时，方可拆除。

(2) 底模板在混凝土强度达到表 5－2 规定后，才能拆除。

(3) 已拆除模板及其支架的结构，应在混凝土达到设计强度后，才允许承受全部计算荷载。施工中不得超载使用已拆除模板的结构，严禁堆放过量建筑材料。当承受施工荷载大于计算荷载时，必须经过核算加设临时支撑。

(4) 钢筋混凝土结构在混凝土未达到表 5－2 所规定的强度时进行拆模及承受部分荷载，应通过计算复核结构在实际荷载作用下的强度，必要时应加设临时支撑。但需说明的是，表 5－2 中的强度是指抗压强度标准值。

表 5－2　底模板拆除时的混凝土强度要求

构件类型	构件跨度/m	达到设计的混凝土立方体抗压强度标准值的百分率/%
板	≤2	≥50
	>2，≤8	≥75
	>8	≥100
梁、拱、壳	≤8	≥75
	>8	≥100
悬臂构件	—	≥100

（5）多层框架结构当需拆除下层结构的模板和支架，而其混凝土强度尚不能承受上层模板和支架所传来的荷载时，上层结构的模板应选用减轻荷载的结构（如悬吊式模板、桁架支模等），但必须考虑其支承部分的强度和刚度。也可对下层结构另设支柱（或称再支撑）后，再安装上层结构的模板。

2. 模板拆除程序

拆模应按一定的顺序进行，一般应遵循先支后拆、后支先拆、先非承重部位后承重部位及自上而下的原则。对重大复杂模板的拆除，应事前制订拆除方案。

（1）柱模板：单块组拼的应先拆除钢楞、柱箍和对拉螺栓等连接、支撑件，再由上而下逐步拆除；预组拼的则应先拆除两个对角的卡件，并做临时支撑后，再拆除另两个对角的卡件，待吊钩挂好，拆除临时支撑，方能脱模起吊。

（2）墙模板：单块组拼的在拆除对拉螺栓、大小钢楞和连接件后，自上而下逐步水平拆除；预组拼的应在挂好吊钩，检查所有连接件是否拆除后，方能拆除临时支撑，脱模起吊。

（3）梁、楼板模板：应先拆梁侧模板，再拆楼板底模板，最后拆除梁底模板；拆除跨度较大的梁下支柱时，应从跨中开始分别拆向两端。对多层楼板模板支柱的拆除，应按下列要求进行：上层楼板正在浇筑混凝土时，下一层楼板的模板支柱不得拆除，再下一层楼板模板的支柱仅可拆除一部分；跨度为 4 m 及 4 m 以下的梁下均应保留支柱，其间距不得大于 3 m。

第三节　钢筋工程

一、钢筋的材料要求

钢筋混凝土所用钢筋主要有热轧光圆钢筋、热轧带肋钢筋、余热处理钢筋、冷轧带肋钢筋、冷轧扭钢筋、冷拔螺旋钢筋、冷拔低碳钢丝等。钢筋工程施工宜应用高强度钢筋及专业化生产的成型钢筋。

常用钢筋的强度标准值应具有不小于 95%的保证率。钢筋屈服强度、抗拉强度的标准值及极限应变应满足表 5－3 的要求。

表 5-3　钢筋屈服强度、抗拉强度的标准值及极限应变

钢筋种类	抗拉强度设计值 f_y（抗压强度设计值 f'_y）/$(N \cdot mm^{-2})$	屈服强度 f_{yk} /$(N \cdot mm^{-2})$	抗拉强度 f_{stk} /$(N \cdot mm^{-2})$	极限变形 ε_{su}/%
HPB300	270	300	420	≥10.0
HRB335、HRBF335	300	335	455	≥7.5
HRB335E、HRBF335E	300	335	455	≥9.0
HRB400、HRBF400	360	400	540	≥7.5
HRB400E、HRBF400E	360	400	540	≥9.0
RRB400	360	400	540	≥7.5
HRB500、HRBF500	435	500	630	≥7.5
HRB500E、HRBF500E	435	500	630	≥9.0
RRB500	435	500	630	≥7.5

注：表中屈服强度的符号 f_{yk} 在相关钢筋产品标准中表达为 R_{eL}，抗拉强度的符号 f_{stk} 在相关钢筋产品标准中表达为 R_m。

施工过程中应采取防止钢筋混淆、锈蚀或损伤的措施。当需要进行钢筋代换时，应办理设计变更文件。

二、钢筋的连接

钢筋连接方式有钢筋绑扎连接、钢筋焊接连接和钢筋机械连接三种。

1. 钢筋绑扎连接

钢筋绑扎连接是利用混凝土的黏结锚固作用，实现两根锚固钢筋的应力传递。为保证钢筋的应力能充分传递，必须满足施工规范规定的最小搭接长度的要求，且应将接头位置设在受力较小处。钢筋绑扎连接应符合下面的要求。

(1) 纵向受力钢筋的连接方式应符合设计要求。

(2) 钢筋接头宜设置在受力较小处。同一纵向受力钢筋不宜设置两个或两个以上接头。接头末端至钢筋弯起点的距离不应小于钢筋直径的 10 倍。

(3) 钢筋绑扎搭接接头连接段及接头面积百分率应符合要求。

(4) 纵向受力钢筋绑扎搭接接头的最小搭接长度应符合下面的几条规定。

① 当纵向受拉钢筋的绑扎搭接接头面积百分率不大于 25%时，其最小搭接长度应符合表 5-4 的规定。

② 当纵向受拉钢筋搭接接头面积百分率大于 25%，但不大于 50%时，其最小搭接长度应按表 5-4 中的数值乘以系数 1.2 取用；当接头面积百分率大于 50%时，应按表 5-4 中的数值乘以系数 1.35 取用。

表 5-4　纵向受拉钢筋的最小搭接长度　　单位：mm

钢筋类型		混凝土强度等级			
		C15	C20～C25	C30～C35	≥C40
光圆钢筋	HPB300 级	45*d*	35*d*	30*d*	25*d*
带肋钢筋	HRB335 级	55*d*	45*d*	35*d*	30*d*
	HRB400 级、RRB400 级	—	55*d*	40*d*	35*d*

注：*d* 为钢筋直径。

③ 当纵向受拉钢筋的最小搭接长度根据上述①、②条确定后，且满足下列规定时应进行修正：

a. 当带肋钢筋的直径大于 25 mm 时，其最小搭接长度应按相应数值乘以系数 1.1 取用。

b. 对具有环氧树脂涂层的带肋钢筋，其最小搭接长度应按相应数值乘以系数 1.25 取用。

c. 当在混凝土凝固过程中受力钢筋易受拉动(如滑模施工)时，其最小搭接长度应按相应数值乘以系数 1.1 取用。

d. 对末端采用机械锚固措施的带肋钢筋，其最小搭接长度可按相应数值乘以系数 0.7 取用。

e. 当带肋钢筋的混凝土保护层厚度大于搭接钢筋直径的 3 倍且配有箍筋时，其最小搭接长度可按相应数值乘以系数 0.8 取用。

f. 对有抗震设防要求的结构构件，其受力钢筋的最小搭接长度对一、二级抗震等级，应按相应数值乘以系数 1.15 取用；对三级抗震等级，应按相应数值乘以系数 1.05 取用。在任何情况下，受拉钢筋的搭接长度不应小于 300 mm。

④ 纵向受压钢筋搭接时，其最小搭接长度应根据以上①～③的规定确定相应数值后，乘以系数 0.7 取用。在任何情况下，受压钢筋的搭接长度都不应小于 200 mm。

2. 钢筋焊接连接

钢筋焊接是用电焊设备将钢筋沿轴向接长或交叉连接。钢筋的焊接连接方法主要有闪光对焊、电弧焊和电渣压力焊等。

(1) 闪光对焊。闪光对焊广泛用于钢筋纵向连接及预应力钢筋与螺丝端杆的焊接。热轧钢筋的焊接宜优先用闪光对焊，无法用闪光对焊时才用电弧焊。钢筋闪光对焊的原理是利用对焊机使两段钢筋接触，通过低电压的强电流，待钢筋被加热到一定温度变软后，进行轴向加压顶锻，形成对焊接头。

常用的钢筋闪光对焊工艺有连续闪光焊、预热闪光焊和闪光-预热闪光焊。对 RRB400 级钢筋，有时在焊接后还应进行通电热处理。通电热处理的目的是对焊接头进行一次退火或高温回火处理，以消除热影响区产生的脆性组织，改善接头的塑性。通电热处理的方法是待焊毕稍冷却后松开电极，将电极钳口调至最大距离，重新夹住钢筋，待接头冷却至暗黑色(焊后为 20～30 s)，进行脉冲式通电处理(频率约 2 次/s，通电 5～7 s)，待钢筋表面呈橘红色并有微小氧化斑点出现时即可。焊接不同直径的钢筋时，其截面比不宜超过 1.5。焊接参数按大直径钢筋选择并减小大直径钢筋的调伸长度。焊接时先对大直径钢筋预热，以使两者加热均匀。负温下焊接，冷却快，易产生淬硬现象，内应力也大。为此，负温下焊接应减小温度梯度和冷却速度。为使加热均匀，增大焊件受热区，使可调伸长度增大 10%～20%，变压器级数可降低一级或二级，应使加热缓慢而均匀，降低烧化速度，焊后见红区应比常温时长。

（2）电弧焊。电弧焊利用弧焊机使焊条与焊件之间产生高温电弧，使焊条和电弧燃烧范围内的焊件熔化，待其凝固后便形成焊缝或接头。电弧焊广泛用于钢筋接头、钢筋骨架焊接、装配式结构接头的焊接、钢筋与钢板的焊接及各种钢结构焊接。

钢筋电弧焊的接头形式包括搭接焊接头（单面焊缝或双面焊缝）、帮条焊接头（单面焊缝或双面焊缝）、坡口焊接头（平焊或立焊）、熔槽帮条焊接头（用于安装焊接 $d\geqslant25$ mm 的钢筋）和窄间隙焊（置于 U 形铜模内）。其中前三种形式如图 5－11 所示。

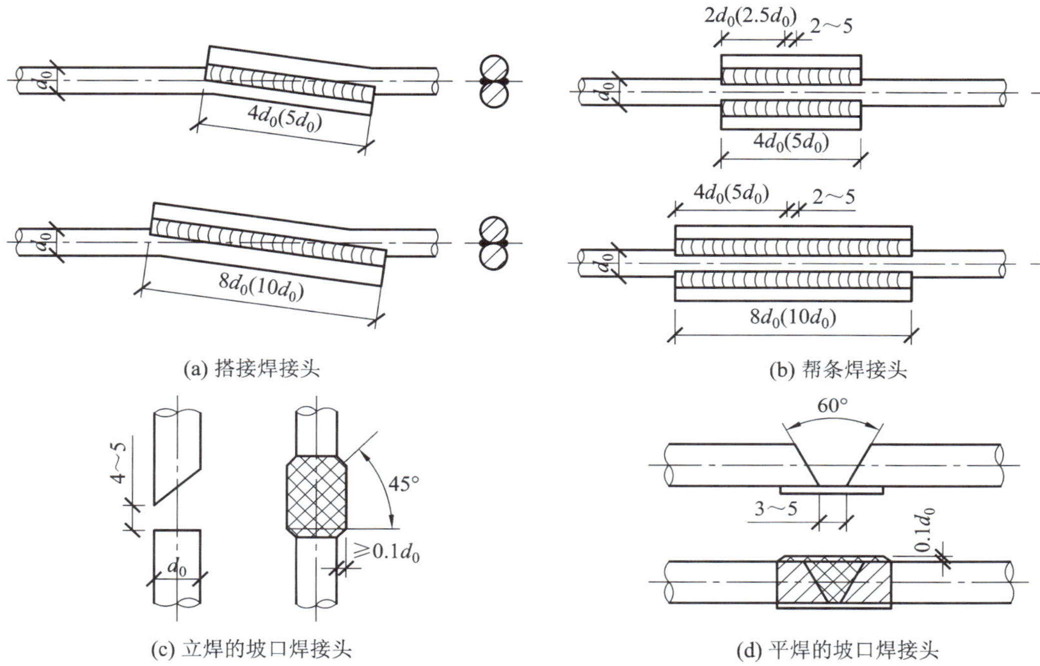

图 5－11　钢筋电弧焊的接头形式

弧焊机有直流与交流之分，常用的为交流弧焊机。

焊条的种类很多，如 E4303、E5503 等，焊接钢筋时应根据钢材等级和焊接接头形式选择焊条。焊条表面涂有药皮，它可保证电弧稳定，使焊缝免致氧化，并产生熔渣覆盖焊缝以减缓冷却速度，还可对熔池脱氧和加入合金元素，以保证焊缝金属的化学成分和力学性能。

（3）电渣压力焊。钢筋电渣压力焊是将两钢筋安放成竖向对接形式，利用焊接电流通过两钢筋端面间隙，在焊剂层下形成电弧过程和电渣过程，产生电弧热和电阻热，熔化钢筋，加压完成连接的一种焊接方法。其具有操作方便、效率高、成本低、工作条件好等特点，适用于高层建筑现浇混凝土结构施工中直径为 14～40 mm 的 HRB335 级钢筋的竖向或斜向（倾斜度在 4∶1 范围内）连接，但不得在竖向焊接之后再横置于梁、板等构件中作水平钢筋使用。钢筋电渣压力焊具有与电弧焊、电渣焊和压力焊相同的特点。其焊接过程可分四个阶段，即引弧过程、电弧过程、电渣过程和顶压过程。其中电弧和电渣两个过程对焊接质量有重要影响，故应根据待焊钢筋直径的大小，合理选择焊接参数。

3. 钢筋机械连接

钢筋机械连接是通过连接件的机械咬合作用或钢筋端面的承压作用，将一根钢筋中的力传递至另一根钢筋的连接方法，具有施工简便、工艺性能良好、接头质量可靠、不受钢筋焊接性的制约、可全天候施工、节约钢材和能源等优点。常用的机械连接接头类型有挤压套筒接头、锥螺纹套筒接头等。

(1) 钢筋套筒挤压连接。钢筋套筒挤压连接是将需要连接的带肋钢筋插于特制的钢套筒内，利用挤压机压缩套筒，使之产生塑性变形，靠变形后的钢套筒与带肋钢筋之间的紧密咬合来实现钢筋的连接。其适用于直径为16～40 mm的热轧HRB335级、HRB400级带肋钢筋的连接。

挤压连接工艺流程：钢筋套筒检验→钢筋断料，刻画钢筋套入长度定出标记→套筒套入钢筋→安装挤压机→开动液压泵，逐渐加压套筒至接头成形→卸下挤压机→检查接头外形。

(2) 钢筋锥螺纹套筒连接。钢筋锥螺纹套筒连接是利用锥形螺纹能承受轴向力、水平力及密封性能较好的原理，依靠机械力将钢筋连接在一起的方法。操作时，首先用专用套丝机将钢筋的待连接端加工成锥形外螺纹；然后通过带锥形内螺纹的钢套筒接头将两根待接钢筋连接；最后利用力矩扳手按规定的力矩值使钢筋和连接钢套筒拧紧在一起。

三、钢筋的配料与加工

1. 钢筋的配料

钢筋配料是现场钢筋的深化设计，即根据结构配筋图，先绘出各种形状和规格的单根钢筋简图并加以编号，然后分别计算钢筋下料长度和根数，填写配料单。

钢筋配料时应优化配料方案。钢筋配料优化可采用编程法和非编程法，编程法钢筋配料优化是运用计算机编程软件，通过编制钢筋优化配料程序，寻找最省用量的下料方法，它能快速而准确地提供使钢筋利用率达到最佳的优化下料方案，并以表格、文字形式输出，供钢筋加工时使用；非编程法钢筋配料优化是通过电子表格软件(如Excel)构造钢筋截断方案，进行配料优化计算，选择较优化的下料方案，并以表格、文字形式输出，供钢筋加工时使用。

钢筋配料剩下的钢筋头应充分利用，可通过机械连接或焊接、加工等工艺手段，提高钢筋利用率，节约资源。

1) 钢筋下料长度计算

钢筋长度会因弯曲或弯钩而变化，在配料中不能直接根据图纸中的尺寸下料，必须了解混凝土保护层和钢筋弯曲、弯钩等规定，根据图中尺寸计算其下料长度。

各种钢筋下料长度计算如下：

直钢筋下料长度＝构件长度－保护层厚度＋弯钩增加长度

弯起钢筋下料长度＝直段长度＋斜段长度－弯曲调整值＋弯钩增加长度

箍筋下料长度＝箍筋周长＋箍筋调整值

上述钢筋如需搭接，应增加钢筋搭接长度。下面对上述公式中的几个参数进行详细介绍。

(1) 弯曲调整值。钢筋在弯曲处形成圆弧，弯曲处内皮收缩、外皮延伸、轴线长度不变。弯起钢筋的量度尺寸大于下料尺寸，两者之间的差值称为弯曲调整值。弯曲调整值根据理论推算并结合实践经验确定。

光圆钢筋末端应作180°弯钩，其弯弧内直径不应小于钢筋直径的2.5倍；当设计要求钢筋末端需作135°弯钩时，HRB335、HRB400、HRB500级钢筋的弯弧内直径不应小于钢筋直径的4倍；钢筋作不大于90°弯折时，弯折处的弯弧内直径不应小于钢筋直径的5倍。根据理论推算并结合实践经验，钢筋弯曲调整值参见表5-5。

表 5－5 钢筋弯曲调整值

钢筋弯曲角度	30°	45°	60°	90°	135°
光圆钢筋弯曲调整值	0.3d	0.54d	0.9d	1.75d	0.38d
热轧带肋钢筋弯曲调整值	0.3d	0.54d	0.9d	2.08d	0.11d

注：d 为钢筋直径。

对于弯起钢筋，中间部位弯折处的弯曲直径 D 不应小于 5d。按弯弧内直径 $D=5d$ 推算，并结合实践经验，可得常见弯起钢筋的弯曲调整值，如表 5－6 所示。

表 5－6 常见弯起钢筋的弯曲调整值

弯起角度	30°	45°	60°
弯曲调整值	0.34d	0.67d	1.22d

(2) 弯钩增加长度。钢筋的弯钩形式有三种，即半圆弯钩、直弯钩及斜弯钩，如图5－12所示。半圆弯钩是最常用的一种弯钩。直弯钩一般用在柱钢筋的下部、板面负弯矩筋、箍筋和附加钢筋中。斜弯钩只用在直径较小的钢筋中。

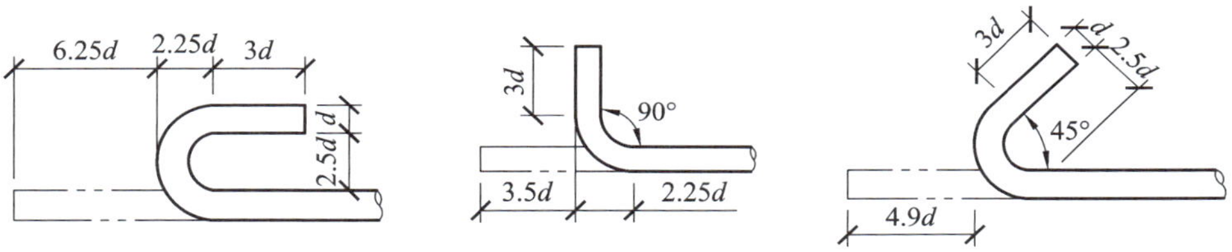

(a) 半圆弯钩 (b) 直弯钩 (c) 斜弯钩

图 5－12 钢筋弯钩计算简图

光圆钢筋的弯钩增加长度，按图 5－12 所示的简图(弯弧内直径为 2.5d、平直部分为 3d)计算：对半圆弯钩为 6.25d，对直弯钩为 3.5d，对斜弯钩为 4.9d。

在生产实践中，实际弯弧内直径与理论弯弧内直径有时不一致，钢筋粗细和机具条件不同等会影响平直部分的长短(手工弯钩时平直部分可适当加长，机械弯钩时可适当缩短)，因此在实际配料计算时，对弯钩增加长度常根据具体条件采用经验数据，如表 5－7所示。

表 5－7 半圆弯钩增加长度参考表(用机械弯钩)

钢筋直径/mm	≤6	8～10	12～18	20～28	32～36
一个弯钩长度/mm	40	6d	5.5d	5d	4.5d

(3) 弯起钢筋的斜长。弯起钢筋的斜长计算简图如图 5－13 所示。弯起钢筋斜长系数如表 5－8 所示。

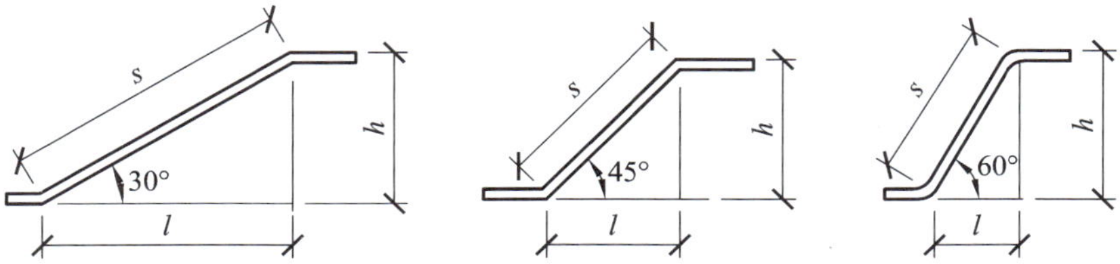

(a) 弯起角度30° (b) 弯起角度45° (c) 弯起角度60°

图 5－13 弯起钢筋的斜长计算简图

表 5-8　弯起钢筋斜长系数

弯起角度	30°	45°	60°
斜边长度 s	$2h$	$1.41h$	$1.15h$
底边长度 l	$1.732h$	h	$0.575h$
增加长度 $s-l$	$0.268h$	$0.41h$	$0.575h$

【例 5-1】 某预制钢筋混凝土梁 L_1 梁长 6 m，断面 $b\times h=250\ \text{mm}\times 600\ \text{mm}$，钢筋配料单如表 5-9 所示。试计算梁 L_1 中钢筋的下料长度。

表 5-9　钢筋配料单

构件名称	钢筋编号	钢筋简图	钢筋符号	直径/mm	下料长度/mm	数量	质量/kg
L_1 梁	①	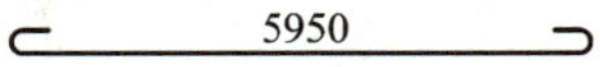 5950	Φ	20		2	
	②	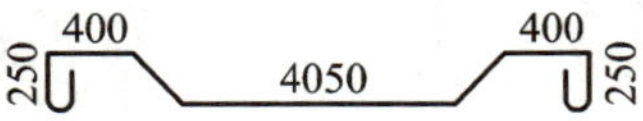 250 400 4050 400 250	Φ	20		2	
	③	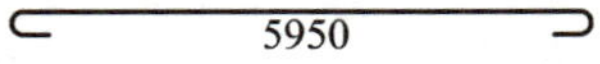 5950	Φ	12		2	
	④	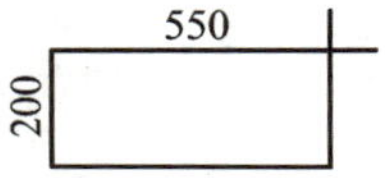 550 200	Φ	6		31	

解：①号筋下料长度＝5950＋2×6.25×20＝6200(mm)。

②号筋下料长度＝(250＋400＋778)×2＋4050－4×0.5×20＋2×6.25×20＝7116(mm)。

③号筋下料长度＝5950＋2×6.25×12＝6100(mm)。

④号筋下科长度＝(550＋200)×2＋100＝1600(mm)。

2）钢筋代换

钢筋的级别、钢号和直径应按设计要求采用，若施工中缺乏设计图中所要求的钢筋，在征得设计单位的同意并办理设计变更文件后，可按下述原则进行代换：

(1) 不同级别钢筋代换(级差不能超过一级)，可按强度相等的原则代换，称“等强代换”。如设计中所用钢筋强度为 f_{y1}，钢筋总面积为 A_{s1}；代换后钢筋强度为 f_{y2}，钢筋总面积为 A_{s2}，应使代换前后钢筋的总强度至少相等，即

$$A_{s2}\cdot f_{y2}\geqslant A_{s1}\cdot f_{y1} \tag{5-1}$$

$$A_{s2}\geqslant \frac{f_{y1}}{f_{y2}}\cdot A_{s1} \tag{5-2}$$

(2) 同种级别不同规格钢筋之间(直径差值一般不大于 4 mm)，可按钢筋面积至少相等的原则进行代换，称为“等面积代换”，即

$$A_{s2}\geqslant A_{s1} \tag{5-3}$$

【例 5-2】 某墙体设计配筋 ϕ14@200，施工现场无此钢筋，拟用 ϕ12 的钢筋代换，试计算代换后的钢筋数量(每米根数)。

解：因为钢筋的级别相同，所以，可按面积相等的原则进行代换。代换前墙体每米设计配筋的根数为

$$n_1=\frac{1000}{200}+1=6(\text{根}),\quad n_2\geqslant\frac{n_1 d_1^2 f_{y1}}{d_2^2 f_{y2}}=\frac{6\times 14^2}{12^2}\approx 8.2$$

故取 $n_2=9$，即代换后为每米 9 根 ϕ12 的钢筋。

2. 钢筋的加工

1）钢筋除锈

工程中钢筋的表面应保持洁净以保证钢筋与混凝土之间的握裹力。钢筋上的油漆、漆污和用锤敲击时能剥落的乳皮、铁锈等应在使用前清除干净。不得使用带有颗粒状或片状老锈的钢筋。

2）钢筋调直

钢筋调直分人工调直和机械调直两种。人工调直可分为绞盘调直(多用于 12 mm 以下的钢筋、板柱)、铁柱调直(用于粗钢筋)、蛇形管调直(用于冷拔低碳钢丝)。机械调直常用的有钢筋调直机调直(用于冷拔低碳钢丝和细钢筋)、卷扬机调直(用于粗细钢筋)。

3）钢筋弯曲成型

(1) 钢筋弯钩弯折的规定。箍筋的弯钩可按图 5-14 加工，对有抗震要求和受扭的结构，应按图 5-14(c)加工。

(2) 钢筋弯曲成型的方法。钢筋弯曲成型的方法有手工弯曲和机械弯曲两种。手工弯曲成型设备简单、成型准确；机械弯曲成型可减轻劳动强度、提高工效，但操作时要注意安全。

(a) 90°/180°　(b) 90°/90°　(c) 135°/135°

图 5-14　箍筋的弯钩

4）钢筋切断

钢筋下料时须按下料长度进行剪切。钢筋剪切可采用钢筋剪切机或手动剪切器，前者可切断直径为 12～40 mm 的钢筋，后者一般只用于切断直径小于 12 mm 的钢筋。大于40 mm 的钢筋需用氧-乙炔焰或电弧切割。

四、钢筋的绑扎与安装

1. 准备工作

绑扎钢筋前的准备工作如下：

(1) 熟悉设计图纸，并根据设计图纸核对钢筋的牌号、规格，根据下料单核对钢筋的规格、尺寸、形状、数量等。

(2) 准备好绑扎用的工具，主要包括钢筋钩或全自动绑扎机、撬棍、扳子、绑扎架、钢丝刷、石笔(粉笔)、尺子等。

(3) 绑扎用的铁丝一般采用 20～22 号镀锌铁丝，直径≤12 mm 的钢筋采用 22 号铁丝，直径>12 mm 的钢筋采用 20 号铁丝。铁丝的长度只要满足绑扎要求即可，一般是将整捆的铁丝切割为 3～4 段。

(4) 准备好控制保护层厚度的砂浆垫块或塑料垫块、塑料支架等。

砂浆垫块需要提前制作，以保证其有一定的抗压强度，防止使用时粉碎或脱落。其大小一般为 50 mm×50 mm，厚度为设计保护层厚度。墙、柱或梁侧等竖向钢筋的保护层垫块在制作时需埋入绑扎丝。

塑料垫块有两类，一类是梁、板等水平构件钢筋底部的垫块，另一类是墙、柱等竖向构件钢筋侧面保护层的垫块（支架），如图 5-15 所示。

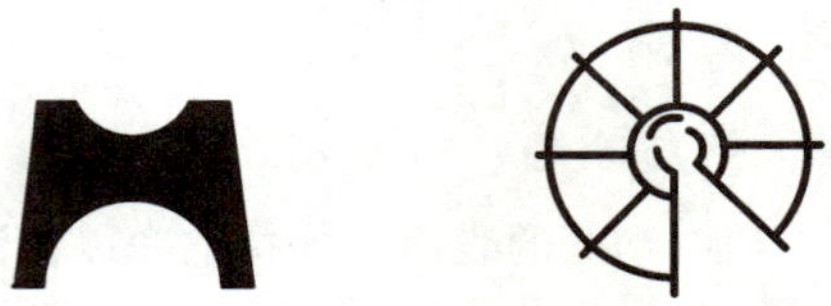

(a) 水平钢筋保护层垫块　(b) 竖向钢筋保护层支架

图 5-15　塑料垫块

(5) 绑扎墙、柱钢筋前，应先搭设好脚手架，一是作为绑扎钢筋的操作平台，二是用于对钢筋的临时固定，防止钢筋倾斜。

(6) 弹出墙、柱等结构的边线和标高控制线，用于控制钢筋的位置和高度。

2. 柱钢筋绑扎与安装

柱钢筋的绑扎与安装应遵守以下规定：

(1) 根据柱边线调整钢筋的位置，使其满足绑扎要求。

(2) 计算好本层柱所需的箍筋数量，将所有箍筋套在柱的主筋上。

(3) 将柱子的主筋接长，并把主筋顶部与脚手架做临时固定，保持柱主筋垂直，然后将箍筋从上至下依次绑扎。

(4) 柱箍筋要与主筋相互垂直，矩形柱箍筋的端头应与模板面成 135°角。柱角部主筋的弯钩平面与模板面的夹角：对矩形柱，应为 45°角；对多边形柱，应为模板内角的平分角；对圆形柱钢筋的弯钩平面，应与模板的切平面垂直；中间钢筋的弯钩平面应与模板面垂直；当采用插入式振捣器浇筑小型截面柱时，弯钩平面与模板面的夹角不得小于 15°。

(5) 柱箍筋的弯钩叠合处应沿受力钢筋方向错开设置，不得设在同一位置。

(6) 绑扎完成后，将保护层垫块或塑料支架固定在柱主筋上。

3. 墙钢筋绑扎与安装

墙钢筋的绑扎与安装要求如下：

(1) 根据墙边线调整墙插筋的位置，使其满足绑扎要求。

(2) 每隔 2～3 m 绑扎一根竖向钢筋，在高度为 1.5 m 左右的位置绑扎一根水平钢筋。然后把其余竖向钢筋与插筋连接，将竖向钢筋的上端与脚手架做临时固定并校正垂直。

(3) 在竖向钢筋上画出水平钢筋的间距，从下往上绑扎水平钢筋。墙的钢筋网除靠近外围两行钢筋的相交点全部扎牢外，中间部分交叉点可间隔交错扎牢，但应保证受力钢筋不产生位置偏移；双向受力的钢筋，必须全部扎牢。绑扎应采用八字扣，绑扎丝的多余部分应弯入墙内（特别是有防水要求的钢筋混凝土墙、板等结构，更应注意这一点）。

(4) 应根据设计要求确定水平钢筋是在竖向钢筋的内侧还是外侧，当设计无要求时，按竖向钢筋在里、水平钢筋在外布置。

(5) 墙筋的拉结筋应勾在竖向钢筋和水平钢筋的交叉点上，并绑扎牢固。为方便绑扎，拉结筋一般做成一端为 135°弯钩、另一端为 90°弯钩的形状，所以在绑扎完还要用钢筋扳子把 90°的弯钩弯成 135°。

(6) 在钢筋外侧绑上保护层垫块或塑料支架。

4. 梁板钢筋绑扎与安装

梁板钢筋的绑扎与安装要求如下：

（1）梁钢筋可在梁侧模板安装前在梁底模板上绑扎，也可在梁侧模板安装后在模板上方绑扎，绑扎成钢筋笼后再整体放入梁模板内。第二种绑扎方法一般只用于次梁或梁高较小的梁。

（2）梁钢筋绑扎前应确定好主梁和次梁钢筋的位置关系。次梁的主筋应在主梁的主筋上面，楼板钢筋则应在主梁和次梁主筋的上面。

（3）先穿梁上部钢筋，再穿下部钢筋，最后穿弯起钢筋。然后根据事先画好的箍筋控制点将箍筋分开，间隔一定距离，将其中的几个箍筋与主筋绑扎好，再依次绑扎其他箍筋。

（4）梁箍筋的接头部位应在梁的上部，除设计有特殊要求外，应与受力钢筋垂直设置；箍筋弯钩叠合处，应沿受力钢筋方向错开设置。

（5）梁端第一个箍筋应在距支座边缘 50 mm 处。

（6）当梁主筋为双排或多排时，各排主筋间的净距不应小于 25 mm，且不小于主筋的直径。现场可用短钢筋垫在两排主筋之间，以控制其间距，短钢筋方向与主筋垂直。当梁主筋最大直径不大于 25 mm 时，应采用 25 mm 短钢筋作垫铁；当梁主筋最大直径大于25 mm 时，应采用与梁主筋规格相同的短钢筋作垫铁。短钢筋的长度为梁宽减两个保护层厚度，短钢筋不应伸入混凝土保护层内。

（7）板钢筋绑扎前应先在模板上画出钢筋的位置，然后将主筋和分布筋摆在模板上，主筋在下、分布筋在上，调整好间距后依次绑扎。对于单向板钢筋，除靠近外围两行钢筋的相交点全部扎牢外，中间部分交叉点可间隔交错绑扎牢固，但应保证受力钢筋不产生位置偏移；双向受力的钢筋必须全部扎牢。相邻绑扎扣应为八字形，防止钢筋变形。

（8）板底层钢筋绑扎完，应穿插预留预埋管线的施工，然后绑扎上层钢筋。

（9）应在两层钢筋间设置马凳，以控制两层钢筋间的距离。马凳的形式如图 5－16 所示，间距一般为 1 m。

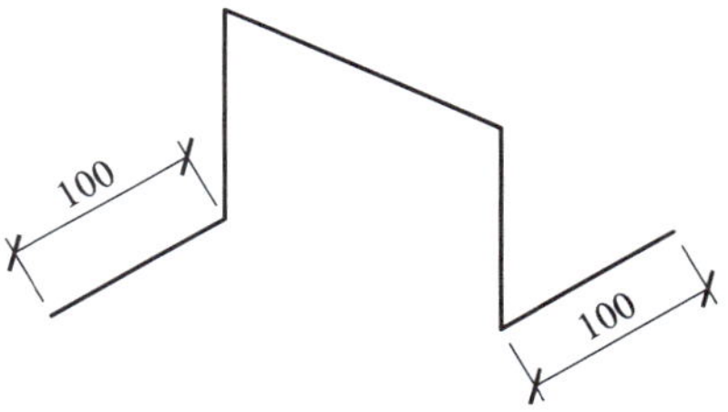

图 5－16　马凳的形式

第四节　混凝土工程

一、混凝土的原材料

普通混凝土是由水泥、水、砂子和石子组成的，另外还常掺入适量的外加剂和掺和料。

砂子和石子在混凝土中起骨架作用，称为集料，砂子称为细集料，石子称为粗集料。水泥和水形成水泥浆包裹在集料的表面并填充集料之间的空隙，在混凝土硬化之前起润滑作用，赋予混凝土拌和物流动性，便于施工；硬化之后起胶结作用，将砂石集料胶结成一个整体，使混凝土产生强度，成为坚硬的人造石材。外加剂起改性作用，掺和料起降低成本和改性作用。混凝土的结构如图 5－17 所示。

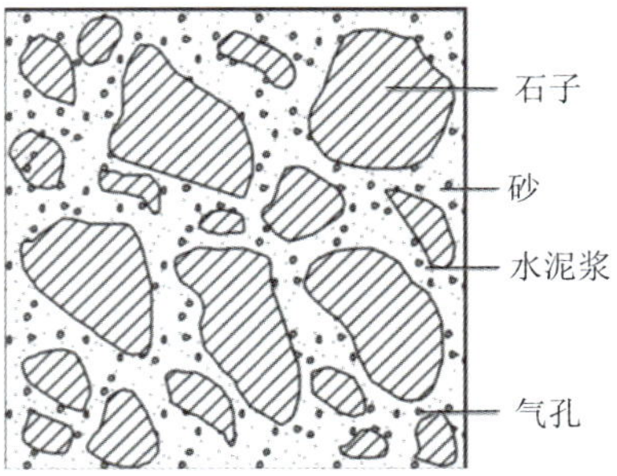

图 5－17　混凝土的结构

1. 水泥

水泥是混凝土组成材料中最重要的材料，也是影响混凝土强度、耐久性、经济性的最重要的因素，应予以高度重视。配制混凝土所用水泥的品种，应根据工程性质、部位、工程所处环境及施工条件，参考各种水泥的特性进行合理选择。

水泥强度等级的选择，应当与混凝土的设计强度等级相适应。若水泥强度选用过高，不但会使成本较高，而且可能使所配制的新拌混凝土施工操作性能不良，甚至影响混凝土的耐久性；反之，若采用强度过低的水泥来配制较高强度的混凝土，则很难达到强度要求，即使是达到了强度要求，其他性能也会受到影响，而且往往也会导致成本过高。配制普通混凝土时，通常要求水泥的强度为混凝土抗压强度的 1.5～2.0 倍；配制较高强度混凝土时，可取 0.9～1.5 倍。

随着混凝土强度等级的不断提高、新工艺的不断出现及高效外加剂性能的不断改进，高强度和高性能混凝土的配合比要求将不受上述比例的约束。

2. 细集料

根据《建设用砂》(GB/T 14684—2022)的规定，粒径为 150 μm～4.75 mm 的集料称为细集料。砂按产源分为天然砂和机制砂两类。

(1) 天然砂。天然砂是自然生产的，经人工开挖和筛分的粒径小于 4.75 mm 的岩石颗粒，包括河砂、湖砂、山砂、淡化海砂，但不包括软质、风化的岩石颗粒。

(2) 机制砂。机制砂是经除土处理，由机械破碎、筛分制成的粒径小于 4.75 mm 的岩石、矿山尾矿或工业废渣颗粒，但不包括软质、风化的颗粒，俗称人工砂。

3. 粗集料

根据《建设用卵石、碎石》(GB/T 14685—2022)的规定，粒径为 4.75～90 mm 的集料称为粗集料。

粗集料有卵石(又称为砾石)和碎石两类，按粒径尺寸分为连续粒级和单粒级两种规格，亦可根据需要采用不同单粒级卵石、碎石混合成特殊的卵石、碎石。《建设用卵石、碎石》(GB/T 14685—2022)按技术要求将粗集料分为Ⅰ类、Ⅱ类和Ⅲ类。Ⅰ类粗集料宜用于强度等级大于 C60 的混凝土；Ⅱ类粗集料宜用于强度等级为 C30～C60 及有抗冻、抗渗或其他要求的混凝土；Ⅲ类粗集料宜用于强度等级小于 C30 的混凝土。

4. 混凝土用水

混凝土用水是混凝土拌和用水和混凝土养护用水的总称，包括饮用水、地表水、地下水、再生水、混凝土企业设备洗刷水和海水等。水质的好坏不仅影响混凝土的凝结和硬化，还能影响混凝土的强度和耐久性，并加速混凝土中钢筋的锈蚀。为此，我国制定的《混凝土用水标准》(JGJ 63—2006)对混凝土拌和用水的水质提出了具体的质量要求：对于设计使用年限为 100 年的结构混凝土，Cl^- 含量不得超过 500 mg/L；对于使用钢丝或经热处理钢筋的预应力混凝土，Cl^- 含量不得超过 350 mg/L。

5. 混凝土外加剂

混凝土外加剂按其主要功能分为四类：能改善混凝土拌和物流变性能的外加剂，如减水剂、泵送剂、引气剂等；能调节混凝土的凝结时间、硬化性能的外加剂，如缓凝剂、速凝剂、早强剂等；能改善混凝土耐久性的外加剂，如防水剂、阻锈剂、密实剂等；能改善混凝土其他性能的外加剂，如膨胀剂、防冻剂、加气剂、着色剂等。

混凝土中掺用的外加剂的质量及应用技术应符合《混凝土外加剂》(GB 8076—2008)、《混凝土外加剂应用技术规范》(GB 50119—2013)等有关环境保护的规定。

外加剂的品种及掺量必须根据对混凝土性能的要求、施工及气候条件、混凝土所采用的原材料及配合比等因素经试验确定。

在混凝土配料中，要采用合理的掺和方法，保证掺和均匀，掺量准确。目前常用的掺和方法是把外加剂先用水配制成一定浓度的水溶液，搅拌混凝土时，取规定的掺量，直接加入搅拌机中进行拌和。

6. 混凝土掺和料

在采用硅酸盐水泥或普通硅酸盐水泥拌制的混凝土中，可掺用矿物掺和料，目的是改善混凝土的性质，降低水泥用量。混凝土掺和料主要有粉煤灰、矿渣粉、沸石粉、硅粉等。掺和料的质量应符合国家现行标准的规定，其掺入量应通过试验确定。

二、混凝土的施工配料

结构工程中所用的混凝土是以胶凝材料、粗细集料、水，按照一定配合比拌和而成的混合材料。另外，根据需要，还要向混凝土中掺加外加剂和外掺和料以改善混凝土的某些性能。因此，混凝土的原材料除了包括胶凝材料、粗细集料、水外，还有外加剂、外掺和料(常用的有粉煤灰、硅粉、磨细矿渣等)。

1. 混凝土配制强度的确定

在进行混凝土配料时，除应保证结构设计对混凝土强度等级的要求外，还应保证施工对混凝土和易性的要求，并应遵循合理使用材料、节约胶凝材料的原则，必要时还应满足抗冻性、抗渗性等要求。

为了满足混凝土的强度保证率达到95%的要求，在进行配合比设计时，必须使混凝土的配制强度 $f_{cu,o}$ 高于设计强度 $f_{cu,k}$。《普通混凝土配合比设计规程》(JGJ 55—2011)要求，混凝土配制强度 $f_{cu,o}$ 按下列规定确定。

(1) 当混凝土的设计强度等级小于C60时，配制强度按下式计算：

$$f_{cu,o} \geqslant f_{cu,k} + 1.645\sigma \tag{5-4}$$

式中：$f_{cu,o}$ 为混凝土配制强度(MPa)；$f_{cu,k}$ 为混凝土立方体抗压强度标准值，这里取混凝土的设计强度等级值(MPa)；σ 为混凝土强度标准差(MPa)。

混凝土强度标准差 σ 的确定方法如下：

① 当具有近1～3个月的同一品种、同一强度等级混凝土的强度资料时，σ 按下式计算：

$$\sigma = \sqrt{\frac{\sum_{i=1}^{N} f_{cu,i}^2 - nm_{fcu}^2}{n-1}} \tag{5-5}$$

式中：n 为试件组数(≥30)；$f_{cu,i}$ 为第 i 组的试件强度(MPa)；m_{fcu} 为 n 组试件的强度平均值(MPa)。

对于强度等级不大于C30的混凝土：当 σ 计算值不小于3.0 MPa时，应按计算结果取值；当 σ 计算值小于3.0 MPa时，σ 应取3.0 MPa。对于强度等级大于C30且小于C60的混凝土：当 σ 计算值不小于4.0 MPa时，应按计算结果取值；当 σ 计算值小于4.0 MPa时，σ 应取4.0 MPa。

② 当没有近期的同一品种、同一强度等级混凝土的强度资料时，σ 按表5-10取用。

表5-10　混凝土强度标准差 σ 取值(JGJ 55—2011)

混凝土强度等级	≤C20	C25～C45	C50～C55
σ/MPa	4.0	5.0	6.0

（2）当混凝土的设计强度等级不小于 C60 时，配制强度按下式计算：

$$f_{cu,o} \geqslant 1.15 f_{cu,k} \tag{5-6}$$

2. 混凝土施工配合比及施工配料

混凝土的配合比是在实验室根据混凝土的配制强度经过试配和调整而确定的，称为实验室配合比。实验室配合比所用的粗、细集料都是不含水分的，而施工现场的粗、细集料都有一定的含水率，且含水率的大小随温度等条件不断变化。为保证混凝土的质量，施工中应按粗、细集料的实际含水率对原配合比进行调整。混凝土施工配合比是指根据施工现场集料含水情况，对以干燥集料为基准的“设计配合比”进行修正后得出的配合比。假定工地上测出砂的含水率为 $a\%$，石子的含水率为 $b\%$，则各材料用量(kg)为：

$$\text{胶凝材料用量}\ m'_b = m_b$$

$$\text{粗集料用量}\ m'_g = m_g(1+b\%)$$

$$\text{细集料用量}\ m'_s = m_s(1+a\%)$$

$$\text{水用量}\ m'_w = m_w - m_g b\% - m_s a\%$$

施工配料是确定每拌一次所需的各种原材料数量，它根据施工配合比和搅拌机的出料容量计算。

【例 5-3】 某混凝土实验室配合比为 1∶2.28∶4.47，水灰比 $W/C=0.63$，每立方米混凝土水泥用量为 285 kg，现场测得砂、石的含水率分别为 3%、1%，求施工配合比及每立方米混凝土各种材料的用量。

解：设实验室配合比为水泥∶砂∶石＝1∶x∶y，则施工配合比为 1∶$x(1+W_x)$∶$y(1+W_y)$＝1∶2.28×(1+0.03)∶4.47×(1+0.01)＝1∶2.35∶4.51。

按施工配合比，每立方米混凝土各种材料用量如下：

水泥用量＝285 kg；

用砂量＝285×2.35＝669.75(kg)；

用石量＝285×4.51＝1 285.35(kg)；

用水量＝0.63×285－2.28×285×0.03－4.47×285×0.01

＝179.55－19.49－12.74＝147.32(kg)；

施工水灰比＝$\dfrac{147.32}{285}$＝0.52。

3. 材料称量

施工配合比确定以后，就要对材料进行称量，称量是否准确将直接影响混凝土的强度。为严格控制混凝土的配合比，搅拌混凝土时应根据计算出的各组成材料的一次投料量准确投料。其质量偏差不得超过以下规定：胶凝材料、外掺混合材料为±2%；粗、细集料为±3%；水、外加剂溶液为±2%。各种衡量器应定期校验，以保持准确。集料含水率应经常测定，雨天施工时应增加测定次数。

三、混凝土的搅拌

混凝土的搅拌就是将混凝土设计配合比中的水泥、水、砂石及外加剂等材料，进行均匀拌和及混合的过程，通过拌和也可使材料达到强化、塑化。混凝土拌和物的质量如何，在很大程度上取决于混凝土搅拌机的选择。

1. 混凝土搅拌机的选择

混凝土搅拌机按其搅拌原理不同，可分为自落式搅拌机和强制式搅拌机两大类。

1）自落式搅拌机

自落式搅拌机按其形式和卸料方式不同，又可分为鼓筒式、锥形反转出料式和双锥倾翻出料式等。鼓筒式搅拌机宜用于搅拌塑性混凝土，锥形反转出料式和双锥倾翻出料式搅拌机可用于搅拌低流动性混凝土，鼓筒式搅拌机由于拌和量小、工作效率低、对机械磨损大、卸料比较困难等，现已成为淘汰产品。自落式搅拌机采用重力拌和的原理，搅拌筒子内壁装有搅拌叶片，其随着搅拌筒的旋转，将物料提升到一定高度，然后物料自由下落，如此多次提升与下落，使物料搅拌均匀（见图 5－18）。

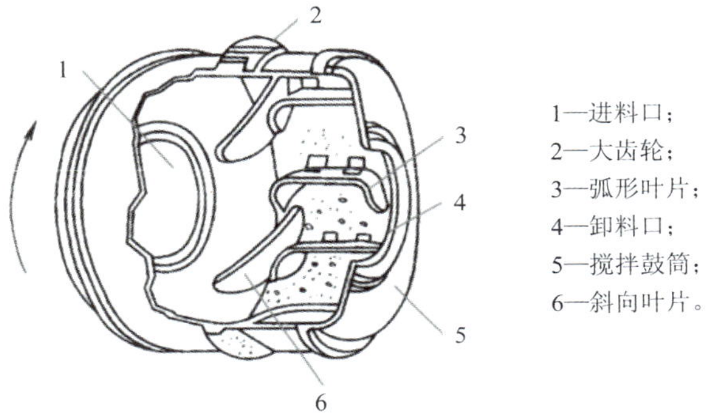

图 5－18　自落式搅拌机

2）强制式搅拌机

强制式搅拌机分为立轴式强制搅拌机和卧轴式强制搅拌机两种（见图 5－19）。强制式搅拌机利用剪切拌和的原理，即在旋转的轴上安装叶片，通过叶片强制搅拌装入搅拌筒中的物料，使物料沿环向、径向和竖向运动，从而搅拌成均匀的混合物。

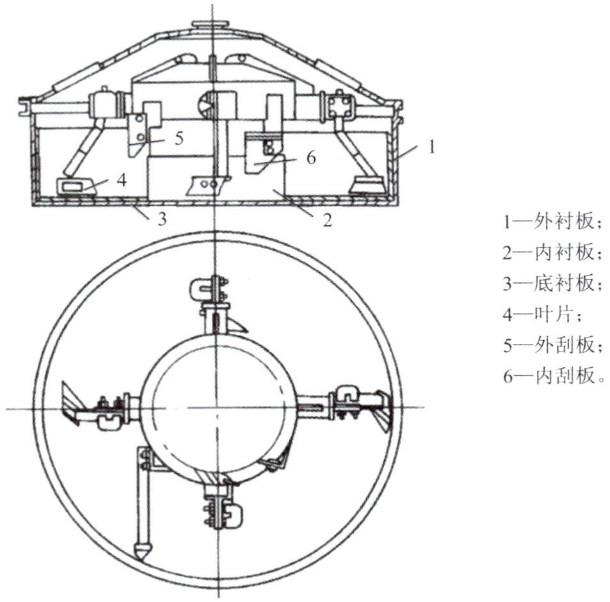

图 5－19　强制式搅拌机

强制式搅拌机的拌和力比自落式搅拌机强，多用于搅拌硬性混凝土、低流动性混凝土和轻集料混凝土。与自落式搅拌机相比，强制式搅拌机动力消耗大，叶片易磨损，构造较复杂，维护费用高，一般多用于混凝土预制厂。

总之，混凝土搅拌机的选择，应根据混凝土工程量的大小、混凝土设计坍落度、集料的种类、粒径大小等多方面因素确定，既要满足工程技术的要求，又要满足经济、节约的原则。

2. 搅拌制度

为了获得均匀、优质的混凝土拌和物，除合理选择搅拌机的型号外，还必须正确地确定搅拌制度，包括搅拌时间、进料容量及投料顺序。

1）搅拌时间

搅拌时间是指从全部材料投入搅拌筒中起，到开始卸料为止所经历的时间。它与搅拌质量密切相关：搅拌时间过短，混凝土不均匀，强度及和易性将下降；搅拌时间过长，不但会降低搅拌的生产效率，还会使不坚硬的粗集料在大容量搅拌机中因脱角、破碎等影响混凝土的质量。对于加气混凝土，也会因搅拌时间过长而使所含气泡减少。混凝土搅拌的最短时间如表5-11所示。

表5-11　混凝土搅拌的最短时间(GB 50164—2011)

混凝土坍落度/mm	搅拌机机型	不同出料量搅拌机的混凝土最短搅拌时间/s		
		<250 L	250～500 L	>500 L
≤40	强制式	60	90	120
>40且<100	强制式	60	60	90
≥100	强制式	60	60	60

注：混凝土搅拌的最短时间是指自全部材料装入搅拌筒中起，到开始卸料为止的时间。

2）进料容量

进料容量是将搅拌前各种材料的体积累积起来的容量，又称为干料容量。进料容量约为出料容量的1.4～1.8倍(通常取1.5倍)。如进料容量超过规定容量的10%，就会使材料在搅拌筒内无充分的空间进行掺和，影响混凝土拌和物的均匀性；反之，如装料过少，则又不能充分发挥搅拌机的效能。

3）投料顺序

混凝土的投料顺序分为一次投料法和二次投料法。

一次投料法是工地上常用的投料方法，即在上料斗中先装石子，再加水泥和砂，然后一次投入搅拌机。投料时，由于石子在下面，易投料且粘在料斗上的物料较少；砂压住水泥，可减少水泥飞扬。对自落式搅拌机，可在搅拌筒内先加10%水再投料，使水泥和砂先进入搅拌筒形成水泥砂浆，缩短包裹石子的时间。对立轴强制式搅拌机，因出料口在下部，不能先加水，应在投入原料的同时，缓慢、均匀、分散地加水。掺和料宜与水泥同步投料，液体外加剂宜滞后于水和水泥投料，粉状外加剂宜溶解后再投料。

二次投料法又分为预拌水泥砂浆法、预拌水泥净浆法和水泥裹砂石法(又称SEC法)等。预拌水泥砂浆法是先将水泥、砂和水加入搅拌筒内进行充分搅拌，成为均匀的水泥砂浆后，再加入石子搅拌成均匀的混凝土。预拌水泥净浆法是先将水泥和水充分搅拌成均匀的水泥净浆后，再加入砂和石搅拌成混凝土。水泥裹砂石法是先将全部的石子、砂和70%的拌和水倒入搅拌机，拌和15 s使集料湿润，再倒入全部水泥进行造壳搅拌30 s左右，然后加入30%的拌和水再进行糊化搅拌60 s左右即可。

试验表明，二次投料法搅拌的混凝土与一次投料法相比，混凝土强度可提高约15%；在强度等级相同的情况下，可节约水泥15%～20%。

四、混凝土的运输

混凝土自搅拌机中卸出后，应及时送到浇筑地点。其运输方案的选择，应根据建筑结构特点、混凝土工程量、运输距离、带形、道路、气候条件及现有设备进行综合考虑。

1. 混凝土运输基本要求

混凝土运输基本要求如下：

(1) 保证混凝土的浇筑量，尤其是在不允许留施工缝的情况下，混凝土运输必须保证其浇筑工作能够持续进行。为此，应按混凝土最大浇筑量和运距来选择运输机具设备的数量及型号。同时，也要考虑运输机具设备与搅拌设备的配合。一般运输机具的容积是搅拌机出料容积的倍数。

(2) 混凝土运输过程中应保持其均匀性，避免产生分层离析现象；混凝土运至浇筑地点，应符合浇筑时所规定的坍落度，如表5-12所示；运送混凝土的容器应严密，其内壁应平整、光洁，不吸水，不漏浆，黏附的混凝土残渣应经常清除。

表5-12　混凝土浇筑时的坍落度

结构种类	坍落度/mm
基础或地面等的垫层、无配筋的厚大结构(挡土墙、基础或厚大的块体等)或配筋稀疏的结构	10～30
板、梁和大中型截面的柱子等	30～50
配筋密列的结构(薄壁、斗仓、筒仓、细柱等)	50～70
配筋特密的结构	70～90

注：① 本表是指采用机械振捣的坍落度，采用人工捣实时可适当增大。
② 需要配制大坍落度混凝土时，应掺用外加剂。
③ 曲面或斜面结构的混凝土，其坍落度值应根据实际需要另行选定。
④ 轻集料混凝土的坍落度，宜比表中数值减小10～20 mm。
⑤ 自密实混凝土的坍落度另行规定。

(3) 混凝土从搅拌机中卸出到浇筑完毕的延续时间不宜超过表5-13的规定，对掺用外加剂或采用快硬水泥拌制的混凝土，其延续时间应按试验确定。对于轻集料混凝土，其延续时间应适当缩短。

表5-13　混凝土从搅拌机中卸出到浇筑完毕的延续时间

混凝土生产地点	不同温度下混凝土的延续时间/min	
	不高于25℃时	高于25℃时
预拌混凝土搅拌站	150	120
施工现场	120	90
混凝土制品厂	90	60

2. 混凝土运输形式

混凝土运输分为地面运输、垂直运输和楼面运输三种形式。

1）地面运输

当采用预拌(商品)混凝土且运输距离较远时，多用混凝土搅拌运输车运输；当混凝土来自工地搅拌站时，多用小型翻斗车运输，近距离也可用双轮手推车运输。

混凝土搅拌运输车(见图 5-20)为长距离运输混凝土的有效工具，它有一个搅拌筒斜放在汽车底盘上。在混凝土搅拌站装入混凝土后，由于搅拌筒内有两个螺旋状叶片，在运输过程中搅拌筒可通过慢速转动进行搅拌，以防止混凝土离析；运至浇筑地点后，搅拌筒反转即可迅速卸出混凝土。常用搅拌筒的容量为 6～12 m^3。

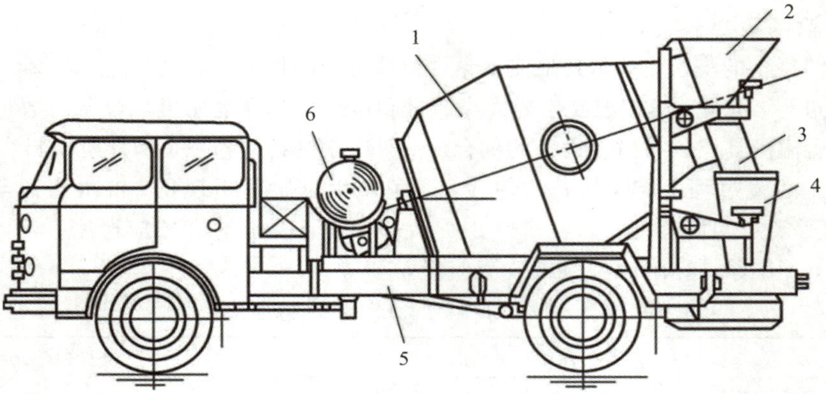

1—搅拌筒；2—进料斗；3—卸料斗；4—活动卸料溜槽；5—汽车底盘；6—水箱。

图 5-20　混凝土搅拌运输车

2）垂直运输

混凝土垂直运输多采用塔式起重机、混凝土泵、快速提升斗和井架。塔式起重机工作幅度大，当搅拌机设在其工作范围之内时，可以同时完成水平和垂直运输而不需二次倒运。若搅拌站较远，可用翻斗车将混凝土从搅拌站运到起重机起重范围之内装入料斗。料斗容积一般为 0.4 m^3。

3）楼面运输

商品混凝土一般采用混凝土泵车进行运输和浇筑，它以泵为动力，沿管道输送混凝土，可以一次完成水平及垂直运输，将混凝土直接输送到浇筑地点，是发展较快的一种混凝土运输方法。根据驱动方式，混凝土泵目前主要分为挤压泵和活塞泵两类，我国主要利用活塞泵。

活塞泵目前多用液压驱动，它主要由料斗、液压缸和活塞、混凝土缸、分配阀、Y 形输送管、冲洗设备、液压系统和动力系统等组成。如图 5-21 所示，活塞泵工作时，搅拌机卸出的或由混凝土搅拌运输车卸出的混凝土倒入料斗 6，控制吸入的水平分配阀 7 开启，控制排出的竖向分配阀 8 关闭，液压活塞 4 在液压作用下通过活塞杆 5 带动推压混凝土活塞 2 后移，料斗内的混凝土在重力和吸力作用下进入混凝土缸 1。然后，液压系统中压力油的进出反向，推压混凝土活塞 2 向前推压，同时控制吸入的水平分配阀 7 关闭，而控制排出的竖向分配阀 8 开启，混凝土缸中的混凝土拌和物就通过 Y 形输送管 9 进入输送管，送至浇筑地点。由于其有两个缸体交替进料和出料，因而能连续、稳定地排料。不同型号的混凝土泵，其排量不同，水平运距和垂直运距也不同。常用的活塞式混凝土泵混凝土排量为 80～120 m^3/h，水平运距为 1200～1500 m，垂直运距为 280～350 m。最大的活塞式混凝土泵水平输送距离已超过 2000 m，最大垂直泵送高度达 500 m 以上。

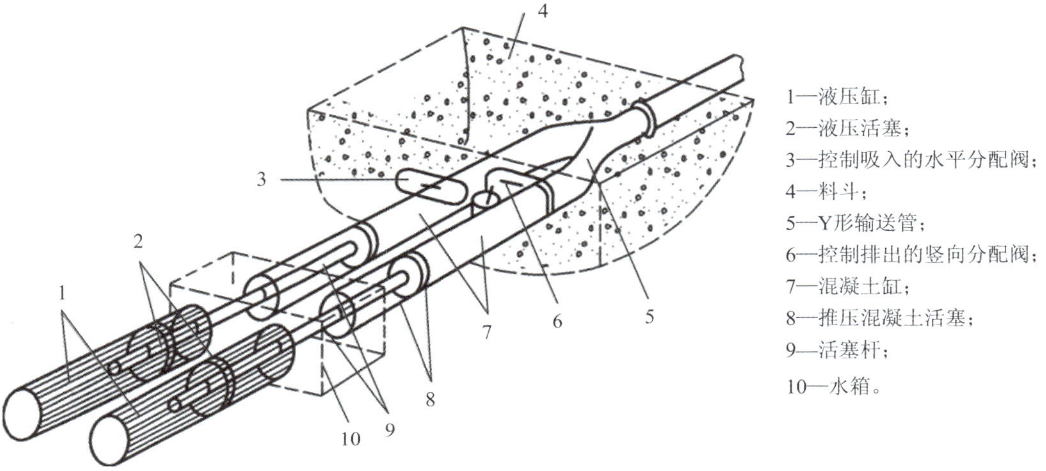

图 5－21 液压活塞式混凝土泵

常用的混凝土输送管为钢管、橡胶和塑料软管，直径为 75～200 mm，每段长约 3 m，配有 45°、90°等弯管和锥形管。弯管、锥形管和软管的流动阻力大，计算输送距离时要换算成水平长度。垂直输送时，在立管的底部要增设逆流阀，以防停泵时立管中的混凝土反压回流。

将混凝土泵装在汽车上便成为混凝土泵车(见图 5－22)，在车上还装有可以伸缩或曲折的布料杆，其末端是一软管，可将混凝土直接送至浇筑地点，布料臂架长达 42～56 m，使用十分方便。

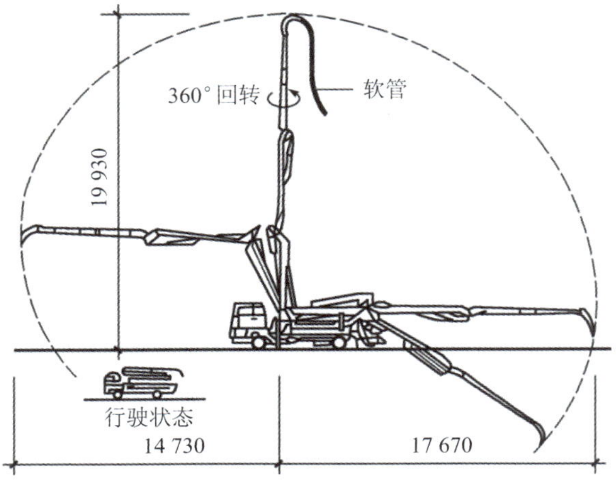

图 5－22 带布料杆的混凝土泵车

泵送混凝土是指坍落度不低于 100 mm 并用泵送施工的混凝土，其对混凝土的配合比和材料有较严格的要求：碎石、卵石最大粒径与输送管内径之比宜不大于 1∶3 和 1∶2.5；泵送高度在 50～100 m 时，宜为 1∶3～1∶4；泵送高度在 100 m 以上时，宜为 1∶4～1∶5，以免堵塞；如用轻集料，则以吸水率小者为宜，并宜用水预湿，以免在压力作用下强烈吸水，使坍落度降低而在管道中形成阻塞。砂宜用中砂，通过 0.315 mm 筛孔的砂应不少于 15%。含砂率宜控制在 35%～45%，集料为轻集料，还可适当提高。水泥用量不宜过少，否则泵送阻力增大，水泥和矿物掺和料的总量不宜少于 300 kg/m^3，用水量与水泥和矿物掺和料的总量之比不宜大于 0.60。掺用引气型外加剂时，含气量不宜大于 4%。不同泵送高度入泵时混凝土的坍落度可参考表5－14。

表 5－14　不同泵送高度入泵时混凝土的坍落度

泵送高度/m	<30	30～60	60～100	>100
坍落度/mm	100～140	140～160	160～180	180～200

混凝土泵宜与混凝土搅拌运输车配套使用，且应使混凝土搅拌站的供应能力和混凝土搅拌运输车的运输能力大于混凝土泵的泵送能力，以保证混凝土泵能连续工作，防止停机堵管。进行输送管线布置时，应尽可能直，转弯要缓，管段接头要严，少用锥形管，以减少压力损失。如输送管向下倾斜，要防止因自重流动使管内混凝土中断、混入空气而引起混凝土离析，产生阻塞。为减小泵送阻力，用前应先泵送适量的水泥浆或水泥砂浆，以润滑输送管内壁，然后进行正常的泵送。在泵送过程中，泵的受料斗内应充满混凝土，防止吸入空气而阻塞。混凝土泵排量大，在浇筑大面积建筑物时，最好用布料机进行布料。

泵送结束后要及时清洗泵体和管道，用水清洗时，将管道与 Y 形管拆开，放入海绵球并清洗活塞。再通过法兰使高压水软管与管道连接，高压水推动活塞和海绵球，将残存的混凝土压出管道。

用混凝土泵浇筑的结构物要加强养护，防止因水泥用量较大而引起开裂。如混凝土浇筑速度快，对模板的侧压力大，模板和支撑应保证稳定和有足够的强度。选择混凝土运输方案时，技术上可行的方案可能不止一个，这就要通过综合的技术、经济比较来选择最优方案。

五、混凝土的浇筑与振捣

混凝土的浇筑，应预先根据工程结构特点、平面形状和几何尺寸、混凝土制备设备和运输设备的供应能力、泵送设备的泵送能力、劳动力和管理能力，以及周围场地大小、运输道路情况等条件，划分混凝土浇筑区域，并明确设备和人员的分工，以保证结构浇筑的整体性和按计划进行浇筑。

混凝土的浇筑宜按以下顺序进行：在采用混凝土输送管输送混凝土时，应由远而近浇筑；在同一区域的混凝土，应按先竖向结构后水平结构的顺序，分层连续浇筑；当不允许留施工缝时，同一区域上、下层之间的混凝土浇筑时间，不得超过混凝土初凝时间。混凝土泵送速度较快，要很好地组织框架结构的浇筑，要加强布料和捣实工作，对预埋件和钢筋太密的部位，要预先制定技术措施，确保顺利进行布料和振捣密实。

1. 梁、板混凝土浇筑

梁、板混凝土浇筑应遵守下面的规定。

（1）柱、墙混凝土设计强度比梁、板混凝土设计强度高一个等级时，柱、墙位置梁、板高度范围内的混凝土经设计单位同意，可采用与梁、板混凝土设计强度等级相同的混凝土进行浇筑。

（2）柱、墙混凝土设计强度比梁、板混凝土设计强度高两个等级及以上时，应在交界区域采取分隔措施。分隔位置应在低强度等级的构件中，且距高强度等级构件边缘不应小于 500 mm，柱梁板结构分隔位置可参考图 5－23 设置，墙梁板结构分隔位置可参考图 5－24 设置。

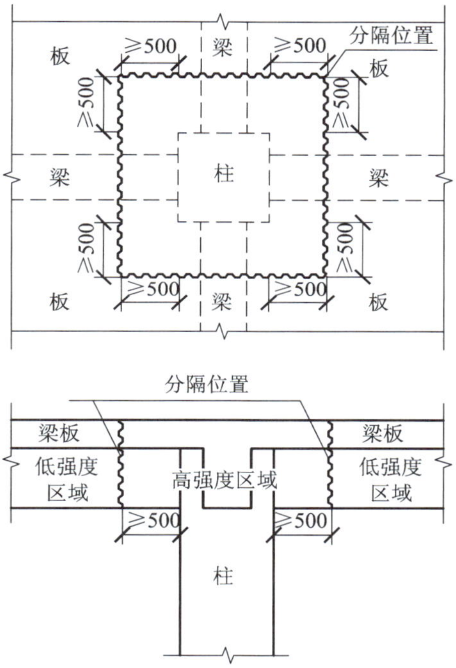

图 5－23　柱梁板结构分隔位置

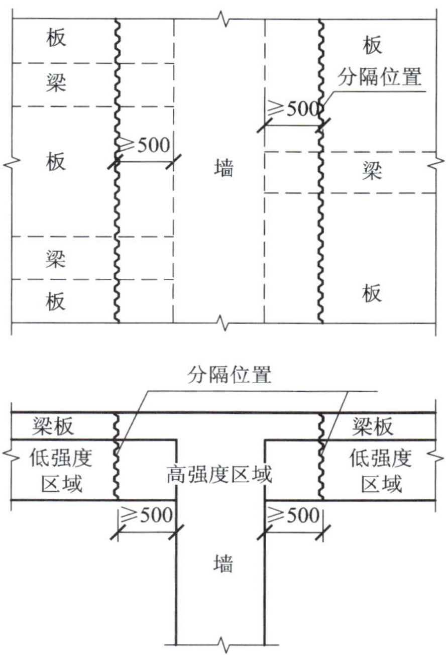

图 5－24　墙梁板结构分隔位置

（3）宜先浇筑高强度等级混凝土，后浇筑低强度等级混凝土。

（4）柱、剪力墙混凝土浇筑应符合下列规定：

① 浇筑墙体混凝土应连续进行，间隔时间不应超过混凝土初凝时间。

② 墙体混凝土浇筑高度应高出板底 20～30 mm。柱混凝土墙体浇筑完毕之后，将上口甩出的钢筋加以整理，用木抹子按标高线对墙上表面混凝土进行找平。

③ 柱墙浇筑前底部应先填 5～10 cm 厚、与混凝土配合比相同的减石子砂浆，混凝土应分层浇筑振捣，使用插入式振捣器时每层厚度不大于 50 cm，振捣棒不得触动钢筋和预埋件。

④ 柱墙混凝土应一次浇筑完毕，如需留施工缝，应留在主梁下面。无梁楼板应留在柱帽下面。在墙柱与梁板整体浇筑时，应在柱浇筑完毕后停歇 2 h，使其初步沉实，再继续浇筑。

⑤ 浇筑一排柱的顺序应从两端同时开始，向中间推进，以免因浇筑混凝土后模板吸水膨胀、断面增大而产生横向推力，最后使柱发生弯曲变形。

⑥ 剪力墙浇筑应采取长条流水作业，分段浇筑，均匀上升。墙体混凝土的施工缝一般宜

设在门窗洞口上，接槎处混凝土应加强振捣，保证接槎严密。

(5) 梁、板同时浇筑。浇筑方法应由一端开始用“赶浆法”，即先浇筑梁，根据梁高分层浇筑成阶梯形，当达到板底位置时再与板的混凝土一起浇筑，随着阶梯形不断延伸，梁板混凝土浇筑连续向前进行。

(6) 和板连成整体高度大于 1 m 的梁，允许单独浇筑，其施工缝应留在板底以下 2～3 mm 处。浇捣时，浇筑与振捣必须紧密配合，第一层下料慢些，梁底充分振实后再下第二层料，用“赶浆法”保持水泥浆沿梁底包裹石子向前推进，每层均应振实后再下料，梁底及梁侧部位要注意振实，振捣时不得触动钢筋及预埋件。

(7) 浇筑板混凝土的虚铺厚度应略大于板面，用平板振捣器沿垂直浇筑方向来回振捣，厚板可用插入式振捣器顺浇筑方向拖拉振捣，并用铁插尺检查混凝土厚度，振捣完毕后用长木抹子抹平。施工缝处或有预埋件及插筋处用木抹子找平。浇筑板混凝土时不允许用振捣棒铺摊混凝土。

(8) 肋形楼板的梁板应同时浇筑，浇筑时应先将梁根据高度分层浇捣成阶梯形，当达到板底位置时即与板的混凝土一起浇捣，随着阶梯形的不断延长，则可连续向前推进。倾倒混凝土的方向应与浇筑方向相反。

(9) 浇筑无梁楼盖时，应在离柱帽下 5 cm 处暂停，然后分层浇筑柱帽，下料必须倒在柱帽中心，待混凝土接近楼板底面时，即可连同楼板一起浇筑。

(10) 当浇筑柱梁及主次梁交叉处的混凝土时，一般钢筋较密集，特别是上部分钢筋又粗又多，因此，既要防止混凝土下料困难，又要注意避免砂浆挡住石子不下去。必要时，这一部分可改用细石混凝土进行浇筑，与此同时，振捣棒头可改用片式并辅以人工捣固配合。

2. 施工缝或后浇带处混凝土浇筑

在施工缝或后浇带处浇筑混凝土应符合下列规定：

(1) 结合面应采用粗糙面，结合面应清除浮浆、疏松石子、软弱混凝土层，并清理干净。

(2) 结合面处应采用洒水方法进行充分湿润，并不得有积水。

(3) 施工缝处已浇筑混凝土的强度不应小于 1.2 MPa。

(4) 柱、墙水平施工缝水泥砂浆接浆层厚度不应大于 30 mm，接浆层水泥砂浆应与混凝土浆液同成分。

(5) 后浇带混凝土强度等级及性能应符合设计要求；当设计无要求时，后浇带强度等级宜比两侧混凝土提高一级，并宜采用减少收缩的技术措施进行浇筑。

(6) 施工缝位置附近回弯钢筋时，要做到钢筋周围的混凝土不受松动和损坏。钢筋上的油污、水泥砂浆及浮锈等杂物也应清除。

(7) 从施工缝处开始继续浇筑时，要注意避免直接靠近缝边下料。机械振捣前，宜向施工缝处逐渐推进，并在距其 80～100 cm 处停止振捣，但应加强对施工缝接缝的捣实工作，使其紧密结合。

3. 混凝土的振捣

混凝土振捣应能使模板内各个部位混凝土密实、均匀，不应漏振、欠振、过振。

1) 混凝土振捣设备的分类

混凝土振捣可采用插入式振动棒、平板式振动器或附着式振动器(见表 5－15)，必要时可采用人工辅助振捣。

表 5-15　振动设备分类

分　类	说　明
内部振动器（插入式振动棒）	内部振动器的形式有硬管式、软管式，振动部分有锤式、棒式、片式等，振动频率有高有低。主要适用于大体积混凝土、基础、柱、梁、墙、厚度较大的板，以及预制构件的捣实工作。当钢筋十分稠密或结构厚度很薄时，其使用就会受到一定的限制
表面振动器（平板式振动器）	表面振动器的工作部分是一钢制或木制平板，板上装一个带偏心块的电动振动器。振动力通过平板传递给混凝土，由于振动作用深度较小，其仅适用于表面积大而平整的结构物，如平板、地面、屋面等构件
外部振动器（附着式振动器）	外部振动器通常是利用螺栓或钳形夹具固定在模板外侧，不与混凝土直接接触，借助模板或其他物体将振动力传递到混凝土。由于振动作用不够深远，其仅适用于振捣钢筋较密、厚度较小及不宜使用插入式振动器的结构构件

2）振动棒振捣混凝土的规定

振动棒振捣混凝土应符合下列规定：

（1）应按分层浇筑厚度分别进行振捣，振动棒的前端应插入前一层混凝土中，插入深度不应小于 50 mm。

（2）振动棒应垂直于混凝土表面并快插慢拔、均匀振捣；当混凝土表面无明显塌陷、有水泥浆出现、不再冒气泡时，可结束该部位振捣。

（3）混凝土振动棒移动的间距应符合下列规定：

① 振动棒与模板的距离不应大于振动棒作用半径的 0.5 倍。

② 采用方格形排列振捣方式时，振捣间距应满足 1.4 倍振动棒的作用半径要求（见图 5-25，其中 R 为振动棒的作用半径）；采用三角形排列振捣方式时，振捣间距应满足 1.7 倍振动棒的作用半径要求（见图 5-26，其中 R 为振动棒的作用半径）。综合两种情况，对振捣间距做出 1.4 倍振动棒的作用半径要求。

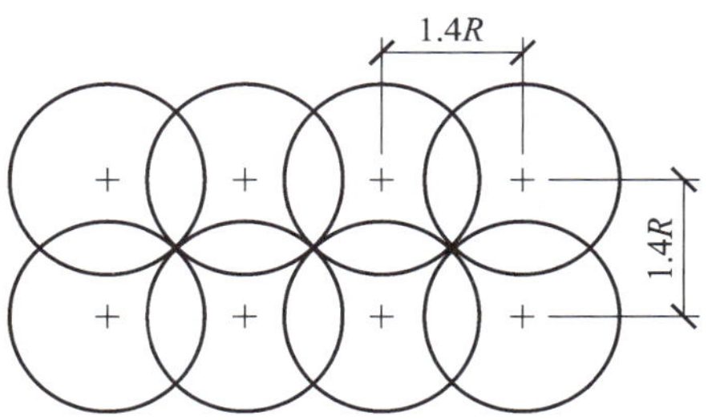

图 5-25　方格形排列振动棒插点布置

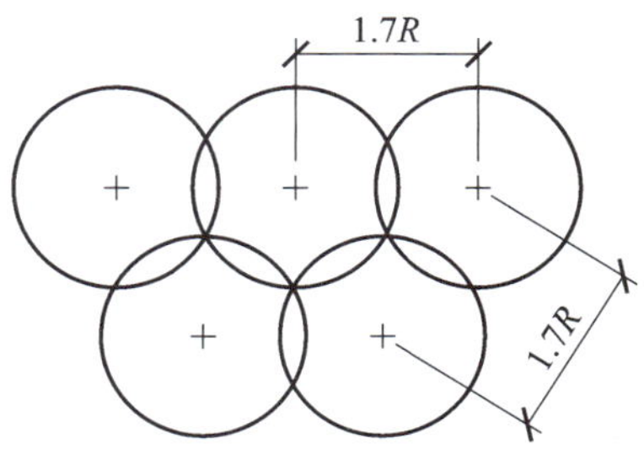

图 5-26　三角形排列振动棒插点布置

（4）振动棒振动混凝土应避免碰撞模板、钢筋、钢构、预埋件等。

3）表面振动器振捣混凝土的规定

表面振动器振捣混凝土应符合下列规定：

（1）表面振动器振捣应覆盖振捣平面边角；

（2）表面振动器移动间距应覆盖已振实部分混凝土边缘；

(3) 倾斜表面振捣时，应由低处向高处进行振捣。

4) 附着式振动器振捣混凝土的规定

附着式振动器振捣混凝土应符合下列规定：

(1) 附着式振动器应与模板紧密连接，设置间距应通过试验确定；

(2) 附着式振动器应根据混凝土浇筑高度和浇筑速度，依次从下往上振捣；

(3) 模板上同时使用多台附着式振动器时应使各振动器的频率一致，并应交错设置在相对面的模板上。

六、混凝土的养护

混凝土浇筑捣实后，逐渐凝固硬化，这个过程主要由水泥的水化作用来实现，而水化作用必须在适当的温度和湿度条件下才能完成。因此，为了保证混凝土有适宜的硬化条件，使其强度不断提升，必须对混凝土进行养护。

混凝土浇筑后，如气候炎热、空气干燥，不及时进行养护，混凝土中的水分蒸发过快，易出现脱水现象，使已形成凝胶体的水泥颗粒不能充分水化，不能转化为稳定的结晶，缺乏足够的黏结力，从而会使混凝土表面出现片状或粉状剥落，影响混凝土的强度。此外，在混凝土尚未具备足够的强度时，水分过早地蒸发，还会产生较大的变形，出现干缩裂缝，影响混凝土的整体性和耐久性。因此，混凝土养护绝不是一件可有可无的事，而是一个重要的环节，应严格按照规定要求进行。混凝土养护方法分自然养护和蒸汽养护两种。

1. 自然养护

自然养护是指利用平均气温高于5℃的自然条件，用保水材料或草帘等对混凝土加以覆盖后适当浇水，使混凝土在一定的时间内在湿润状态下硬化。

自然养护应注意以下几个方面：

(1) 开始养护时间。当最高气温低于25℃时，混凝土浇筑完毕后应在12 h以内开始养护；最高气温高于25℃时，应在6 h以内开始养护。

(2) 养护天数。浇水养护时间的长短视水泥品种而定，硅酸盐水泥、普通硅酸盐水泥和矿渣硅酸盐水泥拌制的混凝土，不得少于7个昼夜；火山灰质硅酸盐水泥和粉煤灰硅酸盐水泥拌制的混凝土或有抗渗性要求的混凝土，不得少于14个昼夜。混凝土必须养护至其强度达到1.2 MPa以后，方准在其上踩踏和安装模板及支架。

(3) 浇水次数。混凝土养护应使混凝土保持适当的湿润状态。养护初期，水泥的水化反应较快，需水量也较多，所以要特别注意在浇筑以后前几天内的养护工作。此外，在气温高、湿度低时，也应增加洒水的次数。

(4) 喷洒塑料溶液形成薄膜养护。将过氯乙烯树脂塑料溶液用喷枪洒在混凝土表面，溶液挥发后在混凝土表面形成一层塑料薄膜，使混凝土与空气隔绝，阻止水分的蒸发，以保证水化作用的正常进行。所选薄膜在养护完成后能自行老化脱落。在构件表面喷洒塑料溶液形成薄膜来养护混凝土，适用于不易洒水养护的高耸构筑物和大面积混凝土结构。

2. 蒸汽养护

蒸汽养护就是将构件放置在有饱和蒸汽或蒸汽空气混合物的养护室内，在具有较高的温度和相对湿度的环境中进行养护，以加速混凝土的硬化，使混凝土在较短的时间内达到规定的强度标准值。蒸汽养护过程分为静停、升温、恒温、降温四个阶段。

（1）静停阶段。混凝土构件成型后在室温下停放养护，时间为 2～6 h，以防止构件表面产生裂缝和疏松现象。

（2）升温阶段。此阶段是构件的吸热阶段。升温速度不宜过快，以免构件表面和内部产生过大温差而出现裂纹。对于薄壁构件(如多肋楼板、多孔楼板等)，每小时升温不得超过 25℃；其他构件不得超过 20℃；用于硬性混凝土制作的构件，不得超过 40℃。

（3）恒温阶段。此阶段是升温后温度保持不变的过程。此时强度增长最快，这个阶段应保持 90%～100%的相对湿度；最高温度不得大于 95℃，时间为 3～5 h。

（4）降温阶段。此阶段是构件散热过程。降温速度不宜过快，每小时不得超过 10℃，出池后，构件表面与外界温差不得大于 20℃。

七、混凝土的冬期、高温和雨期施工

1. 混凝土冬期施工

混凝土冬期施工主要有蓄热法、蒸汽加热法、电热法、暖棚法和掺外加剂法等，但无论采用什么方法，均应保证混凝土在冻结以前，至少达到临界强度。

1）蓄热法

蓄热法就是将具有一定温度的混凝土浇筑完后，在其表面用草帘、锯末、炉渣等保温材料加以覆盖，避免混凝土的热量和水泥的水化热散失太快，保证混凝土在冻结前达到所要求强度的一种冬期施工方法。

蓄热法适用于室外最低气温不低于－15℃时，地面以下的工程或表面系数(结构冷却的表面积与其全部体积的比值)不大于 5 的结构混凝土的冬期养护。如选用适当的保温材料，采用快硬早强水泥，在混凝土外部进行早期短时加热和采取掺入早强型外加剂等措施，则可进一步扩大蓄热法的应用范围，这是混凝土冬期施工较经济、简单而有效的方法。

2）蒸汽加热法

蒸汽加热法就是利用蒸汽使混凝土保持一定的温度和湿度，以加速混凝土硬化。蒸汽加热法除预制厂用的蒸汽养护窑外，在现浇结构中还有汽套法、毛管法和构件内部通汽法等。

（1）汽套法是在构件模板外再加设密封的套板，模板与套板间的空隙不宜超过 150 mm，在套板内通入蒸汽加热养护混凝土。汽套法加热均匀，但设备复杂、费用大，只适宜在特殊条件下用于养护梁、板等水平构件。

（2）毛管法是将模板内侧做成凹槽，凹槽上盖以钢板，在凹槽内通入蒸汽进行加热。毛管法用汽少、加热均匀，适用于养护柱、墙等垂直结构。此外，也有在大模板的背面装设蒸汽管道，再用薄钢板封闭，适当加以保温的做法，用于大模板工程冬期施工。

（3）构件内部通汽法是在浇筑构件时先预留孔道，再将蒸汽送入孔道内加热混凝土，待混凝土达到要求的强度后，随即用砂浆或细石混凝土灌入孔道内加以封闭。

采用蒸汽加热的混凝土，宜选用矿渣水泥及火山灰水泥，严禁使用矾土水泥。普通水泥的加热温度不得超过 80℃；矿渣水泥与火山灰水泥的加热温度可提高到 85～95℃，湿度必须保持 90%～95%。为了避免温差过大使混凝土产生裂缝，应严格控制混凝土的升温速度与降温速度：当表面系数 $M \geq 6$ 时，每小时升温不大于 15℃，降温不大于 10℃；当表面系数 $M < 6$ 时，每小时升温不大于 10℃，降温不大于 5℃。模板和保温层应在混凝土冷却到 5℃后才可拆除。当混凝土与外界的温差大于 20℃时，拆模后的混凝土表面还应用保温材料临时覆盖，使

其缓慢冷却。未完全冷却的混凝土有较高的脆性，要避免承受冲击或动荷载，以防开裂。

3）电热法

电热法是利用电流通过不良导体混凝土或电阻丝所发出的热量来养护混凝土的方法。电热法主要有电极法和电热器法两类。

(1) 电极法即在新浇筑的混凝土中，每隔一定间距(200～400 mm)插入电极(ϕ6～ϕ12 短钢筋)，接通电源，利用混凝土本身的电阻，变电能为热能。操作时，要防止电极与钢筋接触而引起短路。对于较薄的构件，也可将薄钢板固定在模板内侧作为电极。

(2) 电热器法是利用电流通过电阻丝产生的热量进行加热养护的方法。根据需要，电热器可制成板状，用以加热现浇楼板；也可制成针状，用以加热装配整体式的框架接点；对于用大模板施工的现浇墙板，则可用电热模板(大模板背面装电阻丝形成热夹具层，其外用薄钢板包矿渣棉封严)加热。

电热法应采用交流电(因直流电会使混凝土内水分分解)，电压为 50～110 V，以免产生强烈的局部过热和混凝土脱水现象。只有在无筋或少筋结构中，才允许采用电压为 120～220 V 的电流加热。电热法加热应在混凝土表面覆盖后进行。电热过程中，应注意观察混凝土外露表面的温度。当表面开始干燥时，应先断电，并浇温水湿润混凝土表面。电热法养护混凝土的温度应符合表 5-16 的规定，当混凝土强度达到 50%时，即可停止电热。

表 5-16　电热法养护混凝土的温度　　单位：℃

水泥强度等级	不同表面系数下电热法养护混凝土的温度		
	表面系数<10	表面系数为 10～15	表面系数>15
32.5	70	50	45
42.5	40	40	35

电热法设备简单、施工方便有效，但耗电量大、费用高，应慎重选用，并注意施工安全。

4）暖棚法

暖棚法是在混凝土浇筑地点用保温材料搭设暖棚，在棚内采暖，使温度升高，可使混凝土养护如同在常温中一样。

采用暖棚法养护时，棚内温度不得低于 5℃，并应保持混凝土表面湿润。

5）掺外加剂法

掺用不同性能的外加剂，可以起到抗冻、早强、促凝、减水、降低冰点等作用，能使混凝土在负温下继续硬化，而无须采取任何加热保温措施。这是混凝土冬期施工的一种有效方法，可以简化施工、节约能源，还可改善混凝土的性能。

2. 混凝土高温施工

混凝土高温施工应注意的事项有下面几条：

(1) 高温施工时，对露天堆放的粗、细集料，应采取遮阳防晒等措施。必要时，可对粗集料进行喷雾降温。

(2) 高温施工混凝土配合比设计除应满足上述“二、混凝土的施工配料”的要求外，尚应符合下列规定：

① 应考虑原材料温度、环境温度、混凝土运输方式与时间对混凝土初凝时间、坍落度损

失等性能指标的影响，根据环境温度、湿度、风力和采取温控措施的实际情况，对混凝土配合比进行调整。

② 宜在近似现场运输条件、时间和预计混凝土浇筑作业最高气温的天气条件下，通过混凝土试拌和与试运输的工况试验，调整并确定适合高温天气条件下施工的混凝土配合比。

③ 宜采用低水泥用量的原则，并可采用粉煤灰取代部分水泥。

④ 宜选用水化热较低的水泥。

⑤ 混凝土坍落度不宜小于 70 mm。

（3）混凝土的搅拌应符合下列规定：

① 应对搅拌站料斗、储水器、皮带运输机、搅拌楼采取遮阳防晒措施。

② 对原材料进行直接降温时，宜采用对水、粗集料进行降温的方法。当对水直接降温时，可采用冷却装置冷却拌和用水，并对水管及水箱加设遮阳和隔热设施，也可在水中加碎冰作为拌和用水的一部分。混凝土拌和时掺加的固体冰应确保在搅拌结束前融化，且在拌和用水中应扣除其质量。

③ 混凝土拌和物出机温度不宜大于 30℃。必要时，可采取掺加干冰等附加控温措施。

（4）宜采用白色涂装的混凝土搅拌运输车运输混凝土；对混凝土输送管，应进行遮阳覆盖，并应洒水降温。

（5）混凝土浇筑入模温度不应高于 35℃。

（6）混凝土浇筑宜在早间或晚间进行，且宜连续浇筑。当水分蒸发速率大于 1 $kg/(m^2 \cdot h)$ 时，应在施工作业面采取挡风、遮阳、喷雾等措施。

（7）混凝土浇筑前，施工作业面宜采取遮阳措施，并应对模板、钢筋和施工机具采用洒水等降温措施，但浇筑时模板内不得有积水。

（8）混凝土浇筑完成后，应及时进行保湿养护。侧模拆除前宜采用带模湿润养护。

3. 混凝土雨期施工

混凝土雨期施工应符合下列规定：

（1）雨期施工期间，应对水泥和掺和料采取防水和防潮措施，并应对粗、细集料含水率实时监测，及时调整混凝土配合比。

（2）应选用具有防雨水冲刷性能的模板脱模剂。

（3）雨期施工期间，应对混凝土搅拌、运输设备和浇筑作业面采取防雨措施，并应加强施工机械检查维修及接地接零检测工作。

（4）除采用防护措施外，小雨、中雨天气不宜进行混凝土露天浇筑，且不应开始大面积作业面的混凝土露天浇筑；大雨、暴雨天气不应进行混凝土露天浇筑。

（5）雨后应检查地基面的沉降，并应对模板及支架进行检查。

（6）应采取措施防止基槽或模板内积水。基槽或模板内和混凝土浇筑分层面出现积水时，排水后方可浇筑混凝土。

（7）在混凝土浇筑过程中，对因雨水冲刷致使水泥浆流失严重的部位，采取补救措施后方可继续施工。

（8）在雨天进行钢筋焊接时，应采取挡雨等安全措施。

（9）混凝土浇筑完毕后，应及时采取覆盖塑料薄膜等防雨措施。

（10）台风来临前，应对尚未浇筑混凝土的模板及支架采取临时加固措施；台风结束后，应检查模板及支架，已验收合格的模板及支架应重新办理验收手续。

本章小结

本章主要介绍了钢筋混凝土结构工程的种类、组成、施工工艺流程，模板工程，钢筋工程，混凝土工程等内容。通过本章的学习，读者可以对混凝土结构工程施工技术有一定的认识，为在工作中合理、熟练使用这些施工技术建立基础。

课后练习

1. 什么是钢筋混凝土结构？其具有哪些优点？
2. 模板工程有哪些分类方法？
3. 模板的支设安装应遵守哪些规定？
4. 简述钢筋除锈和钢筋调直。
5. 混凝土外加剂可分为哪几类？
6. 简述自然养护和蒸汽养护。

第六章
预应力混凝土工程

第一节　概　述

一、预应力混凝土的概念

预应力混凝土是在外荷载作用前，预先建立有内应力的混凝土。一般是在混凝土结构或构件受拉区域，通过对预应力筋进行张拉、锚固、放松，借助钢筋的弹性回缩，使受拉区混凝土事先获得预压应力。预压应力的大小和分布应能减小或抵消外荷载所产生的拉应力。

预应力混凝土按预应力的大小分为全预应力混凝土和部分预应力混凝土；按施加应力方式分为先张法预应力混凝土、后张法预应力混凝土和自应力混凝土；按预应力筋的黏结状态分为黏结预应力混凝土和无黏结预应力混凝土；按施工方法分为预制预应力混凝土、现浇预应力混凝土和叠合预应力混凝土等。

预应力混凝土与普通钢筋混凝土相比，具有抗裂性好、刚度大、材料省、自重轻、结构寿命长等优点，在工程中的应用范围越来越广。它不但广泛应用于单层和多层房屋、桥梁、电杆、压力管道、油罐、水塔和轨枕等方面，而且还在高层建筑、地下建筑、海洋结构等新领域有一定的应用。

预应力结构不但用于混凝土工程中，而且在钢结构工程中也有应用，本章主要讨论预应力混凝土结构的施工问题。

二、预应力筋的品种与规格

预应力筋按材料类型分为金属预应力筋和非金属预应力筋。非金属预应力筋主要有碳纤维复合材料(CFRP)、玻璃纤维复合材料(GFRP)等，目前在国内外部分工程中有少量应用。在建筑结构中使用的主要是预应力高强钢筋。

预应力高强钢筋是一种特殊的钢筋品种，使用的都是高强度钢材，主要有钢丝、钢绞线、钢筋(钢棒)等。高强度低松弛预应力筋已成为我国预应力筋的主要产品。

目前工程中常用的预应力钢材品种有：

(1) 预应力钢绞线。常用直径有12.7 mm、15.2 mm，极限强度为1860 MPa，作为主要预应力筋品种，用于各类预应力结构。

(2) 预应力钢丝。常用直径有5 mm、7 mm、9 mm，极限强度为1470 MPa、1570 MPa、1860 MPa，一般用于后张预应力结构或先张预应力构件。

(3) 预应力螺纹钢筋及钢拉杆等。预应力螺纹钢筋抗拉强度为980 MPa、1080 MPa、1230 MPa，主要用于桥梁、边坡支护等，用量较少。预应力钢拉杆直径一般为ϕ20～ϕ210，抗拉强度为 375～850 MPa，预应力钢拉杆主要用于大跨度钢结构空间、船坞、码头及坑道等领域。

(4) 不锈钢钢绞线等。常用预应力钢材弹性模量如表 6－1 所示。

表 6－1　常用预应力钢材弹性模量　单位：N/mm²

种　类	E_s
消除应力钢丝、中强度预应力钢丝	2.05×10^5
钢绞线	1.95×10^5

注：必要时钢绞线可采用实测的弹性模量。

预应力筋应根据结构受力特点、工程结构环境条件、施工工艺及防腐蚀要求等选用，其规格和力学性能应符合相应的国家或行业标准的规定。

三、预应力钢丝

预应力钢丝是用优质高碳钢盘条经过表面准备、拉丝及稳定化处理而成的钢丝总称。预应力钢丝根据深加工要求不同和表面形状不同分为以下几类。

1. 冷拉钢丝

冷拉钢丝是用盘条通过拔丝模拔轧辊经冷加工而成的产品，它是用以盘卷供货的钢丝，可用于制造铁路轨枕、压力水管、电杆等预应力混凝土先张法构件。

2. 消除应力钢丝

消除应力钢丝(普通松弛型钢丝 WNR)是冷拔后经高速旋转的矫直辊筒矫直，并经回火处理的钢丝。钢丝经矫直回火后，可消除钢丝冷拔中产生的残余应力，提高钢丝的比例极限、屈强比和弹性模量，并改善塑性；同时可获得良好的伸直性，施工方便。

消除应力钢丝(低松弛型钢丝 WLR)是冷拔后在张力状态下(在塑性变形下)经回火处理的钢丝。这种钢丝不仅弹性极限和屈服强度提高，而且应力松弛率大大降低，因此特别适用于抗裂要求高的工程，同时钢材用量减少，经济效益显著。这种钢丝已逐步在建筑、桥梁、市政、水利等大型工程中推广应用。

3. 刻痕钢丝

刻痕钢丝是用冷轧或冷拔方法使钢丝表面产生规则间隔的凹痕或凸纹的钢丝(见图6－1)。这种钢丝的性能与矫直回火钢丝基本相同，但由于钢丝表面的凹痕或凸纹可增加与混凝土的握裹黏结力，故可用于先张法预应力混凝土构件。

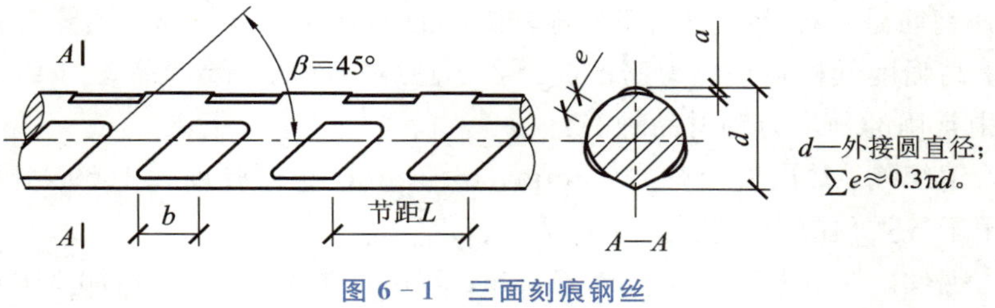

图 6－1　三面刻痕钢丝

4. 螺旋肋钢丝

螺旋肋钢丝是通过专用拔丝模冷拔方法使钢丝表面沿长度方向产生规则间隔的肋条的钢

丝，如图 6－2 所示。其表面螺旋肋可增加与混凝土的握裹力。这种钢丝可用于先张法预应力混凝土构件。

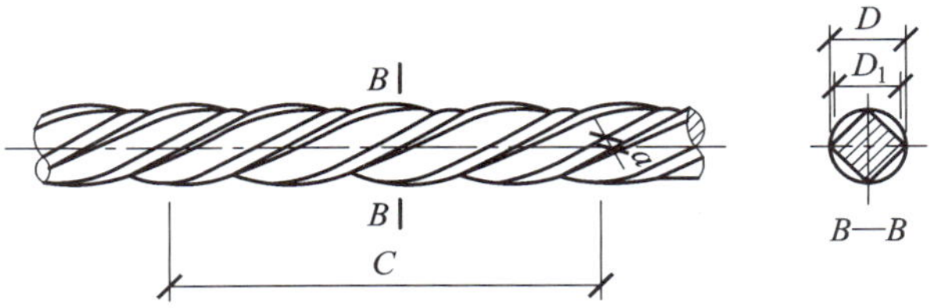

图 6－2　螺旋肋钢丝

四、预应力钢绞线

预应力钢绞线由多根冷拉钢丝在绞线机上呈螺旋形绞合，并经连续的稳定化处理而成。钢绞线的整根破断力大，柔性好，施工方便，在土木工程中的应用非常广泛。

预应力钢绞线按捻制结构不同分为 1×2 钢绞线、1×3 钢绞线和 1×7 钢绞线等，如图 6－3 所示。其中 1×7 钢绞线用途最为广泛，既适用于先张法预应力混凝土结构，又适用于后张法预应力混凝土结构。它由 6 根外层钢丝围绕着一根中心钢丝顺一个方向扭结而成。1×2 钢绞线和 1×3 钢绞线仅用于先张法预应力混凝土构件。

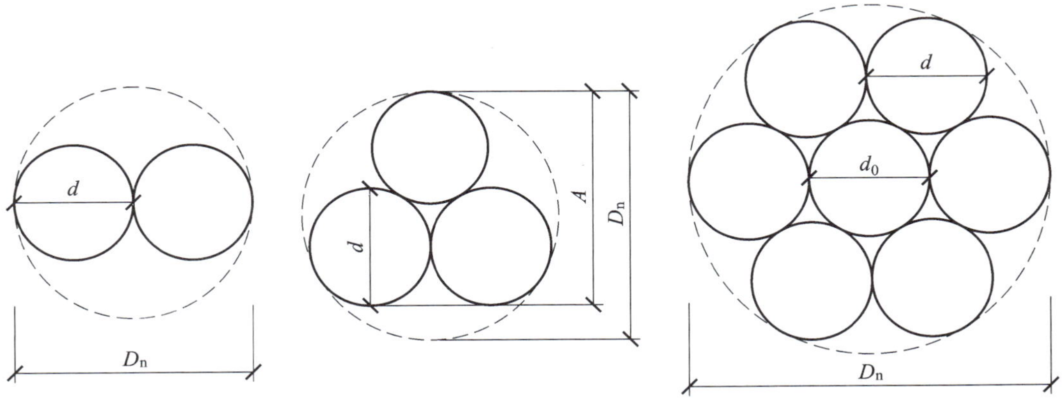

(a) 1×2钢绞线　(b) 1×3钢绞线　(c) 1×7钢绞线

d—外层钢丝直径；d_0—中心钢丝直径；D_n—钢绞线公称直径；A—1×3 钢绞线测量尺寸。

图 6－3　预应力钢绞线

钢绞线根据加工要求不同分为标准型钢绞线、刻痕钢绞线和模拔钢绞线。

1. 标准型钢绞线

标准型钢绞线即消除应力钢绞线，是由冷拉光圆钢丝捻制成的钢绞线，标准型钢绞线力学性能优异、质量稳定、价格适中，是我国土木建筑工程中用途最广、用量最大的一种预应力筋。

2. 刻痕钢绞线

刻痕钢绞线是由刻痕钢丝捻制成的钢绞线，可增加钢绞线与混凝土的握裹力。其力学性能与标准型钢绞线相同。

3. 模拔钢绞线

模拔钢绞线是在捻制成型后，经模拔处理制成。这种钢绞线内的各根钢丝为面接触，使钢绞线的密度提高约 18%。在截面面积相同时，该钢绞线的外径较小，可减小孔道直径；在具有相同直径的孔道内，可使钢绞线的数量增加，而且它与锚具的接触面较大，易于锚固。

五、预应力张拉锚固体系

1. 单孔夹片锚固体系

单孔夹片锚固体系如图 6－4 所示。单孔夹片锚具由锚环与夹片组成(见图 6－5)。夹片的种类很多，按片数可分为四片式、三片式或二片式。二片式夹片的背面上部锯有一条弹性槽，可以提高锚固性能，但夹片易沿纵向开裂；也有通过优化夹片尺寸和改进热处理工艺，取消了弹性槽的夹片。夹片按开缝形式可分为直开缝与斜开缝两种：直开缝夹片最为常用；斜开缝夹片主要用于锚固 7ϕ5 平行钢丝束，在 20 世纪 90 年代后，该形式夹片在张预应力结构工程中有部分应用。国内各厂家的单孔夹片锚具型号与规格略有不同，应注意配套使用。采用限位自锚张拉工艺时，预应力筋锚固时夹片自动跟进，不需要顶压；采用带顶压器张拉工艺时，锚固时顶压夹片可以减小回缩损失。

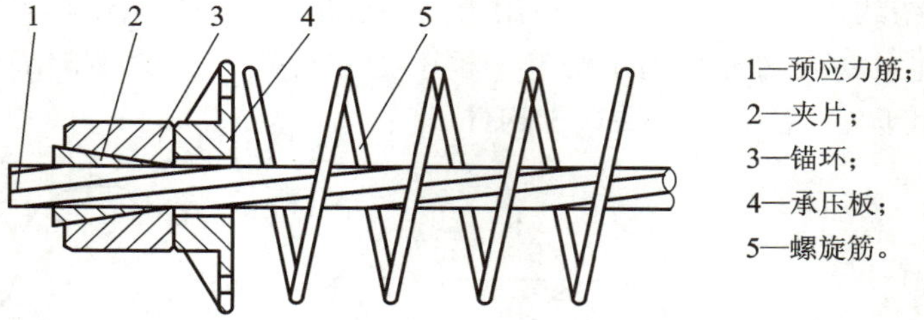

图 6－4　单孔夹片锚固体系

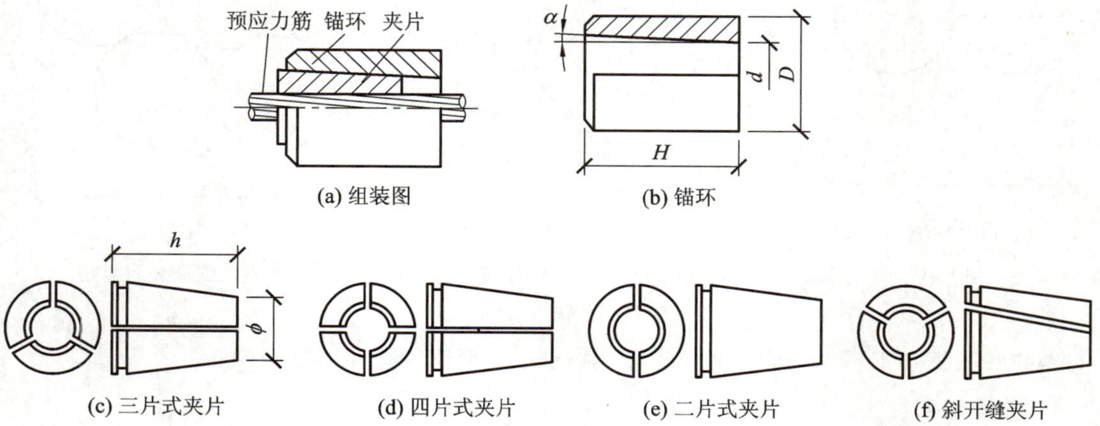

图 6－5　单孔夹片锚具

2. 多孔夹片锚固体系

多孔夹片锚固体系一般称为群锚，由多孔夹片锚具、锚垫板(也称喇叭口)、螺旋筋等组成(见图 6－6)。这种锚具是在一块多孔的锚板上，利用每个锥形孔装一副夹片，夹持一根钢绞线，形成一个独立锚固单元，选择锚固单元数量即可确定锚固预应力筋的根数。其优点是任何一根钢绞线锚固失效，都不会引起整体锚固失效。每束钢绞线的根数不受限制。对锚板与夹片的要求，与单孔夹片锚具相同。多孔夹片锚固体系在后张法有黏结预应力混凝土结构中用途最广。

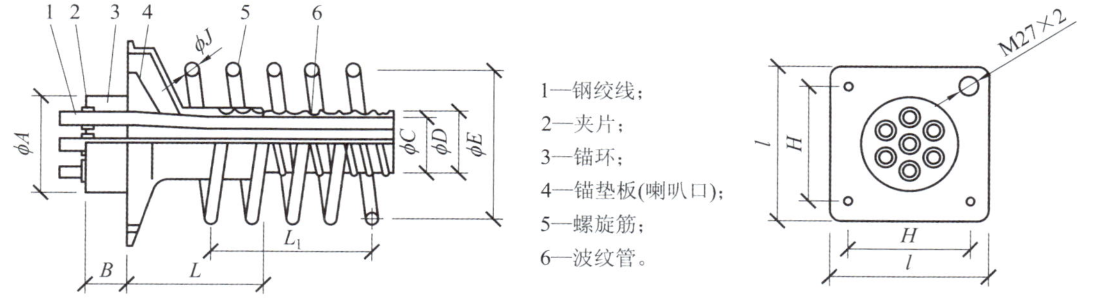

(a) 尺寸示意图

(b) 外观图

图 6-6　多孔夹片锚固体系

3. 扁形夹片锚固体系

扁形夹片锚固体系由扁形夹片锚具、扁形锚垫板等组成(见图 6-7)。扁形夹片锚具有张拉槽口扁小、可减小混凝土板厚、钢绞线单根张拉、施工方便等优点，主要适用于楼板、扁梁、低高度箱梁等。

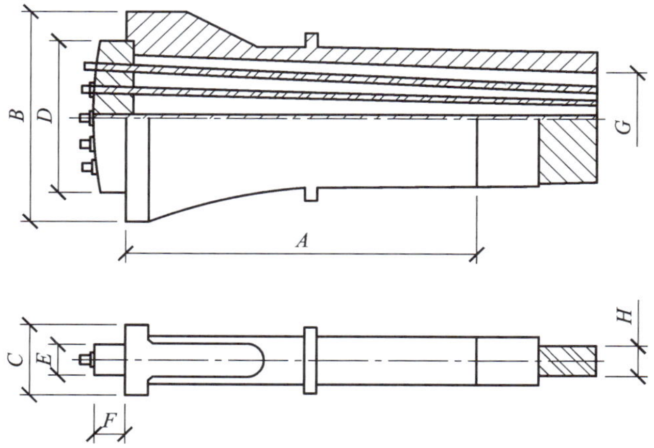

图 6-7　扁形夹片锚固体系

4. 固定端锚固体系

固定端锚固体系有挤压锚具、压花锚具、U 形锚具等类型。其中，挤压锚具既可埋在混凝土结构内，也可安装在结构外，对有黏结预应力钢绞线、无黏结预应力钢绞线都适用，是应用范围最广的固定端锚固体系；压花锚具适用于固定端空间较大且有足够黏结长度的情况；U 形锚具可用于墙板结构、大型构筑物墙、墩等 U 形结构。

在一些特殊情况下，固定端锚具也可选用夹片锚具，但必须安装在构件外，并需要有可靠的防松脱处理，以免浇筑混凝土时或有外界干扰时夹片松开。

(1) 挤压锚具。挤压锚具是在钢绞线一端部安装异型钢丝衬圈(或开口直夹片)和挤压套，利用专用挤压设备将挤压套挤过模孔后，使其产生塑性变形而握紧钢绞线。异形钢丝衬圈(或开口直夹片)的嵌入，增加了钢套筒与钢绞线之间的摩擦力，挤压套与钢绞线之间没有任何空隙，紧紧握住，可形成可靠的锚固。

挤压锚具后设钢垫板与螺旋筋，用于单根预应力钢绞线时如图 6-8 所示，用于多根有黏结预应力钢绞线时如图 6－9 所示。当一束钢绞线根数较多，设置整块钢垫板有困难时，可采用分块或单根挤压锚具形式，但应散开布置，各个单根钢垫板不能重叠。

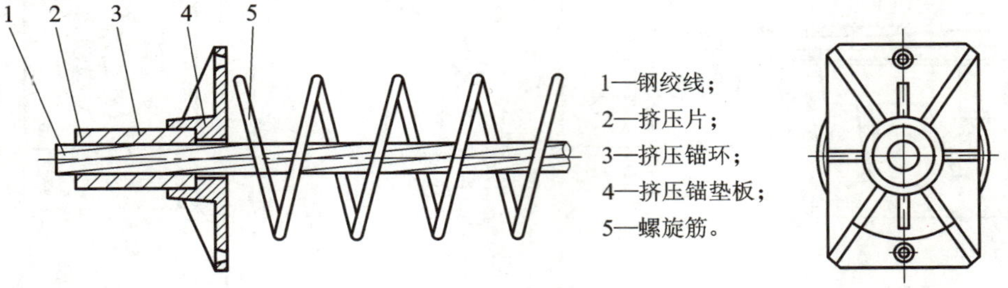

图 6－8　单根钢绞线挤压锚具锚固体系

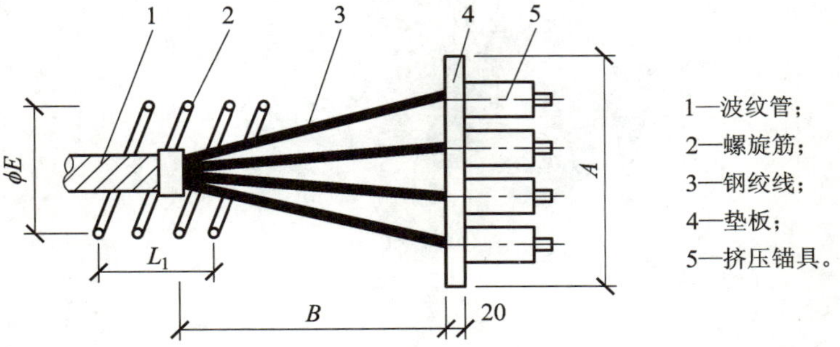

图 6－9　多根钢绞线挤压锚具锚固体系

（2）压花锚具。压花锚具是利用专用液压轧花机将钢绞线端头压成梨形头的一种握裹式锚具（见图 6－10）。这种锚具适用于固定端空间较大且有足够的黏结长度的有黏结钢绞线。

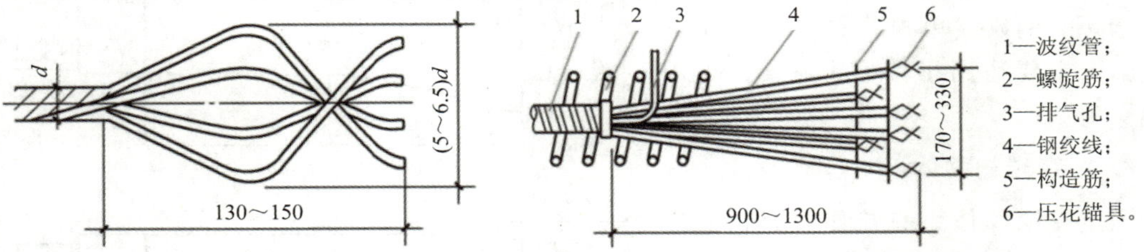

(a) 单根钢绞线压花锚具　　(b) 多根钢绞线压花锚具

图 6－10　压花锚具

如果是多根钢绞线的梨形头则应分排埋置在混凝土内。为提高压花锚四周混凝土及散花头根部混凝土的抗裂强度，应在梨形头头部配置构造筋，在梨形头根部配置螺旋筋。混凝土强度不低于 C30，压花锚具距离构件截面边缘不小于 30 mm，第一排压花锚的锚固长度，对 ϕ15.2 钢绞线不小于 900 mm，每排相隔至少为 300 mm。

（3）U 形锚具。U 形锚具即钢绞线固定端在外形上形成 180°的弧度，使钢绞线束的末端可重新回到起始点的附近地点（见图 6－11）。

U 形锚具的加固筋尺寸、数量与锚固长度应通过计算确定。U 形锚具的波纹管外径与混凝土表面之间的距离，应不小于波纹管外径尺寸。因该锚具的特殊形状，预埋管再穿束难度大，因此一般采用预先将钢绞线穿入波纹管内，并置入结构中定位固定后再浇筑混凝土的方法。

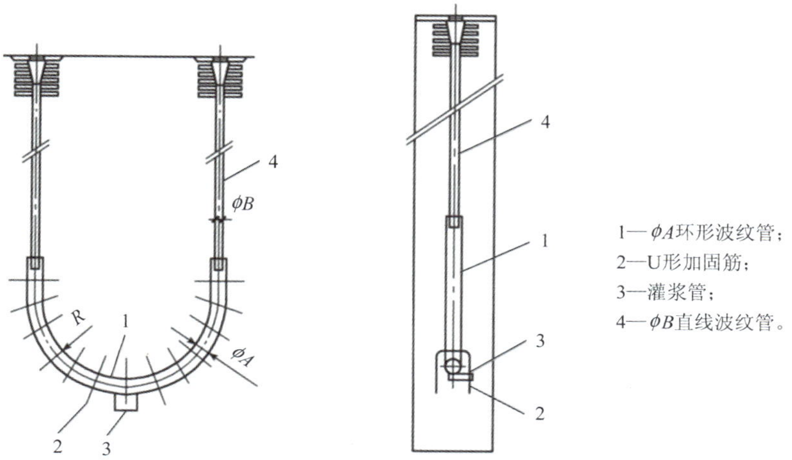

图 6-11 U 形锚具

六、预应力张拉设备

1. 电动螺杆张拉机

电动螺杆张拉机由螺杆、顶杆、张拉夹具、测力计及电动机等组成，如图 6-12 所示。它的最大张拉力为 300～600 kN，张拉行程为 800 mm，张拉速度为 2 m/min，质量为 400 kg，为了便于转移和工作，将其装置在带轮的小车上。这种张拉设备的特点是运行稳定，螺杆有自锁性能，故张拉机恒载性能好，速度快，张拉行程大。电动螺杆张拉机既可以张拉预应力钢筋，也可以张拉预应力钢丝。

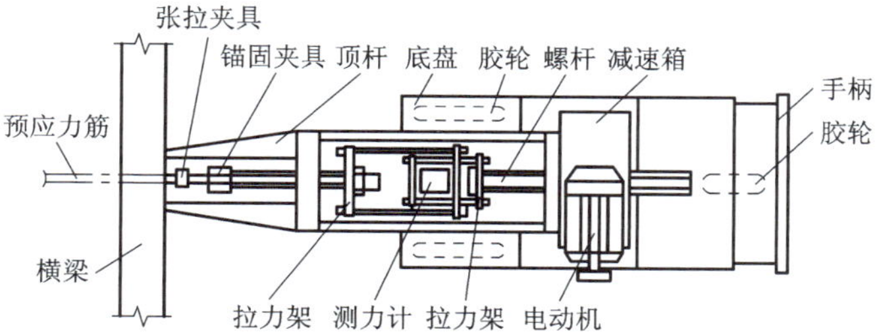

图 6-12 电动螺杆张拉机

2. 电动卷扬张拉机

电动卷扬张拉机主要由电动机、测力计、电气箱等组成，如图 6-13 所示。操作时按张拉力预先标定弹簧测力计，开动卷扬机张拉钢丝，当达到预定张拉力时电源自动断开，实现张拉力自动控制。

3. 拉杆式千斤顶

锥形螺杆锚具、钢丝束镦头锚具宜采用拉杆式千斤顶（YL-60 型）或穿心式千斤顶（YC-60 型）张拉锚固。

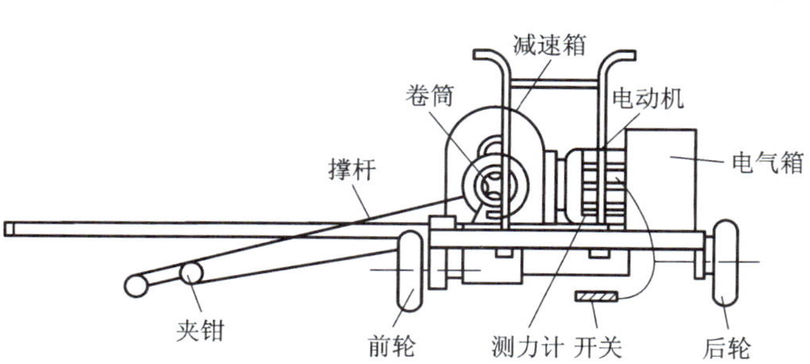

图 6-13 电动卷扬张拉机

图 6－14 所示为 YC-60 型千斤顶构造。该千斤顶具有两个作用，即张拉与顶锚。其工作原理是：张拉预应力筋时，张拉缸油嘴进油、顶压缸油嘴回油，顶压油缸、连接套和撑套连成一体右移顶住锚环。张拉油缸、端盖螺母、堵头和穿心套连成一体带动工具锚左移张拉预应力筋；顶压锚固时，在保持张拉力稳定的条件下，顶压缸油嘴进油，顶压活塞、保护套和顶压头连成一体右移将夹片强力顶入锚环内，此时，张拉缸油嘴回油、顶压缸油嘴进油、张拉缸液压回程。最后，张拉缸、顶压缸油嘴同时回油，顶压活塞在弹簧力作用下回程复位。YC-60 型穿心式千斤顶张拉力为 600 kN，张拉行程为 150 mm。对引伸量大的大跨度结构、长钢丝束等进行张拉时，以用穿心式千斤顶为宜。

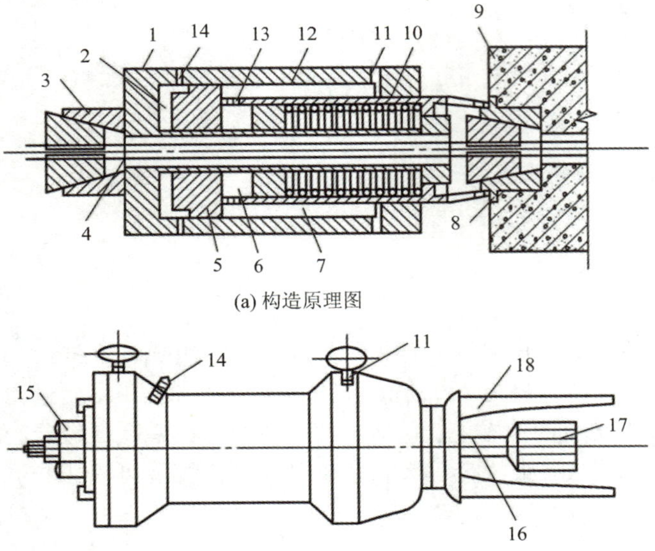

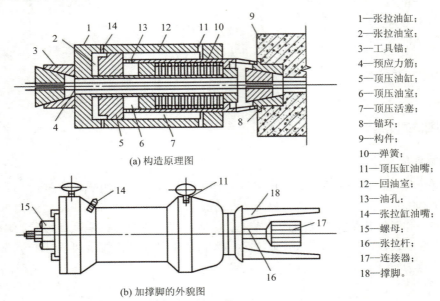

1—张拉油缸；
2—张拉油室；
3—工具锚；
4—预应力筋；
5—顶压油缸；
6—顶压油室；
7—顶压活塞；
8—锚环；
9—构件；
10—弹簧；
11—顶压缸油嘴；
12—回油室；
13—油孔；
14—张拉缸油嘴；
15—螺母；
16—张拉杆；
17—连接器；
18—撑脚。

图 6－14　YC-60 型千斤顶构造

4. 锥锚式千斤顶

锥锚式千斤顶是具有张拉、顶锚和退楔作用的千斤顶，用于张拉带锥形锚具的钢丝束。锥锚式千斤顶由张拉油缸、顶压油缸、退楔装置、楔形卡环、退楔翼片等组成，如图 6－15 所示。其工作原理是：当张拉油缸进油时，张拉油缸被压移，使固定在其上的钢筋被张拉。钢筋张拉后，改由顶压油缸进油，随即由副缸活塞将锚塞顶入锚圈中。张拉油缸、顶压油缸同时回油，则在弹簧力的作用下复位。

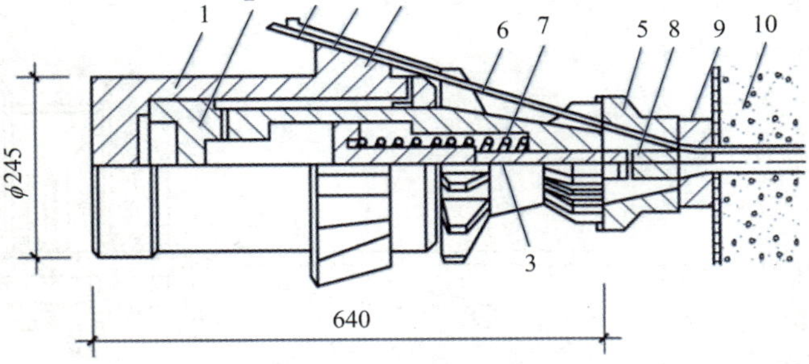

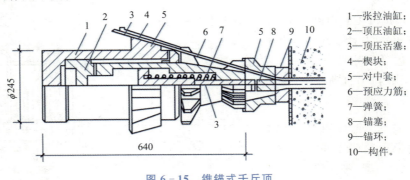

1—张拉油缸；
2—顶压油缸；
3—顶压活塞；
4—楔块；
5—对中套；
6—预应力筋；
7—弹簧；
8—锚塞；
9—锚环；
10—构件。

图 6－15　锥锚式千斤顶

第二节　先张法施工

先张法是在浇筑混凝土前张拉预应力筋，并将张拉的预应力筋临时固定在台座或钢模上，然后再浇筑混凝土的施工方法。待混凝土达到一定强度(一般不低于设计强度等级的75%)，保证预应力筋与混凝土有足够黏结力时，放松预应力筋，借助于混凝土与预应力筋的黏结，使混凝土产生预压应力。

先张法适用于生产小型预应力混凝土构件，其生产方式有台座法和机组流水法，如图6－16所示。台座法是构件在专门设计的台座上生产，即预应力筋的张拉与固定、混凝土的浇筑与养护及预应力筋的放张等工序均在台座上进行。机组流水法是利用特制的钢模板，构件连同钢模板通过固定的机组，按流水方式完成其生产过程。

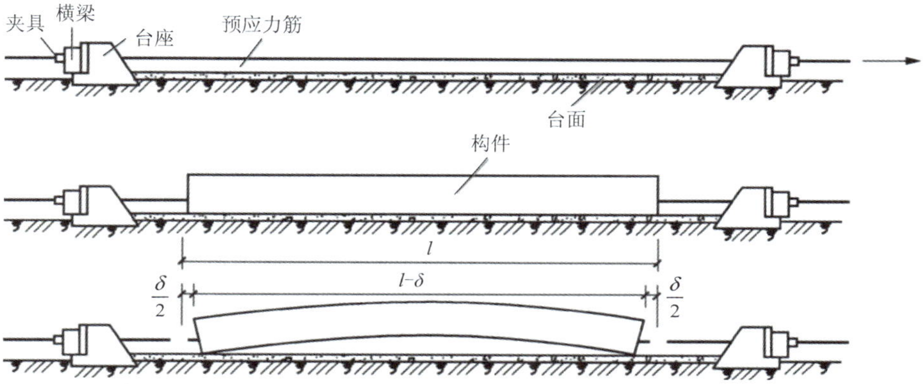

图6－16　先张法生产

一、台座

台座是先张法施工张拉和临时固定预应力筋的支撑结构，它承受预应力筋的全部张拉力，因此，要求台座具有足够的强度、刚度和稳定性。台座按构造分为墩式台座和槽式台座，选用时根据构件种类、张拉吨位和施工条件确定。

1. 墩式台座

墩式台座由台墩、台面与横梁等组成，目前应用较多，如图6－17所示。墩式台座的长度

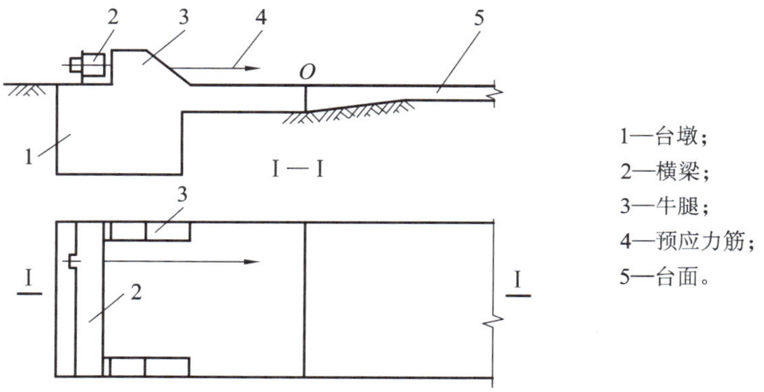

图6－17　墩式台座

一般为 100～150 m，一条线上可生产的构件数量可根据单个构件长度，并考虑两构件相邻端头距离为 0.5 m、台座横梁到第一个构件端头距离为 1.5 m 左右进行计算。台座宽度取决于构件的布筋宽度、张拉与现浇混凝土是否方便。在台座端部应留出张拉操作用地和通道，两侧要有用于构件运输和堆放的场地。

2. 槽式台座

槽式台座由钢筋混凝土压杆和上、下横梁等组成，如图 6-18 所示。钢筋混凝土压杆是槽式台座的主要受力结构，为了便于拆移，常采用装配式结构，每段长 5～6 m。为了便于构件的运输和蒸汽养护，台面以低于地面为宜，采用砖墙来挡土和防水，同时作为蒸汽养护的保温侧墙。槽式台座的长度一般为 45～76 m，适用于张拉力较高的大型构件，如吊车梁、屋架等。另外，槽式台座由于有上、下两个横梁，能进行双层预应力混凝土构件的张拉。

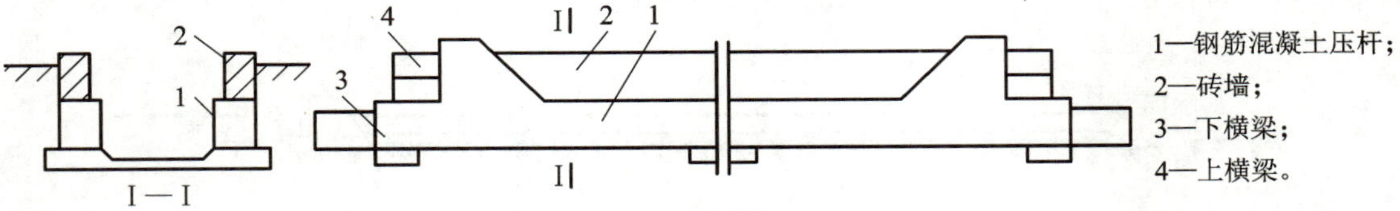

图 6-18 槽式台座

二、夹具

夹具是先张法中张拉时用于夹持钢筋和张拉完毕后用于临时锚固钢筋的工具。前者称为张拉夹具，后者称为锚固夹具，两种夹具均可重复使用。对夹具的要求是工作可靠，构造简单，加工容易，使用方便。

1. 张拉夹具

（1）偏心式夹具。偏心式夹具用于钢丝的张拉。它是由一对带齿的有牙形偏心块组成的，如图 6-19 所示。偏心块可用工具钢制作，其刻齿部分的硬度较所夹钢丝的硬度大。这种夹具构造简单，使用方便。

（2）压销式夹具。压销式夹具是用于直径为 12～16 mm 的 HPB 300～HRB 400 级钢筋的张拉夹具，它是由销片和楔形压销组成的，如图 6-20 所示。销片、楔形压销有与钢筋直径相适应的半圆槽，槽内有齿纹用以夹紧钢筋。当揳紧或放松楔形压销时，便可夹紧或放松钢筋。

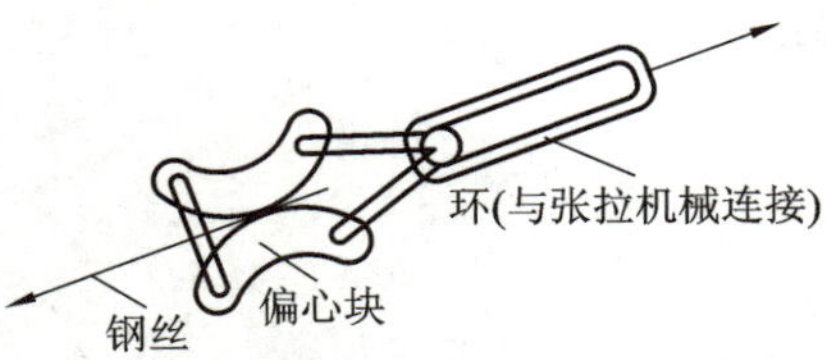

图 6-19 偏心式夹具

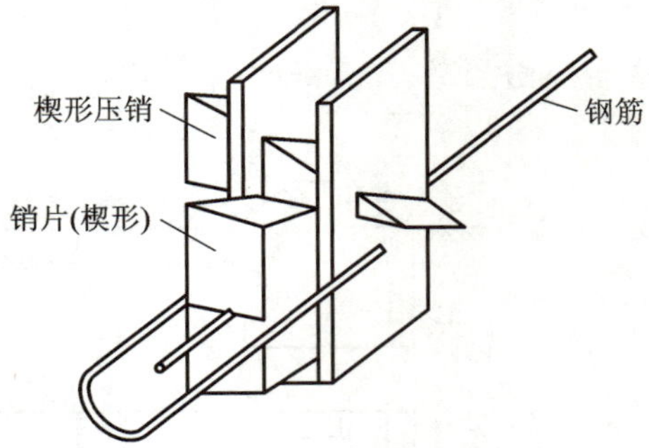

图 6-20 压销式夹具

2. 锚固夹具

（1）钢质锥形夹具。钢质锥形夹具是主要用来锚固直径为 3～5 mm 的单根钢丝的夹具，如图 6-21 所示。

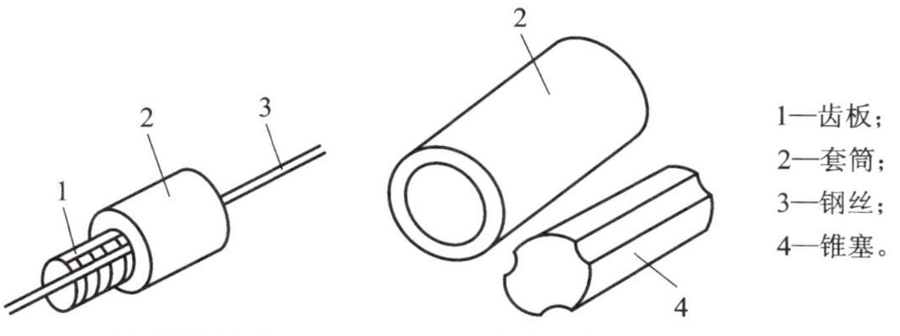

图 6-21　钢质锥形夹具

（2）镦头夹具。镦头夹具适用于预应力钢丝固定端的锚固，如图 6-22 所示。

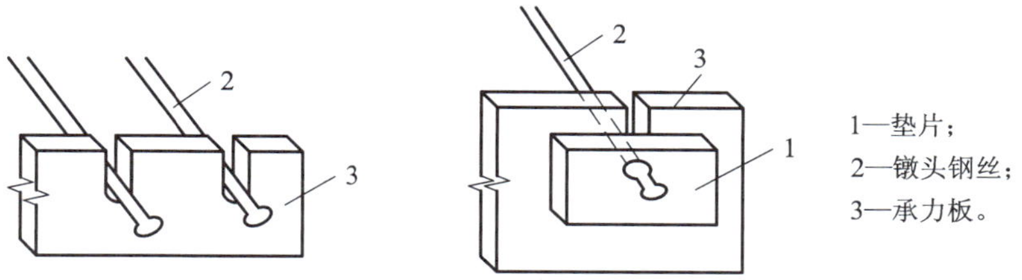

图 6-22　镦头夹具

三、施工工艺

一般先张法的施工工艺流程包括：预应力筋的加工；预应力筋的铺设；预应力筋的张拉；预应力筋的放张等。

1. 预应力筋加工

预应力钢丝和钢绞线下料，应采用砂轮切割机，不得采用电弧切割。

2. 预应力筋铺设

长线台座台面（或胎模）在铺设预应力筋前应涂隔离剂。隔离剂不应沾污预应力筋，以免影响预应力筋与混凝土的黏结。如果预应力筋遭受污染，应使用适宜的溶剂清洗干净。在生产过程中应防止雨水冲刷台面上的隔离剂。

预应力筋与工具式螺杆连接时，可采用套筒式连接器（见图 6-23）。

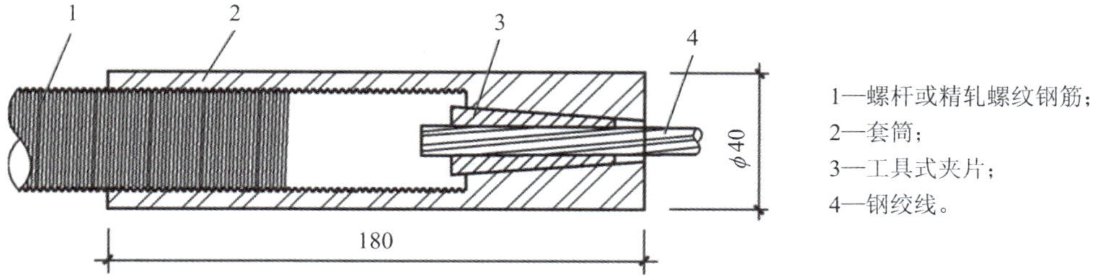

图 6-23　套筒式连接器

夹具是将预应力筋锚固在台座上并承受预张力的临时锚固装置，夹具应具有良好的锚固性能和重复使用性能，并有安全保障。先张法的夹具可分为用于张拉的张拉端夹具和用于锚固的锚固端夹具，夹具的性能应满足《预应力筋用锚具、夹具和连接器》（GB/T 14370—2015）和《预应力筋用锚具、夹具和连接器应用技术规程》（JGJ 85—2010）的要求。

夹具可按照所夹持的预应力筋的种类分为钢丝夹具和钢绞线夹具。

钢丝夹具：可夹持直径为 3～5 mm 的钢丝，钢丝夹具包括锥形夹具和镦头夹具。

钢绞线夹具：可采用两片式或三片式夹片锚具，可夹持不同直径的钢绞线。

3. 预应力筋张拉

1）预应力钢丝张拉

(1) 单根张拉。张拉单根钢丝，由于张拉力较小，张拉设备可选择小型千斤顶或专用张拉机张拉。

(2) 整体张拉。整体张拉又可分以下两种情况：

① 在预制厂以机组流水法或传送带法生产预应力多孔板时，还可在钢模上用镦头梳筋板夹具整体张拉。钢丝两端镦头，一端卡在固定梳筋板上，另一端卡在张拉端的活动梳筋板上。用张拉钩钩住活动梳筋板，再通过连接套筒将张拉钩和拉杆式千斤顶连接，即可张拉。

② 在两横梁式长线台座上生产刻痕钢丝配筋的预应力薄板时，钢丝两端采用单孔镦头锚具(工具锚)安装在台座两端钢横梁外的承压钢板上，利用设置在台墩与钢横梁之间的两台台座式千斤顶进行整体张拉。也可采用单根钢丝夹片式夹具代替镦头锚具，便于施工。

当钢丝达到张拉力后，锁定台座式千斤顶，直到混凝土强度达到放张要求后，再放松千斤顶。

(3) 钢丝张拉程序。预应力钢丝由于张拉工作量大，宜采用一次张拉程序：0→(1.03～1.05)σ_{con}(锚固)。其中，1.03～1.05 是考虑测力的误差、温度影响、台座横梁或定位板刚度不足、台座长度不符合设计取值、工人操作影响等的系数。

2）预应力钢绞线张拉

(1) 单根张拉。在两横梁式台座上，单根钢绞线可采用与钢绞线张拉力配套的小型前卡式千斤顶张拉，用单孔夹片工具锚固定。为了节约钢绞线，也可采用工具式拉杆与套筒式连接器，如图 6-24 所示。

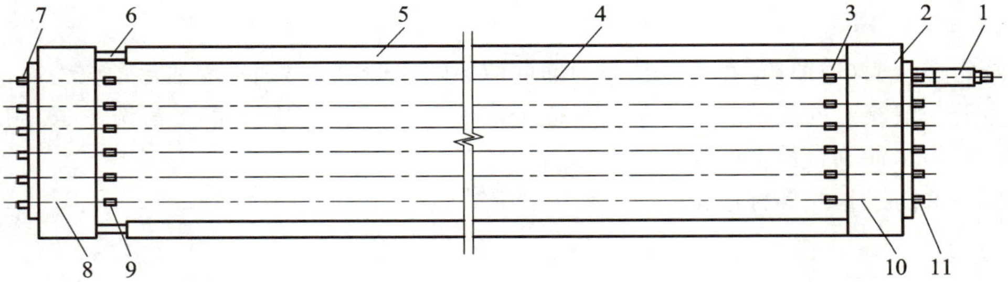

1—千斤顶；2—横梁；3、9—连接器；4—预应力筋；5—槽式承力架；6—放张装置；
7—锚固端锚具；8、10—钢绞线连接拉杆；11—张拉端螺母锚具。

图 6-24　单根钢绞线张拉

预制空心板梁的张拉顺序可按从中间向两侧逐步对称张拉。对预制梁的张拉顺序也要左右对称进行。如梁顶与梁底均配有预应力筋，则也要上、下对称张拉，防止构件产生较大的反拱。

(2) 整体张拉。在三横梁式台座上，可采用台座式千斤顶整体张拉预应力钢绞线(见图 6-25)。台座式千斤顶与活动横梁组装在一起，利用工具式螺杆与连接器将钢绞线挂在活动横梁上。张拉前，宜采用小型千斤顶在固定端逐根调整钢绞线初应力。张拉时，台座式千斤顶推动活动横梁带动钢绞线整体张拉，然后用夹片或螺母锚固在固定横梁上。为了节约钢绞线，其两端可再配置工具式螺杆与连接器。对预制构件较少的工程，可取消工具式螺杆，直接将钢绞线用夹片式锚具锚固在活动横梁上。如利用台座式千斤顶整体放张，则可取消锚固端放张装置。在张拉端固定横梁与锚具之间加 U 形垫片，有利于钢绞线放张。

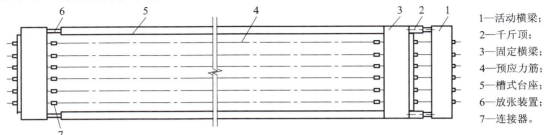

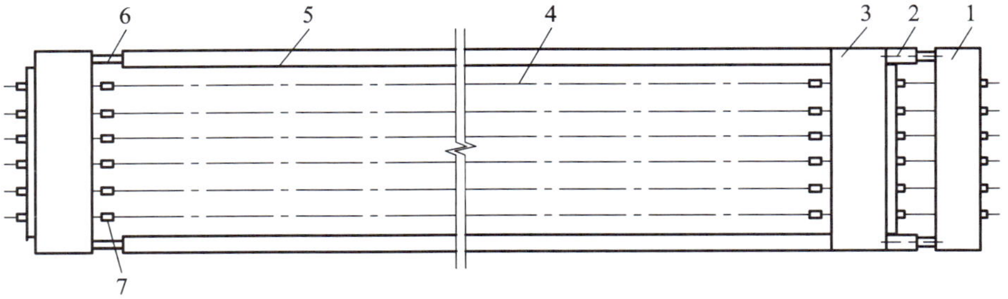

图 6-25　三横梁式成组张拉装置

(3) 钢绞线张拉程序。采用低松弛钢绞线时，可采取一次张拉程序。

对单根张拉：0→σ_{con}(锚固)。

对整体张拉：0→初应力调整→σ_{con}(锚固)。

3) 预应力张拉值校核

预应力筋的张拉力一般采用应力控制，伸长值也应校核，张拉时预应力筋的理论伸长值与实际伸长值的允许偏差为±6%。

预应力筋张拉锚固后，应采用测力仪检查所建立的预应力值，其偏差不得大于或小于设计规定相应阶段预应力值的 5%。

预应力筋张拉应力值的测定有多种仪器可供选择，一般来说，测定钢丝的应力值多采用弹簧测力仪、电阻应变式传感仪和弓式测力仪。测定钢绞线的应力值，可采用压力传感器、电阻式应变传感器或通过连接在油泵上的液压传感器读数仪直接采集张拉力等。

预应力钢丝内力的检测，一般在张拉锚固后 1 h 内进行。此时，锚固损失已完成，部分钢筋松弛损失也已产生。

4. 预应力筋放张

预应力筋放张时，混凝土的强度应符合设计要求；如设计无规定，则不应低于设计的混凝土强度标准值的 75%。

1) 放张顺序

预应力筋放张顺序，应按设计与工艺要求进行。如无相应规定，可按下列要求进行：

(1) 轴心受预压的构件(如拉杆、桩等)，所有预应力筋应同时放张；

(2) 偏心受预压的构件(如梁等)，应先同时放张预压力较小区域的预应力筋，再同时放张预压力较大区域的预应力筋；

(3) 如不能满足以上两项要求，应分阶段、对称、交错地放张，防止在放张过程中构件产生弯曲、裂纹和预应力筋断裂。

2) 放张方法

预应力筋的放张，应采取缓慢释放预应力的方法，防止对混凝土结构的冲击。常用的放张方法如下：

(1) 千斤顶放张。用千斤顶拉动单根拉杆或螺杆，松开螺母。放张时由于混凝土与预应力筋已结成整体，松开螺母所需的间隙只能靠最前端构件外露钢筋的伸长，因此，所施加的应力需要超过设计控制应力值。

采用两台台座式千斤顶整体缓慢放松(见图 6－26)，应力均匀，安全可靠。放张用台座式千斤顶可专用或与张拉合用。为防止台座式千斤顶长期受力，可采用垫块顶紧，替换千斤顶承受压力。

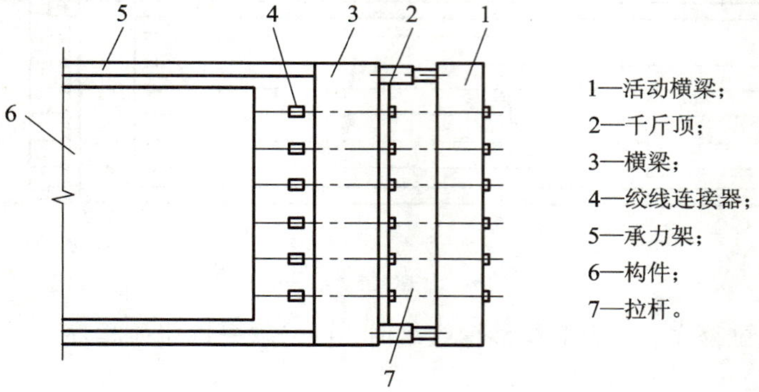

图 6－26　两台千斤顶放张

(2) 机械切割或氧-炔焰切割。对先张法板类构件的钢丝或钢绞线，放张时可直接用机械切割或氧-炔焰切割。放张工作宜从生产线中间处开始，以减少回弹量且有利于脱模；对每一块板，应从外向内对称放张，以免构件扭转而端部开裂。

第三节　后张法施工

如图 6－27 所示，后张法是先制作混凝土构件(或块体)，并在预应力筋的位置预留出相应的孔道，待混凝土强度达到设计规定数值后，穿预应力筋(束)，用张拉机进行张拉，并用锚具将预应力筋(束)锚固在构件的两端，张拉力即由锚具传给混凝土构件，从而使之产生预压应力，张拉完毕后在孔道内灌浆。

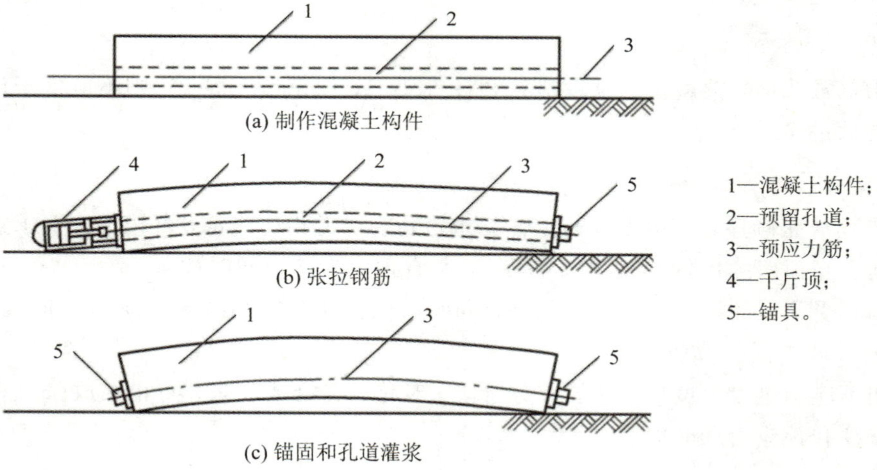

图 6－27　预应力混凝土后张法

一、锚具

锚具是后张法结构或构件中为保持预应力筋拉力并将其传递到混凝土上所用的永久性锚固装置。锚具的类型很多，每种类型都有一定的适用范围。按使用情况，锚具常分为单根钢筋锚具、成束钢筋锚具和钢丝束锚具等。

1. 单根钢筋锚具

（1）螺栓端杆锚具。螺栓端杆锚具由螺栓端杆、垫板和螺母组成，适用于锚固直径不大于 36 mm 的热处理钢筋，如图 6 - 28 所示。螺栓端杆可用同类热处理钢筋或热处理 45 号钢制作。制作时，先粗加工至接近设计尺寸，再进行热处理，然后精加工至设计尺寸。热处理后不能有裂纹和划痕。螺母可用 3 号钢制作。螺栓端杆锚具与预应力筋对焊，用张拉设备张拉螺栓端杆，然后用螺母锚固。

（2）帮条锚具。帮条锚具由帮条和衬板组成，如图 6 - 29 所示。帮条采用与预应力筋同级别的钢筋，衬板采用普通低碳钢钢板。帮条施焊时，严禁将地线搭在预应力筋上，并严禁在预应力筋上引弧。三根帮条与衬板相接触的截面应在一个垂直平面上，以免受力时产生扭曲。帮条的焊接可在预应力筋冷拉前或冷拉后进行。

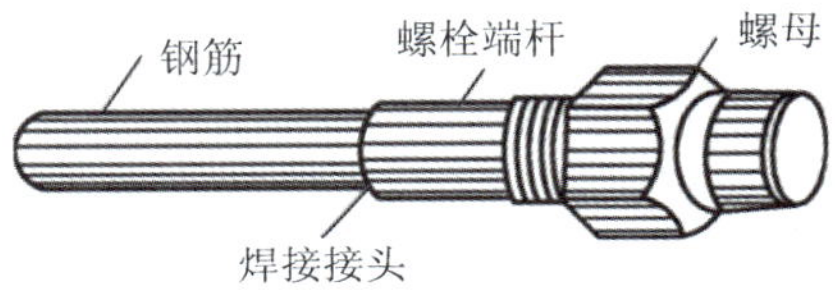

图 6 - 28　螺栓端杆锚具

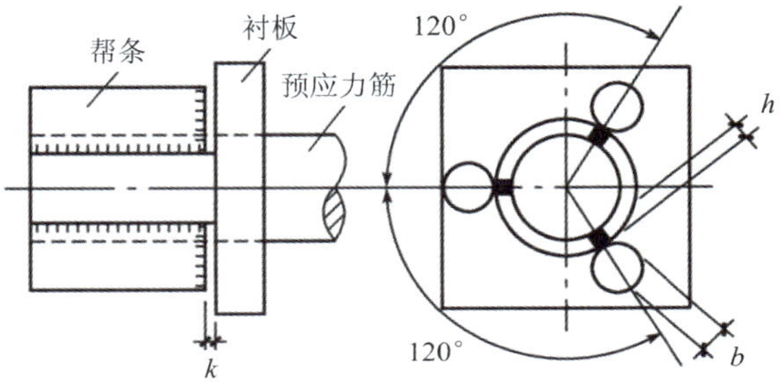

图 6 - 29　帮条锚具

2. 成束钢筋锚具

钢筋束用作预应力筋，张拉端常采用 JM 型锚具，固定端常采用镦头锚具。

（1）JM 型锚具。JM 型锚具由锚环与夹片组成，如图 6 - 30 所示。JM 型锚具的夹片属于分体组合型，可以锚固多根预应力筋，因此锚环是单孔的。锚固时，用穿心式千斤顶张拉钢筋后随即顶进夹片。JM 型锚具的特点是尺寸小、构造简单，但吨位较大的锚固单元不能使用，故 JM 型锚具主要用于锚固3～6 根直径为 12 mm 的钢筋束或 4～6 根直径为 12～15 mm 的钢绞线束，也可兼作工具锚具。

根据所锚固的预应力筋的种类、强度及外形的不同，JM 型锚具的尺寸、材料、齿形及硬度等有所差异，使用时应注意。

（2）镦头锚具。镦头锚具用于固定端，由锚固板和带镦头的预应力筋组成，如图 6 - 31 所示。

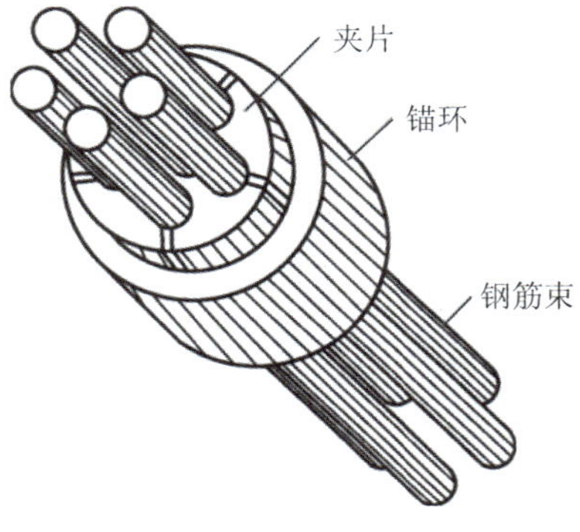

图 6 - 30　JM 型锚具

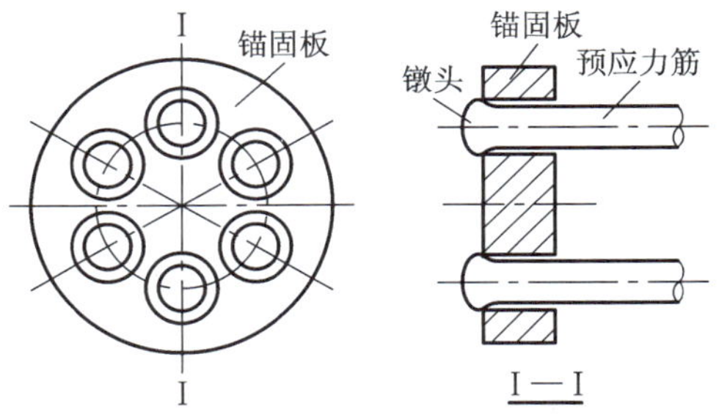

图 6 - 31　镦头锚具

3. 钢丝束锚具

(1) 锥形螺杆锚具。锥形螺杆锚具由锥形螺杆、套筒、螺母组成(见图 6－32)，适用于锚固 14～28 根直径为 5 mm 的钢丝束。使用时，先将钢丝束均匀整齐地紧贴在螺杆锥体部分，然后套上套筒，用拉杆式千斤顶使端杆锥通过钢丝挤压套筒，从而锚紧钢丝。由于锥形螺杆锚具不能自锚，所以必须事先加压力顶套筒才能锚固钢丝。锚具的预紧力取张拉力的 120%～130%。

(2) 钢丝束镦头锚具。钢丝束镦头锚具用于锚固 12～54 根 ϕ5 碳素钢丝束，分为 DM5A 型和 DM5B 型两种。A 型用于张拉端，由锚环和螺母组成，如图 6－33 所示；B 型用于固定端，仅有一块锚板。

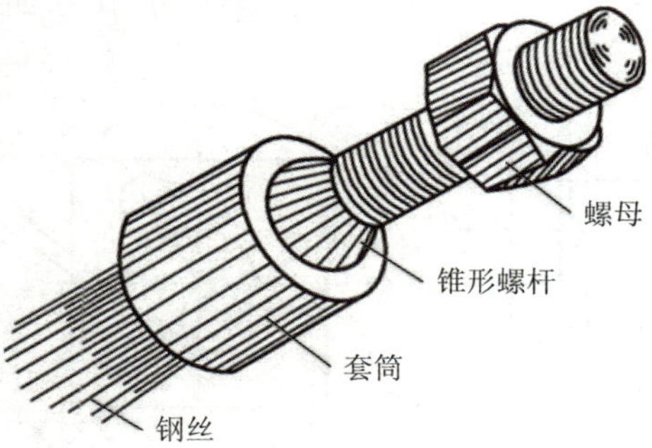

图 6－32　锥形螺杆锚具

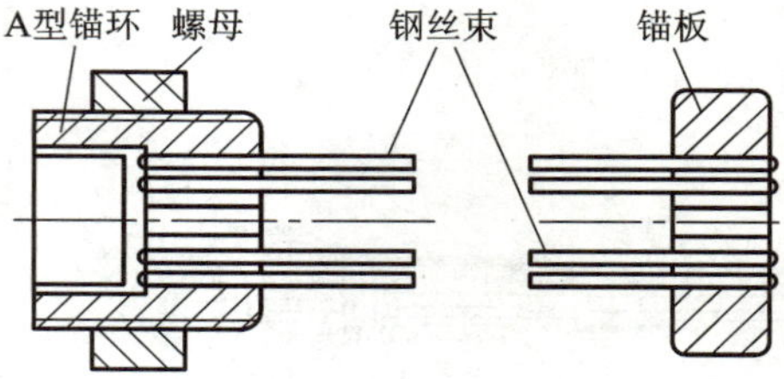

图 6－33　钢丝束镦头锚具

锚环的内外壁均有丝扣，内丝扣用于连接张拉螺杆，外丝扣用于拧紧螺母锚固钢丝束。应在锚环和锚板四周钻孔，以固定镦头的钢丝。孔数和间距由钢丝根数确定。钢丝可用液压冷镦器进行镦头。钢丝束一端可在制束时将头镦好，另一端则待穿束后镦头，但构件孔道端部要设置扩孔。

张拉时，张拉螺丝杆一端与锚环内丝扣连接，另一端与拉杆式千斤顶的拉头连接。当张拉到控制应力时，锚环被拉出，此时应拧紧锚环外丝扣上的螺母加以锚固。

二、预应力筋制作

1. 钢绞线下料

钢绞线的下料，是指在预应力筋铺设施工前，将整盘的钢绞线，根据实际铺设长度并考虑曲线影响和张拉端长度，切成不同的长度。如果是一端张拉的钢绞线，还要在固定端处预先挤压固定端锚具和安装锚座。

成卷的钢绞线盘质量大，需要吊车将成卷的钢绞线吊到下料位置，开始下料时，由于钢绞线的弹力大，在无防护的情况下放盘时，钢绞线容易弹出伤人并发生绞线紊乱现象。可设置一个简易牢固的铁笼，将钢绞线罩在铁笼内，铁笼应紧贴钢绞线盘，再剪开钢绞线的包装钢带。将绞线头从盘卷心抽出。铁笼的尺寸不宜过大，以刚好能包裹住钢绞线线盘的外径为宜。铁笼也可以在施工现场用脚手管临时搭设，但要牢固、结实，能承受松开钢绞线产生的推力。铁笼竖杆要有足够的密度，防止钢绞线头从缝隙中弹出，保证作业人员安全操作。

钢绞线下料宜用砂轮切割机切割，不得采用电弧切割。砂轮切割机具有操作方便、效率高、切口规则等优点。

2. 钢绞线固定端锚具的组装

钢绞线固定端锚具的组装应满足以下规定：

（1）挤压锚具组装。挤压锚具组装通常在下料时进行，然后再运到施工现场铺放，也可以将挤压机运至铺放施工现场进行挤压组装。

（2）压花锚具成型。压花锚具通过挤压钢绞线，使其局部散开，形成梨状钢丝，与混凝土握裹而形成锚固端区。

（3）质量要求。制作挤压锚具时，压力表读数应符合操作说明书的规定，挤压后预应力筋外端应露出挤压套筒 1～5 mm。

钢绞线压花锚成型时，表面应清洁、无油污，梨形头尺寸和直线段长度应符合设计要求。

3. 预应力钢丝下料

预应力钢丝下料需注意以下几点：

（1）钢丝下料。消除应力钢丝开盘后，可直接下料。钢丝下料时如发现钢丝表面有电接头或机械损伤，应随时剔除。

采用镦头锚具时，对钢丝的长度偏差允许值要求较严。为了达到规定要求，钢丝下料可用钢管限位法或用牵引索在拉紧状态下进行。钢管固定在木板上，钢管内径比钢丝直径大 3～5 mm，钢丝穿过钢管至另一端角铁限位器时，应用切断装置切断。限位器与切断器切口间的距离，即为钢丝的下料长度。

（2）钢丝编束。为保证钢丝束两端钢丝的排列顺序一致，穿束与张拉时不致紊乱，每束钢丝都须进行编束。

采用镦头锚具时，根据钢丝分圈布置的特点，首先将内圈和外圈钢丝分别用铁丝顺序编扎，然后将内圈钢丝放在外圈钢丝内扎牢。为了简化钢丝编束，钢丝的一端可直接穿入锚环，另一端在距端部约 20 cm 处编束，以便穿锚板时钢丝不紊乱。钢丝束的中间部分可根据长度适当编扎几道。

（3）钢丝镦头。钢丝镦粗的头型，通常有蘑菇型和平台型两种。前者受锚板的硬度影响大，如锚板较软，镦头易陷入锚孔而断于镦头处；后者由于有平台，受力性能较好。

钢丝束两端采用镦头锚具时，同束钢丝下料长度的极差应不大于钢丝长度的 1/5000，且不得大于 5 mm；对长度小于 10 m 的钢丝束，极差可取 2 mm。

钢丝镦头尺寸应不小于规定值，头形应圆整端正。钢丝镦头的圆弧形周边如出现纵向微小裂纹尚可允许，如裂纹长度已延伸至钢丝母材或出现斜裂纹或水平裂纹，则不允许。

钢丝镦头强度不得低于钢丝强度标准值的 98%。

三、施工工艺

后张法有黏结预应力施工通常包括铺设预应力筋管道、预应力筋穿束、预应力筋张拉锚固、孔道灌浆、防腐处理和封堵等主要施工程序。

1. 预留孔道

构件预留孔道的直径、长度、形状由设计确定，如无规定，孔道直径应比预应力筋直径的对焊接头处外径或需穿过孔道的锚具或连接器的外径大 10～15 mm。钢丝或钢绞线孔道的直径应比预应力束外径或锚具外径大 5～10 mm，且孔道面积应大于预应力筋的两倍，以利于预应力筋穿入，孔道之间净距和孔道至构件边缘的净距均不应小于 25 mm。

管芯材料可采用钢管、胶管(帆布橡胶管或钢丝胶管)、镀锌双波纹金属软管(简称波纹管)、黑薄钢板管、薄钢管等。钢管管芯适用于直线孔道；胶管适用于直线、曲线或折线形孔道；波纹管(黑薄钢板管或薄钢管)埋入混凝土构件内，不用抽芯，其作为一种新工艺，适用于跨度大、配筋密的构件孔道。

预应力筋的孔道可采用钢管抽芯、胶管抽芯、预埋管等方法成型。

1) 钢管抽芯法

钢管抽芯法多用于留设直线孔道时，预先将钢管埋设在模板内的孔道位置，管芯的固定如图 6-34 所示。钢管要平直，表面要光滑，每根长度最好不超过 15 m，钢管两端应各伸出构件约 500 mm。较长的构件可采用两根钢管，中间用套管连接，套管连接方式如图6-35 所示。在混凝土浇筑过程中和混凝土初凝后，每间隔一定时间慢慢转动钢管，不要让混凝土与钢管黏牢，直到混凝土终凝前抽出钢管。抽管过早会造成坍孔事故，太晚则使混凝土与钢管黏结牢固，抽管困难。常温下抽管时间在混凝土浇灌后 3～6 h。抽管顺序宜先上后下，抽管可采用人工或用卷扬机进行，速度必须均匀，边抽边转，与孔道保持直线。抽管后应及时检查孔道情况，做好孔道清理工作。

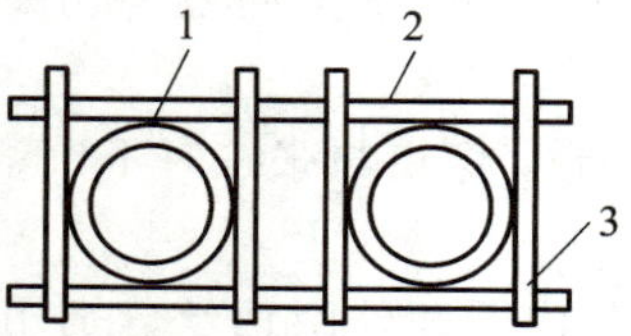

1—钢管或胶管芯；2—钢筋；3—点焊。

图 6-34　管芯的固定

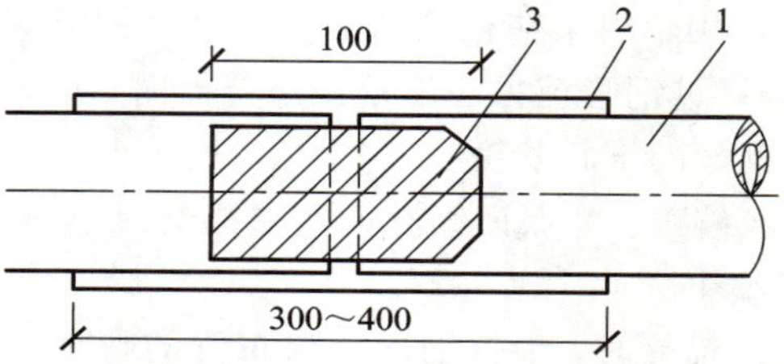

1—钢管；2—镀锌薄钢板套管；3—硬木塞。

图 6-35　套管连接方式

2) 胶管抽芯法

胶管抽芯法不仅可以留设直线孔道，亦可留设曲线孔道。胶管弹性好，便于弯曲，一般有五层和七层帆布胶管及钢丝网橡皮管三种。工程实践中通常一端密封，另一端接阀门充水或充气，如图 6-36 所示。胶管具有一定的弹性，在拉力作用下，其断面能缩小，故在混凝土初凝后即可把胶管抽拔出来。夹布胶管质软，必须在管内充气或充水。在浇筑混凝土前，胶皮管中充入压力为 0.6～0.8 MPa 的压缩空气或压力水，此时胶皮管直径可增大3 mm 左右，然后浇筑混凝土，待混凝土初凝后，放出压缩空气或压力水，胶管孔径变小，并与混凝土脱离，随即抽出胶管，形成孔道。抽管顺序一般应为先上后下、先曲后直。

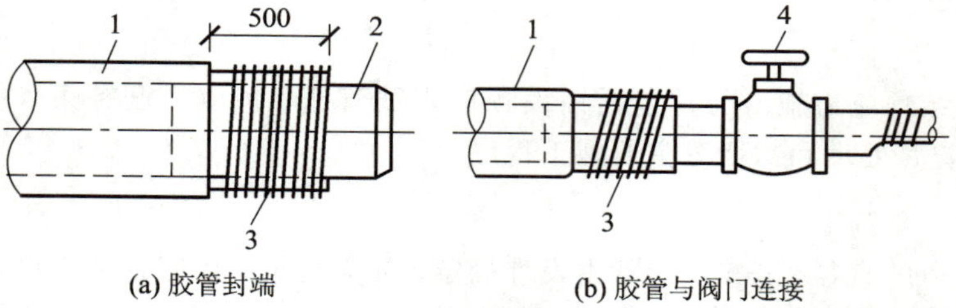

(a) 胶管封端　　(b) 胶管与阀门连接

1—胶管；2—钢管堵头；3—20号钢丝密缠；4—阀门。

图 6-36　胶管封端与连接

一般采用钢筋井字形网架固定管子在模内的位置。井字网架钢筋间距：钢管一般不大于 1 m；胶管一般不大于 0.6 m。

3）预埋管法

预埋管是由镀锌薄钢带经波纹卷管机压波卷成的，具有质量轻、刚度好、弯折方便、连接简单、与混凝土黏结较好等优点。波纹管的内径为 50～100 mm，管壁厚 0.25～0.3 mm。

除圆形管外，另有新研制的扁形波纹管可用于板式结构中，扁管长边边长为短边边长的 2.5～4.5 倍。这种孔道成型方法一般用于采用钢丝或钢绞线作为预应力筋的大型构件或结构中，可直接把下好料的钢丝、钢绞线在孔道成型前就穿入波纹管中，这样可以省掉穿束工序，亦可待孔道成型后再进行穿束。对连续结构中呈波浪状布置的曲线束，其高差较大时，应在孔道的每个峰顶处设置泌水孔；起伏较大的曲线孔道，应在弯曲的低点处设置泌水孔；对于较长的直线孔道，应每隔 12～15 m 设置排气孔。泌水孔、排气孔必要时可考虑做灌浆孔用。波纹管的连接可采用大一号的同型波纹管，接头管的长度为 200～250 mm，以密封胶带封口。

2. 预应力筋张拉

1）混凝土的强度

预应力筋张拉前，应提供构件混凝土的强度试压报告。混凝土试块采用同条件养护与标准养护。当混凝土的立方体强度满足设计要求后，方可施加预应力。

施加预应力时，构件的混凝土强度等级应在设计图纸上标明。如设计无要求，对于 C40 混凝土，不应低于设计强度的 75%；对于 C30 或 C35 混凝土，则不应低于设计强度的 100%。

现浇混凝土施加预应力时，混凝土的龄期对后张预应力楼板不宜小于 5 d；对后张预应力大梁不宜小于 7 d。

对于有后浇带的预应力构件，应使后浇带的混凝土强度也达到上述要求后再进行张拉。

后张预应力构件为了满足搬运等需要，可提前施加一部分预应力，以承受自重等荷载。张拉时混凝土的立方体强度不应低于设计强度等级的 60%。必要时应进行张拉端的局部承压计算，防止混凝土因强度不足而产生裂缝。

2）预应力筋张拉顺序

预应力构件的张拉顺序应根据结构受力特点、施工便捷性、操作安全等因素确定。

对现浇预应力混凝土框架结构，宜先张拉楼板、次梁，后张拉主梁。

对预制屋架等平卧叠浇构件，应从上而下逐榀张拉。预应力构件中预应力筋的张拉顺序，应遵循对称张拉原则，应使混凝土不产生超应力、构件不扭转与侧弯、结构不变位等。因此，对称张拉是一项重要原则。同时，还应考虑到尽量减少张拉设备的移动次数。

后张法预应力混凝土屋架等构件，一般在施工现场平卧重叠制作。重叠层数为 3～4 层。其张拉宜先上后下逐层进行。为了减少上、下层之间因摩擦引起的预应力损失，可逐层加大张拉力。

3）预应力筋张拉方式

预应力筋张拉方式有一端张拉方式、两端张拉方式、分批张拉方式、分段张拉方式、分阶段张拉方式和补偿张拉方式等。

（1）一端张拉方式：预应力筋只在一端张拉，而另一端作为固定端不进行张拉。由于受摩擦的影响，一端张拉会使预应力筋的两端应力值不同，当预应力筋的长度超过一定值（曲线配筋约为 30 m)时，锚固端与张拉端的应力值的差别将明显加大，因此采用一端张拉的预应力筋，其长度不宜超过 30 m。如设计人员根据计算或实际条件认为可以放宽以上限制，也可采用一端张拉。

(2) 两端张拉方式：对预应力筋的两端进行张拉和锚固，通常一端先张拉，另一端补张拉。

(3) 分批张拉方式：对配有多束预应力筋的同一构件或结构，分批进行预应力筋的张拉。由于后批预应力筋张拉所产生的混凝土弹性压缩变形会对先批张拉的预应力筋造成预应力损失，所以先批张拉的预应力筋张拉力应加上该弹性压缩损失值或将弹性压缩损失平均值统一增加到每根预应力筋的张拉力内。

现浇混凝土结构或构件自身的刚度较大时，一般情况下后批张拉对先批张拉造成的损失并不大，通常不计算后批张拉对先批张拉造成的预应力损失并调整张拉力，而是在张拉时，将张拉力提高 1.03 倍，来消除这种损失。这样做也使预应力筋的张拉变得简单快捷。

(4) 分段张拉方式：在多跨连续梁板分段施工时，通长的预应力筋需要逐段进行张拉。对大跨度多跨连续梁，在第一段混凝土浇筑与预应力筋张拉锚固后，第二段预应力筋利用锚头连接器接长，以形成通长的预应力筋。

在预应力结构中设置后浇带时，为减少梁下支撑体系的占用时间，可先张拉后浇带两侧预应力筋，再用搭接的预应力筋将两侧预应力筋连接起来。

(5) 分阶段张拉方式：在后张预应力转换梁等结构中，因为荷载是分阶段逐步加到梁上的，预应力筋通常不允许一次张拉完成。为了平衡各阶段的荷载，需要分阶段逐步施加预应力。分阶段施加预应力有两种方法，一种是对全部的预应力筋分阶段进行如 30%、70%、100%的多次张拉，另一种是分阶段对如 30%、70%、100%的预应力筋进行张拉。第一种张拉方式需要对锚具进行多次张拉。

分阶段所加荷载不仅是外载(如楼层质量)，也包括由内部体积变化(如弹性缩短、收缩与徐变)产生的荷载。梁的跨中处下部与上部纤维应力应控制在允许范围内。这种张拉方式具有应力、挠度与反拱容易控制、省材料等优点。

(6) 补偿张拉方式：在早期预应力损失基本完成后，再进行张拉的方式。采用这种补偿张拉，可克服弹性压缩损失、减少钢材应力松弛损失、混凝土收缩徐变损失等，以达到预期的预应力效果。

4) 张拉伸长值校核

张拉预应力筋时，对伸长值的校核，可以综合反映张拉力是否足够，孔道摩擦损失是否偏大，以及预应力筋是否有异常现象等。因此，要重视对张拉伸长值的校核。

预应力筋张拉伸长值的量测，应在建立初应力之后进行。其实际伸长值 ΔL 应为

$$\Delta L = \Delta L_1 + \Delta L_2 - A - B - C \tag{6-1}$$

式中：ΔL_1 为从初应力至最大张拉力之间的实测伸长值；ΔL_2 为初应力以下的推算伸长值；A 为张拉过程中锚具楔紧引起的预应力筋内缩值，包括工具锚、远端工作锚、远端补张拉工具锚等回缩值；B 为千斤顶体内预应力筋的张拉伸长值；C 为施加预应力时，后张法混凝土构件的弹性压缩值(其值微小时可略去不计)。

关于推算伸长值，初应力以下的推算伸长值 ΔL_2，可根据弹性范围内张拉力与伸长值成正比的关系用计算法或图解法确定。

采用图解法时，如图 6-37 所示，以伸长值为横坐标，以张拉力为纵坐标，将各级张拉力的实测伸长值标在图上，绘成张拉力与伸长值关系线 CAB，然后延长此线，与横坐标交于 O'

点，则 OO' 段即为推算伸长值。

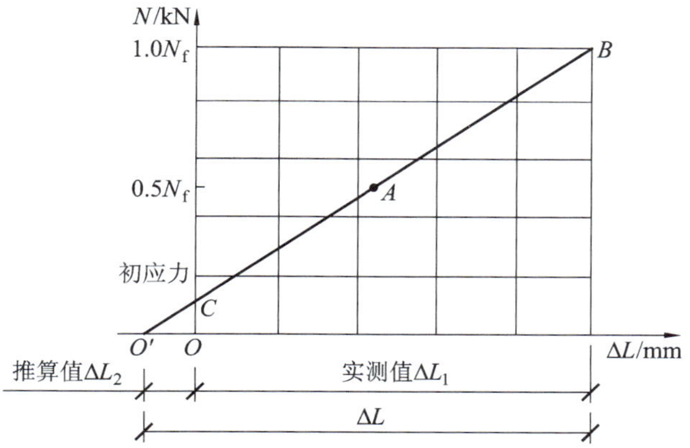

图 6－37　预应力筋实际张拉伸长值图解法

此外，在锚固时应检查张拉端预应力筋的内缩值，以免由于锚固引起的预应力损失超过设计值，如实测的预应力筋内缩量大于规定值，则应改善操作工艺，更换限位板或采取超张拉的方法弥补。

3. 孔道灌浆

有黏结的预应力管道内必须灌浆，灌浆需要设置灌浆孔(或泌水孔)，根据相关经验，得出设置泌水孔道的曲线预应力管道的灌浆效果好。一般以一根梁上设三个点为宜，灌浆孔宜设在低处，泌水孔可相对高些，灌浆时可使孔道内的空气或水从泌水孔顺利排出，其位置如图 6－38 所示。

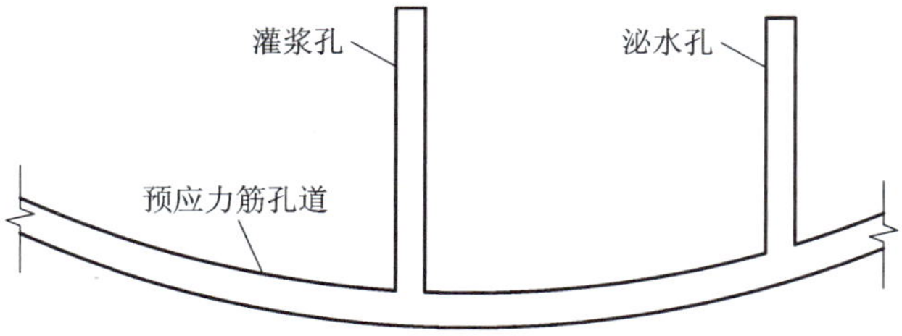

图 6－38　灌浆孔、泌水孔设置

在波纹管安装固定后，应用钢锥在波纹管上凿孔，再在其上覆盖海绵垫片与带嘴的塑料弧形压板，用钢丝绑扎牢固，再用塑料管接在嘴上，并将其引出梁面 40～60 mm。

预应力筋张拉、锚固完成后，应立即进行孔道灌浆工作，以防锈蚀，并增强结构的耐久性。

灌浆用的水泥浆，除应满足强度和黏结力的要求外，还应具有较大的流动性和较小的干缩性、泌水性，应采用强度等级不低于 42.5 级的普通硅酸盐水泥，水胶比宜为 0.4 左右。对于空隙大的孔道，可采用水泥砂浆灌浆，水泥浆及水泥砂浆的强度均不得小于 20 N/mm^2。为增加灌浆密实度和强度，可使用一定比例的膨胀剂和减水剂，减水剂和膨胀剂均应事前检验，不得含有导致预应力钢材锈蚀的物质。建议拌和后的收缩率小于 2%，自由膨胀率不大于 5%。灌浆前孔道应保持湿润、洁净。对于水平孔道，灌浆顺序应为先灌下层孔道，后灌上层孔道。对于竖直孔道，应自下而上分段灌注，每段高度视施工条件而定，下段顶部及上段底部应分别设置排气孔和灌浆孔。灌浆压力以 0.5～0.6 MPa 为宜。灌浆应缓慢均匀地进行，不得中断，并应排气通畅。不掺外加剂的水泥浆，可采用二次灌浆法，以提高密实度。孔道灌浆前，应检查灌浆孔和泌水孔是否通畅。灌浆前孔道应用高压水冲洗、湿润，并用高压风吹去积在低点的水，孔道应畅通、干净。灌浆应先灌下层孔道，一条孔道必须在一个灌浆口一次把整个孔道灌满。灌浆应缓慢进行，不得中断，并应排气通顺；在灌满孔道并封闭排气孔(泌水口)后，宜再继续加压至0.5～0.6 MPa，稍后再封闭灌浆孔。如果遇到孔道堵塞，必须更换灌浆口，此时必须在第二灌浆口灌入整个孔道的水泥浆量，直至把第一灌浆口灌入的水泥浆排出，使两次灌入水泥浆之间的气体排出，以保证灌浆饱满密实。

4. 无黏结预应力技术

1）无黏结预应力束的张拉

无黏结预应力束的张拉与后张法带有螺丝端杆锚具的有黏结预应力钢丝束张拉相似。张拉程序一般采用 $0 \rightarrow 103\%\sigma_{con}$ 进行锚固。由于无黏结预应力束一般为曲线配筋，故应采用两端同时张拉法。无黏结预应力束的张拉顺序，应根据其铺设顺序，先铺设的先张拉，后铺设的后张拉。

无黏结预应力束配置在预应力平板结构中往往很长，如何减少其摩擦损失值是一个重要的问题。影响摩擦损失值的主要因素是润滑介质、包裹物和预应力束的截面形式。其中，润滑介质和包裹物的摩擦损失值对一定的预应力束而言是个定值，相对较稳定，而预应力束的截面形式则对摩擦损失值影响较大，不同的截面形式，其离散性是不同的，但如果能保证截面形状在全部长度内一致，则其摩擦损失值就能在一个很小的范围内波动。否则，局部阻塞就可能导致其损失值无法预测，故必须保证预应力束的制作质量。摩擦损失值可用标准测力计或传感器等测力装置进行测定。施工时，为降低摩擦损失值，宜采用多次重复张拉工艺。试验表明，进行三次张拉时，第三次的摩擦损失值可比第一次降低16.8%～49.1%。

2）锚头端部处理

无黏结预应力束锚头端部处理的办法，目前常用的有两种：一种是在孔道中注入油脂并加以封闭；另一种是在两端留设的孔道内注入环氧树脂水泥砂浆，将端部孔道全部灌筑密实，以防预应力筋发生局部锈蚀。灌筑用环氧树脂水泥砂浆的强度不得低于35 MPa。灌浆的同时也可用环氧树脂水泥砂浆将锚环封闭，既防止钢丝锈蚀，又起到一定的锚固作用。最后应浇筑混凝土或外包钢筋混凝土，或用环氧砂浆将锚具封闭。用混凝土作堵头封闭时，要防止产生收缩裂缝。当不能采用混凝土或环氧砂浆作封闭保护时，预应力筋锚具要全部涂刷抗锈漆或油脂，并采取其他保护措施。

3）无黏结筋端部处理

无黏结筋的锚固区必须有严格的密封防护措施，防止水汽进入而锈蚀预应力筋。当锚环被拉出后，应向端部空腔内注防腐油脂，之后再用混凝土将板端外露锚具封闭好，避免长期与大气接触而造成锈蚀。

固定端头可直接浇筑在混凝土中，以确保其锚固能力，钢丝束可采用镦头锚板，钢绞线可采用挤压锚头或压花锚头，并应待混凝土达到规定的强度后再张拉。

第四节 电热张拉法施工

电热张拉法利用热胀冷缩原理，在钢筋上通以低电压强电流使之热胀伸长，待达到要求的伸长值时锚固，随后停电冷缩，使混凝土构件产生预压应力。该方法的工艺流程如图 6－39 所示。

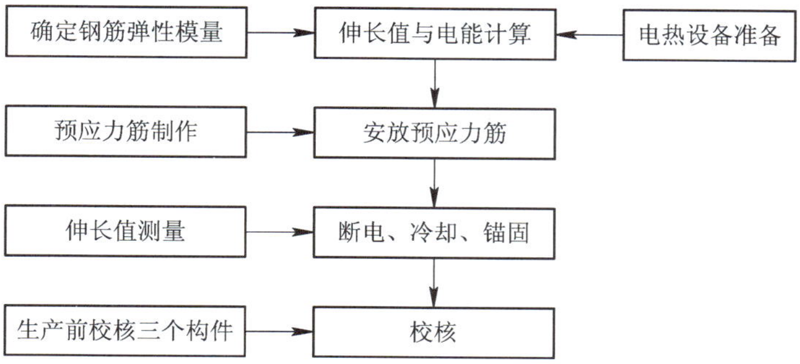

图 6－39　电热张拉法工艺流程示意图

电热张拉法具有设备简单、操作简便、无摩擦损失、便于高空作业、施工安全等优点；但也具有耗电、因材质不均匀用伸长值控制应力不准确、成批生产需校核的缺点，适用于冷拉钢筋作预应力筋的一般结构，可用于先张法，也可用于后张法。对抗裂度要求较严的结构，不宜采用电热张拉法；对采用波纹管或其他金属管作预留孔道的结构也不得采用电热张拉法。

本章小结

本章主要介绍了预应力混凝土的概念，预应力筋的品种与规格，预应力钢丝、钢绞线，预应力张拉锚固体系，预应力张拉设备，先张法施工，后张法施工，电热张拉法施工等内容。通过本章的学习，读者可以对预应力混凝土工程施工技术有一定的认识，为在工作中合理、熟练使用这些施工技术建立基础。

课后练习

1. 什么是预应力混凝土？其如何分类？
2. 什么是先张法施工？
3. 什么是夹具？
4. 一般先张法施工工艺流程是怎样的？
5. 先张法施工预应力筋放张的顺序是怎样的？
6. 什么是后张法施工？
7. 什么是电热张拉法施工？

第七章 结构安装工程

第一节 起重机械

一、桅杆式起重机

桅杆式起重机按其构造不同分为独脚拔杆、人字拔杆、悬臂拔杆和牵缆式桅杆等类型，适用于安装工程量比较集中的工程。

1. 独脚拔杆起重机

独脚拔杆起重机由拔杆、起重滑轮组、卷扬机、缆风绳等组成，如图 7－1(a)所示。使用时，拔杆应保持不大于 10°的倾角，以防吊装时构件撞击拔杆。拔杆底部要设置拖子，以便移动。拔杆的稳定主要依靠缆风绳，缆风绳数量一般为 6～12 根，且不得少于 4 根。绳的一端固定在桅杆顶端，另一端固定在锚碇上，缆风绳与地面的夹角一般取 30°～45°，角度过大则会对拔杆产生较大的压力。

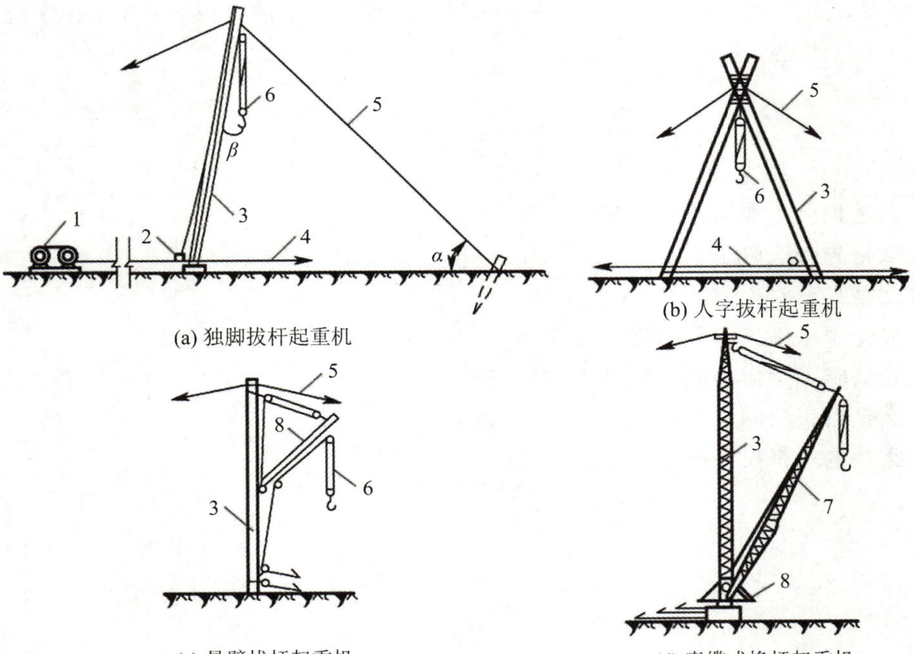

(c) 悬臂拔杆起重机　(d) 牵缆式桅杆起重机

1—卷扬机；2—导向装置；3—拔杆；4—拉索；5—缆风绳；6—起重滑轮组；7—起重臂；8—回轮盘。

图 7－1　桅杆式起重机

2. 人字拔杆起重机

人字拔杆起重机一般由两根圆木或两根钢管用钢丝绳绑扎或铁件铰接而成，两杆夹角一般为 20°～30°，底部设有拉杆或拉绳以平衡水平推力，拔杆下端两脚的距离为高度的 1/3～1/2，如图7－1(b)所示。

3. 悬臂拔杆起重机

悬臂拔杆起重机是在独脚拔杆的中部或 2/3 高度处装一根起重臂而成的。其特点是起重高度和起重半径都较大，起重臂左右摆动的角度也较大，但起重量较小，多用于轻型构件的吊装，如图 7－1(c)所示。

4. 牵缆式桅杆起重机

牵缆式桅杆起重机是在独脚拔杆下端装一根起重臂而成的。这种起重机的起重臂可以起伏，机身可 360°回转，可以在起重机半径范围内把构件吊到任何位置。用角钢组成格构式截面杆件的牵缆式起重机，桅杆高度可达 80 m，起重量可达 60 t。牵缆式桅杆要设较多的缆风绳，适用于构件多且集中的工程，如图 7－1(d)所示。

二、自行式起重机

自行式起重机分为履带式起重机、汽车式起重机和轮胎式起重机。

1. 履带式起重机

履带式起重机是一种具有履带行走装置的全回转起重机，如图 7－2 所示。它利用两条面积较大的履带着地行走，该类起重机由行走装置、回转机构、机身及起重臂等部分组成。

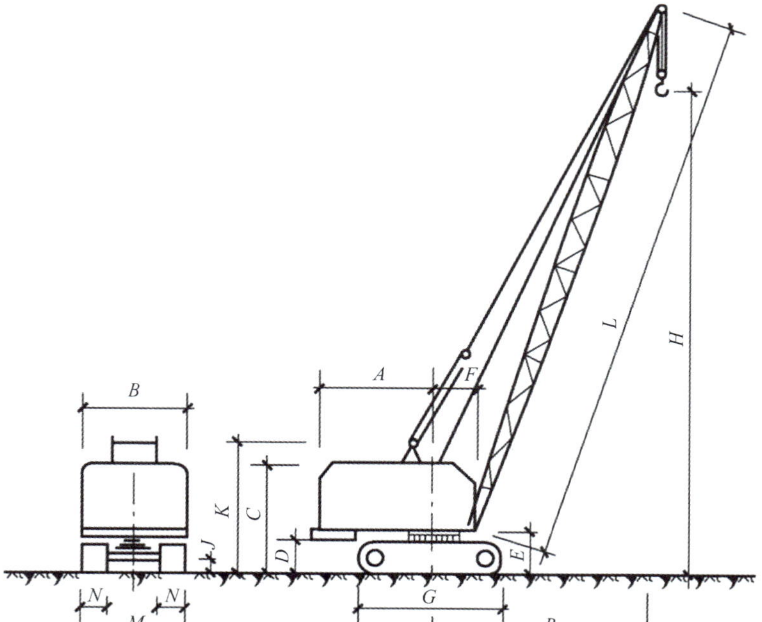

A、*B*、*C*、*D*、*E*、*F*、*G*、*J*、*K*、*M*、*N*—外形尺寸符号；*L*—起重臂长度；*H*—起重高度；*R*—起重半径。

图 7－2　履带式起重机

在结构安装工程中，常用的履带式起重机有 W1-50 型、W1-100 型、W1-200 型及一些进口机型。

履带式起重机的主要技术参数有三个，即起重量 Q、起重半径 R、起重高度 H。其中，起重量 Q 指起重机安全工作所允许的最大起重重物的质量；起重半径 R 指起重机回转轴线至吊钩中心的水平距离；起重高度 H 指起重吊钩中心至停机地面的垂直距离。

起重量 Q、起重半径 R、起重高度 H 这三个参数之间存在相互制约的关系，其数值的变化取决于起重臂的长度及其仰角的大小。每一种型号的起重机都有几种臂长，当臂长一定时，起重半径随起重臂仰角的增大、起重量和起重高度的增大而减小；当起重臂仰角一定时，起重量随起重臂长的增加、起重半径及起重高度的增加而减小。

2. 汽车式起重机

汽车式起重机是将起重机构安装在通用或专用汽车底盘上的一种自行式全回转起重机，起重机动力由汽车发动机供给，其负责行驶的驾驶室与起重操纵室分开设置，如图7－3 所示。这种起重机的优点是运行速度快，能迅速转移，对路面破坏性较小。但其进行吊装作业时必须支腿，不能负荷行驶，也不适合在松软或泥泞的地面上工作。一般而言，汽车式起重机适用于构件运输、装卸作业和结构吊装作业。

3. 轮胎式起重机

轮胎式起重机是把起重机构安装在由加重型轮胎和轮轴组成的特制底盘上的一种全回转式起重机，其上部构造与履带式起重机基本相同。为了保证安装作业时机身的稳定性，起重机设有四个可伸缩的支腿。在平坦地面上，可不用支腿进行小起重量吊装及吊物低速行驶，如图7－4 所示。与汽车式起重机相比，轮胎式起重机的优点有轮距较宽、稳定性好、车身短、转弯半径小，可在 360°范围内工作；但其行驶时对路面要求较高，行驶速度较汽车式起重机慢，不适于在松软、泥泞的地面上工作。

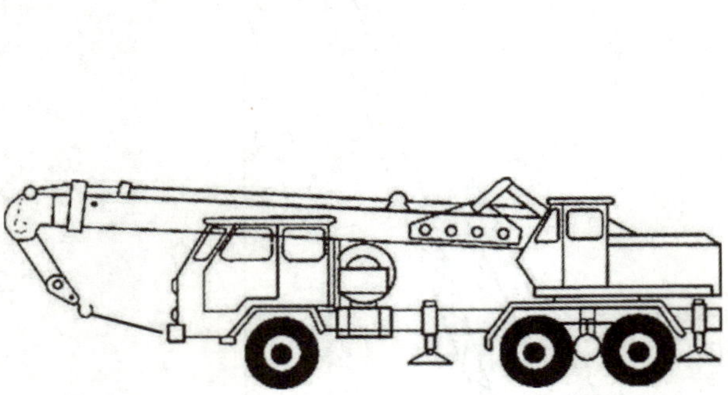

图 7－3　汽车式起重机

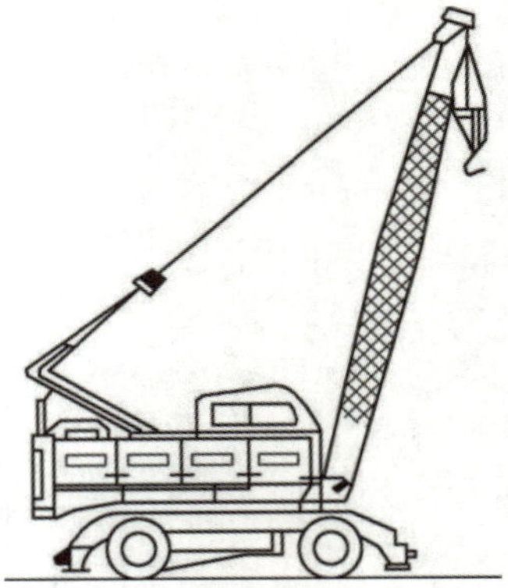

图 7－4　轮胎式起重机

三、塔式起重机

塔式起重机是一种塔身直立、起重臂安装在塔身顶部且可做 360°回转的起重机。它具有较大的工作空间，起重高度大，广泛应用于多层及高层装配式结构安装工程，一般可按行走机构、变幅方式、回转机构的位置及爬升方式的不同而分成若干类型。常用的类型有轨道式塔式起重机、爬升式塔式起重机、附着式塔式起重机等。

1. 轨道式塔式起重机

轨道式塔式起重机是可在轨道上行走的机械，其工作范围大，适用于工业与民用建筑的结构吊装或材料仓库装卸工作，如图 7-5 所示。

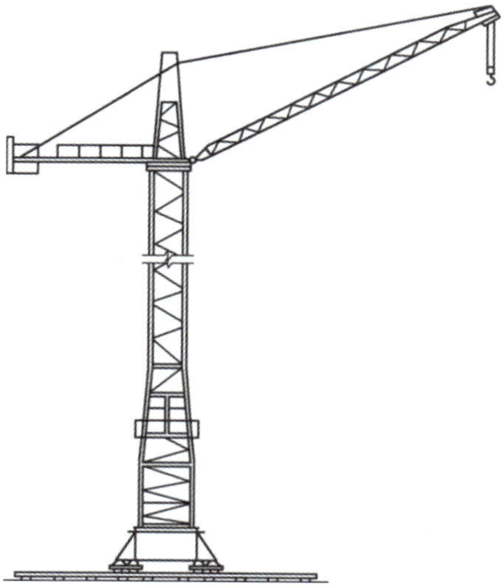

图 7-5　轨道式塔式起重机

2. 爬升式塔式起重机

爬升式塔式起重机安装在建筑物主体结构上，每隔 1～2 层楼爬升一次。其特点是机身体积小，安装简单，适用于现场狭窄的高层建筑安装，如图 7-6 所示，爬升式塔式起重机爬升过程为：固定下支座→提升套架→固定套架→下支座脱空→提升塔身→固定下支座。

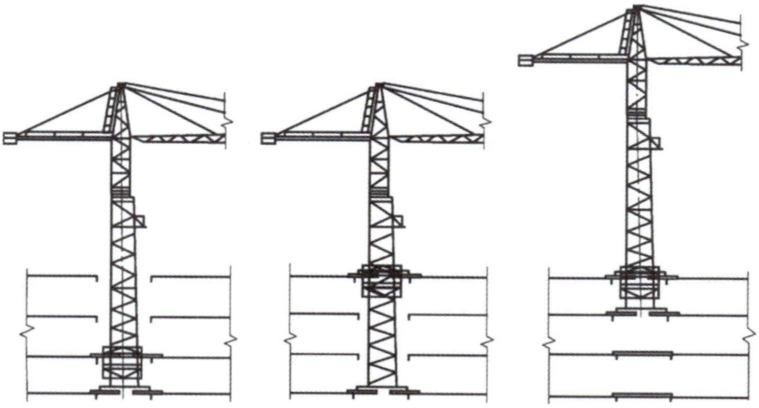

图 7-6　爬升式塔式起重机的自升过程

3. 附着式塔式起重机

附着式塔式起重机是固定在建筑物近旁钢筋混凝土基础上的起重机，它随建筑物的升高，利用液压自升系统逐步将塔顶顶升、塔身接高。为了减小塔身的计算长度，应每隔 20 m 左右将塔身与建筑物用锚固装置连接起来，如图 7-7 所示。

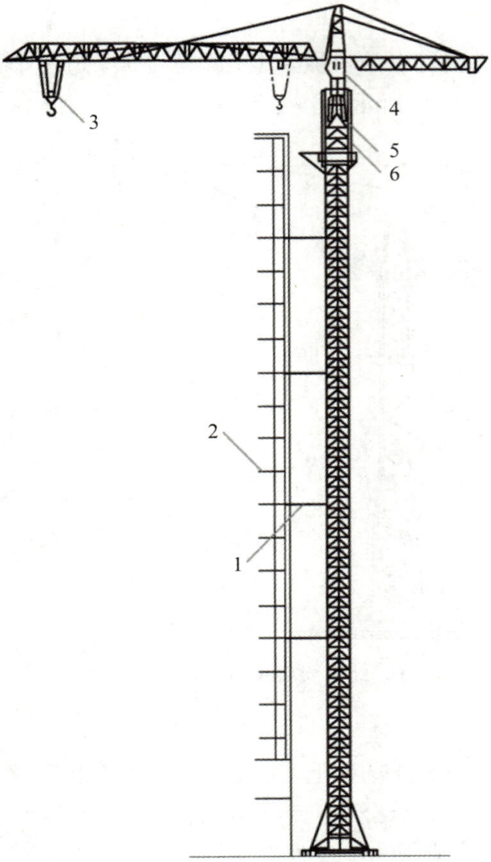

图 7－7　QT4-10 型附着式塔式起重机

第二节　单层工业厂房结构安装

因为单层工业厂房面积大、构件类型少、数量多，所以一般多采用装配式钢筋混凝土结构，以促进建筑工业化，加快建设速度。因此，结构安装工程是装配式单层工业厂房施工的主要工程，它直接影响整个工程的施工进度、劳动生产率、工程质量、施工安全性和工程成本，必须予以充分重视。

一、构件吊装前的准备

结构安装前的准备工作包括场地清理，道路修筑，基础准备，构件运输、堆放、检查、清理、弹线、编号等。

1. 场地清理和道路修筑

施工场地清理的目的是获得一个平整舒适的作业场所，道路修筑的目的是使运输车辆和起重机械能够很方便地进出施工现场，这符合施工现场要求的“三通一平”原则。

2. 基础准备

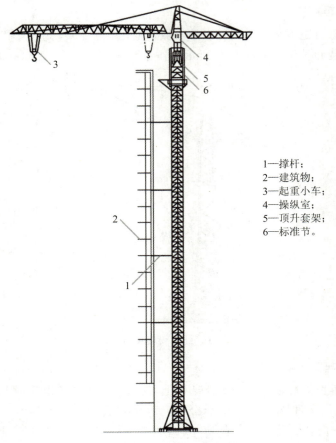

装配式混凝土柱一般为杯形基础，基础准备工作内容主要包括：

（1）杯口弹线。在杯口顶面弹出纵、横定位轴线，作为柱对位、校正的依据。

（2）杯底抄平。为了保证柱牛腿标高的准确性，在吊装前需对杯底标高进行调整（抄平）。调整前，先测量出杯底原有标高，对小柱测中点，对大柱测四个角点，再测量出柱脚底面至牛腿面的实际距离，计算出杯底标高的调整值，然后用细石混凝土或水泥砂浆填抹至需要的标高。

3. 构件运输与堆放

构件运输要保证构件不变形、不损坏。构件的混凝土强度达到设计强度的 75%时方可运输。构件的支垫位置要正确，要符合受力情况，上、下垫木要在同一垂直线上。构件的运输顺序及卸车位置应按施工组织设计的规定进行，以免造成构件二次就位。

构件的堆放场地应平整、压实，并按设计的受力情况搁置在垫木或支架上。重叠堆放时，一般梁可堆叠 2～3 层，大型屋面板不宜超过 6 块，空心板不宜超过 8 块；构件吊环要向上，标志要向外。

4. 构件检查与清理

为保证工程质量，对现场所有的构件都要进行全面检查，要检查构件的型号、数量、外形、截面尺寸、混凝土强度、预埋件位置、吊环位置等。对要吊装的结构构件表面进行清理，去除灰尘、油污、铁锈等杂质，保证构件表面干净，便于后续的安装和连接。

5. 构件弹线与编号

构件在吊装前经过全面质量检查合格后，即可在构件表面弹出安装用的定位、校正墨线，作为构件安装、对位、校正的依据。在对构件弹线的同时，应按图纸对构件进行编号，编号应写在明显的部位。不易辨别上、下、左、右的构件，应在构件上用记号标明，以免安装时弄错方向。

二、构件吊装工艺

装配式单层厂房的结构构件有柱、吊车梁、连系梁、屋架、天窗架、屋面板等。

预制构件的吊装程序为绑扎、吊升、对位、临时固定、校正及最后固定等工序。现场预制的构件有些还需要翻身扶正后，才能进行吊装。

1. 柱的吊装

1）柱的绑扎

柱的绑扎方法与柱的形状、几何尺寸、质量、配筋、安装方法及所采用的吊具有关。柱的绑扎应牢固可靠、易绑易拆。绑扎柱常用的工具为吊索（又称千斤绳）和卡环（又称卸甲）。卡环的插销有带螺纹的（即普通卡环）和不带螺纹的（即活络卡环）两种。此外，还有各种专用的吊具，如销子、横吊梁等。所用吊具应具有足够的强度和刚度，以保证施工安全。绑扎点应高于柱的重心，这样构件吊起后才不致摇晃、倾翻。吊索与构件之间还应垫上麻袋、木板等，以免吊索与构件之间相互摩擦，造成损伤。柱常用的绑扎方法如下：

（1）斜吊绑扎法。当柱子平卧起吊的抗弯强度满足吊装要求时，可采用斜吊绑扎法（见图 7-8）。柱子平卧起吊，不需翻身，起吊后柱呈倾斜状态，起重钩可低于柱顶。当柱身较长，起重杆长度不足时，一般用此法绑扎。由于采用活络卡环或柱销绑扎比吊索绑扎施工方便，操作人员不用上去拆除绳索，所以此法减轻了工人的体力劳动。其缺点是柱身倾斜，对位较困难。

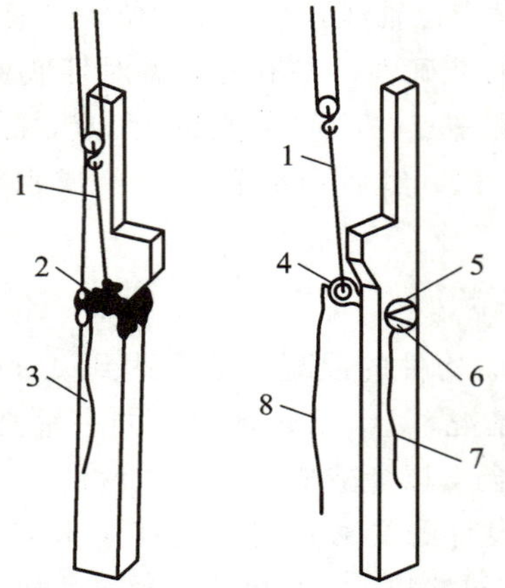

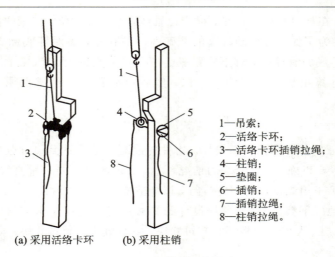

1—吊索；
2—活络卡环；
3—活络卡环插销拉绳；
4—柱销；
5—垫圈；
6—插销；
7—插销拉绳；
8—柱销拉绳。

(a) 采用活络卡环　　(b) 采用柱销

图 7－8　柱的斜吊绑扎法

(2) 直吊绑扎法。当柱平卧起吊的抗弯强度不足时，吊装前需先将柱翻身再绑扎起吊，这时就要采取直吊绑扎法(见图 7－9)。采用此法时，吊索从柱子两侧引出，上端通过卡环或滑轮挂在铁扁担上，柱身呈垂直状态，便于插入杯口，就位校正。但由于铁扁担高于柱顶，需用较长的起重臂。

此外，当柱较重较长、需采用两点起吊时，也可采用两点斜吊或直吊绑扎法(见图 7－10)。

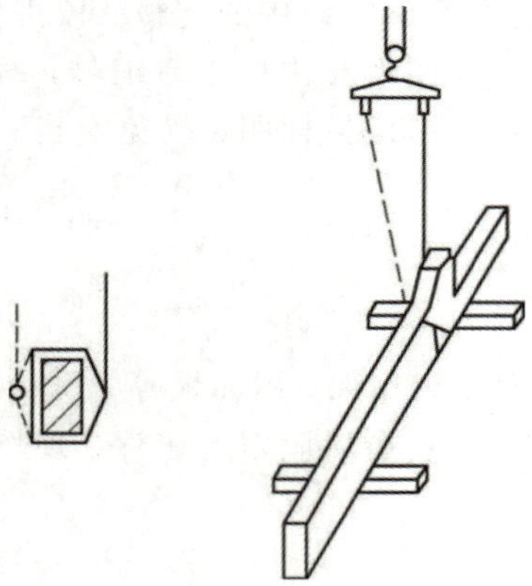

图 7－9　柱的直吊绑扎法

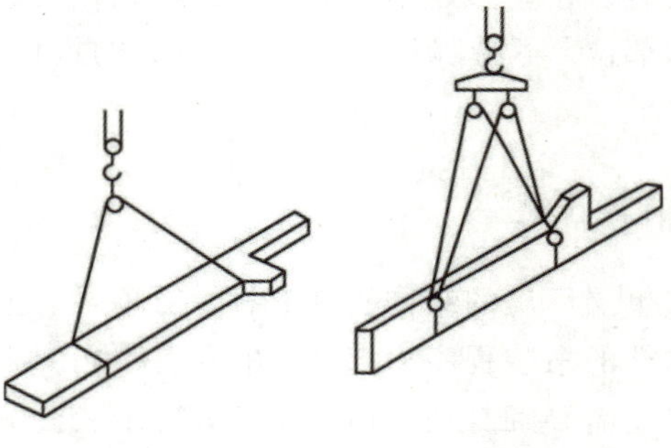

(a) 斜吊　　(b) 直吊

图 7－10　柱的两点绑扎法

2) 柱的吊升

柱子的吊升方法，可根据柱子的质量、长度及起重机的性能和现场施工条件而定。根据柱子在吊升过程中的运动特点分为旋转法和滑行法两种，对于重型柱还可采用双机抬吊法。

(1) 旋转法。用旋转法吊升柱时，起重机边收钩边回转，使柱子绕着柱脚旋转成直立状态，然后将其吊离地面，略转起重臂，将柱放入基础杯口，如图 7－11(a)所示。

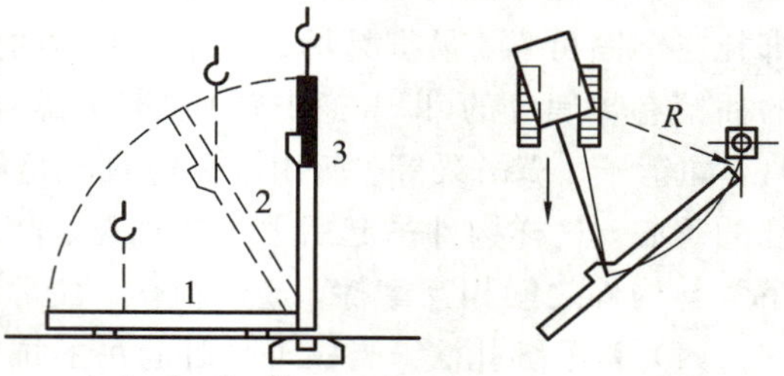

1、2、3—柱。

(a) 柱绕柱脚旋转后入杯口　　(b) 三点同弧

图 7－11　旋转法

采用旋转法时，柱在堆放时的平面布置应做

到柱脚靠近基础，柱的绑扎点、柱脚中心和基础中心三点同在以起重机回转中心为圆心，以回转中心到绑扎点的距离(起重半径)为半径的圆弧上，即三点同弧，如图 7－11(b)所示。

用旋转法吊升柱时，柱在吊升过程中受振动小，吊装效率高，但须同时完成收钩和回转的操作，对起重机的机动性能要求较高。

(2) 滑行法。滑行法是在起吊柱过程中，起重机起升吊钩，使柱脚滑行而吊起柱子的方法，如图 7－12 所示。

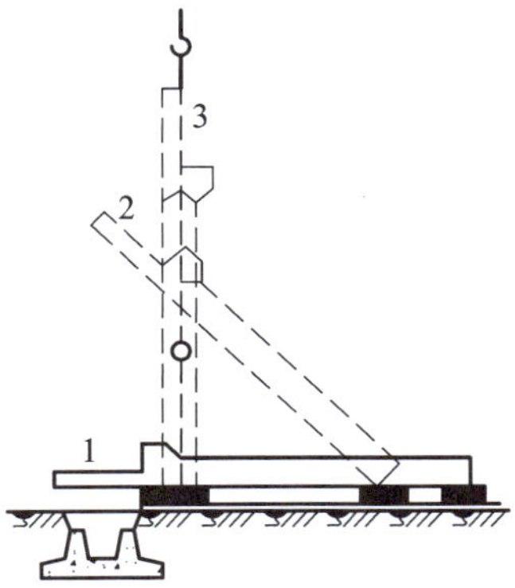

1—柱平放时；2—起吊中途；3—直立。

(a) 滑行过程

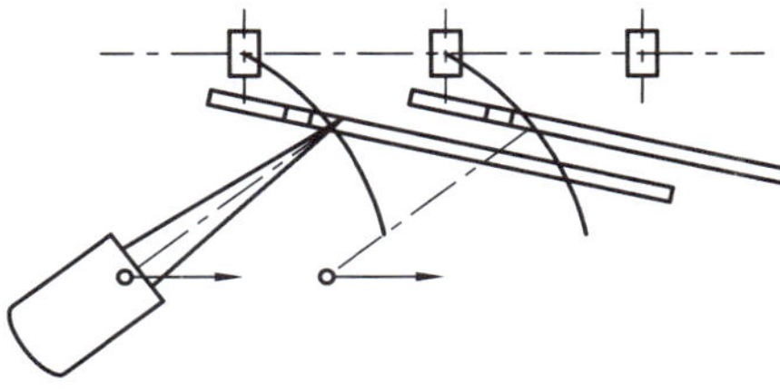

(b) 平面布置

图 7－12　滑行法

用滑行法吊装柱时，应将起吊绑扎点(两点以上绑扎时为绑扎中点)布置在杯口附近，并使绑扎点和基础杯口中心两点共圆弧，以便将柱吊离地面后稍转动吊杆即可使其就位。采用滑行法吊装柱具有显著的特点：在起吊过程中，起重机只需转动起重臂即可使吊柱就位，比较安全，但柱在滑行过程中受到振动，会使构件、吊具和起重机产生附加内力。为减少柱脚与地面的摩擦力，可在柱脚下设置托板、滚筒或铺设滑行轨道。此法用于柱较重、较长或起重机在安全荷载下的回转半径不够、现场狭窄、柱无法按旋转法布置的情况，也可用于采用桅杆式起重机吊装等情况。

(3) 双机抬吊法。双机抬吊旋转法是对于重型柱子，一台起重机吊不起来，可用两台起重机抬吊。图 7－13(a)所示为两点绑扎的柱，一台起重机吊柱上点，另一台起重机吊柱下点，将其平行抬起至离地大于 300 mm；图 7－13(b)中上吊点将柱抬升，下吊点不需提升，将柱抬成垂直状并在杯口处就位。

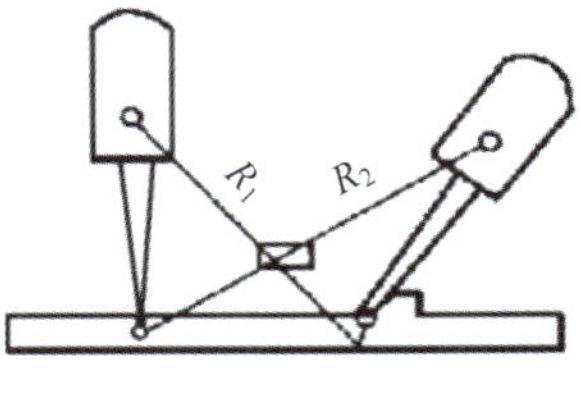

(a) 两点绑扎

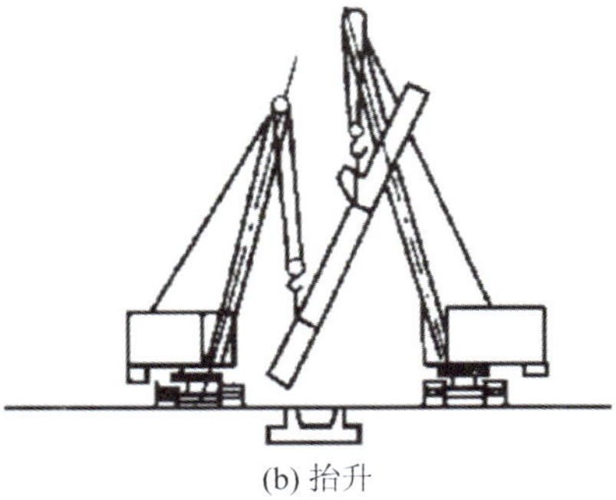

(b) 抬升

图 7－13　双机抬吊旋转法

双机抬吊滑行法是指柱为一点绑扎，且绑扎点靠近基础，起重机在柱两侧，两台起重机在柱同一点抬吊(见图 7-14)。

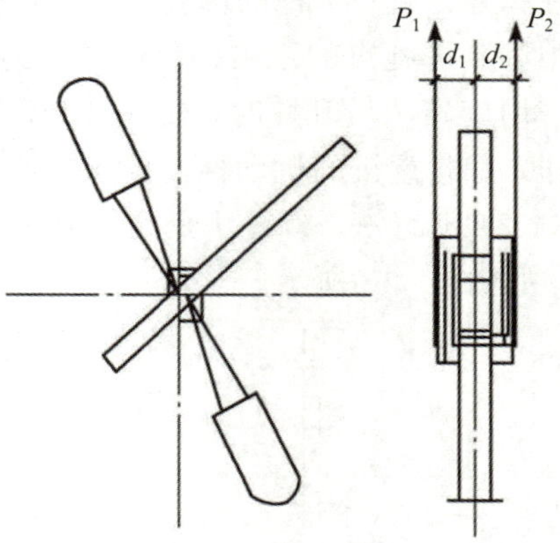

图 7-14 双机抬吊滑行法

3）柱的对位与临时固定

如果采用直吊法，柱脚插入杯口后，应于悬离杯底 30～50 mm 处进行对位。如采用斜吊法，则需将柱脚基本送到杯底，然后在吊索一侧的杯口中插入两个楔子，再通过起重机回转使其对位。对位时，应先从柱子四周向杯口放入 8 个楔块，并用撬棍拨动柱脚，使柱的吊装准线对准杯口上的吊装准线，并使柱基本保持垂直。

柱对位后，应先把楔块略微打紧，再放松吊钩，检查柱沉至杯底后的对中情况，若符合要求，即可将楔块打紧，然后起重钩便可脱钩。吊装重型柱或细长柱时，除需按上述步骤进行临时固定外，必要时还应增设缆风绳拉锚。

4）柱的校正与最后固定

柱的校正包括校正平面位置、标高和垂直度三个方面。柱的标高校正在基础抄平时已进行，平面位置在对位过程中也已完成，因此柱的校正主要是指垂直度的校正。

柱垂直度的校正是用两台经纬仪从柱相邻两边检查柱吊装准线的垂直度。柱垂直度的校正方法如下：

(1) 当柱较轻时，可用打紧或放松楔块的方法或用钢钎来纠正；

(2) 当柱较重时，可用螺旋千斤顶斜顶、钢管支撑斜顶等方法纠正，如图 7-15 所示。

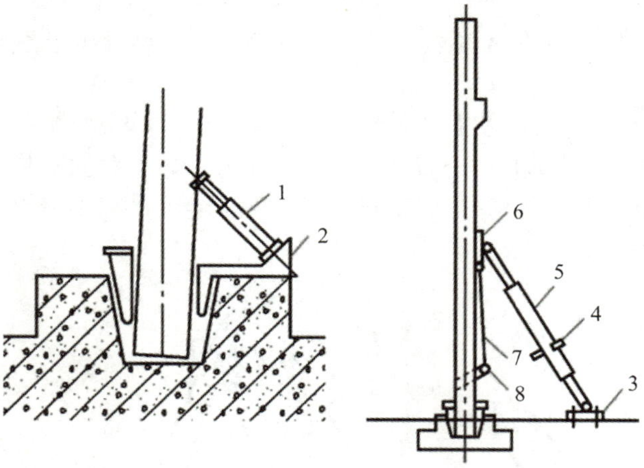

(a) 千斤顶斜顶　(b) 钢管支撑斜顶

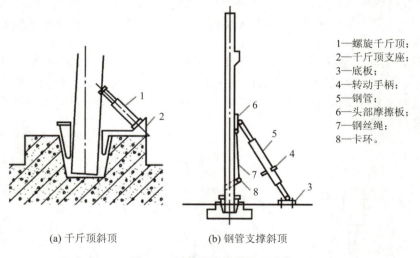

1—螺旋千斤顶；
2—千斤顶支座；
3—底板；
4—转动手柄；
5—钢管；
6—头部摩擦板；
7—钢丝绳；
8—卡环。

图 7-15 柱垂直度的校正方法

柱最后固定的方法是在柱与杯口的空隙内浇筑细石混凝土。灌缝工作应在校正后立即进行，且浇筑比柱混凝土强度等级高一级的细石混凝土。混凝土的浇筑分两次进行。第一次浇至楔子底面，待混凝土强度达到设计强度的 25%后，拔出楔子，全部浇满。振捣混凝土时，注意不要碰动楔子。待第二次浇筑的混凝土强度达到75%的设计强度后，方能安装上部构件。

2. 吊车梁的吊装

吊车梁的类型有T形、鱼腹形和组合形等，长度一般为6～12 m，质量为3～5 t。当杯口内二次浇筑的混凝土达75%强度时，即可进行吊车梁的安装，其安装内容包括绑扎、吊升、对位、临时固定、校正和最后固定。

1）吊车梁的绑扎、吊升、对位和临时固定

吊车梁绑扎点应对称设在梁的两端，吊钩应对准梁的中心，以便起吊后梁身基本保持水平。梁的两端应设溜绳控制，避免悬空时碰撞柱子。吊车梁对位时应缓慢降钩，使吊车梁端与柱牛腿面的横轴线对准。在对位过程中不宜用撬棍顺纵轴方向撬动吊车梁，因为柱子顺纵轴线方向的刚度较差，撬动后会使柱顶产生偏移。假如横线未对准，应将吊车梁吊起，再重新对位。

2）吊车梁的校正和最后固定

吊车梁的校正工作可在屋盖结构吊装前进行，也可在屋盖吊装后进行，但要考虑安装屋架、支撑等构件时可能引起的柱子变位，从而影响吊车梁的准确位置。对较重的吊车梁，由于摘除吊钩后校正困难，宜边吊边校。

吊车梁的校正内容主要包括平面位置和垂直度的校正。因为在做基础抄平时，已对牛腿面至柱脚的距离做过测量和调整，如吊车梁的标高仍存在误差，可于安装吊车轨道时，在吊车梁面上抹一层砂浆找平。

吊车梁的垂直度用铅锤检查，当偏差超过规范规定的允许值(5 mm)时，应在梁的两端与柱牛腿面之间垫斜垫铁予以纠正。

检查吊车梁安装纵轴线是否存在偏差的方法很多，现介绍以下两种：

(1) 通线法。根据柱的定位轴线，在车间两端地面定出吊车梁定位轴线的位置，打下木桩，并设置经纬仪(见图7-16)。用经纬仪先将车间两端的四根吊车梁位置校正准确，并用钢尺检查两列吊车梁之间的跨距 L_k 是否符合要求，然后在四根已校正的吊车梁端设置金属支架，并将钢丝固定在支架上形成通线。检查时，沿通线用垂球检查各吊车梁的定位纵轴线与通线是否在同一垂线上，如发现二者有不一致之处，则根据通线来逐根拨正吊车梁。拨动吊车梁可用撬棍、手动葫芦或其他工具。若吊车梁顶面宽度允许安放经纬仪，也可以将经纬仪架设到已校正好的吊车梁上，用经纬仪逐根校正吊车梁。

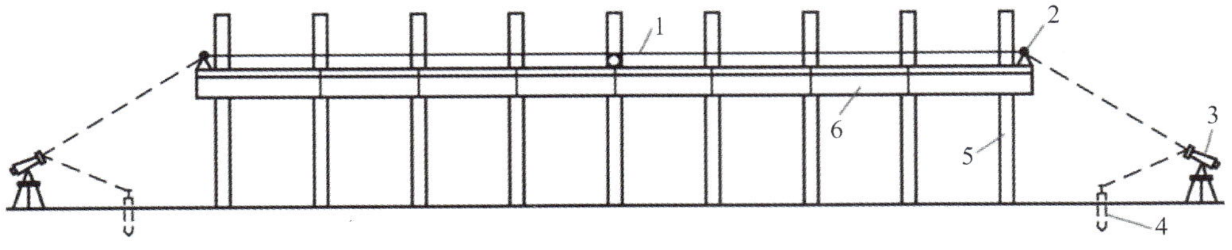

1—钢丝；2—支架；3—经纬仪；4—轴线控制桩；5—柱；6—吊车梁。

图7-16　通线法校正吊车梁

(2) 平移轴线法。在柱列边设置经纬仪，将各柱杯口处的吊装准线投射到吊车梁顶面处的柱身上(或在各柱上放一条与吊车梁轴线等距离的校正基准线)，并进行标志，如图7-17所示。若标志线至柱定位轴线的距离为 a，则标志线到吊车梁安装轴线的距离应为 $\lambda-a$，其中 λ 为柱定位轴线到吊车梁定位轴线之间的距离。据此逐根拨正吊车梁的中心线，并检查两列吊车梁间的轨距是否符合要求。

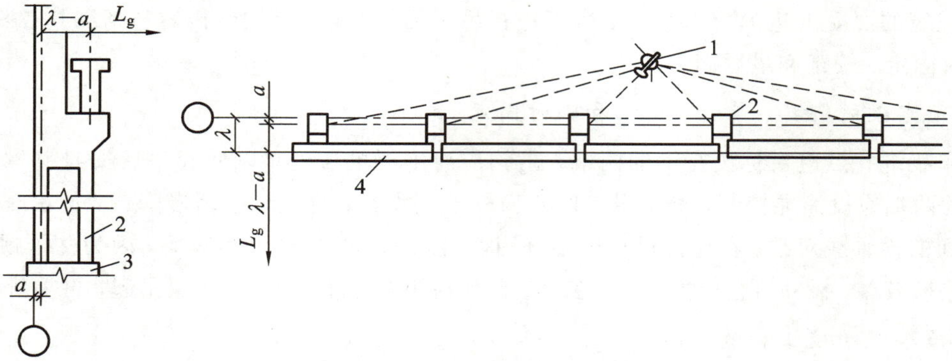

1—经纬仪；2—柱；3—柱基础；4—吊车梁。

图 7－17　平移轴线法校正吊车梁

3. 屋架的吊装

钢筋混凝土预应力屋架一般在施工现场平卧叠浇产生，吊装前应将屋架扶直、就位。屋架安装的主要工序有绑扎、扶直与就位、吊升、对位、临时固定、校正、最后固定等。

1) 屋架的绑扎

屋架的绑扎点应选在上弦节点处，左右对称。绑扎吊索的合力作用点(绑扎中心)应高于屋架重心，绑扎吊索与构件的水平夹角在扶直时不宜小于 60°，在吊升时不宜小于 45°，以免屋架承受较大的横向压力。如图 7－18 所示，屋架跨度小于 18 m 时，用两点绑扎；屋架跨度大于 18 m 时，用两根吊索四点绑扎；当跨度大于 30 m 时，应考虑采用横吊梁，以降低起重高度；对于三角形组合屋架等刚性较差的屋架，由于下弦不能承受压力，绑扎时也应采用横吊梁。

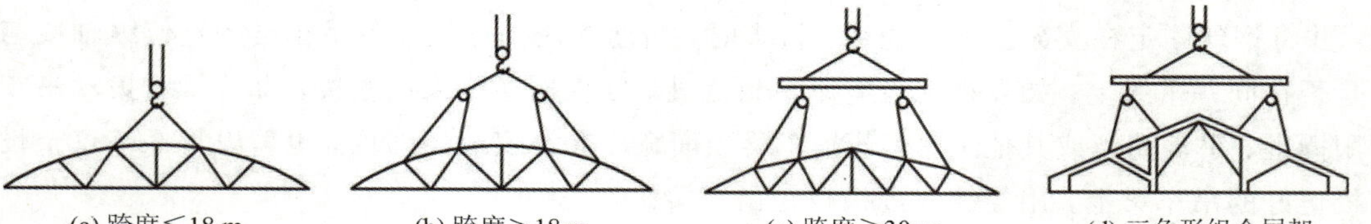

(a) 跨度≤18 m　(b) 跨度＞18 m　(c) 跨度≥30 m　(d) 三角形组合屋架

图 7－18　屋架的绑扎

2) 屋架的扶直与就位

钢筋混凝土屋架一般是在施工现场平卧预制，在安装前，先要翻身扶直，并将屋架吊运至预定地点排放。钢筋混凝土屋架的侧向刚度较差，扶直时由于自重的影响，改变了杆件的受力性质，特别是上弦杆极易扭曲造成屋架损伤，所以在屋架扶直时必须采取技术措施，严格遵守操作要求，才能保证安全施工。必要时应进行扶直验算。

按起重机和屋架的相对位置不同，扶直屋架可分为正向扶直和反向扶直。

(1) 正向扶直：起重机位于屋架下弦一边，以吊钩对准屋架中心，使屋架以下弦为轴缓缓吊为直立状态，如图 7－19(a)所示。

（2）反向扶直：起重机位于屋架上弦一边，以吊钩对准屋架中心，使屋架以下弦为轴缓缓吊起转为直立状态，如图 7－19(b)所示。

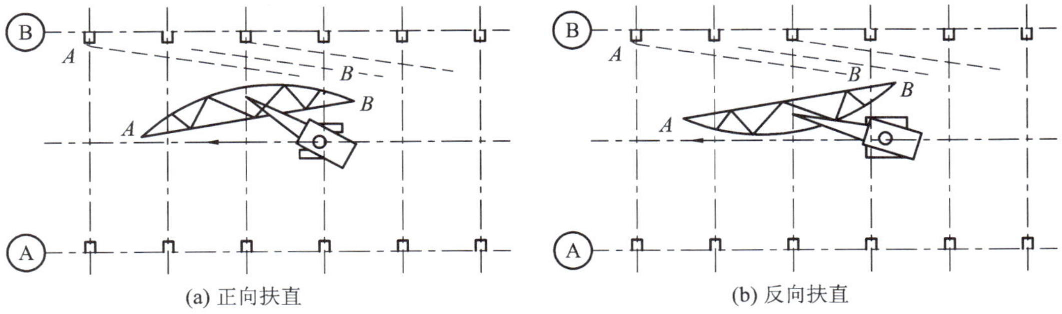

图 7－19　屋架的扶直

注：虚线表示屋架排放的位置。

3）屋架的吊升

（1）准备工作：在吊升屋架之前，需要确保起重机的性能良好，吊索、吊钩等吊装工具经过检查且符合要求。同时，要对屋架进行再次检查，确认其尺寸、质量等符合设计要求，且表面无损坏、变形等问题。

（2）起吊方式：根据屋架的类型、重量和现场条件等因素，选择合适的起吊方式。常见的有单机吊装和双机抬吊等。单机吊装适用于重量较小、跨度不大的屋架；双机抬吊则适用于重量较大、跨度较大的屋架，可以分担重量，保证吊装过程的平稳。

（3）起吊过程：在起吊时，要保持屋架的水平和稳定。起吊速度应均匀缓慢，避免突然加速或减速导致屋架晃动或倾斜。同时，要有专人负责指挥，确保起重机操作人员按照指挥信号进行操作。当屋架吊离地面一定高度后，要暂停起吊，检查吊索、吊钩的受力情况及屋架的稳定性，确认无误后再继续起吊。

4）屋架的对位

（1）确定位置：将屋架吊至安装位置上方后，需要根据设计图纸和测量标记，准确确定屋架的安装位置。这包括屋架在跨度方向和轴线方向的位置，以及屋架的标高。

（2）调整位置：通过起重机的微调功能，缓慢地将屋架移动到安装位置。在移动过程中，要时刻观察屋架与安装位置的相对位置，确保屋架能够准确地落在预定位置上。可以使用经纬仪、水准仪等测量仪器进行辅助测量，保证对位的精度。

5）屋架的临时固定

（1）设置临时支撑：当屋架对位完成后，需要立即进行临时固定，以防止屋架在后续的校正和最后固定过程中发生移动或倾斜。常见的临时固定方法是在屋架的两侧设置临时支撑，如缆风绳、钢管支撑等。缆风绳可以根据屋架的高度和跨度设置多道，通过拉紧缆风绳来固定屋架；钢管支撑则可以直接支撑在屋架的底部，提供稳定的支撑力。

（2）检查固定情况：在设置临时支撑后，要检查支撑的牢固程度和稳定性。确保缆风绳拉紧程度适中，钢管支撑的位置正确、支撑力足够。同时，要检查屋架与临时支撑之间的连接是否可靠，避免在后续施工过程中出现松动或脱落的情况。

6）屋架的校正

（1）垂直度校正：使用经纬仪或线坠等工具，测量屋架的垂直度偏差。根据测量结果，通过调整缆风绳的长度或在屋架底部设置垫板等方式校正屋架的垂直度。在校正过程中，要反复测量和调整，直到屋架的垂直度满足设计要求。

（2）水平度校正：使用水准仪测量屋架的水平度偏差。如果屋架存在水平度偏差，可以通过在屋架的支座处调整垫板的厚度来进行校正。同样，要反复测量和调整，确保屋架的水平度符合要求。

7）屋架的最后固定

（1）焊接或螺栓连接：当屋架的垂直度和水平度校正完成且经检查确认无误后，即可进行最后固定。如果屋架与支座之间采用焊接连接，则需要按照设计要求进行焊接施工，确保焊接质量符合标准；如果采用螺栓连接，则要拧紧螺栓，保证连接的牢固性。

（2）检查固定质量：在完成最后固定后，要对固定质量进行全面检查。检查焊接部位的焊缝质量是否合格，螺栓连接是否紧固到位。同时，再次检查屋架的垂直度和水平度，确保在固定过程中没有发生变化。

三、结构安装方案

在拟订单层工业厂房结构方案时，应着重解决起重机选择、结构安装方法、起重机开行路线和构件平面布置等问题。

1. 起重机选择

一般钢筋混凝土单层工业厂房的构件吊装，多采用履带式、汽车式、轮胎式起重机。在没有上述起重机的情况下，也可采用桅杆式起重机等。

起重机型号选择取决于三个工作参数，即起重量、起重高度和起重半径。三个工作参数均应满足结构安装的要求。

2. 结构安装方法

单层工业厂房的结构安装方法有分件安装法与综合安装法两种。

1）分件安装法

分件安装法是指起重机在车间内每开行一次仅安装一种或两种构件的方法，通常分四次开行安装完全部构件。

第一次开行，安装全部柱子，并对柱子进行校正和最后固定；

第二次开行，屋架扶直与排放；

第三次开行，安装吊车梁、连系梁和柱间支撑等；

第四次开行，分节间安装屋架、天窗架、屋面板及屋面支撑等。

图 7-20 所示为分件安装时的构件安装顺序。

此外，在屋架安装前还要进行屋架的扶直、排放，屋面板的运输、堆放，以及起重臂必要时的接长等工作。

分件安装法由于每次基本上是安装同类型构件，索具无须经常更换，操作程序基本相同，所以安装速度快，能充分发挥起重机的工作能力。此外，该安装方法也有利于构件的供应、现场的平面布置及构件的校正。因此，目前装配式钢筋混凝土单层工业厂房多采用分件安装法。

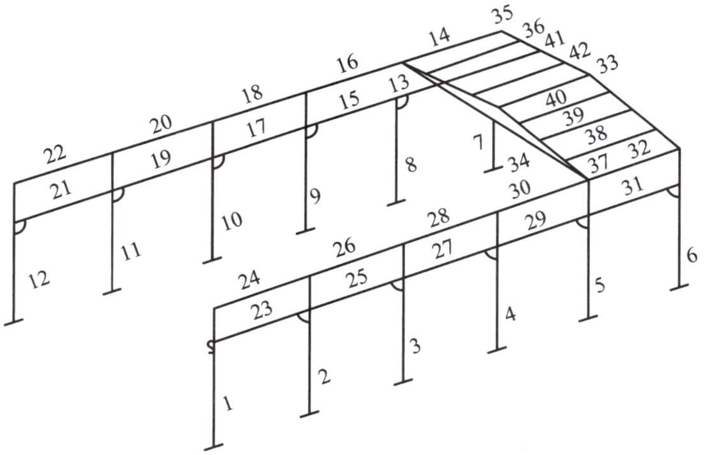

图 7-20　分件安装时构件安装顺序

注：图中数字表示构件安装顺序及名称，其中 1～12 为柱子；13～32 单数为吊车梁，双数为连系梁；33、34 为屋架；35～42 为屋面板。

2）综合安装法

综合安装法是指起重机在一次开行中，分节间安装完各种类型的构件的方法。首先安装 4～6 根柱子并立即进行校正和最后固定；接着吊装吊车梁、连系梁、屋架、天窗架、屋面板等构件；然后将起重机移动到一个节间，安装两根柱子，再安装一个节间的全部构件，完成后移动起重机。如此反复，直至完成整个车间的结构安装。

综合安装法要同时安装各种类型的构件，影响起重机的生产率，并使构件的供应、平面布置复杂化，构件的校正也较困难，因此，目前较少采用。

由于分件安装法与综合安装法各有优缺点，目前，不少工地采用分件安装法安装柱子，而用综合安装法安装吊车梁、连系梁、屋架、天窗架、屋面板等各种构件，即起重机分两次开行安装完全部结构构件。

3. 起重机开行路线

起重机开行路线和停机位置与起重机的性能、构件尺寸及质量、构件的平面布置、构件的供应方式、安装方法等许多因素有关。

吊装屋架、屋面板等屋面构件时，起重机宜沿跨中开行；吊装柱子时，则视跨度大小、构件尺寸、质量及起重机性能，沿跨中开行或沿跨边开行。

4. 构件平面布置

当起重机型号及结构吊装方案确定之后，即可根据起重机性能、构件制作及吊装方法，结合施工现场情况确定构件的平面布置。

1）构件平面布置的要求

构件平面布置的要求有如下六条：

(1) 每跨的构件宜布置在本跨内，如场地狭窄、布置有困难，也可布置在跨外便于安装的地方。

(2) 构件的布置应便于支模和浇筑混凝土。对于预应力构件，应留有抽管及穿筋的操作场地。

(3) 构件的布置要满足安装工艺的要求，尽可能在起重机的工作半径内，以减少起重机“跑吊”的距离及起重杆的起伏次数。

(4) 构件的布置应保证起重机、运输车辆的道路畅通。起重机回转时，机身不得与构件相碰。

(5) 构件的布置要注意安装时的朝向，避免在空中调向，影响进度和安全。

(6) 构件应布置在坚实地基上。在新填土上布置时，土要夯实，并采取一定措施，防止地基下沉而影响构件质量。

2) 柱的预制布置

柱的预制布置有斜向布置和纵向布置两种。

(1) 柱的斜向布置。柱如以旋转法起吊，应按三点共弧斜向布置，如图 7-21 所示。

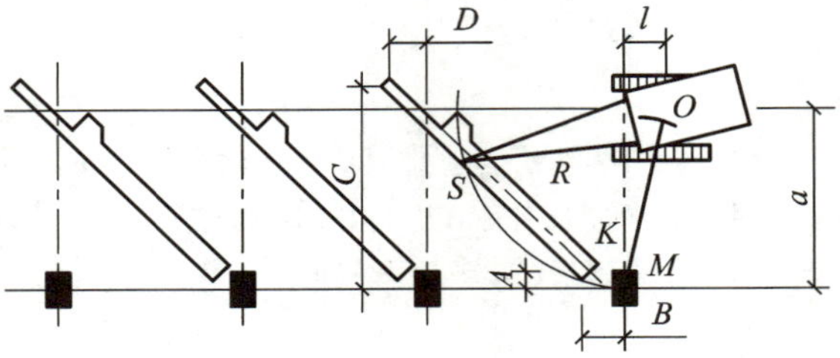

图 7-21　柱的斜向布置

(2) 柱的纵向布置。当柱采用滑行法吊装时，可以纵向布置。预制柱的位置与厂房纵轴线相平行。若柱长小于 12 m，为节约模板与场地，两柱可叠浇，排成一行；若柱长大于 12 m，则可叠浇，排成两行。在柱吊装时，起重机宜停在两柱基的中间，每停机一次可吊装两根柱子，如图7-22 所示。

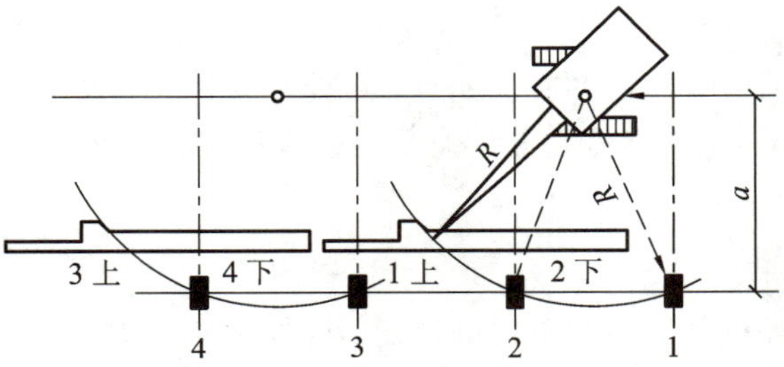

图 7-22　柱的纵向布置

3) 屋架的预制布置

屋架一般在跨内平卧叠浇预制，每叠 2～3 榀。布置方式有正面斜向、正反斜向及正反纵向三种，如图 7-23 所示。其中应优先采用正面斜向布置，以便于屋架扶直就位；只有当场地受限制时，才采用其他方式。

屋架正面斜向布置时，下弦与厂房纵轴线的夹角 α 为 10°～20°；预应力屋架的两端应留出 $\left(\frac{l}{2}+3\right)$m 的距离($l$ 为屋架跨度)作为抽管、穿筋的操作场地；如一端抽管，应留出(l+3)m 的距离。用胶皮管作预留孔时，可适当缩短预留距离。每两垛屋架间要留 1 m 左右的空隙，以便支模和浇筑混凝土。

屋架平卧预制时还应考虑屋架扶直就位的要求和扶直的先后次序，先扶直的放在上层并按轴编号。对屋架两端朝向及预埋件位置也要做出标记。

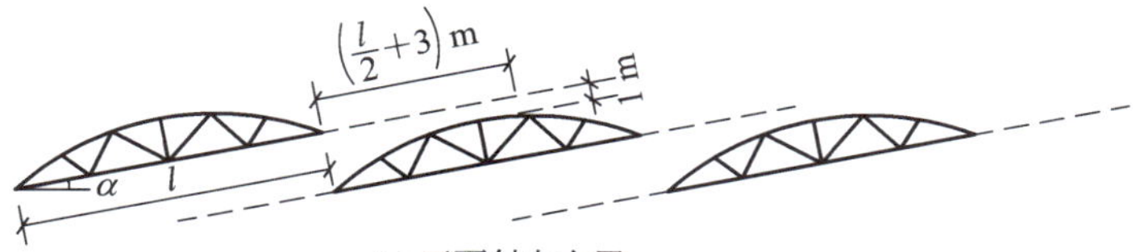

(a) 正面斜向布置

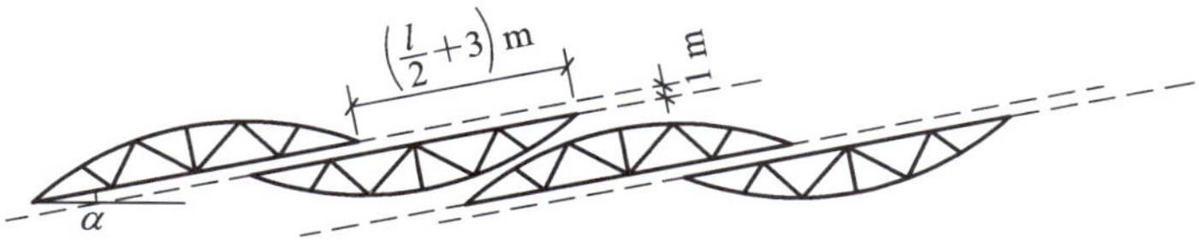

(b) 正反斜向布置

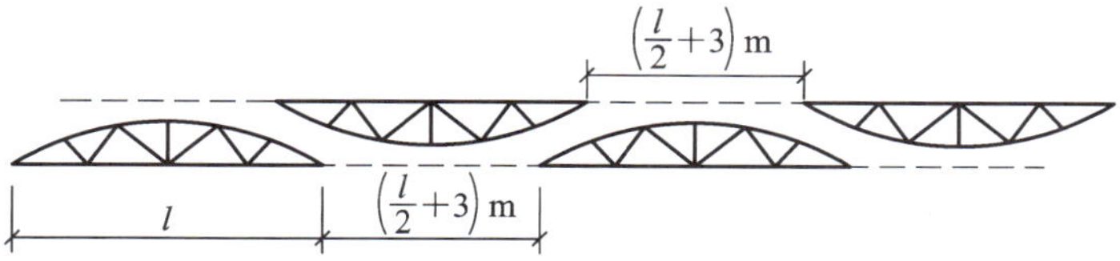

(c) 正反纵向布置

图 7－23　屋架的预制布置

4）吊车梁的预制布置

将吊车梁安排在现场预制时，可靠近柱基顺纵向轴线或略作倾斜布置，也可插在柱子的空当中预制。如具有运输条件，也可在场外集中预制。

5）屋架的扶直就位

屋架扶直后应立即进行就位。按就位的位置不同，可分为同侧就位和异侧就位两种，如图 7－24 所示。同侧就位时，屋架的预制位置与就位位置均在起重机开行路线的同一边；异侧就位时，需将屋架由预制的一边转至起重机开行路线的另一边，此时，屋架两端的朝向已有变动。因此在预制屋架时，对屋架的就位位置应事先加以考虑，以便确定屋架两端的朝向及预埋件的位置。

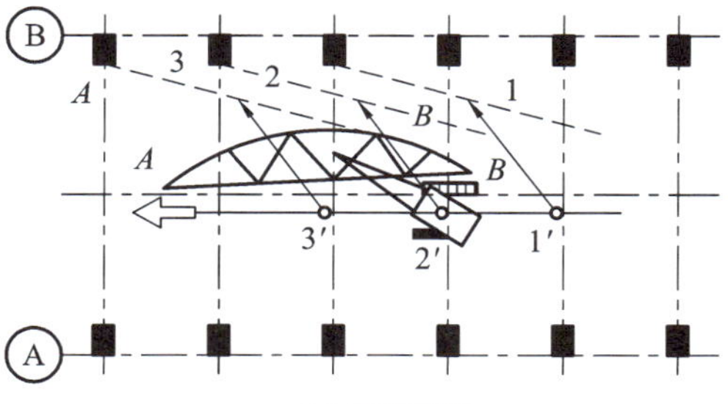

(a) 同侧就位

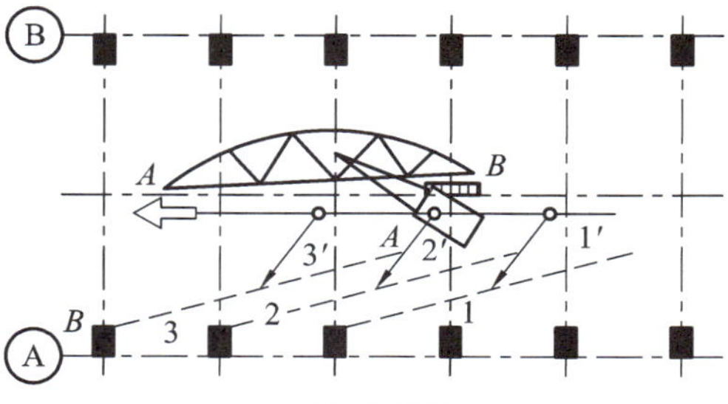

(b) 异侧就位

图 7－24　屋架就位

6）吊车梁、连系梁、屋面板的就位

单层工业厂房除了柱子和屋架等大构件在现场预制外，其他构件如吊车梁、连系梁、屋面板等均在构件厂或附近露天预制场制作，再运到现场进行吊装施工。

构件运到现场后，应按施工组织设计所规定的位置，按编号及构件吊装顺序进行就位或集中堆放。梁式构件的叠放不宜超过 2 层，大型屋面板的叠放不宜超过 8 层。

吊车梁、连系梁的就位位置，一般在其吊装位置的柱列附近，跨内、跨外均可，从运输车上直接吊至设计位置。

根据起重机吊屋面板时所需的起重半径，当屋面板在跨内排放时，应后退 3～4 节间开始排放；若在跨外排放，应向后退 1～2 个节间开始排放。此外，也可根据具体条件采取随吊随运的方法。

第三节　多层和高层建筑结构安装

多层装配式框架结构可分为梁板式结构和无梁板式结构。梁板式结构由柱、主梁、次梁和楼板组成；无梁板式结构由柱、柱帽、柱间板和跨间板组成。在拟定多层房屋结构安装方案时，应着重解决起重机械的选择与布置、结构安装方法、构件的平面布置及构件的吊装工艺等问题。

一、起重机械的选择与布置

1. 起重机械的选择

多层房屋结构常用的起重机械有履带式起重机、汽车式起重机、轮胎式起重机及塔式起重机等。

5 层以下的民用建筑及高度在 18 m 以下的工业厂房或外形不规则的多层厂房，选用履带式起重机、汽车式起重机或轮胎式起重机较适合。

总高度在 25 m 以下、宽度在 15 m 以内、构件质量在 2～3 t 以下的多层房屋，一般可选用 QT1-6 型塔式起重机(起重力矩 40～45 kN·m)或具有相同性能的其他轻型塔式起重机。

10 层以上的高层装配式结构，由于高度大，普通塔式起重机的安装高度不能满足要求，需采用爬升式塔式起重机或附着式塔式起重机。

选择塔式起重机型号时，首先应分析工程结构情况，并绘制剖面图，在图上标明各主要构件的质量 Q_i、吊装时所需的起重半径 R_i。然后根据现有起重机性能，验算其起重量、起重高度和起重半径，看看是否满足要求，如图 7-25 所示。

当塔式起重机的起重能力用起重力矩表达时，应分别算出主要构件所需的起重力矩 [$M_i = Q_i \cdot R_i$(kN·m)]，取其最大值 M_{max} 作为选择的依据。

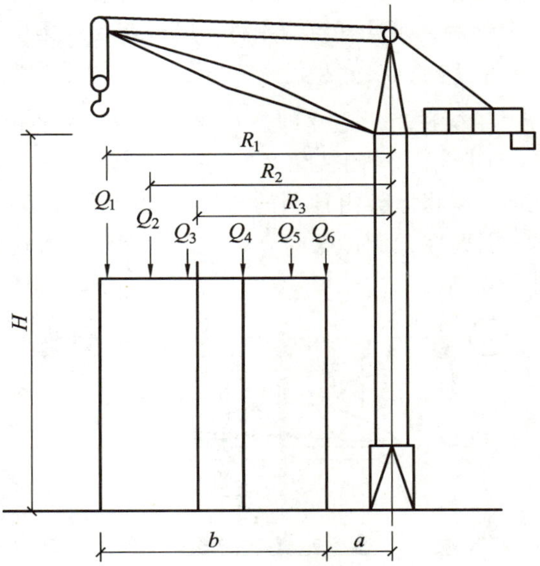

图 7-25　塔式起重机工作参数计算简图

2. 起重机械的平面布置

塔式起重机的布置方案主要应根据建筑物的平面形状、构件质量、起重机性能及施工现场地形等条件确定。通常有以下两种布置方案。

(1) 单侧布置。单侧布置[见图 7-26(a)]是常用的布置方案。当建筑物宽度较小、构件质量较轻时采用单侧布置较适合。此时，其起重半径应满足：

$$R \geqslant b + a \tag{7-1}$$

式中：R 为起重机吊装最远构件时的起重半径(m)；b 为建筑物宽度(m)；a 为建筑物外侧至塔轨中心距离(3～5 m)。

单侧布置的优点是轨道长度较短，在起重机的外侧有较宽的构件堆放场地。

(2) 双侧(或环形)布置。双侧(或环形)布置[见图 7-26(b)]适用于建筑物宽度较大(b>17 m)或构件质量较大，单侧布置的起重力矩不能满足最远构件吊装要求的情况。此时起重半径应满足：

$$R \geqslant \frac{b}{2} + a \tag{7-2}$$

若建筑物周围场地狭窄，起重机不能布置在建筑物外侧，或者由于构件较重而建筑物宽度又较大，塔式起重机在建筑物外侧布置不能满足构件吊装要求时，可将起重机布置在跨内。其布置方式有跨内单行布置[见图 7-26(c)]和跨内环形布置[见图 7-26(d)]两种。

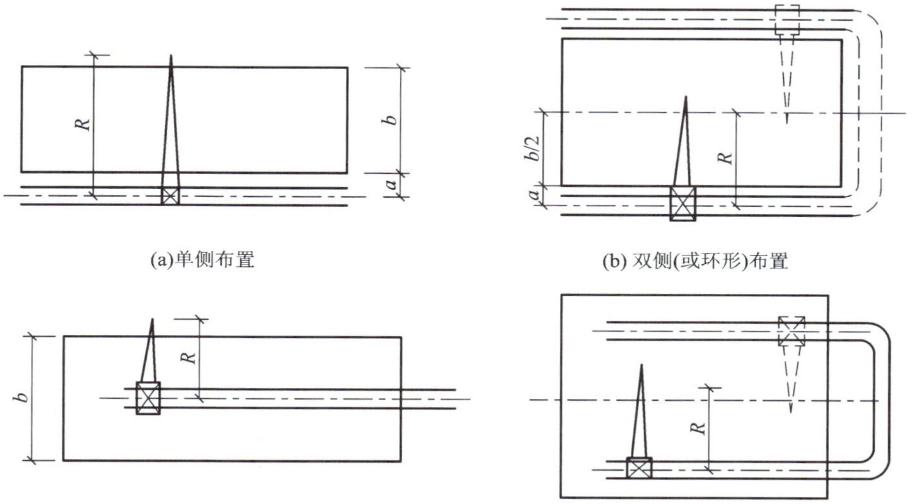

(a)单侧布置　(b) 双侧(或环形)布置

(c) 跨内单行布置　(d) 跨内环形布置

图 7-26　塔式起重机在建筑物外侧布置

塔式起重机跨内布置只能采用竖向综合吊装，结构稳定性差；同时，构件多布置在起重机回转半径之外，须增加二次搬运的操作；此外，对建筑物外侧围护结构的吊装也较困难。因此，应尽可能不采用跨内布置方案，尤其是跨内环形布置。

二、结构安装方法

多层装配式框架结构的安装与单层装配式混凝土结构工业厂房的安装方法相同，可分为分件安装法和综合安装法两种。

1. 分件安装法

分件安装法根据流水方式分为分层分段流水安装法和分层大流水安装法两种。分层分段流水安装法是以一个楼层(或一个柱节)为一个施工层，每一个施工层再划分为若干个施工段，进行构件起吊、校正、定位、焊接、接头灌浆等工序的流水作业。分层大流水安装法和分层分段流水安装法的不同之处在于，分层大流水安装法的每个施工层不再划分施工段，而是按照一个楼层组织各工序的流水作业。

选择分层分段流水安装法还是分层大流水安装法，要根据工地现场的具体情况来定，如施工现场场地的情况、各安装构件的装备情况等。

2. 综合安装法

综合安装法是将多个构件组合成较大的单元(如整层或部分楼层)，然后一次性吊装到位的方法。这种方法适合于大型开放空间建筑或场地条件允许大件运输和吊装的情况。安装过程是先在地面或者其他预制区域预先组装好一个或多个楼层的框架；再使用大型起重机一次性将这些预组装好的框架吊起并安装到指定位置；完成一层后继续组装下一层，并重复上述过程。

三、构件平面布置

多层装配式结构构件，除质量较大的柱在现场就地预制外，其余构件一般在预制厂制作，再运至工地安装。因此，构件平面布置要着重解决柱在现场预制的布置问题。多层装配式房屋布置方式与房屋结构特点、所选用起重机型号及起重机的布置方式有关。

构件平面布置方案一般有下列三种(见图 7－27)：

(1) 平行布置。平行布置即柱身与轨道平行，是常用的布置方案。柱可叠浇，将几层高的柱通长预制，能减少柱接头偏差。

(2) 斜向布置。斜向布置即柱身与轨道成一定角度。吊装柱时，可用旋转法起吊，斜向布置适用于较长的柱。

(3) 垂直布置。垂直布置即柱身与轨道垂直，适用于起重机在跨中开行，柱吊点在起重机起重半径之内的情况。

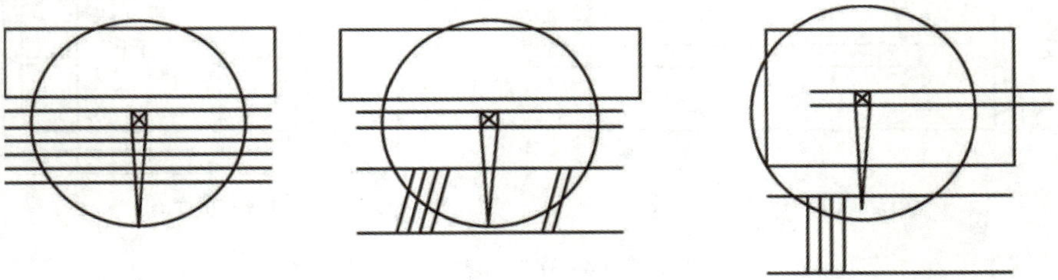

(a) 平行布置　(b) 斜向布置　(c) 垂直布置

图 7－27　使用塔式起重机吊装时构件平面布置方案

四、构件吊装工艺

1. 柱的吊装

柱的吊装主要包括柱的绑扎和起吊、柱的临时固定和校正及柱的接头施工等。

1) 柱的绑扎和起吊

为了便于预制和吊装，各层柱截面应尽量保持不变，而以改变配筋或混凝土强度等级来适应荷载的变化。柱长度一般以 1～2 层楼高为一节，也可以 3～4 层楼高为一节，视起重机性能而定。当采用塔式起重机进行吊装时，以 1～2 层楼高为宜；对 4～5 层框架结构，采用履带式起重机进行吊装时，柱长可采用一节到顶的方案。柱与柱的接头宜设在弯矩较小位置或梁柱节点位置，同时要照顾到施工方便。每层楼的柱接头宜布置在同一高度，以便于统一构件规格，减少构件型号。

(1) 绑扎。多层框架柱由于长细比较大，吊装时必须合理选择吊点位置和吊装方法，必要时应对吊点进行吊装应力和抗裂度验算。一般情况下，当柱长在 12 m 以内时可采用一点绑扎、旋转法起吊；对 14～20 m 的长柱，则应采用两点绑扎起吊。应尽量避免采用多点绑扎，以防止在吊装过程中构件受力不均而产生裂缝或断裂。

(2) 起吊。柱的起吊方法与单层厂房柱吊装相同。上柱的底部都有外伸钢筋，吊装时必须采取保护措施，防止钢筋碰弯。外伸钢筋的保护方法有用钢管保护柱脚外伸钢筋及用垫木栓保护外伸钢筋等。

2) 柱的临时固定和校正

框架底柱与基础杯口的连接与单层厂房相同。上、下两节柱的连接是多层框架结构安装的关键。其临时固定可用管式支撑。柱的校正需要进行 2～3 次。首先在脱钩后电弧焊前进行初校；在电弧焊后进行二校，观测钢筋因电弧焊受热收缩不均而引起的偏差；在梁和楼板吊装后再校正一次，消除梁柱接头电弧焊产生的偏差。

在柱的校正过程中，当垂直度和水平位移均有偏差时，如垂直度偏差较大，则应先校正垂直度，然后校正水平位移，以减小柱倾覆的可能性。柱的垂直度偏差允许值为 $H/1000$（H 为柱高），且不大于 15 mm。水平位移允许偏差值应控制在 ±5 mm 以内。

对于多层框架长柱，由于阳光照射的温差对垂直度有影响，使柱产生弯曲变形，因此，在校正中须采取适当措施。例如，可在无强烈阳光时（阴天、早晨、晚间）进行校正；同一轴线上的柱可选择第一根柱在无温差影响时校正，其余柱均以此柱为标准；柱校正时应预留偏差。

3) 柱的接头施工

柱的接头有榫式接头、插入式接头和浆锚接头三种，如图 7-28 所示。

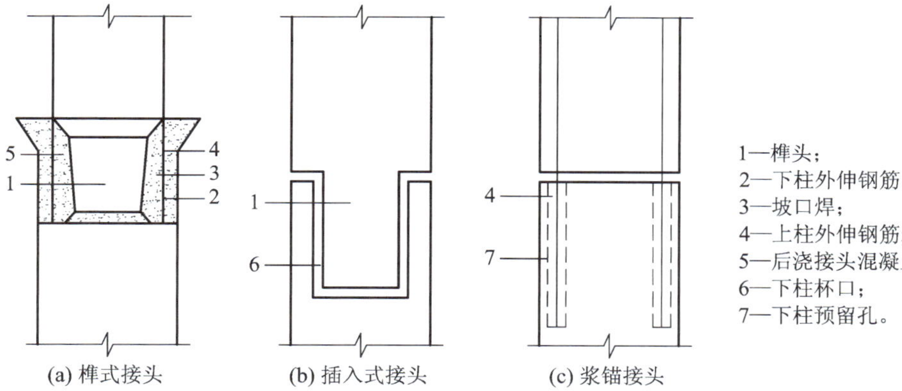

图 7-28 柱接头形式

(1) 榫式接头。将上节柱的下端混凝土做成榫头状，承受施工荷载。上柱和下柱的外露钢筋的受力筋用坡口焊焊接，再配置一些箍筋，最后浇筑接头混凝土以形成整体。待接头混凝土达到 70% 的设计强度后，再吊装上层构件。

(2) 插入式接头。将上柱做成榫头，下柱顶部做成杯口，上柱插入杯口后用水泥砂浆灌注填实。接头处灌浆的方法有压力灌浆和自重挤浆两种。

(3) 浆锚接头。将上柱伸出的钢筋插入下柱的预留孔中，然后用水泥砂浆灌缝锚固，使上、下柱形成一个整体。浆锚接头有后灌浆和压浆两种工艺。

2. 梁的吊装

框架结构的预制梁分为普通梁和叠合梁两种。为增强结构的整体性，叠合梁上部要留出

0.12～0.15 m 的现浇叠合层。

框架结构的楼板多为预应力密肋楼板、预应力槽形板和预应力空心板等。楼板一般都是直接搁置在梁上，接缝处用细石混凝土灌实。其吊装方法与单层工业厂房的吊装基本相同。

梁与柱常见的接头形式有明牛腿式刚性接头、齿槽式接头和整体浇筑混凝土式接头等。

(1) 明牛腿式刚性接头(见图 7－29)。在梁吊装后，先将梁端预埋钢板和柱牛腿上的预埋钢板焊接，起重机即可脱钩，再进行梁与柱的焊接。这种接头安装方便，节点刚度大，受力可靠，但牛腿占据了一定的空间，多用于多层厂房。

(2) 齿槽式接头(见图 7－30)。柱接头处的齿槽用于传递梁端剪力。梁吊装时搁置在“临时牛腿”上，由于搁置面积较小，为确保安全，应将梁一端的上部接头钢筋先焊接好两根，然后起重机才能脱钩。

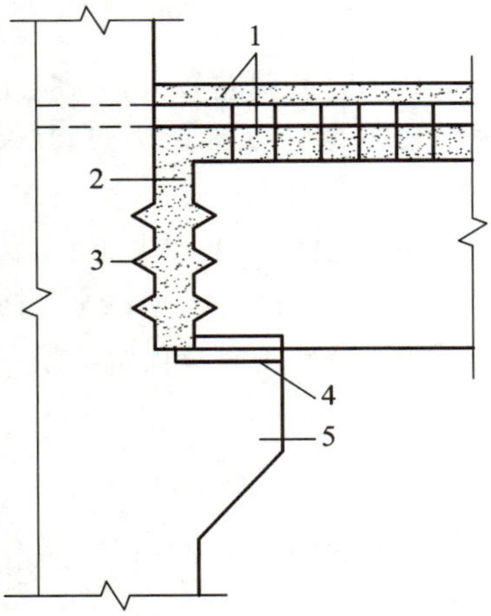

1—坡口焊钢筋；2—后浇细石混凝土；3—齿槽；4—预埋钢板；5—牛腿。

图 7－29　明牛腿式刚性接头

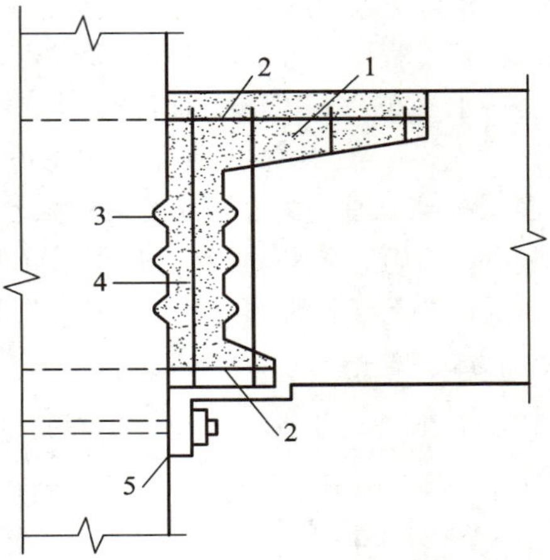

1—后浇细石混凝土；2—坡口焊钢筋；3—齿槽；4—附加钢筋；5—临时牛腿。

图 7－30　齿槽式接头

(3) 整体浇筑混凝土式接头(见图 7－31)。每层一节的柱子，上节柱带有榫头，梁搁于柱上。梁底钢筋按锚固要求向上弯起或焊接，在节点核心区安装箍筋后再分次浇筑混凝土。第一次浇筑至楼板面，待混凝土强度达到 10 N/mm 以上时，再吊装上节柱。上节柱与下节柱的钢筋采用搭接连接，搭接长度为 20 d。混凝土第二次浇筑至上节柱的榫头上部，留35 mm 左右的空隙，用细石混凝土捻缝。

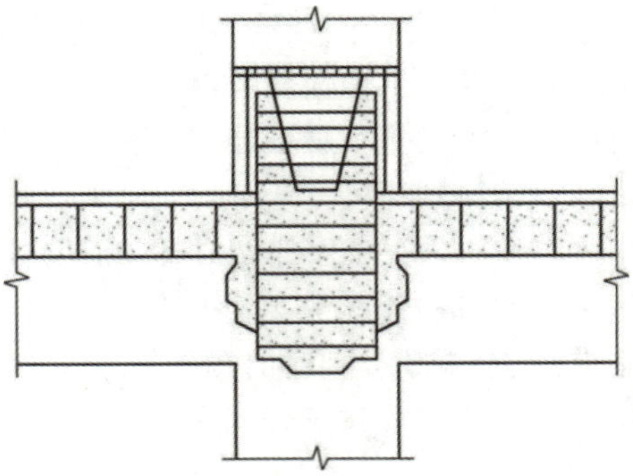

图 7－31　上节柱带榫头的整体浇筑混凝土式接头

第四节　钢结构安装

一、钢结构的材料

钢材的各种规格及截面特征均应按相应技术标准选用。钢结构常用板材、型材如下。

(1) 钢板和钢带。钢结构使用的钢板(钢带)按轧制方法分为冷轧板和热轧板。钢板按其厚度分为薄钢板(厚度不大于 4 mm)和厚钢板(厚度大于 4 mm)。

(2) 普通型材。普通型材有工字钢、槽钢及角钢等。

① H 型钢由工字钢发展而来。热轧 H 型钢分三类：宽翼缘 H 型钢(HW)，中翼缘 H 型钢(HM)，窄翼缘 H 型钢(HN)。

② 焊接 H 型钢是将钢板剪截、组合并焊接而成的呈 H 形的型钢，分为焊接 H 型钢(HA)、焊接 H 型钢钢桩(HGZ)、轻型焊接 H 型钢(HAQ)等。

③ 热轧剖分 T 型钢。热轧剖分 T 型钢由热轧 H 型钢剖分而成，分为宽翼缘剖分 T 型钢(TW)、中翼缘剖分 T 型钢(TM)、窄翼缘剖分 T 型钢(TN)三类。

④ 冷弯型钢。冷弯型钢是用可加工变形的冷轧或热轧钢带在连续辊式冷弯机组上生产的冷加工型材，有通用冷弯开口型钢和结构用冷弯空心型钢两种。

如图 7－32 所示，通用冷弯开口型钢按其形状分为八种，包括冷弯等边角钢、冷弯不等边角钢、冷弯等边槽钢、冷弯不等边槽钢、冷弯内卷边槽钢、冷弯外卷边槽钢、冷弯 Z 型钢、冷弯卷边 Z 型钢；空心型钢按外形可分为方形空心型钢(F)和矩形空心型钢(J)。方形空心型钢的规格表示方法为：F 边长×边长×壁厚。矩形空心型钢的规格表示方法为：J 长边×短边×壁厚。

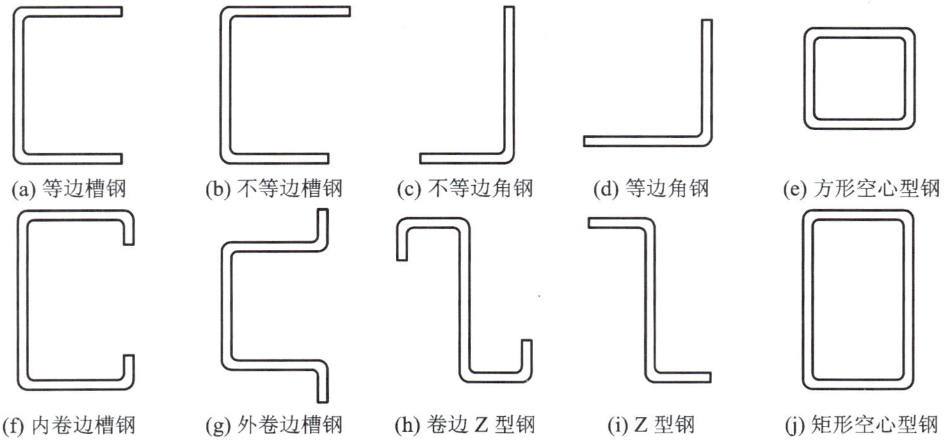

图 7－32　冷弯型钢

二、钢结构单层工业厂房的构件吊装

1. 钢柱的吊装

1) 钢柱的吊升

钢柱的吊升可采用自行式或塔式起重机，用旋转法或滑行法吊升。当钢柱较重时，可采用双机抬吊，用一台起重机抬下吊点，采用双机并立相对旋转法进行吊装，如图 7－33 所示。

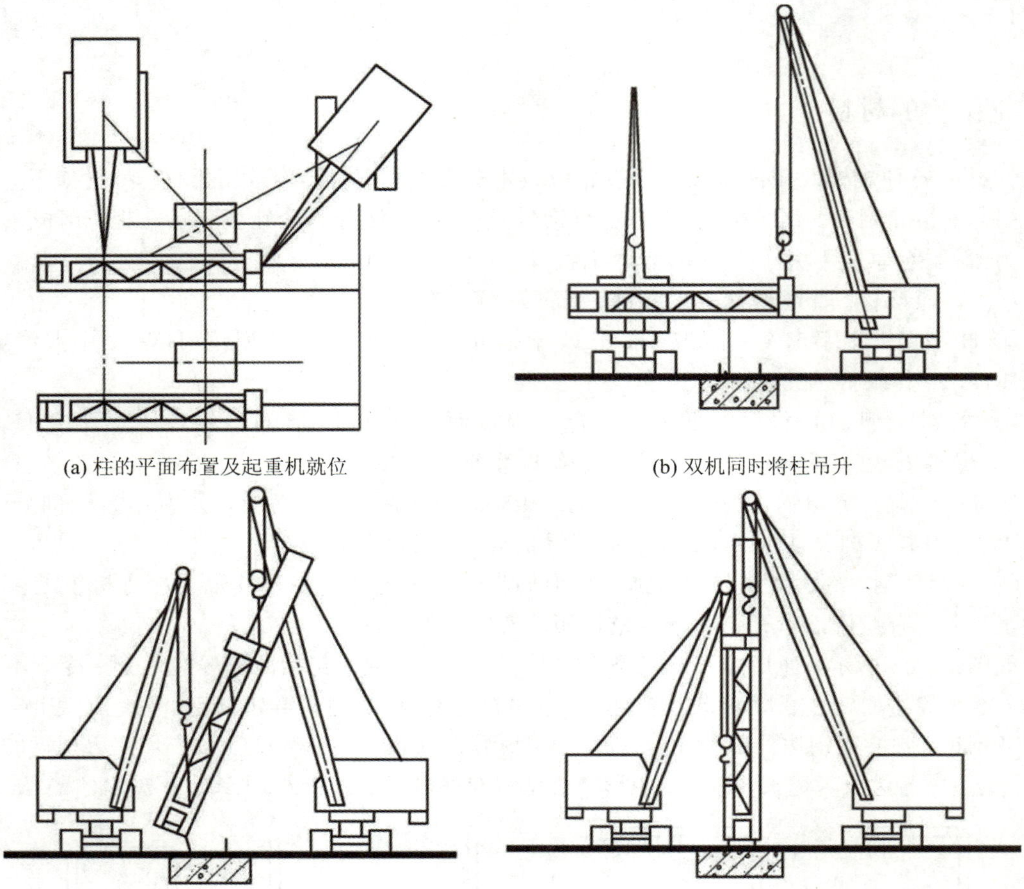

(a) 柱的平面布置及起重机就位　(b) 双机同时将柱吊升

(c) 双机协调旋转　(d) 柱脚底板插入螺栓

图 7－33　双机抬吊钢柱

2）钢柱的校正与固定

钢柱校正包括平面位置、标高、垂直度校正。平面位置校正应用经纬仪从两个方向检查钢柱的安装准线。在吊升前应安放标高控制块以控制钢柱底部标高。垂直度的校正用经纬仪检验，如超过允许偏差，用千斤顶进行校正。

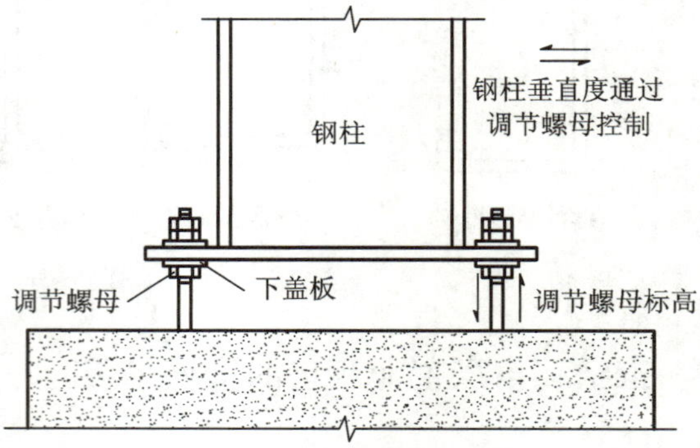

图 7－34　首节钢柱固定

为防止校正后轴线位移，应在柱底板四边用 10 mm 厚钢板定位，并电焊牢固。钢柱复校后，应紧固地脚螺栓，并将承重垫块上、下点焊固定，防止走动。图 7－34 为首节钢柱固定。

2. 钢吊车梁的吊装

1）钢吊车梁的吊升

钢吊车梁可用自行式起重机吊升，也可以用塔式起重机、桅杆式起重机等进行吊升，对质量很大的钢吊车梁，可以用双机抬吊。钢吊车梁吊装时应注意钢柱吊装后的位移和垂直度的偏差，认真做好临时标高垫块工作，严格控制定位轴线，实测吊车梁搁置处梁高制作的误差。钢吊车梁均为简支梁，梁端之间应留有 10 mm 左右的间隙并设钢垫板，梁和牛腿用螺栓连接，梁与制动架之间用高强螺栓连接。

2）钢吊车梁的校正与固定

钢吊车梁校正的内容包括标高、垂直度、轴线、跨距的校正。标高的校正可在屋盖吊装前进行，其他项目校正可在屋盖安装完成后进行，因为屋盖的吊装可能引起钢柱的变位。钢吊车梁标高的校正应用千斤顶或起重机对梁作竖向移动，并垫钢板，使其偏差在允许范围内。

钢吊车梁轴线的校正可用通线法和平移轴线法，跨距的检验用钢尺测量，跨度大的车间用弹簧秤拉测(拉力一般为 100～200 N)，如超过允许偏差，可用撬棍、钢楔、花篮螺栓、千斤顶等纠正。

3. 钢屋架的吊装

钢屋架翻身扶直吊升时由于侧向刚度较差，必要时应绑扎几道杉木杆，作为临时加固措施。钢屋架吊装可采用自行式起重机、塔式起重机或桅杆式起重机等，应根据钢屋架的跨度、质量和安装高度不同，选用不同的起重机械和吊装方法。

钢屋架侧向稳定性差，如果起重机的起重量、起重臂的长度允许，应先将两榀屋架及其上部的天窗架、檩条、支撑等拼装成整体，然后一次吊装，以保证吊装稳定性，提高吊装效率。钢屋架的最后固定用电焊或高强螺栓进行。

三、高层钢结构的安装

1. 钢柱的吊装与校正

1）钢柱吊装

钢结构高层建筑的柱子多为 3～4 层一节，节与节之间用坡口焊连接。钢柱吊装前，应预先按施工需要在地面上将操作挂篮、爬梯等固定在相应的柱子部位上。钢柱的吊点在吊耳处，根据钢柱的质量和起重机的起重量，钢柱的吊装可选用双机抬吊或单机吊装，如图 7－35 所示。单机吊装时，需在柱根部垫以垫木，用旋转法起吊，防止柱根部拖地和碰撞地脚螺栓，损坏丝扣；双机抬吊时，多用递送法起吊，钢柱在吊离地面后，在空中进行回直。在吊装第一节钢柱时，应在预埋的地脚螺栓上加设保护套，以免钢柱就位时碰坏地脚螺栓的丝牙。

2）钢柱校正

钢柱就位后，应立即对垂直度、轴线、牛腿面标高进行初校，安设临时螺栓，卸去吊索。钢柱上、下接触面间的间隙一般不得大于 1.5 mm。如间隙为 1.6～6.0 mm，可用低碳钢垫片垫实间隙。柱间间距偏差可用液压千斤顶与钢楔，或倒链与钢丝绳、缆风绳进行校正，钢柱安装的允许偏差应符合相关要求。

3）柱底灌浆

在第一节框架安装、校正、螺栓紧固完成后，即应进行底层钢柱柱底灌浆。灌浆方法是在柱脚四周立模板，将基础上表面清理干净，清除积水，用高强度聚合砂浆从一侧自由灌入至密实，灌浆后用湿草袋和麻袋覆盖养护。

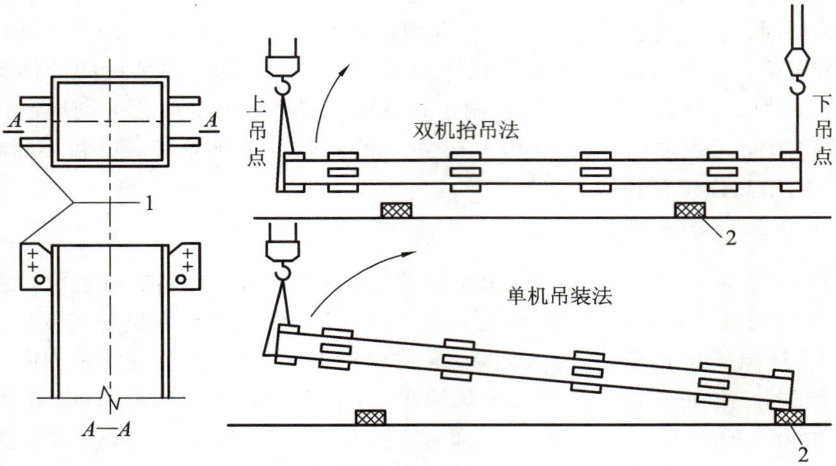

1—吊耳；2—垫木。

图 7-35　钢柱吊装

2. 钢梁的吊装与校正

钢梁在吊装前，应于柱子牛腿处检查标高和柱子间距，并应在梁上装好扶手杆和扶手绳，以便待主梁吊装就位后，将扶手绳与钢柱系牢，从而保证施工人员的安全。一般可在钢梁的翼缘处开孔作为吊点，其位置取决于钢梁的跨度。为加快吊装速度，对质量较小的次梁和其他小梁，可利用多头吊索一次吊装数根。

为了减少高空作业，保证质量并加快吊装进度，可将梁、柱在地面组装成排架后再进行整体吊装。当一节钢框架吊装完毕时，需对已吊装的柱、梁进行误差检查和校正。对于控制柱网的基准线，应用线坠或激光仪观测，其他钢柱根据基准柱用钢卷尺量测，校正方法同单层钢结构安装工程柱、梁的校正。

梁校正完毕后，应用高强度螺栓临时固定，再进行柱校正，紧固连接高强度螺栓，焊接柱节点和梁节点，并进行超声波检验。

四、钢网架结构的安装

网架结构的吊装方法有整体吊装法、高空拼装法、高空滑移法。

1. 整体吊装法

整体吊装法包括多机抬吊法、提升机提升法和千斤顶顶升法。

（1）多机抬吊法。多机抬吊法的准备工作简单，安装快速方便，适用于跨度为 40 m 左右、高度为 25 m 左右的中小型网架屋盖的吊装。

（2）提升机提升法。在结构柱上安装升板工程用的电动穿心式提升机，将地面正位拼装的网架直接整体提升到柱顶横梁就位。本方法不需大型吊装设备，机具和安装工艺简单，提升平稳，劳动强度低，工效高，施工安全，但准备工作量大。

（3）千斤顶顶升法。千斤顶顶升法是利用支承结构和千斤顶将网架整体顶升到设计位置。其设备简单，不用大型吊装设备；顶升支承结构可利用永久性支承；拼装网架不需要搭设拼装支架，可节省费用，降低施工成本，操作简便安全。但这种方法顶升速度较慢，且对结构顶升的误差控制要求严格，以防失稳。其适用于安装多支点支承的各种四角锥网架屋盖。

2. 高空拼装法

高空拼装法是先在地面上搭设拼装支架，然后用起重机把网架构件分件或分块吊至空中的设计位置，再在支架上进行拼装。

3. 高空滑移法

高空滑移法是将某个平面单元或分为条段的结构单元在事先设置的滑轨上滑移到设计位置拼接成整体的安装方法。该方法能在一些特殊结构体系和场地条件下发挥优势，可实现地面小拼、操作架中拼等操作，减少高空作业量，降低施工风险。通常先在地面将结构单元进行拼装，然后通过滑轨将其滑移到预定位置，再在高空进行拼接。该方法是一种较为成熟的施工技术，在特定的工程中具有独特的应用价值和优势。

高空滑移法不需大型设备；可与室内其他工种作业平等进行，缩短总工期；用工省，可减少高空作业；施工速度快。其适用于场地狭小或跨越其他结构、起重机无法进入网架安装区域的中小型网架。

本章小结

本章主要介绍了桅杆式起重机、自行式起重机、塔式起重机，单层工业厂房结构的安装，多层和高层建筑结构的安装，钢结构安装等内容。通过本章的学习，读者可以对结构安装工程施工技术有一定的认识，为在工作中合理、熟练使用这些施工技术建立基础。

课后练习

1. 简述桅杆式起重机和塔式起重机。
2. 单层工业厂房结构件吊装前的准备工作有哪些？
3. 吊车梁的校正内容是什么？检查吊车梁安装纵轴线是否存在偏差的方法有哪些？
4. 简述单层工业厂房的结构安装方法。
5. 简述多层装配式框架结构的分类与组成。
6. 简述钢吊车梁的吊升方法。
7. 简述钢网架结构的高空拼装法。

第八章 防 水 工 程

第一节 地下防水工程

一、设计基本要求

1. 地下工程防水等级及标准

地下工程的防水等级分为四级，各等级防水标准如表 8－1 所示。

表 8－1 地下工程防水等级及标准

防水等级	防 水 标 准
一级	不允许渗水，结构表面无湿渍
二级	不允许漏水，结构表面可有少量湿渍。 对于工业与民用建筑，总湿渍面积不应大于总防水面积(包括顶板、墙面、地面)的 1/1000；任意 100 m^2 防水面积上的湿渍不超过 2 处，单个湿渍的最大面积不大于 0.1 m^2。 对于其他地下工程，总湿渍面积不应大于总防水面积的 2/1000；任意 100 m^2 防水面积上的湿渍不超过 3 处，单个湿渍的最大面积不大于 0.2 m^2。其中，隧道工程还要求平均渗水量不大于 0.05 L/(m^2 · d)，任意 100 m^2 防水面积上的渗水量不大于 0.15 L/(m^2 · d)
三级	有少量漏水点，不得有线流和漏泥砂。 任意 100 m^2 防水面积上的漏水或湿渍点数不超过 7 处，单个漏水点的最大漏水量不大于 2.5 L/d，单个湿渍的最大面积不大于 0.3 m^2
四级	有漏水点，不得有线流和漏泥砂。 整个工程平均漏水量不大于 2 L/(m^2 · d)；任意 100 m^2 防水面积上的平均漏水量不大于 4 L/(m^2 · d)

2. 不同防水等级适用范围

地下工程不同防水等级适用范围，应根据工程的重要性和使用中对防水的要求，按表 8－2 选定。

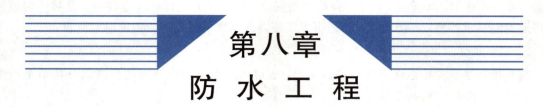

表 8－2　不同防水等级的适用范围

防水等级	适用范围
一级	人员长期停留的场所；因有少量湿渍会使物品变质、失效的贮物场所及严重影响设备正常运转和危及工程安全运营的部位；极重要的战备工程、地铁车站
二级	人员经常活动的场所；在有少量湿渍的情况下不会使物品变质、失效的贮物场所及基本不影响设备正常运转和工程安全运营的部位；重要的战备工程
三级	人员临时活动的场所；一般战备工程
四级	对渗漏水无严格要求的工程

3. 防水设防要求

地下工程的防水设防要求，应根据使用功能、使用年限、水文地质、结构形式、环境条件、施工方法及材料性能等因素确定。明挖法地下工程的防水设防要求如表 8－3 所示。暗挖法地下工程的防水设防要求如表 8－4 所示。对处于侵蚀性介质中的工程，应采用耐侵蚀的防水混凝土、防水砂浆、防水卷材或防水涂料等防水材料；对处于冻融侵蚀环境中的地下工程，其混凝土抗冻融循环不得少于 300 次；对于结构刚度较差或受振动作用的工程，宜采用延伸率较大的卷材、涂料等柔性防水材料。

表 8－3　明挖法地下工程的防水设防要求

<table>
<tr><th rowspan="2">工程部位</th><th rowspan="2">防水措施</th><th colspan="4">防水设防要求</th></tr>
<tr><th>一级</th><th>二级</th><th>三级</th><th>四级</th></tr>
<tr><td rowspan="8">主体结构</td><td>防水混凝土</td><td>应选</td><td>应选</td><td>应选</td><td>宜选</td></tr>
<tr><td>防水卷材</td><td rowspan="7">应选 1 或 2 种</td><td rowspan="7">应选 1 种</td><td rowspan="7">宜选 1 种</td><td rowspan="7">—</td></tr>
<tr><td>防水涂料</td></tr>
<tr><td>塑料防水板</td></tr>
<tr><td>膨润土防水材料</td></tr>
<tr><td>防水砂浆</td></tr>
<tr><td>金属防水板</td></tr>
<tr><td style="display:none"></td></tr>
<tr><td rowspan="7">施工缝</td><td>遇水膨胀止水条(胶)</td><td rowspan="7">应选 2 种</td><td rowspan="7">应选 1 或 2 种</td><td rowspan="7">宜选 1 或 2 种</td><td rowspan="7">宜选 1 种</td></tr>
<tr><td>外贴式止水带</td></tr>
<tr><td>中埋式止水带</td></tr>
<tr><td>外抹防水砂浆</td></tr>
<tr><td>外涂防水涂料</td></tr>
<tr><td>水泥基渗透结晶型防水涂料</td></tr>
<tr><td>预埋注浆管</td></tr>
</table>

续表

工程部位	防水措施	防水设防要求			
		一级	二级	三级	四级
后浇带	补偿收缩混凝土	应选	应选	应选	应选
	外贴式止水带	应选 2 种	应选 1 或 2 种	宜选 1 或 2 种	宜选 1 种
	预埋注浆管				
	遇水膨胀止水条(胶)				
	防水密封材料				
变形缝（诱导缝）	中埋式止水带	应选	应选	应选	应选
	外贴式止水带	应选 1 或 2 种	应选 1 或 2 种	宜选 1 或 2 种	宜选 1 种
	可卸式止水带				
	防水密封材料				
	外贴防水卷材				
	外涂防水涂料				

表 8-4　暗挖法地下工程的防水设防要求

工程部位	防水措施	防水设防要求			
		一级	二级	三级	四级
衬砌结构	防水混凝土	必选	应选	宜选	宜选
	塑料防水板	应选 1 或 2 种	应选 1 种	宜选 1 种	宜选 1 种
	防水砂浆				
	防水涂料				
	防水卷材				
	金属防水层				
内衬砌施工缝	外贴式止水带	应选 1 或 2 种	应选 1 种	宜选 1 种	宜选 1 种
	预埋注浆管				
	遇水膨胀止水条(胶)				
	防水密封材料				
	中埋式止水带				
	水泥基渗透结晶型防水涂料				

续表

工程部位	防水措施	防水设防要求			
		一级	二级	三级	四级
内衬砌变形缝（诱导缝）	中埋式止水带	应选	应选	应选	应选
	外贴式止水带	应选1或2种	应选1种	宜选1种	宜选1种
	可卸式止水带				
	防水密封材料				
	遇水膨胀止水条（胶）				

二、防水混凝土结构

1. 防水混凝土的种类、特点及适用范围

钢筋混凝土在保证浇筑及养护质量的前提下能达到100年左右的寿命，其本身具有承重及防水双重功能、便于施工、耐久性好、渗漏水易于检查、修补简便等优点，是防水混凝土结构的第一道防线。普通防水混凝土是由胶凝材料（水泥及胶凝掺和料）、砂、石、水搅拌浇筑而成的，不掺加任何混凝土外加剂，通过调整和控制混凝土配合比各项技术参数的方法，提高混凝土的抗渗性，达到防水的目的。这类混凝土的水泥用量较大。掺外加剂防水混凝土是在普通混凝土中掺加减水剂、膨胀剂、密实剂、引气剂、复合型外加剂、水泥基渗透结晶型材料、掺和料等材料搅拌浇筑而成的防水混凝土。常用防水混凝土的种类、特点及适用范围如表8－5所示。

表8－5 常用防水混凝土的种类、特点及适用范围

种类		特点	适用范围
普通防水混凝土		水泥用量大，材料简单	一般工业、民用、公共建筑地下防水工程
外加剂混凝土	减水剂防水混凝土	拌和物流动性好	钢筋密集或振捣困难的薄壁型防水结构及对混凝土凝结时间和流动性有特殊要求的防水工程施工，冬期、暑期防水混凝土施工，大体积混凝土施工等
	引气剂防水混凝土	抗冻性好	高寒、抗冻性要求较高，处于地下水位以下遭受冰冻的地下防水工程和市政工程
	密实剂防水混凝土	密实性好，抗渗性高，早期强度高	工期紧、抗渗性能及早期强度要求高的防水工程和各类防水工程，如游泳池、基础水箱、水电工程、水工工程等
水泥基渗透结晶型掺和剂防水混凝土		强度高、抗渗性好	需提高混凝土强度、耐化学腐蚀、抑制碱-集料反应、提高冻融循环的适应能力及迎水面无法做柔性防水层的地下工程

续表

种　类	特　点	适　用　范　围
补偿收缩防水混凝土	抗裂、抗渗性能好	地下防水工程、隧道、水工、地下连续墙、逆作法、预制构件、坑槽回填及后浇带、膨胀带等防裂抗渗工程，尤其适用于超长的大体积混凝土的防裂、防渗工程
纤维防水混凝土	高强、高抗裂、高韧性、高耐磨、高抗渗性	对抗拉、抗剪、抗折强度和抗冲击、抗裂、抗疲劳、抗震、抗爆性能等要求较高的工业与民用建筑地下防水工程
自密实高性能防水混凝土	流动性高、不离析、不泌水	浇筑量大、体积大、筋密、形状复杂或浇筑困难的地下防水工程
聚合物水泥混凝土	抗拉、抗弯强度较高，密实性好、裂缝少，抗渗明显，价格高	地下建(构)筑物防水，以及化粪池、游泳池、水泥库、直接接触饮用水的贮水池等防水工程

2. 防水混凝土结构施工

防水混凝土结构施工包括钢筋工程和模板工程。

1）钢筋工程

钢筋应绑扎牢固，避免因碰撞、振动使绑扣松散，钢筋移位，造成露筋。钢筋及绑扎钢丝均不得接触模板。墙体采用顶模棍或用梯格筋代替顶模棍时，应在顶模棍上加焊止水环，马凳应置于底铁上部，不得直接接触模板。钢筋保护层应符合设计规定，并且迎水面钢筋保护层厚度不应小于 50 mm。应以相同配合比的细石混凝土或水泥砂浆制成垫块，将钢筋垫起，以保证保护层厚度，严禁以垫铁或钢筋头垫钢筋，或将钢筋用铁钉及钢丝直接固定在模板上。

2）模板工程

模板吸水性要小并具有足够的刚度、强度，可采用钢模、木模、木(竹)胶合板等材料。模板安装应平整，拼缝严密、不漏浆。模板构造及支撑体系应牢固、稳定，能承受混凝土的侧压力及施工荷载，并应装拆方便。固定模板用的螺栓必须穿过混凝土结构时，可采用工具式螺栓、螺栓加堵头、螺栓上加焊方形止水环等做法。止水环尺寸及环数应符合设计规定。如设计无规定，则止水环应为 100 mm×100 mm 的方形止水环，且至少有一环。采用对拉螺栓固定模板时的方法如下：

(1) 工具式螺栓做法。用工具式螺栓将防水螺栓固定并拉紧以压紧固定模板。拆模时，将工具式螺栓取下，再以嵌缝材料及聚合物水泥砂浆将螺栓凹槽封堵严密，如图 8-1 所示。

(2) 螺栓加堵头做法。在结构两边螺栓周围做凹槽，拆模后将螺栓沿平凹底割去，再用膨胀水泥砂浆将凹槽封堵，如图 8-2 所示。

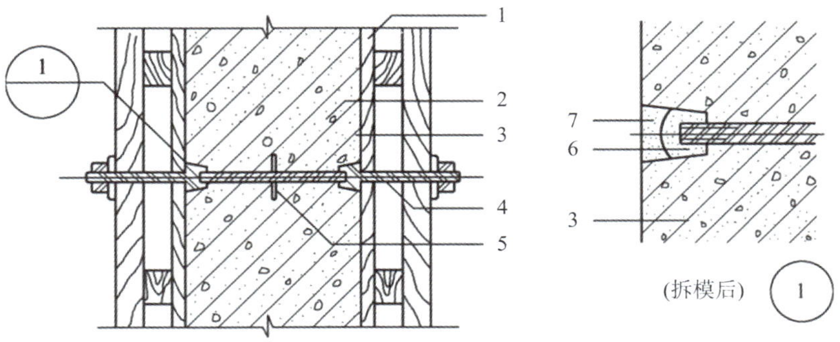

1—模板；2、3—结构混凝土；4—工具式螺栓；5—止水环；6—嵌缝材料；7—聚合物水泥砂浆。

图 8－1　工具式螺栓防水做法

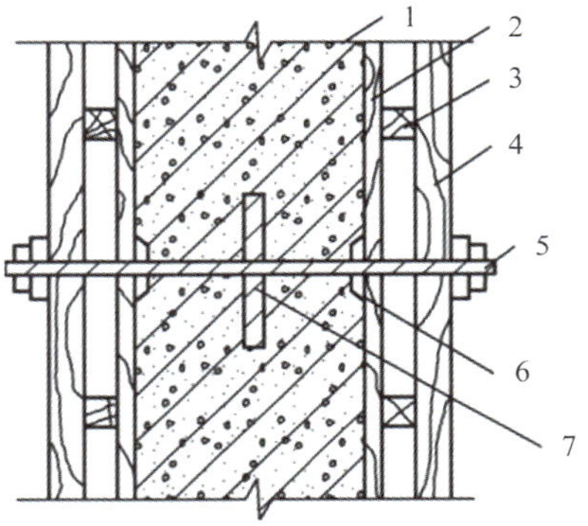

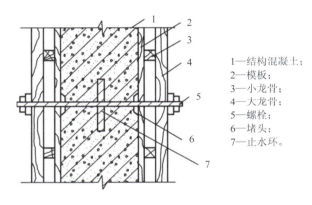

1—结构混凝土；
2—模板；
3—小龙骨；
4—大龙骨；
5—螺栓；
6—堵头；
7—止水环。

图 8－2　螺栓加堵头做法

(3) 螺栓加焊止水环做法。在对拉螺栓中部加焊止水环，止水环与螺栓必须满焊严密。拆模后应沿混凝土结构边缘将螺栓割断。此法将消耗所用螺栓，如图 8－3 所示。

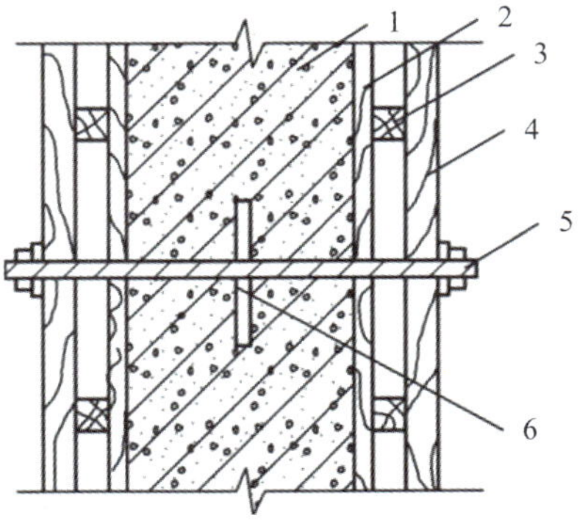

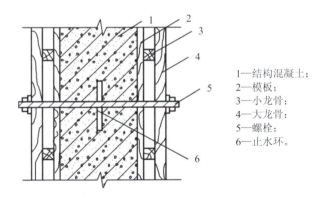

1—结构混凝土；
2—模板；
3—小龙骨；
4—大龙骨；
5—螺栓；
6—止水环。

图 8－3　螺栓加焊止水环做法

(4) 预埋套管加焊止水环做法。套管采用钢管，其长度等于墙厚(或其长度加上两端垫木的厚度之和等于墙厚)，兼具撑头作用，以保持模板之间的设计尺寸。止水环在套管上满焊严密。支模时在预埋套管中穿入对拉螺栓拉紧固定模板。拆模后将螺栓抽出，套管内以膨胀水泥砂浆封堵密实。套管两端有垫木的，拆模时连同垫木一并拆除，除密实封堵套管外，还应将两端垫木留下的凹坑用同样方法封实。此法可用于抗渗要求一般的结构(见图 8－4)。

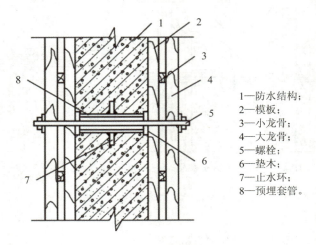

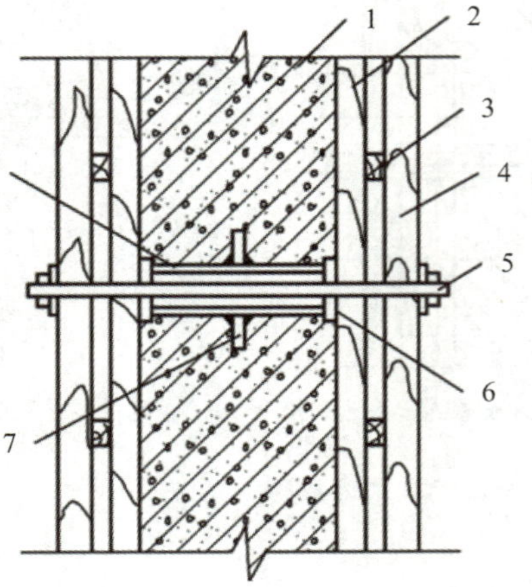

图 8－4　预埋套管加焊止水环做法

(5) 对拉螺栓穿塑料管堵孔做法。这种做法适用于组装竹胶模板或钢制大模板。具体做法是：对拉螺栓穿过塑料套管(长度相当于结构厚度)将模板固定压紧，浇筑混凝土后，拆模时将螺栓及塑料套管均拔出，然后用膨胀水泥砂浆将螺栓孔封堵严密，再涂刷养护灵养护。此做法可节约螺栓、加快施工进度、降低工程成本。需要注意的是，用于填孔料的膨胀水泥砂浆应经试配确定配合比，稠度不能过大，以防砂浆干缩，膨胀水泥砂浆填孔对于结构复合防水效果更佳，如图 8－5 所示。

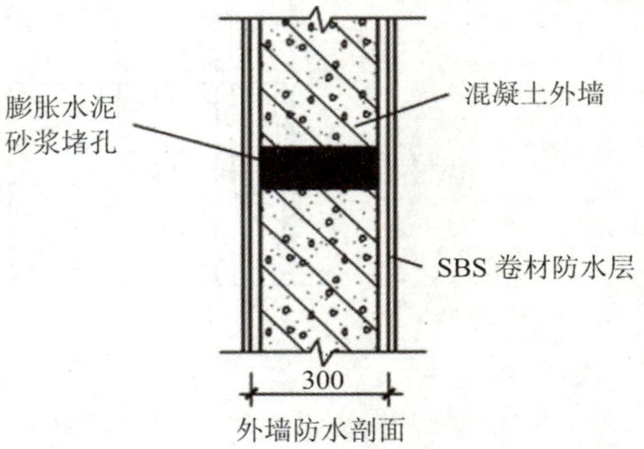

图 8－5　堵孔后的复合防水

三、水泥砂浆防水层施工

砂浆是一种刚性防水层，防水砂浆包括聚合物水泥防水砂浆、掺外加剂或掺和料的防水砂浆，宜采用多层抹压法施工。水泥砂浆抹面防水由于价格低廉、操作简便，多年来在建筑工程中被广泛采用。水泥砂浆防水层可用于地下工程主体结构的迎水面或背水面，不应用于环境有侵蚀性、受持续振动或温度高于 80 ℃的地下工程防水。水泥砂浆防水层应在初期支护、围护结构及内衬结构验收合格后，方可施工。

1. 防水砂浆的适用范围及性能

防水砂浆适用于结构稳定，埋置深度不大，不会因温度、湿度变化和振动等产生有害裂缝的地上及地下防水工程。在普通砂浆使用材料的基础上，掺加聚合物、外加剂及掺和料后的防水砂浆性能有所改变。改变后的防水砂浆主要性能如表 8－6 所示。其中，耐水性指标是指砂浆浸水 168 h 后材料的黏结强度及抗渗性的保持率。

表 8－6　防水砂浆主要性能

防水砂浆种类	黏结强度/MPa	抗渗性/MPa	抗折强度/MPa	干缩率/%	吸水率/%	冻融循环/次	耐碱性	耐水性/%
掺外加剂、掺和料的防水砂浆	>0.6	≥0.8	同普通砂浆	同普通砂浆	≤3	>50	10%NaOH溶液浸泡14 d无变化	—
聚合物水泥防水砂浆	>1.2	≥1.5	≥0.8	≤0.15	≤4	>50		≥80

2. 防水砂浆施工步骤

防水砂浆施工步骤包括基层处理、防水砂浆拌制、水泥砂浆防水层铺抹和养护。

(1) 基层处理。基层处理是使防水砂浆与基层结合牢固、不空鼓和密实、不透水的关键。基层处理包括清理、刷洗、补平、浇水湿润等工序。基层表面应平整、坚实、清洁，并应充分润湿、无明水。基层表面的孔洞、缝隙应采用与防水层相同的防水砂浆堵塞并抹平。

(2) 防水砂浆拌制。聚合物水泥防水砂浆的用水量应包括乳液中的含水率。砂浆的拌制可采用人工搅拌或机械搅拌，拌和料要均匀一致。拌和好的砂浆应在规定时间内用完，不宜存放过久，防止离析与初凝，落地灰及初凝后的砂浆不得加水搅拌后继续使用。当自然环境温度不满足要求时，应采取有效措施确保施工环境温度达到要求。工程在地下水位以下，施工前应将水位降到抹面层以下并排除地表积水。旧工程维修防水层，为保证防水层施工顺利进行，应先将渗漏水堵好或堵漏、抹面交叉施工。

(3) 水泥砂浆防水层铺抹。应分层铺抹或喷射，铺抹时应压实、抹平，最后一层表面应提浆压光。水泥砂浆防水层各层应紧密黏合，每层宜连续施工。必须留设施工缝时，应采用阶梯坡形槎，槎的搭接要依照层次操作顺序层层搭接。接槎与阴阳角处的距离不得小于 200 mm。地面防水层在施工时为防止踩踏，按由里向外顺序进行(见图 8－6)。

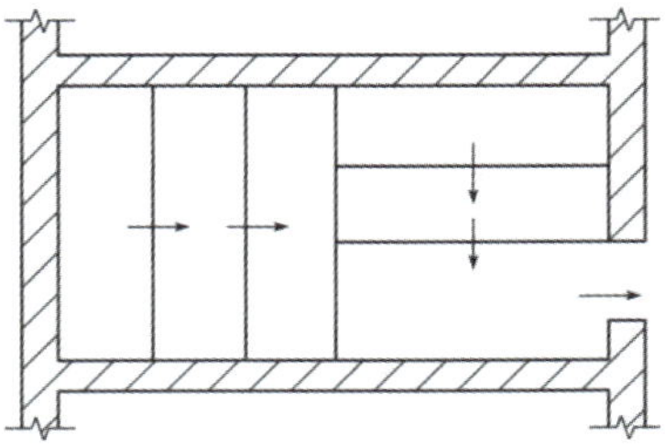

图 8－6　地面防水层施工顺序

(4) 养护。聚合物水泥防水砂浆未达到硬化状态时，不得浇水养护或直接受雨水冲刷，硬化后应采用干湿交替的养护方法。

四、卷材防水层

防水卷材具有水密性，即抗渗能力强、吸水率低，浸泡后防水效果基本不变；抗阳光、紫外线、臭氧破坏作用较好；适应温度变化能力强，高温不流淌、不变形，低温不脆断，在一定温度条件下保持性能良好；能很好地承受施工及合理变形条件下产生的荷载，具有一定的强度和伸长率；施工可行性高，易于施工，操作工艺简单。从目前科学所能了解的范围来讲，其对人体和环境没有任何污染或危害。

1. 地下工程的防水卷材品种

用于地下工程的防水卷材有以聚酯毡、玻纤毡或聚乙烯膜为胎基的高聚物改性沥青防水卷材和三元乙丙橡胶防水卷材，聚氯乙烯(PVC)、聚乙烯丙纶复合防水卷材，高分子自粘胶膜等合成高分子防水卷材。卷材防水层的品种及厚度如表 8－7 所示。

表 8－7　卷材防水层的品种及厚度　　单位：mm

卷材品种			单层厚度	双层总厚度
高聚物改性沥青防水卷材	弹性体改性沥青防水卷材、改性沥青聚乙烯胎防水卷材		≥4	≥(4+3)
	本体自粘聚合物沥青防水卷材	聚酯毡胎体	≥3	≥(3+3)
		无胎体	≥1.5	≥(1.5+1.5)
合成高分子类防水卷材	三元乙丙橡胶防水卷材		≥1.5	≥(1.2+1.2)
	聚氯乙烯防水卷材		≥1.5	≥(1.2+1.2)
	聚乙烯丙纶复合防水卷材		卷材≥0.9 黏结料≥1.3 芯材≥0.6	卷材≥(0.7+0.7) 黏结料≥(1.3+1.3) 芯材≥0.5
	高分子自粘胶膜防水卷材		≥1.2	—

2. 卷材防水设置做法

地下工程卷材防水层适用于在混凝土结构或砌体结构迎水面铺贴，一般采用外防外贴和外防内贴两种施工方法。由于外防外贴法的防水效果优于外防内贴法，所以在施工场地和条件不受限制时一般均采用外防外贴法(见图 8－7)。

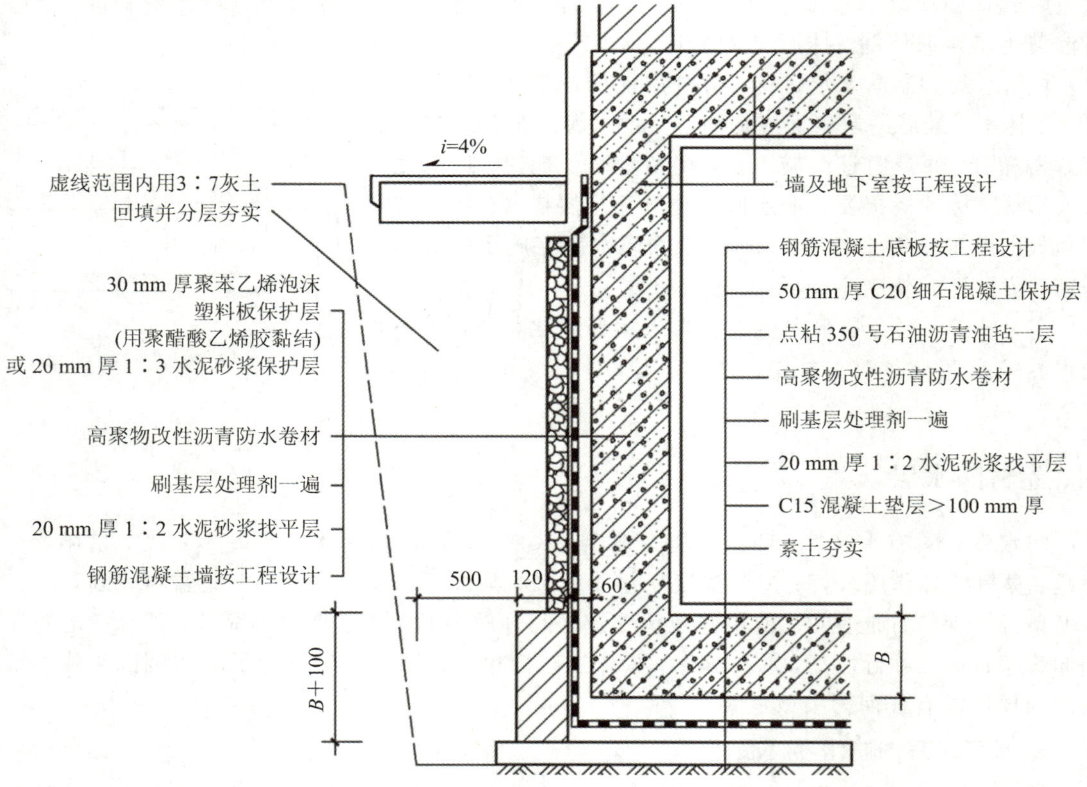

图 8－7　外防外贴法

（1）外防外贴法。在垫层上铺设防水层后，再进行底板和结构主体施工，然后砌筑永久性保护墙，高度为防水结构底板厚度加 100 mm，墙底应铺设(干铺)一层防水卷材。其上部用 30 mm 厚聚苯板做保护层，高度为 200 mm 左右。永久性保护墙及聚苯板用 1∶2 水泥砂浆抹灰找平，保护墙沿长度方向 5～6 m 和转角处应断开，断缝处嵌入卷材条或沥青麻丝。

在立面与平面的转角处，接缝应留在平面上，距立面墙体不小于 600 mm。双层卷材不得相互垂直铺贴，上下两层或相邻两幅卷材的接缝应相互错开 1/3～1/2 幅宽；卷材长边与短边的搭接不应小于 100 mm。

（2）外防内贴法。外防内贴法是指混凝土垫层浇筑完成后，在垫层上砌筑永久性保护墙，然后将卷材铺设在垫层和永久性保护墙上(见图 8－8)。

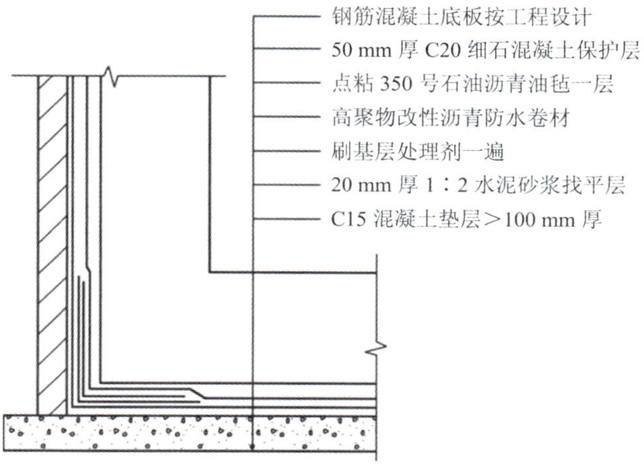

图 8－8 外防内贴法

外防内贴法施工要点：保护墙砌完后，用 1∶2 水泥砂浆在永久性保护墙和垫层上抹灰找平。垫层与永久性保护墙接触部分应平铺一层卷材。找平层干燥后即可涂刷基层处理剂，干燥后铺贴卷材防水层，卷材宜选用高聚物改性沥青聚酯油毡或高分子防水卷材，应先铺立面，后铺平面，先铺转角，后铺大面。所有的转角处应铺设附加层，附加层为抗拉强度较高的卷材，铺贴应仔细，粘贴应紧密。卷材防水完工后应做好成品保护工作，立面可抹水泥砂浆，贴塑料板或采用其他可靠材料；平面可抹 20 mm 厚的水泥砂浆或浇筑 30～50 mm 厚的细石混凝土，待结构完工后，进行回填土工作。

五、结构细部构造防水的施工

1. 变形缝

变形缝应满足密封防水、适应变形、施工方便、检修容易等要求。用于伸缩的变形缝宜少设，可根据不同的工程结构类别、工程地质情况采用后浇带、加强带、诱导缝等替代措施。

（1）设计要求。变形缝的设计要求有以下三条：

① 变形缝处混凝土结构的厚度不应小于 300 mm。

② 用于沉降的变形缝最大允许沉降差值不应大于 30 mm。

③ 变形缝的宽度宜为 20～30 mm。

变形缝的几种复合防水构造形式如图 8－9～图 8－12 所示。

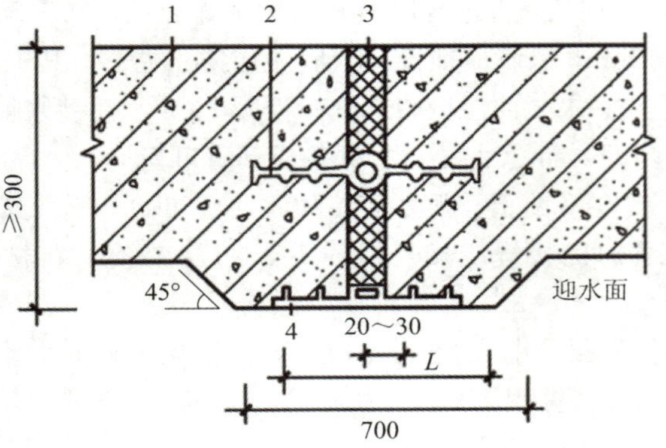

1—混凝土结构；
2—中埋式止水带；
3—填缝材料；
4—外贴式止水带。
注：外贴式止水带≥300 mm；
外贴防水卷材≥400 mm；
外涂防水涂层≥400 mm。

图 8－9　中埋式止水带与外贴防水层复合使用

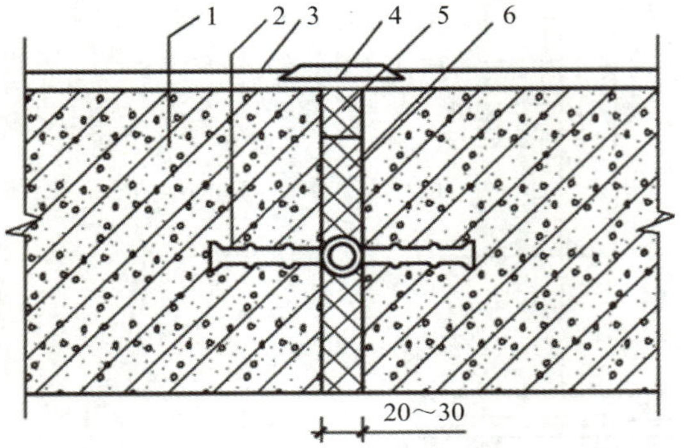

1—混凝土结构；
2—中埋式止水带；
3—防水层；
4—隔离层；
5—密封材料；
6—填缝材料。

图 8－10　中埋式止水带与嵌缝材料复合使用

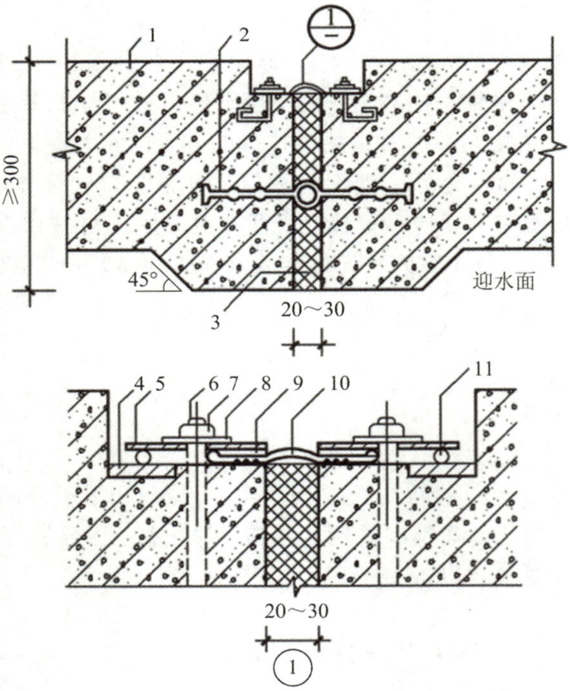

1—混凝土结构；
2—中埋式止水带；
3—填缝材料；
4—预埋钢板；
5—紧固件压板；
6—预埋螺栓；
7—螺母；
8—垫圈；
9—紧固件压块；
10—Ω 形止水带；
11—紧固件圆钢。

图 8－11　中埋式止水带与可卸式止水带复合使用

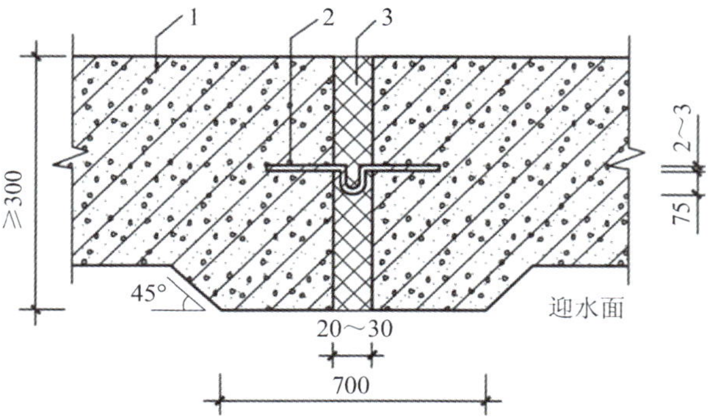

图 8-12　中埋式金属止水带

（2）施工要求。变形缝的施工要求有以下三个方面：

① 中埋式止水带施工应符合下列规定：止水带埋设位置应准确，其中间空心圆环应与变形缝的中心线重合；止水带应固定，顶、底板内止水带应呈盆状安设；中埋式止水带先施工一侧混凝土时，其端模应支撑牢固，并应严防漏浆；止水带的接缝宜为一处，应设在边墙较高位置上，不得设在结构转角处，接头宜采用热压焊接；中埋式止水带在转弯处应做成圆弧形，(钢边)橡胶止水带的转角半径不应小于 200 mm，转角半径应随止水带的宽度增大而相应加大。

② 安设于结构内侧的可卸式止水带施工时应符合下列规定：所需配件应一次配齐；转角处应做成 45°折角，并应增加紧固件的数量。

③ 密封材料嵌填施工时，应符合下列规定：缝内两侧基面应平整、干净、干燥，并应刷涂与密封材料相容的基层处理剂；嵌缝底部应设置背衬材料；嵌填应密实、连续、饱满，并应黏结牢固。

2. 后浇带

后浇带宜用于不允许留设变形缝的工程部位。后浇带应在其两侧混凝土龄期达到 42 d 后再施工；高层建筑的后浇带施工应按规定时间进行。后浇带应采用补偿收缩混凝土浇筑，其抗渗和抗压强度等级不应低于两侧混凝土。后浇带的具体施工要求有如下七条：

① 后浇带应设在受力和变形较小的部位，其间距和位置应按结构设计要求确定，宽度宜为 700～1000 mm。

② 后浇带两侧可做成平直缝或阶梯缝，宜采用如图 8-13～图 8-15 的防水构造形式。

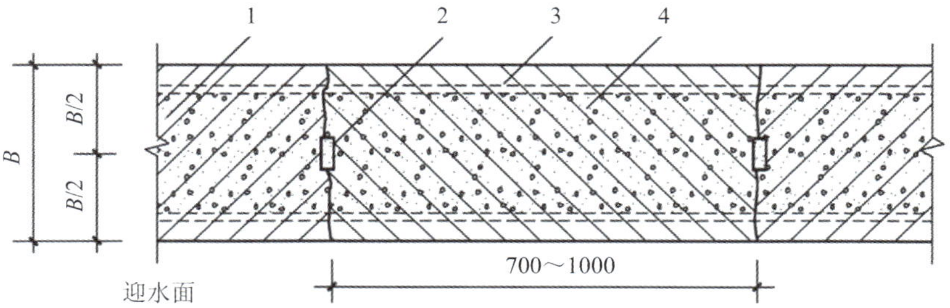

1—先浇混凝土；2—遇水膨胀止水条(胶)；3—结构主筋；4—后浇补偿收缩混凝土。

图 8-13　后浇带防水构造形式(一)

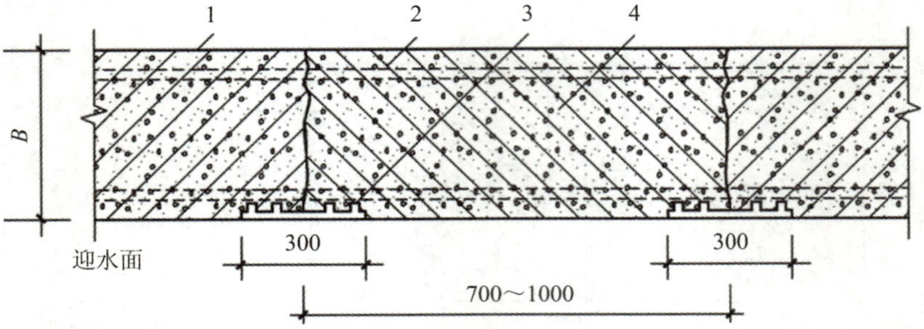

1—先浇混凝土；2—结构主筋；3—外贴式止水带；4—后浇补偿收缩混凝土。

图 8－14　后浇带防水构造形式(二)

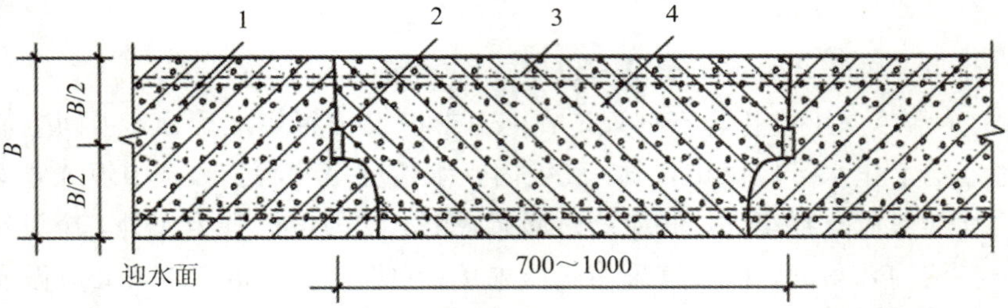

1—先浇混凝土；2—遇水膨胀止水条(胶)；3—结构主筋；4—后浇补偿收缩混凝土。

图 8－15　后浇带防水构造形式(三)

③ 采用掺膨胀剂的补偿收缩混凝土，水中养护 14 d 后的限制膨胀率不应小于 0.015%，膨胀剂的掺量应根据不同部位的限制膨胀率设定值经试验确定。

④ 后浇带混凝土施工前，后浇带部位和外贴式止水带应防止落入杂物和损伤外贴止水带。

⑤ 采用膨胀剂拌制补偿收缩混凝土时，应按配合比准确计量。

⑥ 后浇带混凝土应一次浇筑，不得留设施工缝；混凝土浇筑后应及时养护，养护时间不得少于 28 d。

⑦ 后浇带需超前止水时，后浇带部位的混凝土应局部加厚，并应增设外贴式或中埋式止水带。

第二节　屋面防水工程

一、屋面防水等级和设防要求

屋面防水工程按屋面防水层所用材料的不同分为多种类型，这里主要介绍卷材防水屋面、涂膜防水屋面和刚性防水屋面三种防水屋面的施工。

屋面工程应根据建筑物的性质、重要程度、使用功能要求，将建筑屋面防水等级分为Ⅰ、Ⅱ、Ⅲ、Ⅳ4 个等级。《屋面工程质量验收规范》(GB 50207—2012)根据建筑物的性质、重要程度、使用功能要求及防水层合理使用年限，按不同等级进行设防(见表 8－8)。

表 8-8　不同屋面防水等级的设防要求

屋面防水等级	建筑物类别	防水层合理使用年限	防水层选用材料	设防要求
Ⅰ	特别重要或对防水有特殊要求的建筑	25 年	宜选用合成高分子防水卷材、高聚物改性沥青防水卷材、金属板材、合成高分子防水涂料、细石混凝土等材料	三道或三道以上的防水设防
Ⅱ	重要的建筑和高层建筑	15 年	宜选用高聚物改性沥青防水卷材、合成高分子防水卷材、金属板材、合成高分子防水涂料、高聚物改性沥青防水涂料、细石混凝土、平瓦、油毡瓦等材料	两道防水设防
Ⅲ	一般的建筑	10 年	宜选用三毡四油沥青防水卷材、高聚物改性沥青防水卷材、合成高分子防水卷材、金属板材、高聚物改性沥青防水涂料、合成高分子防水涂料、细石混凝土、平瓦、油毡等材料	一道防水设防
Ⅳ	非永久性的建筑	5 年	宜选用二毡三油沥青防水卷材、高聚物改性沥青防水涂料等材料	一道防水设防

二、卷材防水屋面

1. 沥青防水卷材施工

沥青防水卷材施工过程包括沥青熬制配料、基层处理剂涂刷和铺贴卷材。

1）沥青熬制配料

沥青熬制配料有以下要求：

(1) 沥青熬制。先将沥青破成碎块，放入沥青锅中逐渐均匀加热，加热过程中随时搅拌，熔化后用笊篱(漏勺)及时捞净杂物，熬至脱水无泡沫时测温。建筑石油沥青熬制温度应不高于 240 ℃，使用温度不低于 190 ℃。

(2) 冷底子油配制。熬制的沥青装入容器内，冷却至 110 ℃，缓慢注入汽油，随注入随搅拌，使其全部溶解为止。配合比(质量比)为汽油 70%、石油沥青 30%。

(3) 沥青玛𤧛脂配制。按照《屋面工程技术规范》(GB 50345—2012)的规定，沥青玛𤧛脂配合成分必须由试验室试验确定配料，每班应检查玛𤧛脂耐热度和柔韧性。

2）基层处理剂涂刷

涂刷前，首先检查找平层的质量和干燥程度，并加以清扫，符合要求后才可进行。在大面积涂刷前，应用毛刷对屋面节点、周边、拐角等部位先进行处理。然后，再喷涂冷底子油并涂刷基层处理剂。

(1) 喷涂冷底子油。喷涂冷底子油的作用主要是使沥青胶粘材料与水泥砂浆或混凝土基层加强黏结。但是，在屋面工程施工中，特别是在多雨地区，找平层往往不易干燥，因此，如果需在潮湿的找平层上喷涂冷底子油，其喷涂作业应在找平层的水泥砂浆凝结至略具强度能够操作时，随即进行。此时，冷底子油在尚未完全结硬的水泥砂浆找平层表面形成一道沥青封闭层，待冷底子油中的溶剂挥发后，沥青就被吸附在基层表面形成一层稳定的沥青薄膜，能与沥青胶粘材料牢固黏结。

在潮湿的水泥砂浆找平层上，宜喷涂低挥发性的冷底子油，由于冷底子油所形成的薄膜能减慢找平层内部水分的蒸发，所以对这种找平层不必浇水养护。

在水泥基层上涂刷低挥发性冷底子油的干燥时间一般为 12～48 h；高挥发性冷底子油的干燥时间一般为 5～10 h。当冷底子油干燥后，应立即进行卷材铺贴工作，以防基层浸水。如基层浸水，必须待基层表面干燥后，才能进行卷材铺贴，以免卷材防水层产生鼓泡。

冷底子油常用的涂刷方法有三种：浇油法、刷油法和喷油法。

浇油法：一人浇冷底子油，一人(或两人)用胶皮刮板涂刮。

刷油法：将两个小棕刷钉在木板上(木板尺寸为 300 mm×150 mm×15 mm)，然后装上长柄(长 1.5 m)，作为刷冷底子油的刷子。使用时一人浇油，一人用刷子刷开。

喷油法：用喷油器喷油。

(2) 涂刷基层处理剂。铺贴高聚物改性沥青卷材和合成高分子卷材采用的基层处理剂的一般施工操作与冷底子油基本相同，一般气候条件下基层处理剂干燥时间为 4 h 左右。

3) 铺贴卷材

铺贴卷材的要求如下：

(1) 卷材铺贴前应保持干燥并必须将其表面的撒布物(滑石粉等)清除干净，以免影响卷材与沥青胶粘材料的黏结。清理卷材的撒布物时，应注意不要损伤卷材，不要在屋面上进行清理。在无保温层的装配式屋面上铺贴沥青防水卷材时，应先在屋面板的端缝处空铺一条宽约 300 mm 的卷材条，使防水层适应屋面板的变形，然后再铺贴屋面卷材。

(2) 为了便于掌握卷材铺贴方向、距离和尺寸，应在找平层上弹线并进行试铺工作。对于天沟、落水口、立墙转角、穿墙(板)管道处，应按设计要求事先进行裁剪工作。

(3) 热粘贴卷材连续铺贴可采用浇油法、刷油法、刮油法和撒油法。一般多采用浇油法，即用带嘴油壶将热沥青玛𤧛脂左右来回在卷材前浇油，浇油宽度比卷材每边少 10～20 mm，边浇油边滚铺卷材，并使卷材两边有少量玛𤧛脂挤出。铺贴卷材时，应沿基准线滚铺，以免铺斜、扭曲等。

(4) 粘贴沥青防水卷材，每层热玛𤧛脂的厚度宜为 1～1.5 mm；冷玛𤧛脂的厚度宜为 0.5～1 mm。面层厚度：热玛𤧛脂宜为 2～3 mm；冷玛𤧛脂宜为 1～1.5 mm。

(5) 落水口杯应牢固地固定在承重结构上，当采用铸铁制品时，所有零件均应除锈，并涂刷防锈漆。铺至女儿墙或混凝土檐口的卷材端头应裁齐后压入预留的凹槽内，用压条或垫片钉压固定(最大钉距不应大于 900 mm)，并用密封材料将凹槽封闭严密。在凹槽上部的女儿墙顶部必须加扣金属盖板或铺贴合成高分子卷材，做好防水处理。

天沟、檐沟铺贴卷材应从沟底开始。当沟底过宽，卷材需纵向搭接时，搭接缝应用密封材料封口。铺贴立面或大坡面卷材时，玛𤥂脂应满涂，并尽量减少卷材短边搭接。

(6) 排汽屋面施工时应使排汽道纵横贯通，不得堵塞。卷材铺贴时，应避免玛𤥂脂流入排汽道内。采用条粘、点粘、空铺第一层卷材或打孔卷材时，在檐口、屋脊和屋面的转角处及突出屋面的连接处，卷材应满涂玛𤥂脂，其宽度不得小于 800 mm。

(7) 铺贴卷材时，应随刮涂玛𤥂脂随铺贴卷材，并展平压实。选择不同胎体和性能的卷材共同使用时，高性能的卷材应放在面层。

2. 高聚物改性沥青防水卷材施工

高聚物改性沥青防水卷材施工方法有冷粘法施工和热熔法施工。

1) 冷粘法施工

冷粘法铺贴高聚物改性沥青防水卷材，是指用高聚物改性沥青胶黏剂或冷玛𤥂脂粘贴于涂有冷底子油的屋面基层上。

高聚物改性沥青防水卷材施工不同于沥青防水卷材多层做法，通常只是单层或双层设防。因此，每幅卷材铺贴必须位置准确，搭接宽度符合要求。其施工应符合以下要求：

(1) 根据防水工程的具体情况，确定卷材的铺贴顺序和铺贴方向，并在基层上弹出基准线，然后沿基准线铺贴卷材。

(2) 复杂部位如管根、落水口、烟囱底部等易发生渗漏的部位，可在其中心 200 mm 左右范围先均匀涂刷一遍改性沥青胶黏剂，厚度 1 mm 左右。涂胶后随即粘贴一层聚酯纤维无纺布，并在无纺布上再涂刷一遍厚度为 1 mm 左右的改性沥青胶黏剂，使其干燥后形成一层无接缝的整体防水涂膜增强层。

(3) 铺贴卷材时，可按卷材的配置方案，边涂刷胶黏剂，边滚铺卷材，并用压辊滚压排除卷材下面的空气，使其黏结牢固。

(4) 搭接缝部位最好采用热风焊机或火焰加热器(热熔焊接卷材的专用工具)或汽油喷灯加热，接缝卷材表面熔融至光亮黑色时，即可进行黏合，如图 8－16 和图 8－17 所示，封闭严密。采用冷粘法时，接缝口应用密封材料封严，宽度不应小于 10 mm。

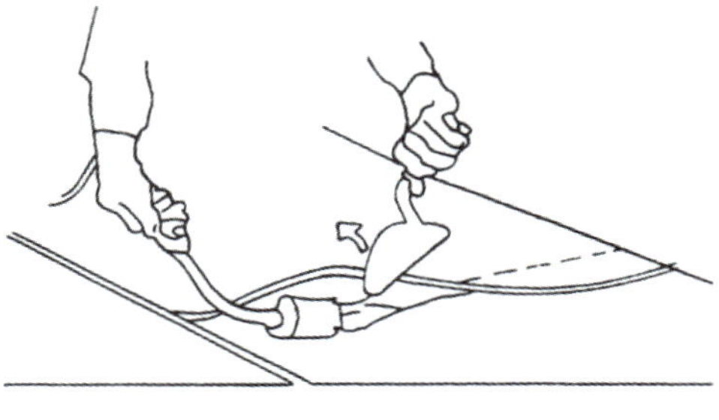

图 8－16　搭接缝熔焊黏结

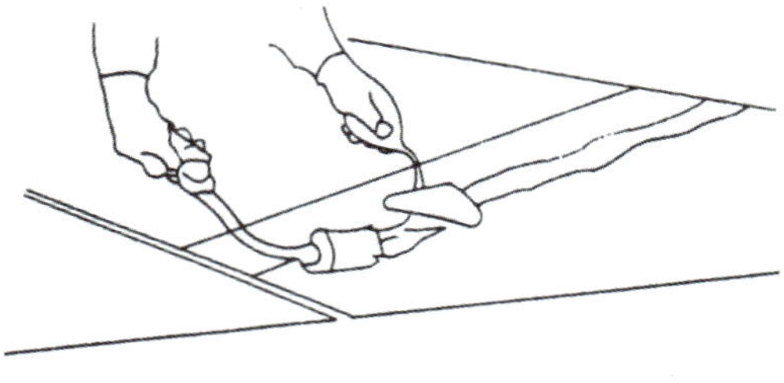

图 8－17　接缝熔焊黏结后再用火焰及抹子在接缝边缘上均匀地加热抹压一遍

2) 热熔法施工

热熔法铺贴是采用火焰加热器熔化热熔型防水卷材底层的热熔胶进行粘贴。热熔卷材是一种在工厂生产过程中底面就涂有一层软化点较高的改性沥青热熔胶的防水卷材。该施工方法常用于 SBS 改性沥青防水卷材、APP 改性沥青防水卷材等与基层的黏结施工。热熔法施工的具体过程及注意事项如下：

(1) 清理基层。剔除基层上的隆起异物，彻底清扫、清除基层表面的灰尘。

(2) 涂刷基层。基层处理剂可采用溶剂型改性沥青防水涂料、橡胶改性沥青胶粘料或按照产品说明书使用。将基层处理剂均匀地涂刷在基层上，厚薄一致。

(3) 节点附加增强处理。待基层处理剂干燥后，按设计节点构造图做好节点(女儿墙、落水管、管根、檐口、阴阳角等细部)的附加增强处理。

(4) 定位、画线。在基层上按规范要求，排布卷材，弹出基准线。

(5) 热熔铺贴卷材。如图 8-18 所示，按弹好的基准线位置，将卷材沥青膜底面朝下，对正粉线，点燃火焰喷枪(喷灯)，对准卷材底面与基层的交接处，使卷材底面的沥青熔化。喷枪头距加热面为 50～100 mm，与基层成 30°～45°为宜。当烘烤到沥青熔化，卷材底有光泽并发黑，有一薄的熔层时，即用胶皮压辊压密实。这样边烘烤边推压，当端头只剩下 300 mm 左右时，将卷材翻放于隔热板上加热，同时加热基层表面，粘贴卷材并压实。

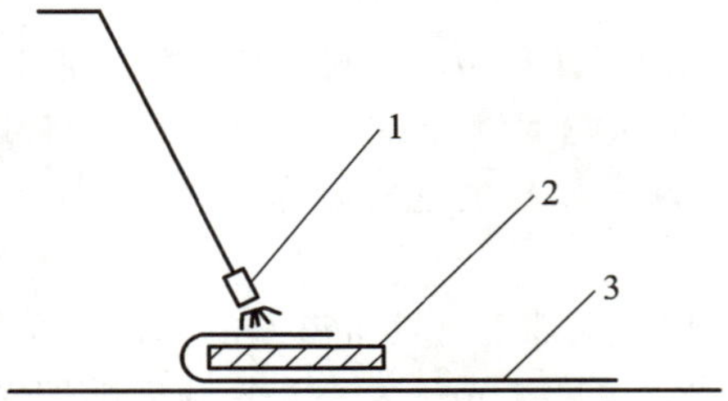

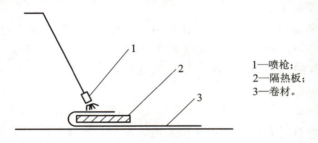

图 8-18　用隔热板加热卷材端头

(6) 搭接缝黏结(见图 8-19)。搭接缝黏结之前，先熔烧下层卷材上表面搭接宽度内的防粘隔离层。处理时，操作者一手持烫板，另一手持喷枪，使喷枪靠近烫板并距卷材 50～100 mm，边熔烧，边沿搭接线后退。为防火焰烧伤卷材其他部位，烫板与喷枪应同步移动。处理完隔离层，即可进行接缝黏结。施工时应注意以下几点：

① 幅宽内应均匀加热，烘烤时间不宜过长，防止烧坏面层材料。

② 热熔后立即滚铺，滚压排气，使之平展、粘牢、无皱褶。

③ 滚压时，以卷材边缘溢出少量的热熔胶为宜，溢出的热熔胶应随即刮封接口。

④ 整个防水层粘贴完毕，所有搭接缝用密封材料予以严密封涂。

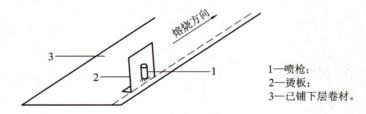

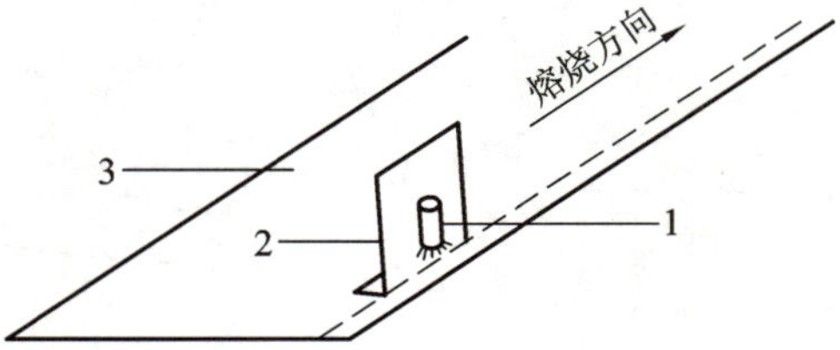

图 8-19　熔烧处理卷材上表面防粘隔离层

(7) 蓄水试验。防水层完工后，按卷材热玛琋脂黏结施工的要求做蓄水试验。

(8) 保护层施工。蓄水试验合格后，按设计要求进行保护层施工。

3. 合成高分子防水卷材施工

合成高分子防水卷材施工有合成高分子卷材冷粘贴施工与自粘型合成高分子防水卷材施工等。

1）合成高分子卷材冷粘贴施工

冷粘贴施工是合成高分子卷材的主要施工方法。该方法是采用胶黏剂粘贴合成高分子卷材于已涂刷基层处理剂的基层上，施工工艺和改性沥青卷材冷粘法相似。合成高分子防水卷材大多可用于屋面单层防水，卷材的厚度宜为 1.2～2 mm。各种合成高分子卷材的冷粘贴施工除了由于配套胶黏剂引起的差异外，大致相同。

各种合成高分子卷材冷粘贴施工操作工艺要点基本一致，现以三元乙丙橡胶卷材为例加以叙述。

(1) 清理基层。剔除基层上的隆起异物，清除基层上的杂物，清扫干净尘土。因卷材较薄，极易被刺穿，所以必须将基层清除干净。

(2) 涂刷基层处理剂。一般是将聚氨酯防水涂料的甲料、乙料和二甲苯按质量 1∶1.5∶3 的比例配合，搅拌均匀，再用长把滚刷蘸取这种混合料，均匀涂刷在干净、干燥的基层表面上。涂刷时不得漏刷，也不应有堆积现象，待基层处理剂固化干燥(一般 4 h 以上)后，才能铺贴卷材。也可以采用喷浆机压力喷涂含固量为 40%、pH 值为 4、黏度为 10CP(10×10^{-3} Pa·s)的氯丁橡胶乳液处理基层。喷涂时要求厚薄均匀一致，并干燥 12 h 以上后方可铺贴卷材。

(3) 处理细部构造复杂部位。对落水口、天沟、檐沟、伸出屋面的管道、阴阳角等部位，在大面积铺贴卷材前，必须用合成高分子防水涂料或常温自硫化型自粘密封胶带作附加防水层，进行增强处理。

当采用聚氨酯涂膜作附加层时，可将聚氨酯防水涂料的甲料、乙料按 1∶1.5 的比例(质量比)配合，搅拌均匀，再进行均匀刮涂。刮涂的宽度以距中心 200 mm 以上为宜，一般须刮涂 2～3 遍，涂膜总厚度以 1.5～2 mm 为宜，待涂膜完全固化后方可铺贴卷材。

(4) 涂刷基层胶黏剂。将与卷材相容的专用配套胶黏剂(如氯丁胶黏剂)搅拌均匀后方可进行涂布施工。基层胶黏剂可涂刷在基层或涂刷在基层和卷材底面。涂刷应均匀、不露底、不堆积。采用空铺法、条粘法、点粘法时，应按规定的位置和面积涂刷。

① 在卷材表面涂刷胶黏剂。将卷材展开摊铺在平坦干净的基层上，用长把滚刷蘸取专用胶黏剂，均匀涂刷在卷材表面上，涂刷时不得漏涂，也不得堆积，且不能往返多次涂刷。除铺贴女儿墙、阴角部位的第一张起始卷材须满涂外，其余卷材搭接部位的长边和短边各 80 mm 处不涂刷基层胶黏剂，如图 8-20 所示。涂胶后静置 20～40 min，待胶膜基本干燥，指触不粘时，即可进行铺贴施工。

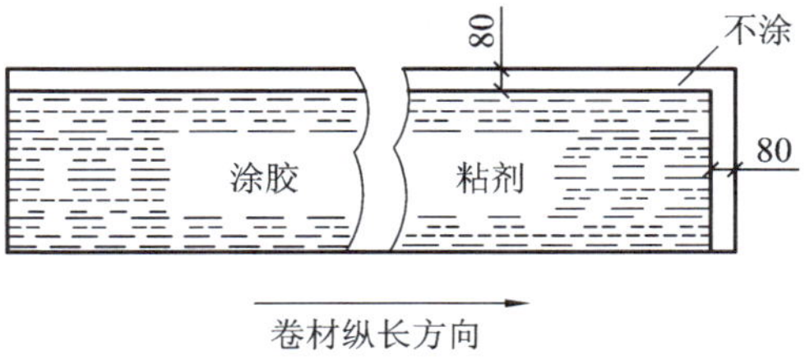

图 8-20　卷材涂胶部位

② 在基层表面涂刷胶黏剂。在卷材表面涂刷胶黏剂的同时，用长把滚刷蘸取胶黏剂，均匀涂刷在基层处理剂已干燥和干净的基层表面上，涂胶后静置 20～40 min，待指触基本不粘时，即可进行卷材铺贴施工。

(5) 定位、弹基准线。按卷材排布配置，弹出定位线和基准线。

(6) 粘贴防水卷材。防水卷材及基层分别涂刷基层胶黏剂后，需晾干 20 min 左右，待手触不粘即可进行黏结。操作时，将刷好基层胶黏剂的卷材抬起，翻过来，使刷胶面朝下，将一端粘贴在定位线部位，然后沿着基准线向前粘贴，如图 8－21 所示。粘贴时，卷材不得拉伸，要使卷材在松弛不受拉伸的状态下粘贴在基层。随即用胶辊用力向前和向两侧滚压，如图 8－22 所示，排除空气，使防水卷材与基层黏结牢固。

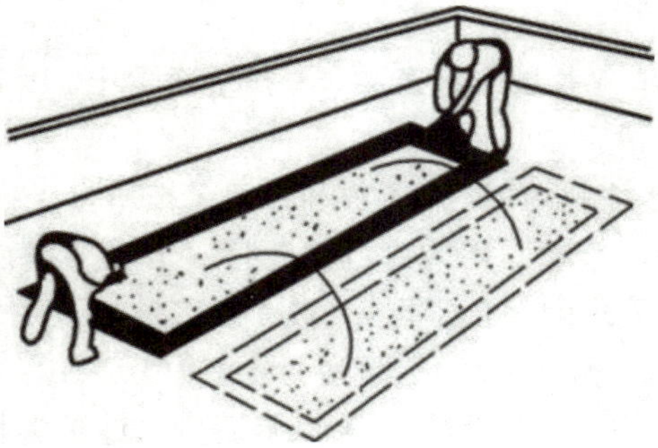

图 8－21 卷材粘贴方法

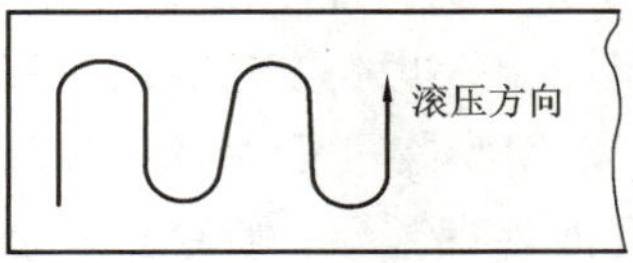

图 8－22 卷材排气滚压方向

(7) 卷材搭接黏结处理。由于已粘贴的卷材长、短边均留出 80 mm 空白的卷材搭接边，因此还要用卷材搭接胶黏剂对搭接边做黏结处理。涂布于卷材的搭接胶黏剂[如丁基橡胶卷材搭接胶黏剂，其黏结剥离强度不应小于 15 N/(10 mm)，浸水 168 h 后黏结剥离强度保持率不应小于 70%]，不具有可立即黏结凝固的性能，需静置 20～40 min 待其基本干燥，用手指试压无黏感时方可进行贴压黏结。这样，必须先将搭接卷材的覆盖边做临时固定，即在搭接接头部位每隔 1 m 左右涂刷少许基层胶黏剂，待指触基本不粘时，再将接头部位的卷材翻开，临时黏结固定，如图 8－23 所示。将卷材接缝用的双组分或单组分的专用胶黏剂(如为双组分胶黏剂应按规定比例配合搅拌均匀)，用油漆刷均匀涂刷在翻开的卷材接头的两个黏结面上，涂胶量一般以 0.5 kg/m^2 左右为宜。涂胶 20～40 min，指触基本不粘时，即可一边粘合一边驱除接缝中的空气，粘合后再用手持压辊滚压一遍。凡遇到三层卷材重叠的接头处，必须嵌填密封膏后再进行粘合施工。在接缝的边缘再用密封材料(如单组分氯磺化聚乙烯密封膏或双组分聚氨酯密封膏，用量为 0.05～0.1 kg/m^2)封严，如图 8－24 所示。

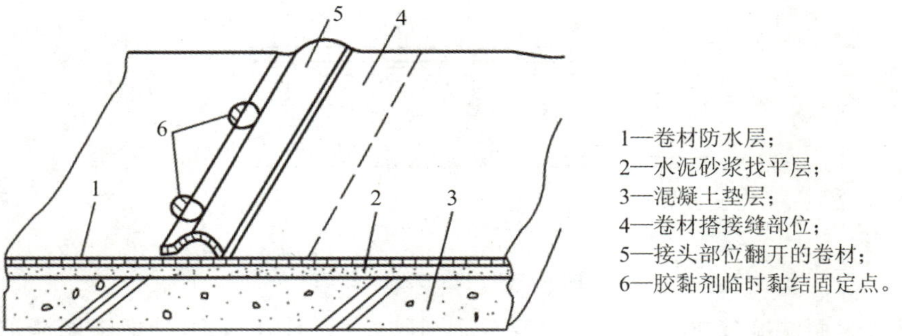

图 8－23 搭接缝部位卷材的临时黏结固定

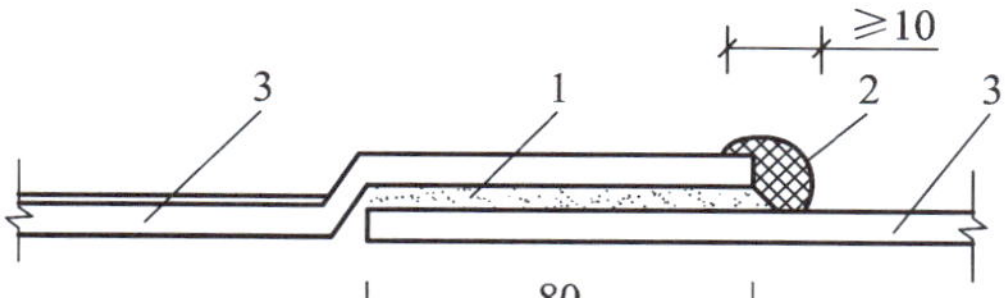

1—卷材胶黏剂；2—密封材料；3—防水卷材。

图 8－24　搭接缝密封处理

（8）蓄水试验。按卷材热玛𤧛脂黏结施工的要求做蓄水试验。

（9）保护层施工。屋面经蓄水试验合格，待防水面层干燥后，按设计立即进行保护层施工，以避免防水层受损。

2）自粘型合成高分子防水卷材施工

自粘型合成高分子防水卷材是在工厂生产过程中，在卷材底面涂敷一层自粘胶，自粘胶表面敷一层隔离纸，铺贴时只要撕下隔离纸，就可以直接粘贴于涂刷了基层处理剂的基层上。解决了因涂刷胶黏剂不均匀而影响卷材铺贴的质量问题，并使卷材铺贴施工工艺简化，提高了施工效率。自粘型合成高分子防水卷材的施工工艺要点如下：

（1）清理基层。剔除基层隆起异物，清除基层上的浮浆、杂物，清扫干净尘土。

（2）涂刷基层处理剂。基层处理剂可用稀释的乳化沥青或其他沥青基的防水涂料。涂刷要薄而均匀，不露底，不凝滞。干燥 6 h 后即可铺贴防水卷材。

（3）节点附加增强处理。按设计要求，在构造节点部位铺贴附加层。为确保质量，可在做附加层之前，再涂刷一遍增强胶黏剂，然后再做附加层。

（4）定位、弹基准线。按卷材排铺布置，弹出定位线、基准线。

（5）铺贴大面自粘型卷材。以三元乙丙橡胶防水卷材为例，施工时一般 3 人一组配合施工，1 人撕纸，1 人滚铺卷材，1 人随后将卷材压实粘牢，如图 8－25 所示。

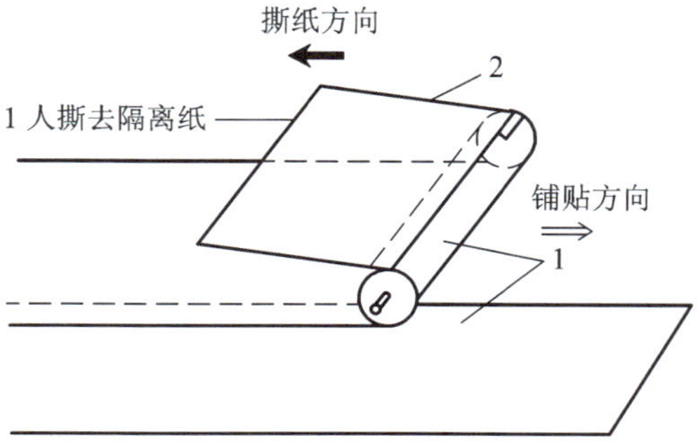

图 8－25　自粘型卷材铺贴

（6）卷材封边。自粘型彩色三元乙丙防水卷材的长、短向一边不带自粘型胶（宽 50～70 mm），施工时需现场刷胶封边，以确保卷材搭接缝处黏结牢固。施工时，将卷材搭接部位翻开，用油漆刷将 CX-404 胶均匀地涂刷在卷材接缝的两个黏结面上，涂胶 20 min 后不粘手时，随即进行粘贴。粘贴后用手持压辊仔细滚压密实，使之黏结牢固。

（7）嵌缝大面卷材铺贴完毕，在卷材接缝处，用丙烯酸密封膏嵌缝。嵌缝时应宽窄一致，封闭严密。

(8) 蓄水试验。同其他防水卷材蓄水试验方法。

三、涂膜防水屋面

涂膜防水屋面是在屋面基层上涂刷防水涂料，经固化后形成一层有一定厚度和弹性的整体涂膜，从而达到防水目的的一种防水屋面形式。防水涂料具有防水性能好，固化后无接缝；施工操作简便，可适应各种复杂的防水基面；与基面黏结强度高；温度适应性强；施工速度快，易于修补等特点。

涂膜防水屋面构造如图 8－26 所示。

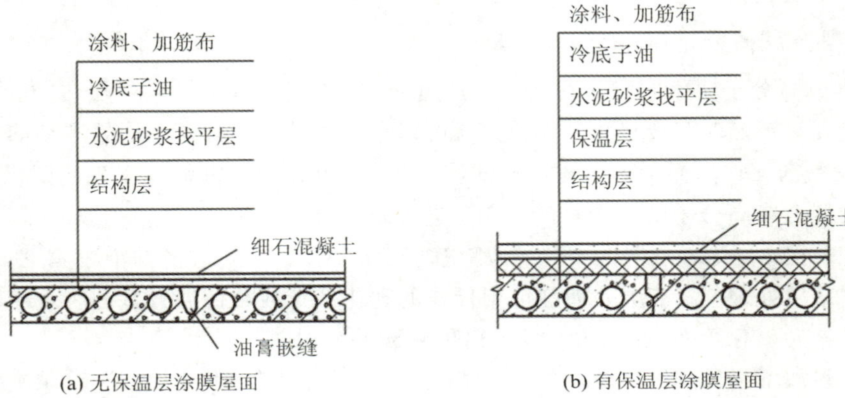

图 8－26　涂膜防水屋面构造

涂膜防水屋面的施工工艺流程如图 8－27 所示。

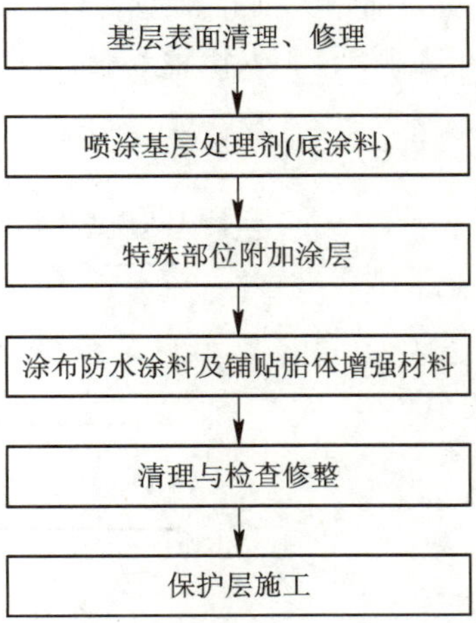

图 8－27　涂膜防水屋面施工工艺流程

(1) 基层表面清理、修理。涂膜防水层施工前，先将基层表面的杂物、砂浆硬块等清扫干净，基层表面平整，无起砂、起壳、龟裂等现象。

(2) 喷涂基层处理剂(底涂料)。基层处理剂常采用稀释后的涂膜防水材料，其配合比应根据不同防水材料按要求配置。涂刷时应涂刷均匀，覆盖完全。

(3) 特殊部位附加涂层。涂膜防水层施工前，在管根部、落水口、阴阳角等部位必须先做附加涂层，附加涂层的做法是：在附加层涂膜中铺设玻璃纤维布，用板刷涂刮驱除气泡，将玻璃纤维布紧密地贴在基层上，不得出现空鼓或皱褶，可以多次涂刷涂膜。

(4) 涂布防水涂料及铺贴胎体增强材料。涂膜防水应根据防水涂料的品种分层分遍涂布，不得一次涂成；应待先涂的涂层干燥成膜后，方可涂后一遍涂料；需铺设胎体增强材料时，屋面坡度小于 15％时可平行屋脊铺设，屋面坡度大于 15％时应垂直屋脊铺设；胎体长边搭接宽度不应小于 50 mm，短边搭接宽度不应小于 70 mm；采用两层胎体增强材料时，上下层不得相互垂直铺设，搭接缝应错开，其间距不应小于幅宽的 1/3。

涂膜防水层的厚度：高聚物改性沥青防水涂料，在屋面防水等级为Ⅰ级时不应小于3 mm；合成高分子防水涂料，在屋面防水等级为Ⅰ级时不应小于1.5 mm。

施工要点：防水涂膜应分层分遍涂布，第一层一般不需要刷冷底子油，待先涂的涂层干燥成膜后，方可涂布下一遍涂料。在板端、板缝、檐口与屋面板交接处，先干铺一层宽度为150～300 mm的塑料薄膜缓冲层。铺贴玻璃丝布或毡片应采用搭接法，长边搭接宽度不小于70 mm，短边搭接宽度不小于100 mm，上下两层及相邻两幅的搭接缝应错开1/3幅宽，但上下两层不得互相垂直铺贴。

铺加衬布前，应先浇胶料并刮刷均匀，然后立即铺加衬布，再在上面浇胶料刮刷均匀，纤维不露白，用辊子滚压实，排尽布下空气。

（5）清理与检查修整。涂膜结束后彻底清除涂膜上的所有灰尘、杂物等，确保干净无污染。

检查涂膜表面是否完整光滑，有无裂纹、起皮、脱落等现象。观察涂膜的颜色是否均匀一致，避免色差影响美观。

按照相关标准进行拉伸强度测试，确保涂膜具有足够的抗拉性能。通过闭水试验验证涂膜的防水性能，确保没有渗漏点。一旦发现涂膜存在缺陷，如气泡、针孔、裂纹等，应及时使用相同材料进行修补，确保整体防水效果。

（6）保护层施工。涂膜防水屋面应设置保护层。保护层材料可采用绿豆砂、云母、蛭石、浅色涂料、水泥砂浆、细石混凝土或块材等。当采用水泥砂浆、细石混凝土或块材保护层时，应在防水涂膜与保护层之间设置隔离层，以防止因保护层的伸缩变形，将涂膜防水层破坏而造成渗漏。当用绿豆砂、云母、蛭石时，应在最后一遍涂料涂刷后随即撒上，并用扫帚轻扫均匀、轻拍粘牢。当用浅色涂料作保护层时，应在涂膜固化后进行。

四、刚性防水屋面

刚性防水屋面用细石混凝土、块体材料或补偿收缩混凝土等材料作屋面防水层，使混凝土密实并采取一定的构造措施，以达到防水的目的。

刚性防水屋面构造如图8－28所示。

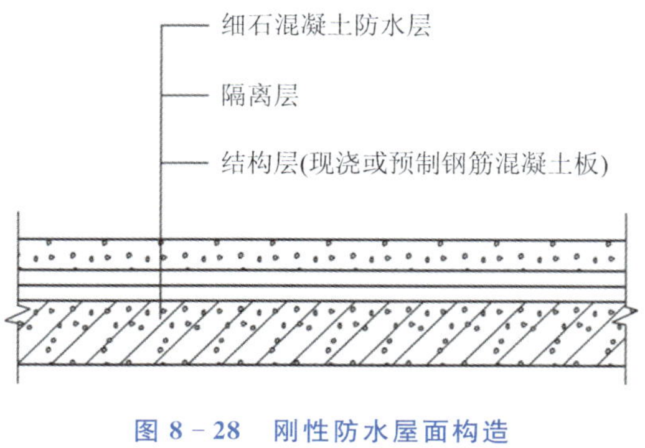

图8－28　刚性防水屋面构造

刚性防水屋面施工步骤如下：

（1）基层要求。刚性防水屋面的结构层宜为整体现浇的钢筋混凝土。当屋面结构层采用装配式钢筋混凝土板时，应用强度等级不小于C20的细石混凝土灌缝，灌缝的细石混凝土宜掺膨胀剂。当屋面板板缝宽度大于40 mm或上窄下宽时，板缝内必须设置构造钢筋，灌缝高度与板面平齐，板端缝应用密封材料进行嵌缝密封处理。

(2) 隔离层施工。为了消除结构变形对防水层的不利影响，可将防水层和结构层完全脱离，在结构层和防水层之间增加一层厚度为 10～20 mm 的黏土砂浆，或者铺贴卷材隔离层。

① 黏土砂浆隔离层施工。将石灰膏、砂、黏土按 1∶2.4∶3.6 的比例拌和，铺抹 10～20 mm 厚，压平抹光，待砂浆基本干燥后，进行防水层施工。

② 卷材隔离层施工。用 1∶3 的水泥砂浆找平结构层，在干燥的找平层上铺一层干细砂后，再在其上铺一层卷材隔离层，搭接缝用热沥青玛𤧛脂。

(3) 细石混凝土防水层施工。细石混凝土防水层施工要求如下：

① 混凝土水胶比不应大于 0.55，每立方米混凝土的水泥与掺和料用量不应小于 330 kg，砂率宜为 35%～40%，灰砂比宜为 1∶2～1∶2.5。

② 细石混凝土防水层中的钢筋网片，施工时应放置在混凝土的上部。

③ 分格条安装位置应准确，起条时不得损坏分格缝处的混凝土；当采用切割法施工时，分格缝的切割深度宜为防水层厚度的 3/4。

④ 普通细石混凝土中掺入减水剂、防水剂时，应计量准确、投料顺序得当、搅拌均匀。

⑤ 混凝土搅拌时间不应少于 2 min，混凝土运输过程中应防止漏浆和离析；每个分格板块的混凝土应一次浇筑完成，不得留施工缝；抹压时不得在表面洒水、加水泥浆或撒干水泥，混凝土收水后应进行二次压光。

⑥ 防水层的节点施工应符合设计要求；预留孔洞和预埋件位置应准确；安装管件后，其周围应按设计要求嵌填密实。

⑦ 混凝土浇筑后应及时进行养护，养护时间不宜少于 14 d；养护初期屋面不得上人。

第三节 室内防水工程

厨房、卫生间等室内的楼地面应优先选用涂料或刚性防水材料在迎水面做防水处理，也可选用柔性较好且易于与基层黏结牢固的防水材料。

一、厨房、卫生间地面防水构造

厨房、卫生间地面防水构造的一般做法如图 8-29 所示。卫生间防水构造剖面如图 8-30 所示。

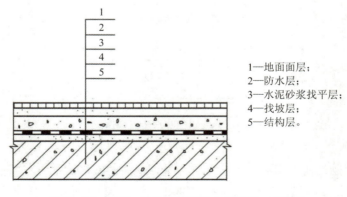

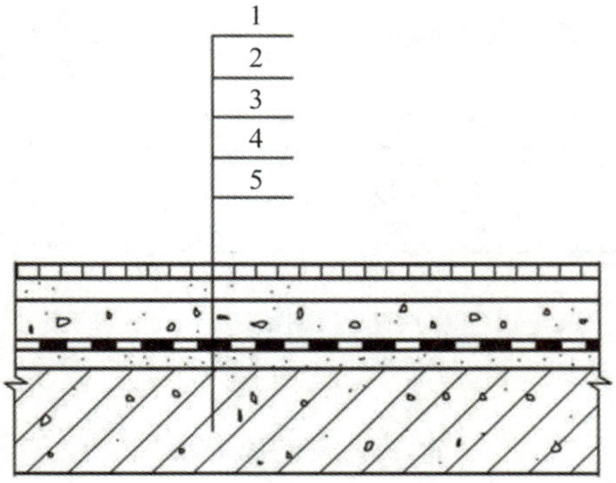

图 8-29 厨房、卫生间地面防水构造的一般做法

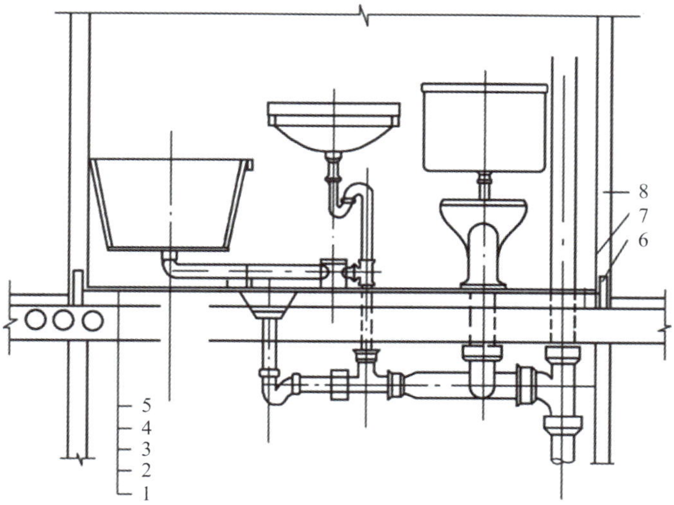

图 8-30　卫生间防水构造剖面

(1) 结构层。卫生间地面结构层宜采用整体现浇钢筋混凝土板或预制整块开间钢筋混凝土板。板缝应用防水砂浆堵严，表面 20 mm 深处宜嵌填沥青基密封材料，也可在板缝嵌填防水砂浆并抹平表面后附加涂膜防水层，即铺贴 100 mm 宽玻璃纤维布一层，涂刷两道沥青基涂膜防水层，其厚度不小于 2 mm。

(2) 找坡层。地面坡度应严格按照设计要求施工，做到坡度准确、排水通畅。找坡层厚度小于 30 mm 时，可用水泥混合砂浆(水泥∶石灰∶砂＝1∶1.5∶8)；厚度大于 30 mm 时，宜用1∶6 水泥炉渣材料，此时炉渣粒径宜为 5～20 mm，要求严格过筛。

(3) 找平层。要求采用 1∶2.5～1∶3 水泥砂浆，找平前清理基层并浇水湿润，但不得有积水，找平时边扫水泥浆边抹水泥砂浆，做到压实、找平、抹光，水泥砂浆宜掺防水剂，以形成一道防水层。

(4) 防水层。由于厨房、卫生间管道多，工作面小，基层结构复杂，故一般采用涂膜防水材料较为适宜。常用的涂膜防水材料有聚氨酯防水涂料、氯丁胶乳沥青防水涂料、SBS 橡胶改性沥青防水涂料等，应根据工程性质和使用标准选用。

(5) 面层。地面装饰层按设计要求施工，一般采用 1∶2 水泥砂浆、陶瓷马赛克和防滑地砖等。墙面防水层一般需做到 1.8 m 高，然后甩砂抹水泥砂浆或贴面砖(或贴面砖到顶)装饰层。

二、厨房、卫生间地面防水层施工

1. 涂料防水

1) 单组份聚氨酯防水涂料施工

单组份聚氨酯防水涂料施工工艺流程为：清理基层→细部附加层施工→第一遍涂膜防水层施工→第二遍涂膜防水层施工→第三遍涂膜防水层施工→第一次蓄水试验→保护层、饰面层施工→第二次蓄水试验→工程质量验收。

单组份聚氨酯防水涂料的施工操作要点如下：

(1) 清理基层。将基层表面的灰皮、尘土、杂物等铲除清扫干净，对管根、地漏和排水口等部位应认真清理。遇有油污时，可用钢刷或砂纸刷除干净。表面必须平整，如有凹陷处应用 1∶3

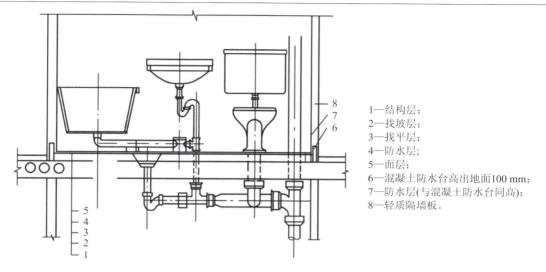

水泥砂浆找平。最后，基层用干净的湿布擦拭一遍。

(2) 细部附加层施工。地漏、管根、阴阳角等处应用单组份聚氨酯涂刮一遍做附加层处理，两侧各在交接处涂刷 200 mm。地面四周与墙体连接处及管根处，平面涂膜防水层宽度和平面拐角上返高度≥250 mm。地漏口周边平面涂膜防水层宽度和进入地漏口下返均≥40 mm，各细部附加层也可做一布二涂单组份聚氨酯涂刷处理。

(3) 常温下第一遍涂膜达到表干时间后，再进行第二遍涂膜施工。

2) 聚合物水泥防水涂料(简称 JS 防水涂料)施工

聚合物水泥防水涂料施工工艺流程为：清理基层→配制防水涂料→涂刷底面防水层→涂刷细部附加层→涂刷中间防水层→涂刷表面防水层→第一次蓄水试验→保护层、饰面层施工→第二次蓄水试验→工程质量验收。

聚合物水泥防水涂料的施工操作要点如下：

(1) 细部附加层。对地漏、管根、阴阳角等易发生漏水的部位，应进行密封或加强处理，方法如下：按设计要求在管根等部位的凹槽内嵌填密封胶，密封材料应压嵌严密，防止裹入空气，并与缝壁黏结牢固，不得有开裂、鼓泡和下塌现象。在地漏、管根、阴阳角和出入口等易发生漏水的薄弱部位，可加一层增强胎体材料，材料宽度不小于 300 mm，搭接宽度应不小于 100 mm。施工时先涂一层 JS 防水涂料，再铺胎体增强材料，最后涂一层 JS 防水涂料。

(2) 大面积涂刷涂料时，不得加铺胎体；如设计要求增加胎体，须使用耐碱网格布或 40 g/m^2 的聚酯无纺布。

3) 聚合物乳液(丙烯酸)防水涂料施工

聚合物乳液防水涂料施工工艺流程为：清理基层→涂刷底面防水层→涂刷细部附加层→涂刷中间防水层→铺贴增强层→涂刷上层防水层→涂刷表面防水层→防水层第一次蓄水试验→保护层、饰面层施工→第二次蓄水试验→工程质量验收。

聚合物乳液防水涂料的施工操作要点如下：

(1) 涂刷底面防水层。取丙烯酸防水涂料倒入一个空桶中约 2/3，少许加水稀释并充分搅拌，用滚刷均匀地涂刷底层，用量约为 0.4 kg/m^2，待手摸不黏手后进行下一道工序。

(2) 细部附加层。按设计要求在管根等部位的凹槽内嵌填密封胶，密封材料应压嵌严密，防止裹入空气，并与缝壁黏结牢固，不得有开裂、鼓泡和下塌现象；地漏、管根、阴阳角等易漏水部位的凹槽内，用丙烯酸防水涂料涂覆找平；在地漏、管根、阴阳角和出入口易发生漏水的薄弱部位，须增加一层胎体增强材料，宽度不小于 300 mm，搭接宽度不得小于 100 mm，施工时先涂刷丙烯酸防水涂料，再铺增强层材料，然后再涂刷两遍丙烯酸防水涂料。

(3) 涂刷中、面层防水层。取丙烯酸防水涂料，用滚刷均匀地涂在底层防水层上面，每遍涂 0.5～0.8 kg/m^2，其下层增强层和中层必须连续施工，不得间隔；若厚度不够，加涂一层或数层，以达到设计规定的涂膜厚度要求为准。

4) 改性聚脲防水涂料施工

改性聚脲防水涂料是以聚脲为主要原料，配以多种助剂制成，属于无有机溶剂环保型双组分合成高分子柔性防水涂料。

改性聚脲防水涂料施工工艺流程为：清理基层→细部附加层施工→第一遍涂膜防水层施工→第二遍涂膜防水层施工→第一次蓄水试验→保护层、饰面层施工→第二次蓄水试验→工程质量验收。

改性聚脲防水涂料的施工操作要点如下：

（1）配料。将甲、乙料先分别搅拌均匀，然后按比例倒入配料桶中充分拌和均匀备用，取用涂料应及时密封。配好的涂料应在 30 min 内用完。

（2）附加层施工。地漏、管根、阴阳角等处用调配好的涂料涂刷（或刮涂）一遍，做附加层处理。

（3）涂膜施工。附加层固化后，将配好的涂料用塑料刮板在基层表面均匀刮涂，厚度应均匀、一致。

2. 刚性防水

厨房、卫生间用刚性材料做防水层的理想材料是具有微膨胀性能的补偿收缩混凝土和补偿收缩水泥砂浆。

补偿收缩水泥砂浆用于厨房、卫生间的地面防水，对于同一种微膨胀剂，应根据不同的防水部位，选择不同的加入量，可基本上起到不裂、不渗的防水效果。

下面以 U 型混凝土膨胀剂（UEA）为例，介绍其砂浆配制和施工方法。

1）材料及其要求

配制 UEA 砂浆的材料及要求有如下四条。

（1）水泥：42.5 级普通硅酸盐水泥、32.5 级或 42.5 级矿渣硅酸盐水泥。

（2）UEA：符合《混凝土膨胀剂》（GB/T 23439—2017）的规定。

（3）砂子：中砂，含泥量小于 2%。

（4）水：饮用自来水或洁净非污染水。

2）UEA 砂浆的配制

在楼板表面铺抹 UEA 防水砂浆，应按不同的部位，配制含量不同的 UEA 防水砂浆。不同部位 UEA 防水砂浆的配合比如表 8－9 所示。

表 8－9　不同防水部位 UEA 防水砂浆的配合比

防水部位	厚度/mm	C+UEA /kg	$\frac{UEA}{C+UEA}$/%	配合比			水胶比	稠度/cm
				C	UEA	砂		
垫层	20～30	550	10	0.90	0.10	3.0	0.45～0.50	5～6
防水层（保护层）	15～20	700	10	0.90	0.10	2.0	0.40～0.45	5～6
管件接缝	—	700	15	0.85	0.15	2.0	0.30～0.35	2～3

注：C 指水泥。

3）防水层施工

UEA 砂浆的防水层施工处理如下。

（1）基层处理。施工前，应对楼面板基层进行清理，除净浮灰杂物，对凹凸不平处用 10%～12%UEA（灰砂比为 1∶3）砂浆补平，并应在基层表面浇水，使基层保持湿润，但不能积水。

（2）铺抹垫层。按 1∶3 水泥砂浆垫层配合比，配制灰砂比为 1∶3 的 UEA 垫层砂浆，将其铺抹在干净、湿润的楼板基层上。铺抹前，按照坐便器的位置，准确地将地脚螺栓预埋在相应的位置上。垫层的厚度为 20～30 mm，必须分 2～3 层铺抹，每层应揉浆、拍打密实，垫层厚度应根据标高而定。在抹压的同时，应完成找坡工作，地面向地漏口找坡为 2%，地漏口周围 50 mm 范围内向地漏中心找坡为 5%，穿楼板管道根部位向地面找坡为 5%，转角墙部位的穿楼板管道向地面找坡为 5%。

(3) 铺抹防水层。待垫层强度达到上人标准时，把地面和墙面清扫干净，并浇水充分湿润。然后铺抹四层防水层，第一、第三层为 10% UEA 水泥素浆，第二、第四层为 10%～12% UEA 水泥砂浆层(水泥：砂=1：2)。铺抹方法如下：

第一层，先将 UEA 和水泥按 1：9 的配合比准确称量，充分干拌均匀，再按水胶比加水拌和成稠浆状，然后可用滚刷或毛刷涂抹，厚度为 2～3 mm。

第二层，灰砂比为 1：2，UEA 掺量为水泥质量的 10%～12%，一般可取 10%。待第一层素灰初凝后即可铺抹，厚度为 5～6 mm，凝固 20～24 h 后，适当浇水湿润。

第三层，掺 10%UEA 的水泥素浆层，其拌制要求、涂抹厚度与第一层相同，待其初凝后，即可铺抹第四层。

第四层，UEA 水泥砂浆的配合比、拌制方法、铺抹厚度均与第二层相同。铺抹时应分次用铁抹子压五六遍，使防水层坚固、密实，最后再用力抹压光滑，经硬化 12～24 h，即可浇水养护 3 d。

以上四层防水层的施工，应按照垫层的坡度要求找坡，铺抹的操作方法与地下工程防水砂浆施工方法相同。

(4) 管道接缝防水处理。待防水层达到强度要求后，拆除捆绑在穿楼板部位的模板条，清理干净缝壁的浮渣、碎物，并按节点防水做法的要求涂布素灰浆和填充管件接缝防水砂浆，最后灌水养护 7 d。蓄水期间，如不发生渗漏现象，可视为合格；如发生渗漏，找出渗漏部位，及时修复。

(5) 铺抹 UEA 砂浆保护层。保护层 UEA 的掺量为 10%～12%，灰砂比为 1：2～1：2.5，水胶比为 0.4。铺抹前，对要求用膨胀橡胶止水条做防水处理的管道、预埋螺栓的根部及需用密封材料嵌填的部位，要及时做防水处理。然后就可分层铺抹厚度为 15～25 mm 的 UEA 水泥砂浆保护层，并按坡度要求找坡，待硬化 12～24 h 后，浇水养护 3 d。最后，根据设计要求铺设装饰面层。

本章小结

本章主要介绍了地下防水工程、屋面防水工程、室内防水工程的施工技术，防水工程质量验收标准等内容。通过本章的学习，读者可以对防水工程施工技术有一定的认识，为在工作中合理、熟练应用这些施工技术建立基础。

课后练习

1. 简述地下工程防水等级及标准。
2. 简述变形缝的设计要求。
3. 简述冷底子油的涂刷方法。
4. 什么是涂膜防水屋面？
5. 简述刚性防水屋面的施工步骤。
6. 简述聚合物乳液(丙烯酸)防水涂料施工的工艺流程。

第九章 建筑装饰与节能工程

第一节 门窗工程

一、木门窗安装

木门窗安装过程包括立门窗框(立口)、塞门窗框(塞口)、木门窗安装、木门窗小五金安装和后塞口预安窗扇安装等。

1. 立门窗框

立门窗框的施工要求如下:

(1) 立门窗框前须对成品加以检查,进行校正规方,钉好斜拉条(不得少于两根),无下坎的门框应加钉水平拉条,以防在运输和安装中变形。

(2) 立门窗框前要事先准备好撑杆、木橛子、木砖或倒刺钉,并在门窗框上钉好护角条。

(3) 立门窗框前要看清门窗框在施工图上的位置、标高、型号、门窗框规格、门扇开启方向、门窗框是里平、外平或是立在墙中等,按图立口。

(4) 立门窗框时要注意拉通线,撑杆下端要固定在木橛子上。

(5) 立框子时要用线坠找直吊正,并在砌筑砖墙时随时检查是否倾斜或移动。

2. 塞门窗框

塞门窗框的施工要求如下:

(1) 塞门窗框前要预先检查门窗洞口的尺寸、垂直度及木砖数量,如有问题,应事先修理好。

(2) 门窗框应用钉子固定在墙内的预埋木砖上,每边的固定点应不少于两处,其间距应不大于 1.2 m。

(3) 在预留门窗洞口的同时,应留出门窗框走头(门窗框上、下坎两端伸出口外部分)的缺口,在门窗框调整就位后,封砌缺口;当受条件限制,门窗框不能留走头时,应采取可靠措施将门窗框固定在墙内木砖上。

(4) 塞门窗框时需注意水平线要直。多层建筑的门窗在墙中的位置,应在同一直线上。安装时,横竖均拉通线。

(5) 寒冷地区门窗框与外墙间的空隙应填塞保温材料。

3. 木门窗扇安装

木门窗扇安装应符合如下规定:

(1) 安装前检查门窗扇的型号、规格、质量是否合乎要求；如发现问题，应事先修好或更换。

(2) 安装前先量好门窗框的高低、宽窄尺寸，然后在相应的扇边上画出高低宽窄的线。双扇门窗要打叠(自由门除外)，先在中间缝处画出中线，再画出边线，并保证梃宽一致，上下冒头也要画线刨直。

(3) 画好高低、宽窄线后，用粗刨刨去线外部分，再用细刨刨至光滑、平直，使其符合设计尺寸要求。

(4) 将扇放入框中试装合格后，按扇高的 1/8～1/10，在框上按合页大小画线，并剔出合页槽，槽深一定要与合页厚度相适应，槽底要平。

(5) 门窗扇安装的留缝宽度，应符合有关标准的规定。

4. 木门窗小五金安装

木门窗小五金安装应符合如下规定：

(1) 有木节处或已填补的木节处，均不得安装小五金。

(2) 安装合页、插销、L 铁、T 铁等小五金时，先用锤将木螺钉打入长度的 1/3，然后用螺钉旋具将木螺钉拧紧、拧平，不得歪扭、倾斜。严禁打入全部深度。采用硬木时，应先钻 2/3 深度的孔，孔径为木螺钉直径的 9/10，然后再将木螺钉由孔中拧入。

(3) 合页距门窗上、下端宜取立梃高度的 1/10，并避开上、下冒头。安装后应开关灵活。门窗拉手应位于门窗高度中点以下，窗拉手距地面 1.5～1.6 m 为宜，门拉手距地面 0.9～1.05 m 为宜，门拉手应里外一致。

(4) 门锁不宜安装在中冒头与立梃的结合处，以防伤榫。门锁位置一般宜高出地面 900～950 mm。

(5) 门窗扇嵌 L 铁、T 铁时应加以隐蔽，做凹槽，安完后应低于表面 1 mm 左右。门窗扇为外开时，L 铁、T 铁安在内面；内开时，安在外面。

(6) 上、下插销要安在梃宽的中间；如采用暗插销，则应在外梃上剔槽。

5. 后塞口预安窗扇安装

预安窗扇就是窗框安到墙上以前，先将窗扇安到窗框上，方便操作，提高工效。其操作要点如下：

(1) 按图纸要求，检查各类窗的规格、质量，如发现问题，应进行修整。

(2) 按图纸要求，将窗框放到支撑好的临时木架(等于窗洞口)内调整，用木拉子或木楔子将窗框稳固，然后安装窗扇。

(3) 在推广采用外墙板施工时，也可以将窗扇和纱窗扇同时安装好。

(4) 有关安装技术要点，与现场安装窗扇要求一致。

(5) 装好的窗框、扇，应将插销插好，风钩用小圆钉暂时固定，把小圆钉砸倒，并在水平面内加钉木拉子，码垛垫平，防止变形。

(6) 已安好五金的窗框，将底油和第一道油漆刷好，以防止受湿变形。

(7) 在塞放窗框时，应按图纸核对，做到平整方直。如窗框边与墙中预埋木砖有缝隙，应加木垫垫实，用大木螺钉或圆钉与墙木砖连接紧固，并将上冒头紧靠过梁，下冒头垫平，用木楔夹紧。

二、钢门窗安装

钢门窗安装过程包括画线定位、钢门窗就位和钢门窗固定等。

1. 画线定位

按照设计图纸要求，在门窗洞口上弹出水平和垂直控制线，以确定钢门窗的安装位置、尺寸、标高。水平线应从＋50 cm 水平线上量出门窗框下皮标高拉通线；垂直线应从顶层楼门窗边线向下垂吊至底层，以控制每层边线，并做好标志，确保各楼层的门窗上下、左右整齐划一。

2. 钢门窗就位

钢门窗就位的施工要求如下：

(1) 钢门窗安装前，应按设计图纸要求核对钢门窗的型号、规格、数量是否符合要求；拼樘构件、五金零件、安装铁脚和紧固零件的品种、规格、数量是否正确和齐全。

(2) 钢门窗安装前，应逐樘进行检查，如发现钢门窗框变形或窗角、窗梃、窗心有脱焊、松动等现象，应校正修复后方可进行安装。

(3) 检查门窗洞口内的预留孔洞和预埋铁件的位置、尺寸、数量是否符合钢门窗安装的要求，如发现问题，应进行修整或补凿洞口。

(4) 安装钢门窗时必须按建筑平面图分清门窗的开启方向是内开还是外开，单扇门是左手开启还是右手开启。然后按图纸的规格、型号将钢门窗樘运到安装洞口处，并要靠放稳当。

(5) 在搬运钢门窗时，不可将棍棒等工具穿入窗心或窗梃起吊或杠抬，严禁抛、摔，起吊时要选择平稳牢固的着力点。

(6) 将钢门窗立于图纸要求的安装位置，用木楔临时固定，将其铁脚插入预留孔中，然后根据门窗边线、水平线及距外墙皮的尺寸进行支垫，并用托线板靠吊垂直。

(7) 钢门窗就位时，应保证钢门窗上框距过梁有 20 mm 缝隙，框左右缝宽一致，距外墙皮尺寸符合图纸要求。

3. 钢门窗固定

钢门窗固定的施工要求如下：

(1) 钢门窗就位后，校正其水平和正、侧面垂直度。然后将上框铁脚与过梁预埋件焊牢，将框两侧铁脚插入预留孔内，用水湿润预留孔，用较硬的 1∶2 水泥砂浆或 C20 细石混凝土将其填实后抹平。

(2) 3 d 后取出四周木楔，用 1∶2 水泥砂浆把框与墙之间的缝隙填实，与框同平面抹平。

(3) 若为钢大门，应将合页焊到墙中的预埋件上。要求每侧预埋件必须在同一垂直线上，两侧对应的预埋件必须在同一水平位置上。

三、铝合金门窗安装

铝合金门窗安装过程包括画线定位、防腐处理、门窗框固定、填缝和门窗扇安装等。

1. 画线定位

根据设计图纸和土建施工所提供的洞口中心线及水平标高，在门窗洞口墙体上弹出门窗框位置线。放线时应注意：同一立面的门窗在水平与垂直方向应做到整齐一致，对于预留洞口尺寸偏差较大的部位，应采取妥善措施进行处理。根据设计，可将门窗立于墙的中心线部位，也可将门窗立于内侧，使门窗框表面与内饰面齐平，但在实际工程中将门窗立于洞口中心线的做法较为普遍，因为这样做便于室内装饰的收口处理(特别是在有内窗台板时)。门的安装须注意室内地面的标高，地弹簧的表面应与地面饰面的标高相一致。

2. 防腐处理

铝合金门窗防腐处理的要求如下：

(1) 门窗框四周外表面的防腐处理设计有要求时，按设计要求处理。如果设计没有要求，可涂刷防腐涂料或粘贴塑料薄膜进行保护，以免水泥砂浆直接与铝合金门窗表面接触，产生电化学反应，腐蚀铝合金门窗。

(2) 安装铝合金门窗时，如果采用连接铁件固定，连接铁件、固定件等安装用金属零件最好用不锈钢件，否则必须进行防腐处理，以免产生电化学反应，腐蚀铝合金门窗。

(3) 铝合金门窗框就位。按照弹线位置将门窗框立于洞内，调整正、侧面垂直度、水平度和对角线合格后，用对拔木楔做临时固定。木楔应垫在边、横框能够受力部位，以防止铝合金框料由于被挤压而变形。

3. 门窗框固定

铝合金门窗框固定应符合如下规定：

(1) 当墙体上预埋有铁件时，可直接把铝合金门窗的铁脚与墙体上的预埋铁件焊牢，焊接处需做防锈处理。

(2) 当墙体上没有预埋铁件时，可用金属膨胀螺栓或塑料膨胀螺栓将铝合金门窗的铁脚固定到墙上。

(3) 当墙体上没有预埋铁件时，也可用电钻在墙上打 80 mm 深、直径为 6 mm 的孔，用 L 形 80 mm×50 mm 的 ϕ6 mm 钢筋，在长的一端粘涂 108 胶水泥浆，然后打入孔中。待 108 胶水泥浆终凝后，再将铝合金门窗的铁脚与埋置的 ϕ6 mm 钢筋焊牢。

(4) 如果属于自由门的弹簧安装，应在地面预留洞口，在门扇与地弹簧安装尺寸调整准确后，要浇筑 C25 级细石混凝土固定。

(5) 铝合金门边框和中竖框，应埋入地面以下 20～50 mm；组合窗框间立柱上、下端，应各嵌入框顶和框底墙体(或梁)内 25 mm 以上；转角处的主要立柱嵌固长度应在 35 mm 以上。

4. 填缝

铝合金门窗的周边填缝应该作为一道工序完成。例如，铝合金推拉窗的框较宽，如果像钢窗框那样，仅靠内外抹灰时挤进一部分灰是不够的，难以塞得饱满，因此，对于较宽的窗框，应专门进行填缝。填缝所用的材料，原则上按设计要求选用，但不论使用何种填缝材料，其目的均是密闭和防水。以往用得最多的是 1∶2 水泥砂浆，由于水泥砂浆在塑性状态时呈强碱性，pH 为 11～13，会对铝合金型材的氧化膜有一定影响，特别是当氧化膜被划破时，碱性材料对铝有腐蚀作用。因此，当使用水泥砂浆作填缝材料时，门窗框的外侧应刷涂防腐剂。根据现行规范要求，铝合金门窗框与洞口墙体应采用弹性连接，框周缝隙宽度宜在 20 mm 以上，缝隙内分层填入矿棉或玻璃棉毡条等软质材料。框边须留 5～8 mm 深的槽口，待洞口饰面完成并干燥后，清除槽口内的浮灰渣土，嵌填防水密封胶。

5. 门窗扇安装

铝合金门窗扇安装应符合以下规定：

(1) 门窗扇和门窗玻璃应在洞口墙体表面装饰完工验收后安装。

（2）推拉门窗在门窗框安装固定后，将配好玻璃的门窗扇整体安入框内滑槽，调整好与扇的缝隙即可。

（3）平开门窗在框与扇格架组装上墙、安装固定好后再安玻璃，即先调整好框与扇的缝隙，再将玻璃安入扇并调整好位置，最后镶嵌密封条及密封胶。

（4）玻璃密封和固定。玻璃就位后，应及时用胶条固定。对型材镶嵌玻璃的凹槽的施工，一般有以下三种做法：

① 用橡胶条挤紧，然后在胶条上面注入硅酮系列密封胶。

② 用 1 cm 左右长的橡胶块，将玻璃挤住，然后再注入硅酮系列密封胶。注胶应使用胶枪，要注得均匀、光滑，注入深度不宜小于 5 mm。

③ 用橡胶压条封缝、挤紧，表面不再注胶。

（5）地弹簧门应在门框及地弹簧主机安装固定后再安门扇。先将玻璃嵌入门扇格架并一起入框就位，调整好框扇缝隙，最后填嵌门扇玻璃的密封条及密封胶。

（6）清理。铝合金门窗完工前，应将型材表面的塑料胶纸撕掉。如果发现塑料胶纸在型材表面留有胶痕和其他污物，可用单面刀片刮除擦拭干净，也可用香皂水清洗干净。

四、塑料门窗安装

塑料门窗安装应注意以下几个方面。

1. 洞口要求

应测出各窗洞口中线，并应逐一做出标记。对于同类型的门窗洞口，上下、左右方向位置偏差应符合表 9－1 的要求；门窗洞口宽度与高度尺寸的偏差应符合表 9－2 的规定。门窗的构造尺寸应考虑预留洞口与待安装门、窗框的伸缩缝间隙及墙体饰面材料的厚度。门窗洞口与门、窗框伸缩缝间隙应符合表 9－3 的规定。

表 9－1　同类型的门窗洞口位置偏差　单位：mm

位　置	中心线位置偏差	左右位置相对偏差	
		建筑高度 $H<30$ m	建筑高度 $H\geqslant30$ m
同一垂直位置	10	15	20
同一水平位置	10	15	20

表 9－2　门窗洞口宽度或高度尺寸的允许偏差　单位：mm

门窗洞口类型		允许偏差		
		门窗洞口宽度或高度<2.4 m	门窗洞口宽度或高度为 2.4～4.8 m	门窗洞口宽度或高度>4.8 m
不带附框洞口	未粉刷墙面	±10	±15	±20
	已粉刷墙面	±5	±10	±15
已安装附框的洞口		±5	±10	±15

表 9-3　门窗洞口与门、窗框伸缩缝间隙

墙体饰面层材料	门窗洞口与门、窗框的伸缩缝间隙
清水墙及附框	10 mm
墙体外饰面抹水泥砂浆或贴陶瓷马赛克	15～20 mm
墙体外饰面贴釉面瓷砖	20～25 mm
墙体外饰面贴大理石或花岗石板	40～50 mm
外保温墙体	保温层厚度+10 mm

注：窗下框与洞口的间隙可根据设计要求选定。

2. 补贴保护膜

安装前，塑钢门窗扇及分格杆件宜做封闭型保护。门、窗框应采用三面保护，框与墙体连接面不应有保护层。保护膜脱落的，应补贴保护膜。

3. 框上找中线

应根据设计图纸确定门窗框的安装位置及门扇的开启方向。当门窗框装入洞口时，其上下框中线应与洞口中线对齐。

4. 框进洞口

应根据设计图纸确定门窗框的安装位置及门扇的开启方向。当门窗框装入洞口时，其上下框中线与洞口中线对齐；门窗的上下框四角及中横梃的对称位置用木楔或垫块塞紧做临时固定。

5. 调整定位

安装时，应先固定上框的一个点，然后调整门框的水平度、垂直度和直角度，并应用木楔临时定位。

6. 门窗框固定、盖工艺孔帽及密封处理

当门窗框与墙体间采用固定片固定时，应使用单向固定片，固定片应双向交叉安装。与外保温墙体固定的边框固定片，宜朝向室内。固定片与窗框连接应采用十字槽盘头自钻自攻螺钉直接钻入固定，不得直接锤击钉入或仅靠卡紧方式固定[见图 9-1(a)]。

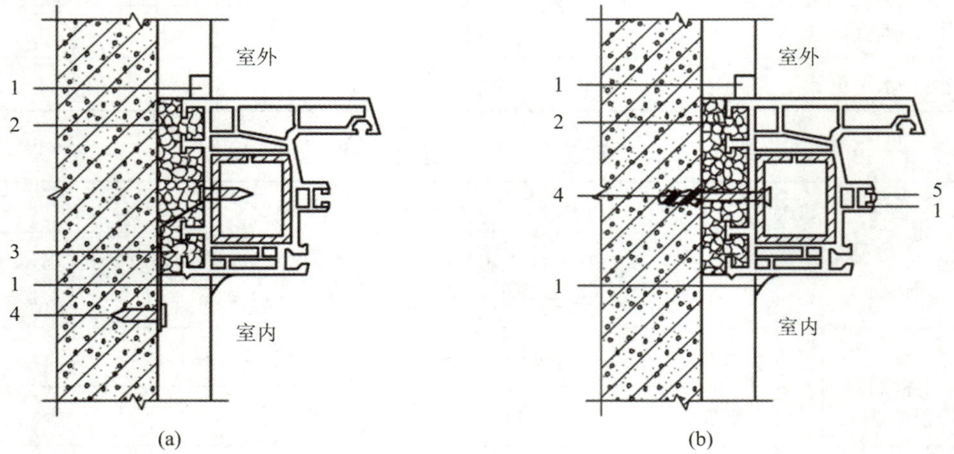

1—密封胶；2—聚氨酯发泡胶；3—固定片；4—膨胀螺栓；5—工艺孔帽。

图 9-1　门窗框固定方式

当门窗框与墙体间采用膨胀螺栓直接固定时，应按膨胀螺栓规格先在窗框上打好基孔。安装膨胀螺栓时，应在伸缩缝中膨胀螺栓位置两边加支撑块[见图 9-1(b)]。

固定片或膨胀螺栓的位置应距门窗端角、中竖梃、中横梃 150～200 mm，固定片或膨胀螺栓之间的间距应符合设计要求，并不得大于 600 mm(见图 9-2)。不得将固定片直接装在中横梃、中竖梃的端头上。平开门安装铰链的相应位置宜安装固定片或采用直接固定法固定。

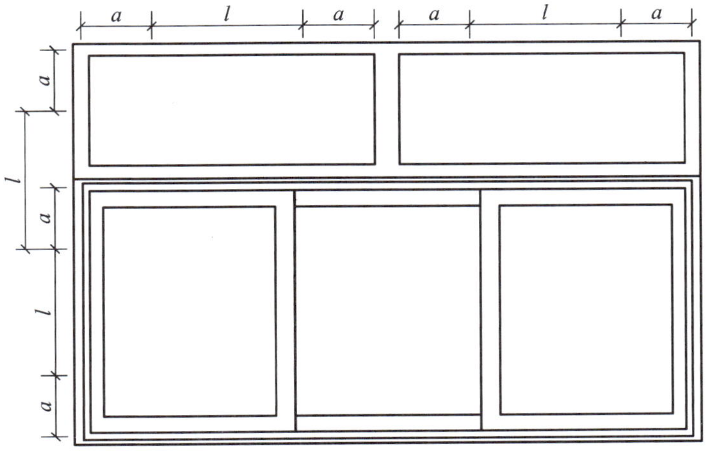

a—端头(或中框)至固定片(或膨胀螺栓)的距离；*l*—固定片(或膨胀螺栓)之间的距离。

图 9-2　固定片或膨胀螺钉的安装位置

目前建筑外墙基本都采用了外保温材料，根据墙体材料不同，塑钢窗的固定连接方法不同，具体连接方式如图 9-3 所示。

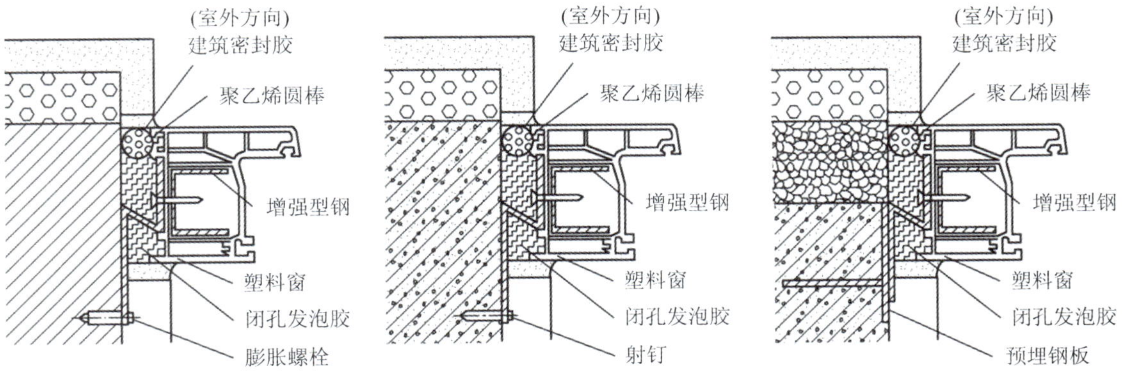

图 9-3　不同墙体有外保温的连接节点

7. 装拼樘料

拼樘料的连接应符合表 9-4 的要求。

表 9-4　拼樘料的连接

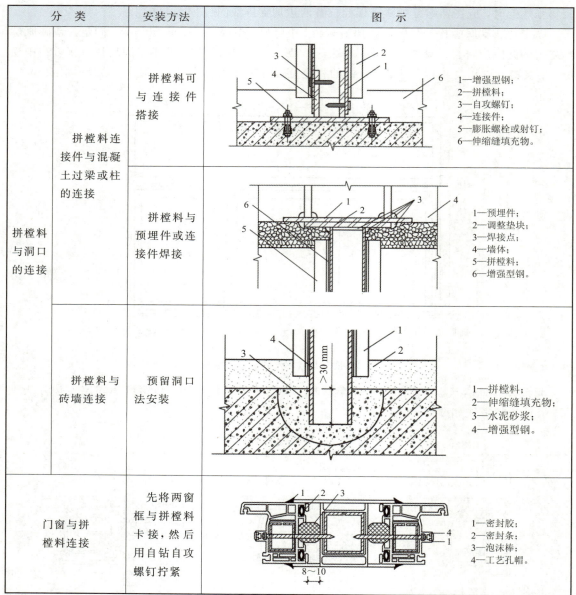

分　类		安装方法	图　示
拼樘料与洞口的连接	拼樘料连接件与混凝土过梁或柱的连接	拼樘料可与连接件搭接	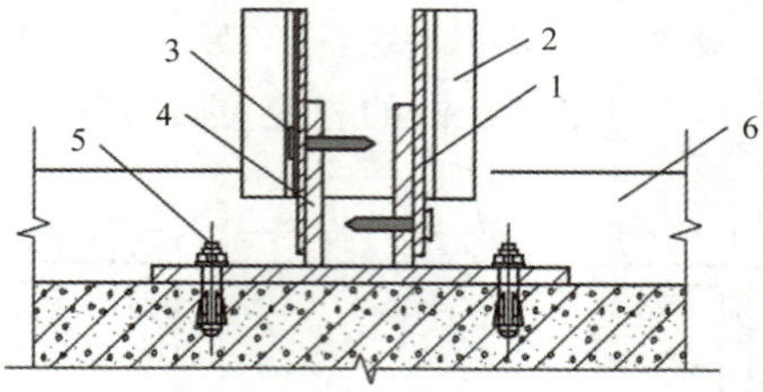 1—增强型钢； 2—拼樘料； 3—自攻螺钉； 4—连接件； 5—膨胀螺栓或射钉； 6—伸缩缝填充物。
		拼樘料与预埋件或连接件焊接	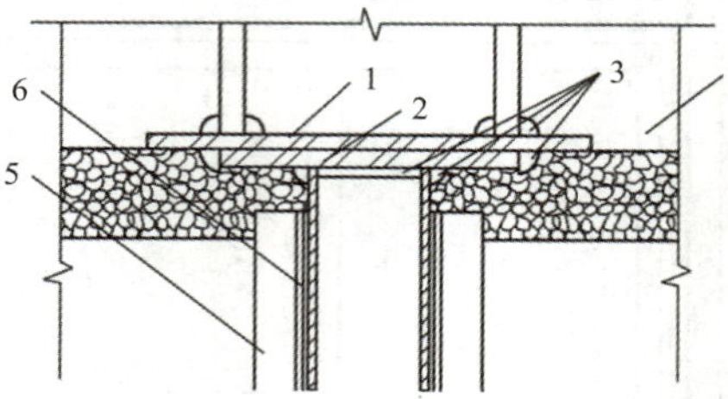 1—预埋件； 2—调整垫块； 3—焊接点； 4—墙体； 5—拼樘料； 6—增强型钢。
	拼樘料与砖墙连接	预留洞口法安装	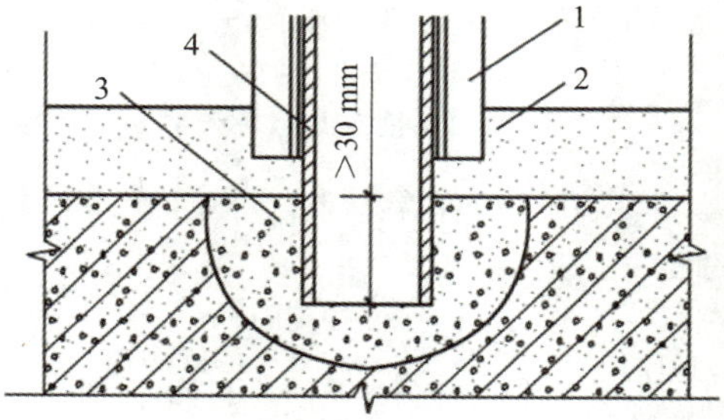 1—拼樘料； 2—伸缩缝填充物； 3—水泥砂浆； 4—增强型钢。
门窗与拼樘料连接		先将两窗框与拼樘料卡接，然后用自钻自攻螺钉拧紧	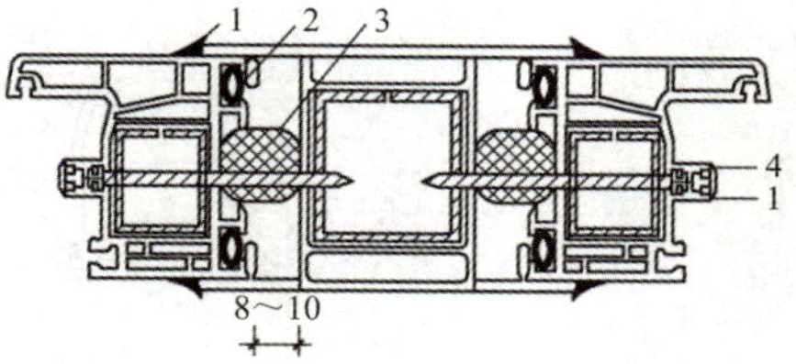 1—密封胶； 2—密封条； 3—泡沫棒； 4—工艺孔帽。

8. 打聚氨酯发泡胶

窗框与洞口之间的伸缩缝内应采用聚氨酯发泡胶填充，发泡胶填充应均匀、密实。打胶前，框与墙体间伸缩缝外侧应用挡板盖住；打胶后，应及时拆下挡板，并在 10～15 min 内将溢出泡沫向框内压平。

9. 洞口抹灰

当外侧抹灰时，应做出披水坡度。采用片材将抹灰层与窗框临时隔开，溜槽宽度及深度宜为 5～8 mm。抹灰面超出窗框（见图 9-4），但厚度不影响窗扇的开启，并不得盖住排水孔。

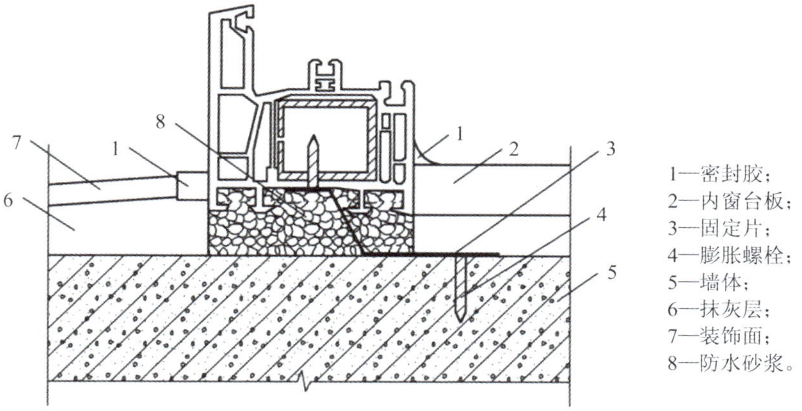

图 9-4　窗下框与墙体固定节点

10. 打密封胶

打胶前应将窗框表面清理干净，打胶部位两侧的窗框及墙面均用遮蔽条遮盖严密，密封胶的打注应饱满，表面应平整、光滑，刮胶缝的余胶不得重复使用。密封胶抹平后，应立即揭去两侧的遮蔽条。

11. 装玻璃(或门、窗扇)

玻璃应平整、安装牢固，不得有松动现象。安装好的玻璃不得直接接触型材，应在玻璃四边垫上不同作用的垫块。中空玻璃的垫块宽度应与中空玻璃的厚度相匹配，其垫块位置宜按图 9-5 放置。

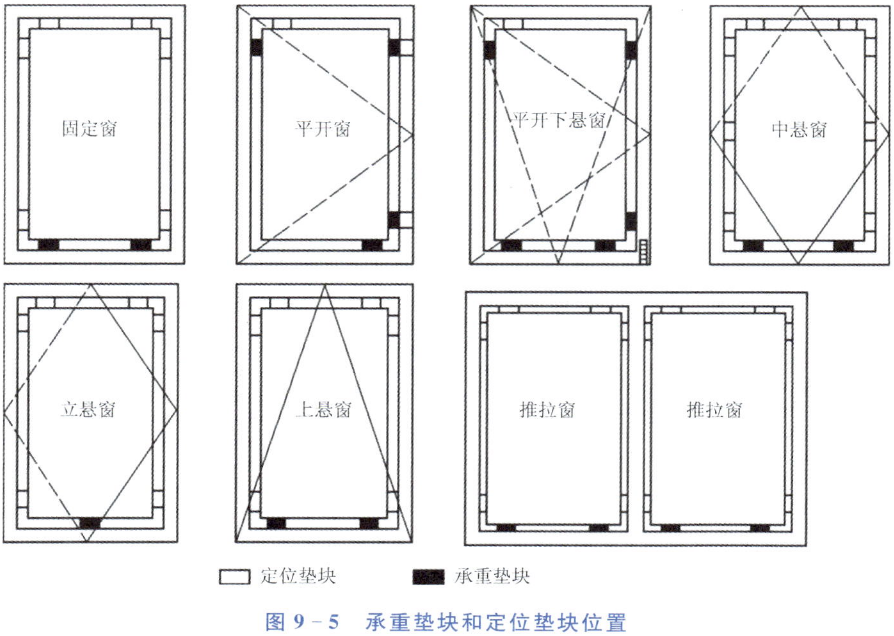

图 9-5　承重垫块和定位垫块位置

12. 表面清理及去掉保护膜

在所有工程完工后及装修工程验收前去掉保护膜。

第二节　抹灰工程

抹灰是将各种砂浆、装饰性石屑浆、石子浆涂抹在建筑物的墙面、顶棚、地面等表面，除了保护建筑物外，还可以作为饰面层起到装饰作用。

一、抹灰工程的分类

抹灰工程按材料和装饰效果分为一般抹灰和装饰抹灰两大类。一般抹灰指石灰砂浆、水泥砂浆、混合砂浆、聚合物水泥砂浆、膨胀珍珠岩水泥砂浆、麻刀灰、纸筋灰、石膏灰等抹灰工程；装饰抹灰的底层和中层与一般抹灰做法基本相同，其面层主要有水刷石、水磨石、斩假石、干粘石、喷涂、滚涂、仿石和彩色抹灰等。

二、一般抹灰施工

1. 一般抹灰层的组成

为了使抹灰层与基层黏结牢固，防止起鼓开裂，并使抹灰层的表面平整，保证工程质量，抹灰层应分层涂抹。一般抹灰层的组成如图 9－6 所示。

底层主要起与基层黏结的作用，厚度一般为 5～9 mm。底层砂浆的强度不能高于基层强度，以免抹灰砂浆在凝结过程中产生较强的收缩应力，破坏强度较低的基层，从而产生空鼓、裂缝、脱落等质量问题；中层起找平的作用，应分层施工，每层厚度应控制为 5～9 mm；面层起装饰作用，要求涂抹光滑、洁净。

抹灰层的平均总厚度要根据具体部位及基层材料而定。钢筋混凝土顶棚抹灰厚度不大于 15 mm；内墙普通抹灰厚度不大于 20 mm，高级抹灰厚度不大于 25 mm；外墙抹灰厚度不大于 20 mm；勒脚及突出墙面部分抹灰厚度不大于 25 mm。

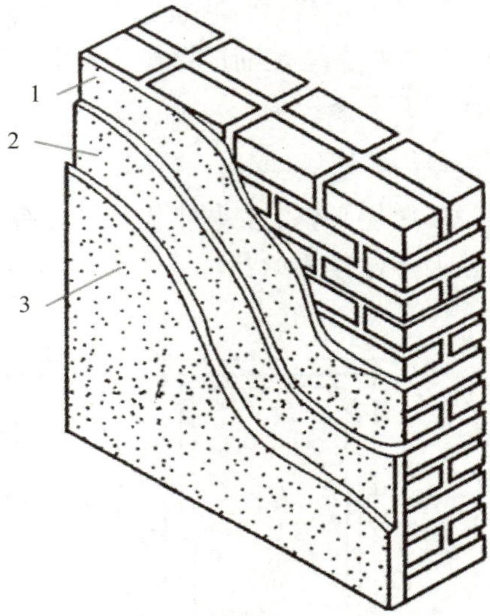

1—底层；2—中层；3—面层。

图 9－6　一般抹灰层的组成

2. 抹灰前基层处理

抹灰前应检查门、窗框位置是否正确，与墙连接是否牢固。连接处的缝隙应用水泥砂浆或水泥混合砂浆(加少量麻刀)分层嵌塞密实。

为了使抹灰砂浆与基体表面黏结牢固，防止抹灰层产生空鼓现象，抹灰前应对凹凸不平的基层表面剔平，或用 1∶3 水泥砂浆补平。孔洞及缝隙处均应用 1∶3 水泥砂浆或水泥混合砂浆(加少量麻刀)分层嵌塞密实。基层表面的尘土、污垢、油渍等应清除干净，并应洒水润湿。过光的墙面应予以凿毛，或涂刷一层界面剂，以加强抹灰层与基层的黏结力。凡室内管道穿越的墙洞和楼板洞，凿剔墙后安装的管道，墙面的脚手孔洞均应用 1∶3 水泥砂浆填嵌密实。

在内墙的阳角和门洞口侧壁的阳角、柱角等易于碰撞之处，应按设计要求施工，设计无要求时，应采用 1∶2 水泥砂浆制作护角，其高度应不低于 2 m，每侧宽度不小于 50 mm。对外墙窗台、窗楣、雨篷、阳台、压顶和突出腰线等，上面应做成流水坡度，下面应做滴水线或滴水槽，滴水槽的深度和宽度均不应小于 10 mm，要求整齐一致。

为控制抹灰层的厚度和墙面的平整度，在抹灰前应先检查基层表面的平整度，并用与抹灰层相同砂浆设置 50 mm×50 mm 的标志或宽约 100 mm 的标筋。

不同材料基体交接处表面的抹灰，如砖墙与木隔墙、混凝土墙与轻质隔墙等交接处的表面，应采取加强措施。当采用加强金属网时，搭接宽度从缝边起两侧均不小于 100 mm(见图 9-7)，以防抹灰层因基体温度变化胀缩不一而产生裂缝。

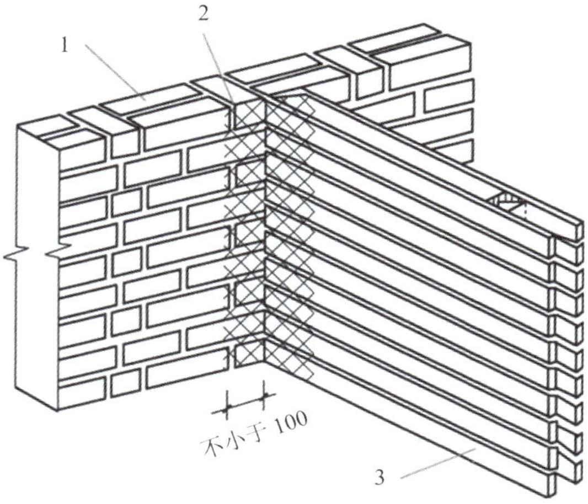

1—砖墙；2—钢丝网；3—板条。

图 9-7　砖木交接处基体处理

顶棚抹灰的基层处理：预制混凝土楼板顶棚在抹灰前应检查其板缝大小，若板缝较大，应用细石混凝土灌实；若板缝较小，可用 1∶0.3∶3 的水泥石灰混合砂浆勾实，否则抹灰后将顺缝产生裂缝。预制混凝土板或钢模现浇混凝土顶棚拆模后，构件表面较为光滑、平整，并常黏附一层隔离剂。当隔离剂为滑石粉或其他粉状物时，应先用钢丝刷刷除，再用清水冲干净；当隔离剂为油脂类时，应先用浓度为 10%的火碱溶液洗刷干净，再用清水冲洗干净。

板条顶棚(单层板条)抹灰前，应检查板条缝是否合适，一般要求间隙为 7～10 mm。

3. 抹灰施工

抹灰一般遵循先外墙后内墙，先上面后下面，先顶棚、墙面后地面的顺序，也可根据具体工程的不同调整抹灰先后顺序。一般抹灰施工工艺流程为：浇水湿润基层→做灰饼→设置标筋→设置阳角护角→抹底层灰→抹中层灰→抹面层灰→清理。

1) 墙面抹灰

墙面抹灰应符合如下规定：

(1) 找规矩，弹准线。对普通抹灰，应先用托线板全面检查墙面的垂直平整程度，根据检查的实际情况及抹灰等级和抹灰总厚度，决定墙面的抹灰厚度(最薄处一般不小于 7 mm)。对高级抹灰，应先将房间规方，小房间可以用一面墙做基线，用方尺规方即可；如果房间面积较大，要在地面上先弹出十字线，作为墙角抹灰的准线，在距离墙角约 10 mm 处，用线坠吊直，在墙面弹一立线，再按房间规方地线(十字线)及墙面平整程度，向里反弹出墙角抹灰准线，并在准线上、下两端挂通线，作为贴灰饼、冲筋的依据。

(2) 贴灰饼。首先，用与抹底层灰相同的砂浆做墙体上部的两个灰饼，其位置距顶棚约 200 mm，灰饼大小一般为 50 mm 见方，厚度由墙面平整垂直的情况确定。然后，根据这两个灰饼用托线板或线坠挂垂直，做墙面下角两个标准灰饼(位置一般在踢脚线上方 200～250 mm 处)，厚度以垂直为准。再在灰饼附近墙缝内钉上钉子，拴上小线挂好通线，并根据通线位置加设中间灰饼，间距为 1.2～1.5 m，如图 9-8 所示。

(3) 设置标筋(冲筋)。待灰饼砂浆基本进入终凝后，用抹底层灰的砂浆在上、下两个灰饼之间抹一条宽约 100 mm 的灰梗，用刮尺刮平，厚度与灰饼一致，用来作为墙面抹灰的标准，这就是冲筋，如图 9－8 所示。同时，还应将标筋两边用刮尺修成斜面，使其与抹灰层接槎平顺。

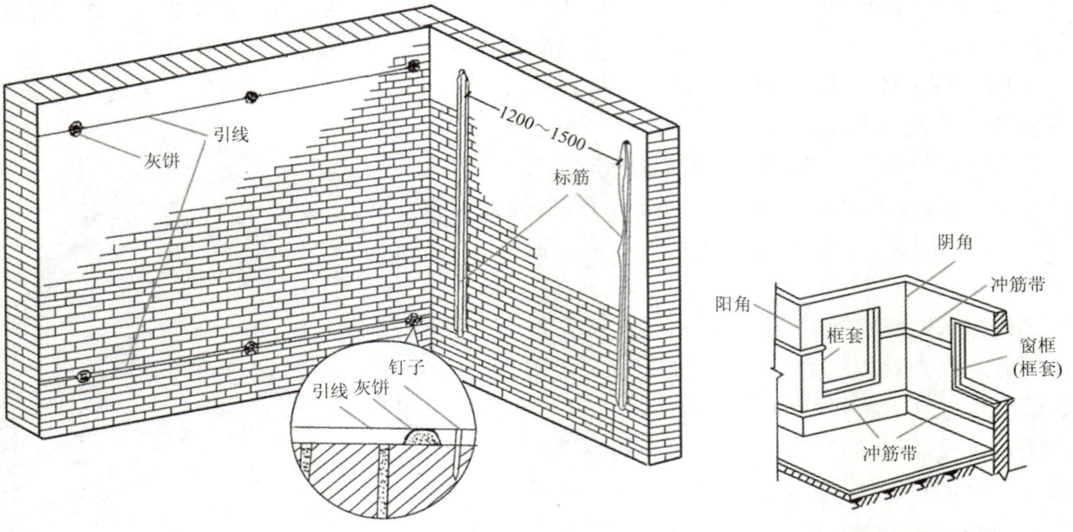

(a) 灰饼、标筋位置示意图　(b) 水平横向标筋示意图

图 9－8　挂线做标准灰饼及标筋(冲筋)

(4) 阴阳角找方。普通抹灰要求阳角找方，对于除门窗外还有阳角的房间，则应首先将房间大致规方，其方法是：先在阳角一侧做基线，用方尺将阳角先规方，然后在墙角弹出抹灰准线，并在准线上、下两端挂通线做灰饼。高级抹灰要求阴阳角都找方，阴阳角两边都要弹出基线。为了便于做角和保证阴阳角方正，必须在阴阳角两边做灰饼和标筋。

(5) 做护角。室内墙面、柱面的阳角和门窗洞的阳角，当设计对护角线无规定时，一般可用 1∶2 水泥砂浆抹出护角，护角高度不应低于 2 m，每侧宽度不小于 50 mm。其做法是：根据灰饼厚度抹灰，然后粘好八字靠尺，并找方吊直，用 1∶2 水泥砂浆分层抹平。待砂浆稍干后，再用量角器和水泥浆抹出小圆角。

(6) 抹底层灰。在标筋稍干后，用刮尺操作不致损坏时，即可抹底层灰。抹底层灰前，应先对基体表面进行处理。其做法是：应自上而下地在标筋间抹满底灰，边抹边用刮尺对齐标筋刮平。刮尺操作用力要均匀，不准将标筋刮坏或使抹灰层出现不平的现象。待刮尺基本刮平后，再用木抹子修补、压实、搓平、搓毛。

(7) 抹中层灰。待底层灰凝结达七八成干后(用手指按压不软，但有指印和潮湿感)，就可以抹中层灰，依冲筋厚以抹满砂浆为准，边抹边用刮尺刮平压实，再用木抹子搓平。中层灰抹完后，应对墙的阴角用阴角抹子上、下抽动抹平。中层砂浆凝固前，也可以在层面上交叉划出斜痕，以增强与面层的黏结。

(8) 抹面层灰(也称抹罩面灰)。中层灰干至七八成后，即可抹面层灰。如果中层灰已经干透发白，应先适度洒水湿润，再抹罩面灰。常用于罩面的灰为麻刀灰、纸筋灰。抹灰时，用铁抹子抹平，并分两遍压光，使面层灰平整、光滑、厚度一致。

2) 顶棚抹灰

钢筋混凝土楼板下的顶棚抹灰，应待上层楼板地面面层完成后才能进行。板条、金属网顶棚抹灰，应待板条、金属网装订完成，并经检查合格后，方可进行。

顶棚抹灰不用做标志、标筋，只需在顶棚周围的墙面弹出顶棚抹灰层的面层高线，此标高线必须从地面量起，不可从顶棚底向下量。

三、装饰抹灰施工

装饰抹灰是利用材料特点和工艺处理，使抹灰面具有特定的质感、纹理及色泽效果的抹灰类型和施工方法。装饰抹灰除具有与一般抹灰相同的功能外，还能使装饰艺术效果更加鲜明。装饰抹灰的底层和中层的做法与一般抹灰基本相同，只是面层材料和做法有所不同。

装饰抹灰按所使用的材料、施工方法和表面效果分为很多种。以下仅介绍几种常用的饰面施工工艺。

1. 水刷石

水刷石是一种外墙饰面人造石材，美观、效果好，且施工方便。水刷石墙面施工工艺流程为：清理基层→湿润墙面→设置标筋→抹底层砂浆→抹中层砂浆→弹线和粘贴分格条→抹水泥石子浆→洗刷→养护。

水刷石抹灰分三层。底层砂浆同一般抹灰；抹中层砂浆时应将表面压实搓平后划毛，然后进行面层施工；中层砂浆凝结后，按设计要求弹分格线并贴分格条，贴分格条必须位置准确，横平竖直；面层施工前必须在中层砂浆面上刷一道水泥浆，使面层与中层结合牢固，随后抹 1∶1.2～1∶2.0 的水泥石子浆(厚 10～12 mm)，抹平后用铁压板压实；当面层达到用手指按无明显指印时，用刷子刷去面层的水泥浆，使石子均匀外露，然后用喷雾器自上而下喷清水，将石子表面水泥浆冲洗干净。

水刷石的质量要求是石粒清晰、分布均匀、色泽一致、平整密实，不得有掉粒和接槎痕迹。

2. 干粘石

干粘石施工工艺流程为：清理基层→湿润墙面→设置标筋→抹底层砂浆→抹中层砂浆→弹线和粘贴分格条→抹面层砂浆→撒石子→修整拍平。

干粘石抹灰底层做法同水刷石。中层应表面刮毛，当中层已干燥时先用水湿润，并刷水泥浆，随即涂抹水泥砂浆黏结层，紧接着用人工甩或喷枪喷的方法，将配有不同颜色的粒径为 4～6 mm 的石子均匀地喷甩至黏结层上，用抹子拍平压实。石子嵌入黏结层深度应不小于石子粒径的 1/2。待水泥砂浆有一定强度后洒水养护。

干粘石的质量要求是表面应色泽一致，不露浆，不漏粘，石粒应黏结牢固、分布均匀，阳角处应无明显黑边。

3. 斩假石

斩假石又称剁斧石，是仿制天然花岗岩、青条石的一种饰面，常用于台阶、外墙面等。

斩假石施工工艺流程为：清理基层→湿润墙面→设置标筋→抹底层砂浆→抹中层砂浆→弹线和粘贴分格条→抹水泥石子浆面层→养护→斩剁→清理。

斩假石抹灰施工在打底砂浆抹灰、养护 24 h 后，固定分格条，然后抹 1∶1～1∶2.5 的水泥石子浆面层，抹平压实，洒水养护 2～3 d，待面层强度在 60%～70%时即可试剁，若石子不脱落，即可用斧斩剁加工。斩剁时应按先上后下、先左后右的顺序使其达到设计纹理。剁纹的深度一般以 1/3 石粒为宜。加工时应先将面层斩毛，剁的方向要一致，剁纹应深浅均匀，不得漏剁，一般两遍成活。斩好后应及时取出分格条，修整分格缝，清理残屑，将斩假石墙面清扫干净，即可成为类似用石料砌的装饰面。

第三节　饰面工程

饰面工程是指将块料面层镶贴(或安装)在墙柱表面以形成装饰层。块料面层基本可分为饰面砖和饰面板两大类。饰面分为有釉和无釉两种,饰面板包括天然石饰面板(如大理石、花岗石和青石板等)、人造石面板(如预制水磨石板、合成石饰面板等)、金属饰面板(如不锈钢板、涂层钢板、铝合金饰面板等)、玻璃饰面板、木质饰面板(如胶合板、木条板)等。

一、饰面砖镶贴

1. 施工准备

饰面砖的基层处理和找平层砂浆的涂抹方法与装饰抹灰基本相同。

饰面砖镶贴前应进行预排,预排时应注意同一墙面的横竖排列,均不得有一行以上的非整砖。非整砖应排在最不醒目的部位或阴角处,用接缝宽度调整。

外墙面砖预排时应根据设计图纸尺寸,进行排砖分格并绘制大样图。一般要求水平缝应与窗台齐平,竖向要求阴角及窗口处均为整砖,分格按整块分匀,并根据已确定的缝子大小做分格条和划出皮数杆。对墙、墙垛等处要求先测好中心线、水平分格线和阴阳角垂直线。

2. 内墙釉面砖镶贴

内墙釉面砖的墙面镶贴有矩形砖对缝排列和方形砖错缝排列两种形式,如图9-9所示。镶贴墙面时,应先贴大面,后贴阴阳角、凹槽等难度较大、耗工较多的部位。

内墙釉面砖镶贴的施工工艺流程为:基层处理→排砖、弹线、垫底尺→调制水泥砂浆(或水泥浆)→镶贴釉面砖→擦缝、清理墙面。

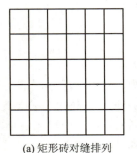

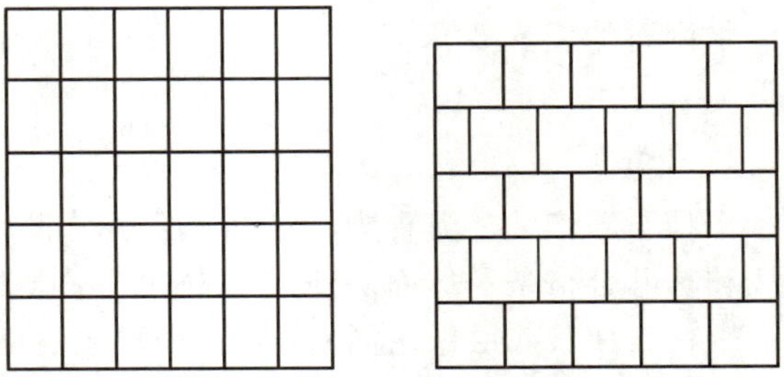

(a) 矩形砖对缝排列　(b) 方形砖错缝排列

图9-9　内墙釉面砖镶贴形式

内墙釉面砖镶贴的施工要点如下:

(1) 在清理干净的找平层上,依照室内标准水平线,校核地面标高和分格线。

(2) 以所弹地平线为依据,设置支撑釉面砖的底尺(托板),防止釉面砖因自重向下滑移。底尺表面应加工平整,其高度为非整砖的调节尺寸。整砖的镶贴,应从底尺开始自下而上进行。每行的镶贴宜以阳角开始,把非整砖留在阴角。

(3) 调制糊状的水泥浆,其配合比为水泥∶砂=1∶2(体积比),另掺水泥质量3%~4%的108胶;掺时先将108胶用两倍的水稀释,然后加在搅拌均匀的水泥砂浆中,继续搅拌至混合为止。也可按水泥∶108胶水∶水=100∶5∶26的比例配制水泥浆进行镶贴。

(4) 镶贴时,先用铲刀将水泥砂浆或水泥浆均匀涂抹在釉面砖背面(以水泥砂浆厚6~10 mm,水泥浆厚2~3 mm为宜),四周刮成斜面,按线就位后,用手轻压,然后用橡皮锤或小铲把轻轻敲击,使其与中层贴紧,确保釉面砖四周砂浆饱满,并用靠尺找平。镶贴釉面砖宜先沿底尺横向贴一行,再沿垂直线竖向贴几行,然后从下往上从第二横行开始,在已贴的釉面砖口间拉上准线(用细铁丝),横向各行釉面砖依准线镶贴。

（5）釉面砖在镶贴过程中，应随时用白水泥擦缝，并用棉纱清理墙面。

3. 外墙釉面砖镶贴

外墙釉面砖的镶贴形式由设计确定。矩形釉面砖宜竖向镶贴；釉面砖的接缝宜采用离缝，缝宽不大于 10 mm；釉面砖一般应对缝排列，不宜采用错缝排列。外墙釉面砖施工要点如下：

（1）外墙面贴釉面砖应从上而下分段，每段内应自下而上镶贴。

（2）在整个墙面两头各弹一条垂直线，如墙面较长，在墙面中间部位再增弹几条垂直线。垂直线之间的距离应为釉面砖宽（包括接缝宽）的整数倍，墙面两头垂直线应距墙阳角或阴角为一块釉面砖的宽度。应以垂直线作为贴釉面砖竖行的标准。

（3）在各分段分界处各弹一条水平线，作为贴釉面砖横行的标准。各水平线间的距离应为釉面砖高度（包括接缝）的整数倍。

（4）清理底层灰面并浇水湿润，刷一道素水泥浆，紧接着抹上水泥石灰砂浆，随即将釉面砖对准位置镶贴上去，用橡胶锤轻敲，使其贴实平整。

（5）每个分段中宜先沿水平线贴横向一行砖，再沿垂直线贴竖向几行砖。从下往上从第二横行开始，应在垂直线处已贴的釉面砖上口间拉上准线，横向各行釉面砖依准线镶贴。

（6）阳角处正面的釉面砖应盖住侧面的釉面砖的端边，即将接缝留在侧面，或在阳角处留成方口，以后用水泥砂浆勾缝。阴角处应使釉面砖的接缝正对阴角线。

（7）镶贴完一段后，即把釉面砖的表面擦洗干净，用水泥细砂浆勾缝，待其干硬后，再擦洗一遍釉面砖面。

（8）墙面上如有凸出的预埋件，此处釉面砖的镶贴应根据具体尺寸用整砖裁割后贴上去，不得用碎块砖拼贴。

（9）同一墙面应用同一品种、同一色彩、同一批号的釉面砖，并注意花纹倒顺。

二、大理石板、花岗石板、预制水磨石板等饰面板安装

大理石板、花岗石板、预制水磨石板等安装工艺基本相同，以大理石板为例，其安装工艺流程为：材料准备与验收→基层处理→板材钻孔→饰面板固定→灌浆→清理→嵌缝→打蜡。

1. 材料准备与验收

大理石拆除包装后，应按设计要求挑选规格、品种、颜色一致，无裂纹、无缺边、掉角及局部污染变色的块料，分别堆放。然后按设计尺寸要求在平地上进行试拼，校正尺寸，使宽度符合要求，缝平直均匀，并调整颜色、花纹，力求色调一致，上、下、左、右纹理通顺，不得有花纹横、竖突变现象。试拼后分部位逐块按安装顺序予以编号，以便安装时对号入座。对轻微破裂的石材，可用环氧树脂胶黏剂黏结；对表面有洼坑、麻点或缺棱掉角的石材，可用环氧树脂腻子修补。

2. 基层处理

安装前应检查基层的实际偏差，墙面还应检查垂直度、平整度情况，偏差较大者应剔凿、修补。对表面光滑的基层进行凿毛处理，然后将基层表面清理干净，并浇水湿润，抹水泥砂浆找平层。找平层干燥后，在基层上分块弹出水平线和垂直线，并在地面上顺墙（柱）弹出大理石外廓尺寸线，在外廓尺寸线上再弹出每块大理石板的就位线，板缝应符合有关规定。

3. 饰面板湿挂法铺贴工艺

饰面板湿挂法铺贴工艺适用于板材厚度为 20～30 mm 的大理石板、花岗石板或预制水磨石板，墙体为砖墙或混凝土墙。

湿挂法铺贴工艺是传统的铺贴方法，需在竖向基体上预挂钢筋网，用铜丝或镀锌钢丝绑扎板材并灌水泥砂浆粘牢。这种方法的优点是牢固可靠，缺点是工序烦琐、卡箍多样、板材上钻孔易损坏，特别是灌注砂浆时易污染板面和使板材移位。

采用湿挂法铺贴工艺，墙体应设置锚固体。砖墙体应在灰缝中预埋 ϕ6 钢筋钩，钢筋钩中距为 500 mm 或按板材尺寸确定，当挂贴高度大于 3 m 时，钢筋钩改用 ϕ10 钢筋，钢筋钩埋入墙体内深度应不小于 120 mm，伸出墙面 30 mm；混凝土墙体可射入 $\phi3.7\times62$ 的射钉，中距亦为 500 mm 或按板材尺寸确定，射钉打入墙体内 30 mm，伸出墙面 32 mm。

挂贴饰面板之前，将 ϕ6 钢筋网焊接或绑扎于锚固件上。钢筋网双向中距为 500 mm 或按板材尺寸确定。

在饰面板上、下边各钻不少于两个 ϕ5 的孔(孔深为 15 mm)，并清理饰面板的背面。用双股 18 号铜丝穿过钻孔，把饰面板绑牢于钢筋网上。饰面板的背面距墙面应不小于 50 mm。

饰面板的接缝宽度可垫木楔调整，应确保饰面板外表面平整、垂直及板的上沿平顺。

每安装好一行横向饰面板后，即进行灌浆。灌浆前，应浇水将饰面板背面及墙体表面湿润，在饰面板的竖向接缝内填塞 15～20 mm 深的麻丝或泡沫塑料条以防漏浆(光面、镜面和水磨石饰面板的竖缝，可用石膏灰临时封闭，并在缝内填塞泡沫塑料条)。

拌和好 1∶2.5 水泥砂浆，将砂浆分层灌注到饰面板背面与墙面之间的空隙内，每层灌注高度为 150～200 mm，且不得大于板高的 1/3，并插捣密实。待砂浆初凝后，应检查板面位置，如有移动错位，应拆除重新安装；若无移位，方可安装上一行板。施工缝应留在饰面板水平接缝以下 50～100 mm 处。

突出墙面的勒脚饰面板安装，应待墙面饰面板安装完工后进行。

待水泥砂浆硬化后，将填缝材料清除。将饰面板表面清洗干净。光面和镜面的饰面经清洗晾干后，方可打蜡擦亮。

4. 饰面板干挂法铺贴工艺

饰面板干挂法是利用高强度螺栓和耐腐蚀、强度高的柔性连接件，将石材挂在建筑结构的外表面，石材与结构之间留出 40～50 mm 的空隙。此工艺多用于 30 m 以下的钢筋混凝土结构，不适用于砖墙或加气混凝土墙，如图 9-10 所示。其施工工艺如下：

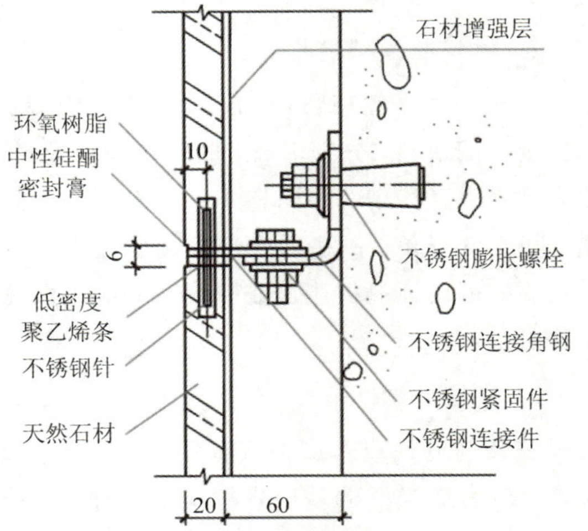

图 9-10　干挂法铺贴

(1) 石材准备。根据设计图纸要求在现场进行板材切割并磨边，要求板块边角挺直、光滑。然后在石材侧面钻孔，用于穿插不锈钢销钉连接固定相邻板块。在板材背面涂刷防水材料，以增强其防水性能。

(2) 基体处理。清理结构表面，弹出安装石材的水平和垂直控制线。

（3）固定锚固体。在结构上定位钻孔，埋置膨胀螺栓；支底层饰面板托架，安装连接件。

（4）安装固定石材。先安装底层石板，把连接件上的不锈钢针插入板材的预留接孔中，调整面板，当确定位置准确无误后，即可紧固螺栓，然后用环氧树脂或密封膏堵塞连接孔。底层石板安装完毕后，经过检查合格，可依次循环安装上层面板，每层都应注意上口水平、板面垂直。

（5）嵌缝。嵌缝前，先在缝隙内嵌入泡沫塑料条，然后用胶枪注入密封胶。为防止污染板面，注胶前应沿面板边缘贴胶纸带覆盖缝两边板面，注胶后将胶带揭去。

三、金属饰面板施工

金属饰面板主要有彩色压型钢板复合墙板、铝合金饰面板和不锈钢饰面板等。

1. 彩色压型钢板复合墙板

彩色压型钢板复合墙板是以波形彩色压型钢板为面板，以轻质保温材料为芯层，经复合而成的轻质保温墙板，适用于工业与民用建筑物的外墙挂板。

彩色压型钢板复合墙板的安装，是用吊挂件把板材挂在墙身檩条上，再把吊挂件与檩条焊牢；板与板之间连接中的水平缝为搭接缝，竖缝为企口缝。所有接缝处除用超细玻璃棉塞缝外，还需用自攻螺钉钉牢，钉距为 200 mm。门窗洞口、管道穿墙及墙面端头处，墙板均为异型复合墙板，用压型钢板与保温材料按设计规定尺寸进行裁割，然后照标准板的做法进行组装。女儿墙顶部、门窗周围均设防雨泛水板，泛水板与墙板的接缝处用防水油膏嵌缝。压型板墙转角处用槽形转角板进行外包角和内包角，转角板用螺栓固定。

2. 铝合金饰面板

铝合金饰面板常用的固定方法有两大类：一类是将饰面板用螺钉拧到型钢或木骨架上；另一类是将饰面板卡在特制的龙骨上。其施工工艺流程为：放线→固定骨架的连接件→固定骨架→安装铝合金饰面板→收口构造处理。

（1）放线。放线就是将骨架的位置弹到基层上，以保证骨架施工的准确性。放线最好一次放完，如有差错，可随时进行调整。

（2）固定骨架的连接件。骨架的横竖杆件是通过连接件与基层固定的，而连接件可与基层结构的预埋件焊接，亦可打设膨胀螺栓。要求连接件固定牢固，位置准确，不易锈蚀。

（3）固定骨架。骨架应预先进行防腐处理，安装位置要准确，结合要牢固，横杆标高要一致，骨架表面要平整。

（4）安装铝合金饰面板。饰面板的安装要牢固、平整，无翘起、卷边等现象。板与板之间的间隙一般为 10～20 mm，用橡胶条或密封胶等弹性材料处理。安装完毕后，对易于被污染的部位，要用塑料薄膜覆盖保护；易被碰撞的部位，应设安全栏杆保护。

（5）收口构造处理。收口构造处理是指饰面板安装后对水平部位的压顶，端部的收口，伸缩缝、沉降缝及两种不同材料交接处的处理。因这些部位往往是饰面施工的重点，直接影响美观和功能，所以必须用特制的铝合金成型板进行妥善处理。

3. 不锈钢饰面板

不锈钢饰面板主要用于墙柱面装饰，具有强烈的金属质感和抛光的镜面效果。主要施工工艺流程为：柱体成型→柱体基层处理→不锈钢板滚圆→不锈钢板定位安装→焊接和打磨修光。

以下仅介绍圆柱体不锈钢板镶包饰面施工。这种包柱镶固不锈钢板做法的主要特点是不用焊接，比较适合一般装饰柱体的表面装饰施工，操作较为简便快捷。通常用木胶合板作柱体的表面，也是不锈钢饰面板的基层。其饰面不锈钢板的圆曲面加工，可采用手工滚圆或卷板机于现场加工制作，也可由工厂按所需曲度事先加工完成。包柱圆筒形体的组合，可以由两片或三片圆曲面加工好拼接，但安装的关键在于片与片之间的对口处理，其对口方式有直接卡口式和嵌槽压口式两种。

(1) 直接卡口式安装。直接卡口式是在两片不锈钢板对口处安装一个不锈钢卡口槽，将其用螺钉固定于柱体骨架的凹部。安装不锈钢包柱板时，将板的一端弯曲后勾入卡口槽内；再用力推按板的另一端，利用板材本身的弹性使其卡入另一卡口槽内。

(2) 嵌槽压口式安装。先把不锈钢板在对口处的凹部用螺钉或钢钉固定，再将一条宽度小于接缝凹槽的木条固定于凹槽中间，两边空出的间隙要相等，均宽为 1 mm 左右。在木条上涂刷万能胶或其他胶黏剂，在其上嵌入不锈钢槽条。不锈钢槽条在嵌入前应用酒精或汽油等将其内侧清洁干净，而后刷涂一层胶液。

第四节 楼地面工程

一、地面基层铺设

地面施工之前，应先找平弹线，统一标高，并将标高线弹在各房间四壁上，一般距地面 50 cm 或 1 m，称为“50 线”或“一米线”。

基层铺设材料质量、密实度和强度等级(或配合比)等应符合设计要求和规范的规定。基层铺设前，其下一层表面应干净、无积水。当垫层、找平层内埋设暗管时，管道应按设计要求予以稳固。

1. 基土

基土是底层地面的地基土层。填土应分层摊铺、分层压(夯)实，填土质量应符合《建筑地基基础工程施工质量验收标准》(GB 50202—2018)的有关规定。不应用淤泥、腐殖土、冻土、耕植土、膨胀土和建筑垃圾作为填土，填土粒径不应大于 50 mm；基土应均匀密实，压实系数应符合设计要求，设计无要求时不应小于 0.9。填土应选在最佳含水率状态下进行。在重要工程或大面积的地面填土前，应取土样，按击实试验确定最佳含水率与相应的最大干密度。

2. 垫层

目前地面工程中所采用的垫层形式主要有砂和砂石垫层、炉渣垫层和混凝土垫层等。

(1) 砂和砂石垫层施工。砂垫层一般采用中砂，缺少中砂的地区可采用粗砂；如该地区很难准备中砂或粗砂，可采用细砂，但应在其中加入不超过总质量的 50%的碎石或卵石形成砂石垫层。所采用的砂应坚实、清洁，含泥量不得超过 5%。

施工时首先将基土上的砖、有机物等杂质清除干净，并根据土方压实方法的不同确定分层铺设厚度及最佳含水率。如采用一夯压半夯的夯实方法，分层铺设厚度为 150～200 mm，最佳含水率为 8%～12%；如采用平振法，分层铺设厚度为 200～250 mm，最佳含水率为 15%～20%；如采用碾压法，分层铺设厚度为 250～300 mm，最佳含水率为 10%～12%。

施工中应严格控制分层铺土厚度，可采用水准仪控制，也可采用在四周墙体上弹线或打木桩的方法控制。压实遍数应符合规范要求。施工完成后，应采用环刀法进行取样，以确定垫层的压实系数。

（2）炉渣垫层施工。炉渣垫层如无设计要求，其配合比一般为水泥：炉渣＝1：6(体积比）或水泥：石灰：炉渣＝1：1：8(体积比)，其厚度如无明确要求，应不小于 80 mm。炉渣垫层拌和料必须拌和均匀，严格控制配合比及加水量，以免铺设时表面出现泌水现象。

炉渣垫层施工时应将基层清理干净，并洒水湿润。根据设计要求的垫层厚度，弹出炉渣垫层的厚度控制线，如面积很大，则可在地面做木桩对厚度、标高进行控制。铺设炉渣时，应根据已弹出的厚度控制线进行炉渣的铺设，为保证垫层的表面平整度，可在地面上做灰饼及标筋。铺设完成后应立即压实、刮平，并进行养护，待其达到设计强度后方能进行下一步操作。

（3）混凝土垫层施工。混凝土垫层的强度等级及铺设厚度应符合设计要求，如无设计要求，混凝土强度不得低于 C10，厚度不宜小于 60 mm。

混凝土垫层施工时应将基层清理干净，按设计要求的垫层厚度进行弹线，进行模板的设置，并根据设计要求进行分格缝的设置。浇筑时应振捣密实，振捣器不得与模板发生碰撞。在混凝土浇筑完毕后 12 h 内进行覆盖浇水养护，普通混凝土的养护时间不得少于 7 d；对有抗渗性要求的混凝土的养护时间不得少于 14 d。

3. 找平层

找平层是在垫层、楼板或填充层上起整平、找坡或加强作用的构造层。找平层宜采用水泥砂浆或水泥混凝土铺设。当找平层厚度＜30 mm 时，宜采用水泥砂浆做找平层；当找平层厚度≥30 mm 时，宜采用细石混凝土做找平层。

找平层采用的碎石或卵石的粒径不应大于找平层厚度的 2/3，含泥量不应大于 2%；砂为中粗砂，含泥量不应大于 3%。水泥砂浆体积比或水泥混凝土强度等级应符合设计要求，且水泥砂浆体积比不应小于 1：3，水泥混凝土强度等级不应小于 C15。

铺设找平层前，当其下一层有松散填充料时，应予铺平振实。找平层应与其下一层结合牢固，不得有空鼓；找平层表面应密实，不得有起砂、蜂窝和裂缝等缺陷。

4. 隔离层

隔离层是为防止建筑地面上各种液体浸湿和作用，或防止地下水和潮气渗透地面作用的构造层。仅防止地下潮气透过地面时，隔离层可称作防潮层。

隔离层应采用防水卷材、防水涂料或防水砂浆等铺设而成。在铺设隔离层时，其下一层的表面应平整、洁净和干燥，并不得有空鼓、裂缝和起砂现象。

5. 填充层

填充层是当地面、垫层和基土(或结构层)尚不能满足使用上或构造上的要求时，在建筑地面上增设的起隔声、保温、找坡或敷设暗线等作用的构造层。

填充层可采用松散或板块保温材料和吸声材料等铺设而成。填充层厚度应按设计要求确定。松散保温材料可采用膨胀蛭石、膨胀珍珠岩等；板状保温材料可采用聚苯板、膨胀珍珠岩板、膨胀蛭石板和加气混凝土板等。材料的密度和导热系数、强度等级均应符合设计要求。

采用松散保温材料作为填充层时，应分层铺平拍实。采用整体保温材料作为填充层时，应用机械搅拌，使其色泽均匀，并分层铺平压实。板状保温材料应分层错缝铺贴，每层应选用具有同一厚度的板。

二、整体地面铺设

现浇整体地面一般包括水泥砂浆地面和水磨石地面。现以水泥砂浆地面为例，简述整体地面的施工技术要求和方法。

1. 施工准备

水泥砂浆的施工准备包括以下几个方面。

(1) 材料要求。水泥砂浆地面的材料要求主要包括水泥和砂两方面的要求。

① 水泥。优先采用硅酸盐水泥、普通硅酸盐水泥，强度等级不低于 42.5 级，严禁不同品种、不同强度等级的水泥混用。

② 砂。采用中砂、粗砂，含泥量不大于 7%，过 8 mm 孔径筛子；如采用细砂，砂浆强度偏低，易产生裂缝；采用石屑代砂，粒径宜为 6～7 mm，含泥量不大于 7%，可拌制成水泥石屑浆。

(2) 地面垫层中各种预埋管线已完成，穿过楼面的方管已安装完毕，管洞已落实，有地漏的房间已找泛水。

(3) 施工前应在四周墙身弹好 50 cm 的水平墨线。

(4) 门框已立好，再一次核查找正。

(5) 墙、顶面抹灰已完成，屋面防水已做。

2. 施工方法

水泥砂浆地面的施工方法如下。

(1) 基层处理。水泥砂浆面层是铺抹在楼面、地面的混凝土、水泥炉渣、碎砖三合土等垫层上的，垫层处理是防止水泥砂浆面层产生空鼓、裂纹、起砂等质量通病的关键工序。因此，要求垫层应具有粗糙、洁净和潮湿的表面，浮灰、油渍、杂质必须分别清除，否则会形成一层隔离层，使面层结合不牢。

基层处理方法：将基层上的灰尘扫掉，用钢丝刷和錾子刷净，剔掉灰浆皮和灰渣层，用10%的火碱水溶液刷掉基层上的油污，并用清水及时将碱液冲净。表面比较光滑的基层应进行凿毛，并用清水冲洗干净。冲洗后的基层最好不要上人。

(2) 抹灰饼和标筋(或称冲筋)。根据水平基准线把楼地面层上皮的水平基准线弹出。面积不大的房间，可根据水平基准线直接用长木杠标筋，施工中进行几次复尺即可。面积较大的房间，应根据水平基准线，在四周墙角处每隔 1.5～2.0 m 用 1∶2 水泥砂浆抹标志块，标志块大小一般是 8～10 cm 见方。待标志块结硬后，再以标志块的高度做出纵、横方向通长的标筋以控制面层的厚度。标筋用 1∶2 水泥砂浆，宽度一般为 8～10 cm。做标筋时，要注意控制面层厚度，面层的厚度应与门框的锯口线吻合。

(3) 设置分格条。为防止水泥砂浆在凝结硬化时体积收缩产生裂缝，应根据设计要求设置分格条。首先根据设计要求在找平层上弹线确定分格缝位置，完成后在分格缝位置上粘贴分格条，分格条应黏结牢固。若无设计要求，分格条可在室内与走道邻接的门扇下设置；当开间较大时，在结构易变形处设置。分格缝顶面应与水泥砂浆面层顶面相平。

(4) 铺设砂浆。铺设砂浆要点如下：

① 水泥砂浆的强度等级不应小于 M15，水泥与砂的体积比宜为 1∶2，并应根据取样要求留设试块。

② 水泥砂浆铺设前，应提前 1 d 浇水湿润。铺设时，在湿润的基层上涂刷一道水胶比为

0.4～0.5 的水泥素浆加强黏结，随即铺设水泥砂浆。水泥砂浆的标高应略高于标筋，以便刮平。

③ 凝结到六七成干时，用木刮杠沿标筋刮平，并用靠尺检查平整度。

(5) 面层压光。面层压光要点如下：

① 第一遍压光。砂浆收水后，即可用铁抹子进行第一遍压光，直至出浆。如砂浆局部过干，可在其上洒水湿润后再进行压光；如局部砂浆过稀，可在其上均匀撒一层体积比为1∶2的干水泥砂吸水。

② 第二遍压光。砂浆初凝后，当人站上去有脚印但不下陷时，即可进行第二遍压光，用铁抹子边抹边压，使表面平整，要求不漏压，平面出光。

③ 第三遍压光。砂浆终凝前，人踩上去稍有脚印、用抹子压光无抹痕时，即可进行第三遍压光。抹压时用力要大且均匀，将整个面层全部压实、压光，使表面密实光滑。

(6) 养护。水泥砂浆面层抹压后，应在常温湿润条件下养护。养护要适时，浇水过早易起皮，浇水过晚则会使面层强度降低而加剧其干缩和开裂倾向。一般夏季应在 24 h 后养护，春、秋季节应在 48 h 后养护，养护时间一般不少于 7 d。最好是在铺上锯末屑(或以草垫覆盖)后再浇水养护，浇水时宜用喷壶喷洒，使锯末屑(或草垫等)保持湿润即可。如采用矿渣水泥，养护时间应延长到 14 d。

在水泥砂浆面层强度达不到 5 MPa 之前，不准在上面行走或进行其他作业，以免损坏地面。

三、板块面层铺设

板块面层有地砖面层、大理石面层、花岗石面层、预制板块面层、料石面层等。下面以陶瓷地砖面层铺设为例，介绍板块面层的铺设。

1. 施工准备

陶瓷地砖面层铺设的施工准备有以下三个方面。

(1) 材料要求。陶瓷地砖面层铺设的材料要求有如下三条：

① 配置水泥砂浆应采用硅酸盐水泥、普通硅酸盐水泥或矿渣硅酸盐水泥，其等级不小于32.5 级；砂宜采用中砂或粗砂，含泥量不应大于 3%；水泥砂浆的体积比(或强度等级)应符合设计要求。

② 地砖的品种、规格应符合设计要求和国家现行有关标准的规定。材料进场应检查型式检验报告、出厂检验报告和出厂合格证。

③ 地砖进入施工现场时，应有放射性限量合格的检测报告。

(2) 施工机具。施工机具包括砂浆搅拌机、面砖切割机、机械清扫机、运输小车、刮杠(1～1.5 m)、水平尺、施工线、铁锹、木抹子、铁抹子、木槌或橡皮锤等。

(3) 施工条件要求。陶瓷地砖面层铺设的施工条件要求如下：

① 已对所覆盖的隐蔽工程进行验收且验收合格，并办理完隐蔽工程验收签证(特别是基层)。

② 室内墙面上已弹好水平控制线，一般采用建筑 50 线(即线下 50 cm 为建筑地面上标高)。

③ 大面积铺贴方案已完成，样板间或样板块已验收合格。

2. 施工工艺流程及操作要点

(1) 施工工艺流程。采用水泥砂浆结合层(干铺法)的施工工艺流程为：基层处理→选砖→刷结合层→预排砖→铺控制砖→单块铺贴→养护→嵌缝→养护→镶贴踢脚板。单块地砖的铺贴工艺流程为：搅拌干硬性砂浆→铺干硬性砂浆→搓平→干铺砖面层→砖面层背面抹水泥膏→铺贴砖面层。

（2）操作要点。陶瓷地砖面层铺设的操作要点如下：

① 基层处理。清除基层表面的灰尘，铲掉基层上的浆皮、落地灰，清刷油污等杂物。修补基层达到要求，提前 1～2 d 浇水湿透基层，从而有效避免面层空鼓。

② 选砖。在铺贴前，应对砖的规格尺寸、外观质量、色泽等进行预选，清除不合格品。缸砖、陶瓷地砖和水泥花砖要浸水湿润，晾干后待用。

③ 刷结合层。在铺设面层前，宜涂刷界面剂处理或涂刷水胶比为 0.4～0.5 的水泥浆一层，且边刷边铺，一定要将基层表面的水分清除，切忌采用在基层上浇水后撒干水泥的方法。

④ 预排砖。为保证楼地面的装饰效果，预排砖是非常必要的工序。对于矩形楼地面，先在房间内拉对角线，查出房间的方正误差，以便把误差匀到两端，避免误差集中在一侧。靠墙一行面块料与墙边距离应保持一致。板块的排列应符合设计要求，当设计无要求时，应避免出现小于 1/3～1/2 板块边长的边角料。板块应由房间中央向四周或从主要一侧向另一侧排列。应把边角料放在周边或不明显处。

⑤ 铺控制砖。根据已定铺贴方案铺贴控制砖，一般纵、横五块面料设置一道控制线，先铺贴好左右靠近基准行的块料，然后根据基准行由内向外挂线逐行铺贴。

⑥ 单块铺贴。采用人工或机械拌制干硬性水泥砂浆，拌和要均匀，以手握成团不泌水，手捏能自然散开为宜，配合比应按设计要求，用量要根据需要在水泥初凝前用完。

干硬性水泥砂浆结合层应用刮尺及木抹子压平打实(抹铺结合层时，基层应保持湿润，已刷素泥浆不得有风干现象，抹好后，以站上人只有轻微脚印而无凹陷为准，一块一铺)。

将地砖干铺在结合层上，调整结合层的厚度和平整度，使地砖与控制线吻合，与相邻地砖缝隙均匀、表面平整。然后取下地砖，用水泥膏(2～3 mm 厚)满涂块料背面，对准挂线及缝子，将块料铺贴上，用橡皮锤敲至正确位置，挤出的水泥膏应及时清理干净(以缝子比砖面凹 2 mm 为宜)。

⑦ 嵌缝。待粘贴水泥膏凝固后，应采用同品种、同强度等级、同颜色的水泥填缝，用棉丝将表面擦干净至不留残灰为止，并做养护和保护。

⑧ 养护。在面层铺设后，表面应覆盖、湿润，养护时间不应少于 7 d。待板块面层的水泥砂浆结合层的抗压强度达到设计要求后方可正常使用。

⑨ 镶贴踢脚板。镶贴踢脚板前先将板块湿润，将基层浇水湿透，均匀涂刷素水泥浆，边刷边贴。在墙两端先各镶贴一块踢脚板，然后沿两块踢脚板上边拉通线，用 1∶2 水泥砂浆逐块依顺序镶贴。

踢脚板的尺寸规格应和地面材料一致，板间接缝应与地面接缝贯通，镶贴时应随时检查踢脚板是否平顺和垂直，擦缝做法同地面。

第五节 涂饰工程

一、涂料工程

涂料敷于建筑物表面并与基体材料很好地黏结，干结成膜后，既对建筑物表面起到一定的保护作用，又具有建筑装饰的效果。

1. 涂料工程材料要求

涂料工程的材料要求如下：

(1) 涂料工程所用的涂料和半成品(包括施涂现场配制的)，均应有品名、种类、颜色、制作时间、储存有效期、使用说明和产品合格证书、性能检测报告及进场验收记录。

(2) 内墙涂料要求耐碱性、耐水性、耐粉化性良好，以及有一定的透气性。

(3) 外墙涂料要求耐水性、耐污染性和耐候性良好。

(4) 涂料工程使用的腻子的塑性和易涂性应满足施工要求，干燥后应坚固，无粉化、起皮和开裂，并按基层、底涂料和面涂料的性能配套使用。另外，处于潮湿环境的腻子应具有耐水性。

2. 涂料工程基层处理

涂料工程基层处理应符合下面的规定。

(1) 基体或基层的含水率：混凝土和抹灰表面涂刷溶剂型涂料时，含水率不得大于 8%；涂刷乳液型涂料时，含水率不得大于 10%；木料制品含水率不得大于 12%。

(2) 新建建筑物的混凝土或抹灰基层在涂饰涂料前应涂刷抗碱封闭底漆；旧墙面在涂刷涂料前应清除疏松的旧装修层，并涂刷界面剂。

(3) 涂料工程墙面基层表面应平整洁净，并有足够的强度，不得疏松、脱皮、起砂、粉化等。

3. 刷涂

刷涂宜采用细料状或云母片状涂料。刷涂时，用刷子蘸上涂料直接涂刷于被涂饰基层表面，涂刷方向和行程长短应一致。涂刷层次一般不少于两度。在前一度涂层表面干燥后再进行后一度涂刷。两次涂刷间隔时间与施工现场的温度、湿度有关，一般不少于 2～4 h。

4. 喷涂

喷涂宜采用含粗填料或云母片的涂料。喷涂是借助喷涂机具将涂料呈雾状或粒状喷出，分散沉积在物体表面上。喷射距离一般为 40～60 cm，施工压力为 0.4～0.8 MPa。喷枪运行中，喷嘴中心线必须与墙面垂直，喷枪相对墙面平行移动，运行速度应保持稳定。室内喷涂一般先喷顶后喷墙，两遍成活，间隔时间约为 2 h；外墙喷涂一般为两遍，较好的饰面为三遍。

5. 滚涂

滚涂宜采用细料状或云母片状涂料。滚涂是利用涂料辊子蘸匀适量涂料，在待涂物体表面施加轻微压力上下垂直来回滚动，避免歪扭呈蛇形，以保证涂层厚度一致，色泽一致，质感一致。

6. 弹涂

弹涂宜采用细料状或云母片状涂料。先在基层刷涂一或两道底色涂层，待其干燥后进行弹涂。弹涂时，弹涂器的出口应垂直对正墙面，距离为 300～500 mm，按一定速度自上而下、自左至右地弹涂。注意弹点密度均匀适当，上、下、左、右接头不明显。

二、裱糊工程

裱糊工程是将普通壁纸、塑料壁纸等，用胶黏剂裱糊在内墙面的一种装饰工程。用这种装饰施工简单，美观耐用，增加了装饰效果。

普通壁纸为纸面纸基，是传统使用的壁纸，现已很少采用。塑料壁纸和墙布是目前日益广泛采用的内墙装饰材料，其特点是可擦洗、耐光、耐老化，颜色稳定、防霉、无毒、施工简单，且花纹图案丰富多彩，富有质感，适用于粘贴在抹灰层、混凝土墙面，以及纤维板、石膏板、胶合板表面。塑料壁纸的裱糊施工要点如下。

1. 基层处理

裱糊前，应将基层表面的污垢、尘土清除干净，泛碱部位宜用 9% 的稀醋酸中和清洗。不得有飞刺、麻点和砂粒。阴阳角宜顺直。要求基层基本干燥，混凝土和抹灰层的含水率不得大于 8%，木材制品含量不得大于 12%。对局部的麻点、凹坑、接缝，须先用腻子修补填平，干燥后用砂纸磨平。对木基层，要求接缝密实，不露钉头，接缝处要裱纱纸、纱布，然后满刮腻子，干燥后磨光、磨平。涂刷后的腻子要坚实牢固，不得起皮和产生裂缝。

2. 弹线

在底胶干燥后弹画出水平、垂直线，作为操作时的依据，以保证壁纸裱糊后横平竖直，图案端正。

(1) 弹垂线。有门窗的房间以立边分画为宜，便于折角贴立边，如图 9-11 所示。对于无门窗口的墙面，可挑一个近窗台的角落，在距壁纸幅宽小 5 cm 处弹垂线。如果壁纸的花纹在裱糊时要考虑拼贴对花，使其对称，则宜在窗口弹出中心控制线，再往两边分线；如果窗口不在墙面中间，为保证窗间墙的阳角花饰对称，宜在窗间墙弹中心线，由中心线向两侧再分格弹垂线。

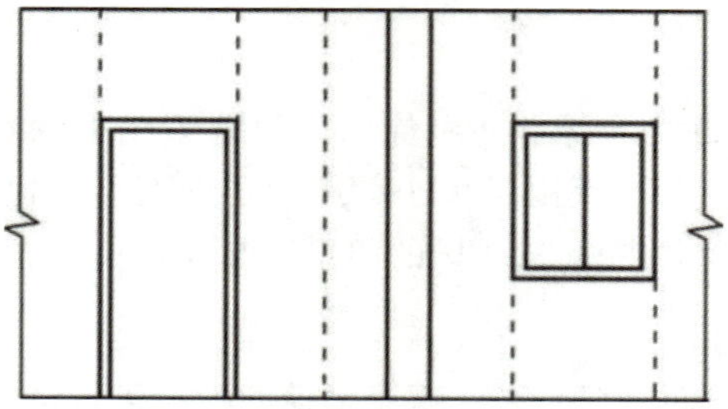

图 9-11 门窗洞口画线

所弹垂线应越细越好，方法是在墙上部钉小钉，挂铅垂线，确定垂线位置后，再用粉线包弹出基准垂直线。每个墙面的第一条垂线应定在距墙角小于壁纸幅宽 50～80 mm 处。

(2) 弹水平线。壁纸的上面应以挂镜线为准，无挂镜线时，应弹水平线控制水平。

3. 裁纸

根据墙面弹线找规矩的实际尺寸，统筹规划裁割墙纸，对准备上墙的墙纸，最好能够按顺序编号，以便于依顺序粘贴上墙。

裁割墙纸时，注意墙面上、下要预留尺寸，一般是墙顶、墙脚两端各多留 50 mm 以备修剪。当墙纸有花纹图案时，要预先考虑完工后的花纹图案效果及其光泽特征，不可随意裁割，应达到对接无误。同时，应根据墙纸花纹图案和纸边情况确定采用对口拼缝或搭口裁割拼缝的具体拼接方法。裁纸下刀前，还需认真复核尺寸有无出入，尺子压紧墙纸后不得再移动。裁纸时，刀刃要贴紧尺边，一次裁成，中间不宜停顿或变换持刀角度，手劲要均匀。

4. 润纸

塑料壁纸遇水或胶水会自由膨胀，5～10 min 胀足，干燥后会自行收缩。自由胀缩的壁纸，其幅宽方向的膨胀率为 0.5%～1.2%，收缩率为 0.2%～0.8%。以幅宽为 500 mm 的壁纸为例，其幅宽方向遇水膨胀 2～6 mm，干燥后收缩 1～4 mm。因此，刷胶前必须先将塑料壁纸在水槽中浸泡 2～3 min，取出后抖掉余水，静置 20 min，若有明水可用毛巾擦掉，然后才能涂胶。闷水的办法还可以用排笔在纸背刷水，均匀刷满，保持 10 min，也可达到使其充分膨胀的目的。如果用干纸涂胶，或未能让纸充分胀开就涂胶，壁纸上墙后，纸虽被固定，但会吸湿膨胀，这样贴上墙的壁纸会出现大量的气泡、皱褶(或边贴边胀产生皱褶)，不能成活。

玻璃纤维基材的壁纸，遇水无伸缩性，无须润纸。

复合纸质壁纸由于湿度和强度较差，禁止闷水润纸。为了达到软化壁纸的目的，可在壁纸背面均匀刷胶后，将胶面对着胶面折叠，放置 4～8 min 后上墙。

纺织纤维壁纸也不宜闷水，裱贴前只需用湿布在纸背面稍抹一下即可达到润纸的目的。

对于待裱贴的壁纸，若不了解其遇水膨胀的情况，可取一小条壁纸试贴，隔日观察接缝效果及纵、横向收缩情况，然后大面积粘贴。

5. 刷涂胶黏剂

对于没有底胶的墙纸，在其背面先刷一道胶黏剂，要求厚薄均匀。同时在墙面也均匀地涂刷一道胶黏剂，涂刷的宽度要比墙纸宽 2～3 cm。胶黏剂不宜刷得过多、过厚或起堆，以防裱贴时胶液溢出边部而污染墙纸；也不可刷得过少，避免漏刷，以防止起泡、离壳或墙纸粘贴不牢。所用胶黏剂要集中调制，并通过 400 孔/cm^2 筛子过滤，除去胶料中的块粒及杂物。调制后的胶液，应于当日用完。墙纸背面均匀刷胶后，可将其重叠成 S 状静置，正、背面分别相靠。这样放置可避免胶液干得过快，不污染墙纸，也便于上墙裱贴。

对于有背胶的墙纸，其产品一般会附有一个水槽，槽中盛水。将裁割好的墙纸浸入其中，由底部开始，将图案面向外卷成一卷，过 2 min 即可上墙裱糊。若有必要，也可在其背胶面刷涂一道稠度均匀的胶黏剂，以保证粘贴质量。

金属壁纸的胶液应是专用的壁纸粉胶。刷胶时，准备一卷未开封的发泡壁纸或长度大于壁纸宽的圆筒，一边在裁剪好的金属壁纸背面刷胶，一边将刷过胶的部分向上卷在发泡壁纸卷上。

6. 顶棚裱贴壁纸

顶棚裱糊墙纸时，第一张通常要贴近主窗，方向与墙壁平行。长度过短时，则可与窗户呈直角粘贴。裱糊前先在顶棚与墙壁交接处弹上一道粉线，将已刷好胶并折叠好的墙纸用木柄撑起，展开顶折部分，边缘靠齐粉线，先敷平一段，然后再沿粉线敷平其他部分，直至整段墙纸贴好为止，如图 9-12 所示。对多余部分，剪齐修整即可。

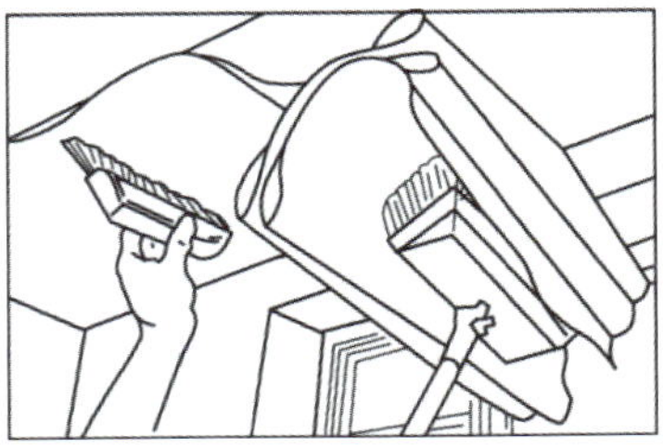

图 9-12　裱糊顶棚

7. 墙面裱贴壁纸

裱贴壁纸时，首先要保证垂直，然后对花纹拼缝，再用刮板用力抹压平整。原则上裱贴顺序是先垂直面后水平面，先细部后大面。贴垂直面时先上后下，贴水平面时先高后低。

裱贴时剪刀和长刷可放在围裙袋中或手边。先将上过胶的壁纸下半截向上折一半，握住顶端的两角，在四脚梯或凳上站稳后，展开上半截，凑近墙壁，使边缘靠着垂线呈一直线，轻轻压平，由中间向外用刷子将上半截敷平，在壁纸顶端做出记号，然后用剪刀修齐或用壁纸刀将多余的壁纸割去。再按上法同样处理下半截，修齐踢脚板与墙壁间的角落。用海绵擦掉沾在踢脚板上的胶糊。在壁纸贴平后 3～5 h 内，仍处于微干状态时，用小滚轮（中间微起拱）均匀用力滚压接缝处，这种做法与传统的有机玻璃片抹刮相比，能有效地减少对壁纸的损坏。

裱糊壁纸时，阴阳角不可拼缝，应搭接。壁纸绕过墙角的宽度不大于 12 mm。

阴角壁纸搭缝应先裱压在里面转角的壁纸，再贴非转角的壁纸。搭接面应根据阴角垂直度确定，一般搭接宽度不小于 2～3 mm，并且要保持垂直无毛边，如图 9 - 13 所示。

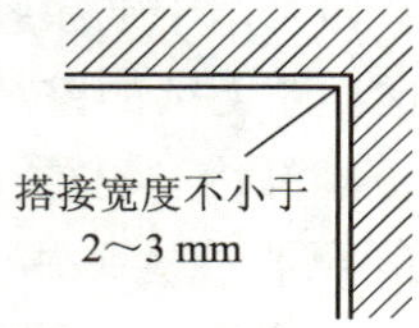

图 9 - 13　阴角搭接贴纸

裱糊前，应尽可能卸下墙上电灯等开关，首先要切断电源，用火柴棒或细木棒插入螺丝孔内，以便在裱糊时识别及在裱糊后切割留位。不易拆下的配件，不能在壁纸上剪口再裱上去。操作时，将壁纸轻轻糊于电灯开关上面，并找到中心点，从中心开始切割十字，一直切到墙体边。然后用手按出开关盒的轮廓位置，慢慢拉起多余的壁纸，剪去不需要的部分，再用橡胶刮子刮平，并擦去刮出的胶液。

三、刷浆工程

刷浆工程是将水质涂料喷刷在抹灰层的表面，常用于室内外墙面及顶棚表面刷浆。

1. 刷浆材料要求

刷浆所用材料主要是指石灰浆、水泥色浆、大白浆和可赛银浆等，石灰浆和水泥色浆可用于室内外墙面刷浆，大白浆和可赛银浆只用于室内墙面刷浆。

（1）石灰浆。石灰浆用生石灰块或淋好的石灰膏加水调制而成，可在石灰浆内加 0.3%～0.5%的食盐或明矾，或 20%～30%的 108 胶，目的在于提高其附着力。如需配色浆，应先将颜料用水化开，再加入石灰浆内拌匀。

（2）水泥色浆。由于素水泥浆易粉化、脱落，一般用聚合物水泥浆，其组成材料有白水泥、高分子材料、颜料、分散剂和憎水剂。高分子材料采用 108 胶时，其用量一般为水泥用量的 20%。分散剂一般采用六偏磷酸钠，掺量约为水泥用量的 1%，或采用木质素磺酸钙，掺量约为水泥用量的 0.3%。憎水剂常用甲基硅醇钠。

（3）大白浆。大白浆由大白粉加水及适量胶结材料制成，加入颜料可制成各种色浆。胶结材料常用 108 胶（掺入量为大白粉的 15%～20%）或聚酯酸乙烯液（掺入量为大白粉的 8%～10%），大白浆适于喷涂和刷涂。

（4）可赛银浆。可赛银浆由可赛银粉加水调制而成。可赛银粉由碳酸钙、滑石粉和颜料研磨，再加入干酪素胶粉等混合配制而成。

2. 施工工艺

刷浆工程施工工艺如下：

（1）基层处理和刮腻子。刷浆前应清理基层表面的灰尘、污垢、油渍和砂浆流痕等。在基层表面的孔眼、缝隙、凸凹不平处应用腻子找补并打磨齐平。

对室内中、高级刷浆工程，在局部找补腻子后，应满刮 1～2 道腻子，干燥后用砂纸打磨表面。刷大白浆和可赛银粉要求墙面干燥，为增加大白浆的附着力，在抹灰面未干前应先刷一道石灰浆。

（2）刷浆。刷浆一般用刷涂法、滚涂法和喷涂法施工，施工要点同涂料工程的涂饰施工。

聚合物水泥浆刷浆前，应先用乳胶水溶液或聚乙烯醇缩甲醛胶水溶液湿润基层。

室外刷浆在分段进行时，应以分格缝、墙角或水落管等处为分界线，材料配合比应相同。同一墙面应用相同的材料和配合比，浆料必须搅拌均匀。

第六节　建筑节能工程

一、建筑节能的含义和涵盖范围

从 1973 年世界发生能源危机以来，建筑节能在发达国家共经历了三个发展阶段：第一阶段称为"在建筑中节约能源"(energy saving in buildings)，即人们现在所说的建筑节能；第二阶段改称为"在建筑中保持能源"(energy conservation in buildings)，意思是尽量减少能源在建筑物中的散失；第三阶段为"在建筑中提高能源的利用效率"(energy efficiency in buildings)，它不是消极意义上的节省，而是从积极意义上提高能源利用效率。我国现阶段虽然仍通称建筑节能，但其含义已上升到上述的第三阶段，即在建筑中合理地使用能源，不断地提高能源的利用效率。

关于建筑能耗的涵盖范围，国内过去较多的说法是指在建筑材料生产、建筑物建造过程和建筑物投入使用后等几方面的能耗。这一说法把建筑能耗的范围划得过宽，跨越了工业生产和民用生活的不同领域，与国际上通行的认识及统计口径不一致。发达国家的建筑能耗是指建筑使用能耗，其中包括采暖、通风、空调、热水供应、照明、电气、炊事等方面的能耗，它与工业、农业、交通运输等能耗并列，属于民生能耗。其所占全国能耗的比例，在各国有所差别，一般为 30%～40%。现在我国建筑能耗的涵盖范围已与发达国家取得一致。当前我国的建筑节能工作，主要集中在建筑采暖、空调及照明等方面的节能，并将节能与改善建筑热环境相结合，它包括对建筑物本体和建筑设备等方面所采取的提高能源利用效率的综合措施。

二、建筑节能工作的主要内容

建筑节能工作主要包括建筑围护结构节能和采暖供热系统节能两方面。

(1) 建筑围护结构节能。改善建筑围护结构的热工性能可以使供给建筑物的热能在建筑物内部得到有效利用，不至于通过其围护结构很快散失，从而达到减少能源消耗的目的。同时也能实现围护结构的节能，提高门窗和墙体的密闭性能，以减少传热损失和空气渗透耗热量。

(2) 采暖供热系统节能。采暖供热系统包括热源、热网和户内采暖设施三大部分。要提高锅炉运行效率和管网输送效率，而不至于使热能在转换和输送过程中过多地损失，必须改善供热系统的设备性能，提高设计和施工安装水平，改进运行管理技术。对户内采暖设施部分，应采用双管入户、分户计量、分室控温等技术措施，实行采暖计量收费制度，使住户既是能源的消费者，又是能源的节约者，调动人们主动节能的积极性，充分实现建筑节能应有的效益。

三、外墙外保温系统施工

1. 聚苯板薄抹灰外墙外保温系统

1) 基本构造

聚苯板薄抹灰外墙外保温系统是以阻燃型聚苯乙烯泡沫塑料板为保温材料，用聚苯板胶黏剂(必要时加设机械锚固件)安装于外墙外表面，用耐碱玻璃纤维网格布或者镀锌钢丝网增强的聚合物砂浆作防护层，用涂料、饰面砂浆或饰面砖等进行表面装饰，具有保温功能和装饰效果的构造的总称。聚苯乙烯泡沫塑料保温板包括模塑聚苯板(EPS板)和挤塑聚苯板(XPS板)。聚苯板薄抹灰外墙外保温系统基本构造如表9-5所示。系统饰面层应优先采用涂料、饰面砂浆等轻质材料。

表9-5　聚苯板薄抹灰外墙外保温系统基本构造

基层墙体①	系统基本构造							构造示意图
	黏结层②	保温层③	抹面层				饰面层⑧	
			底层④	增强材料⑤	辅助联结件⑥	面层⑦		
现浇混凝土墙体、各种砌体墙	聚苯板胶黏剂	聚苯乙烯泡沫塑料板	抹面砂浆	耐碱玻纤网或镀锌钢丝网	机械锚固件	抹面砂浆	涂料、饰面砂浆或饰面砖	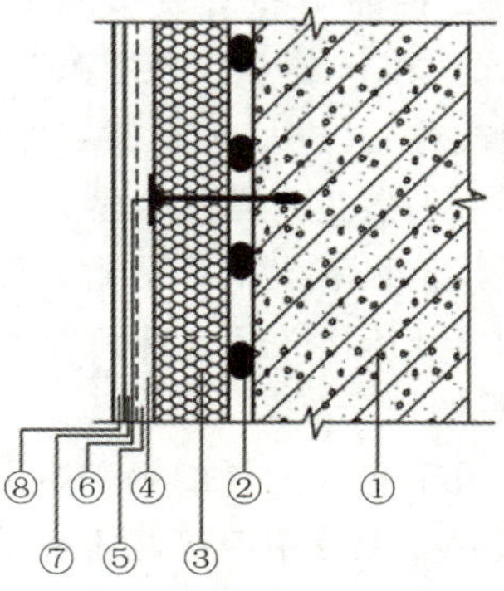

2）施工工艺流程

聚苯板薄抹灰外墙外保温系统的施工工艺流程为：施工准备→基层处理→测量、放线→挂基准线→配胶黏剂(XPS板背面涂界面剂)→贴翻包网布→粘贴聚苯板(按设计要求安装锚固件，做装饰条)→打磨、修理、隐检→(XPS板面涂界面剂)抹聚合物砂浆底层→压入翻包网布和增强网布，贴压增强网布→抹聚合物砂浆面层(→伸缩缝处理)→修整、验收→外饰面处理→检测验收。

3）施工要点

聚苯板薄抹灰外墙外保温系统的施工要点如下。

(1) 外保温工程应在外墙基层的质量检验合格后方可施工。施工前，应装好门窗框或附框、阳台栏杆和预埋件等，并将墙上的施工孔洞堵塞密实。

(2) 聚苯板胶黏剂和抹面砂浆应按配合比要求严格计量，机械搅拌，超过可操作时间后严禁使用。

(3) 粘贴聚苯板：基面平整度≤5 mm时宜采用条粘法，基面平整度>5 mm时宜采用点框法；当设计饰面为涂料时，黏结面积率不小于40%；当设计饰面为面砖时，黏结面积率不小于50%；聚苯板应错缝粘贴，板缝拼严。对于XPS板，宜采用配套界面剂涂刷后使用。

(4) 锚固件数量：当采用涂料饰面时，墙体高度若在20～50 m内，则不宜少于4个/m^2，墙体高度在50 m以上时，不宜少于6个/m^2；当采用面砖饰面时，不宜少于6个/m^2。锚固件安装应在聚苯板粘贴24 h后进行，涂料饰面外保温系统安装时锚固件盘片应压住聚苯板，面砖饰面盘片应压住抹面层的增强网。

(5) 增强网：用涂料饰面时应采用耐碱玻纤网，用面砖饰面时宜采用热镀锌钢丝网；施工时增强网应绷紧绷平。增强网搭接长度：玻纤网不小于80 mm，钢丝网不小于50 mm且保证两个完整网格的搭接。

(6) 聚苯板安装完成后应尽快抹灰封闭，抹灰分底层砂浆和面层砂浆两次完成，中间包裹增强网；抹灰时切忌不停揉搓，以免形成空鼓；抹面砂浆厚度宜控制在表 9－6 所示的范围内。

表 9－6　抹面砂浆厚度

外饰面	增强网	层数	抹面砂浆厚度/mm
涂料	玻纤网	单层	3～5
		双层	5～7
面砖	玻纤网	单层	4～6
		双层	6～8
	钢丝网	单层	8～12

(7) 各种缝、装饰线条及防火构造措施的具体做法参见相关标准。

(8) 外墙饰面宜选用涂装饰面。当采用面砖饰面时，其相关产品要求应符合《外墙饰面砖工程施工及验收规程》(JGJ 126—2015)、《外墙外保温工程技术标准》(JGJ 144—2019)等相关标准的规定。外饰面应在抹面层达到施工要求后方可进行施工。选择面砖饰面时应在样板件检测合格、抹面砂浆施工 7 d 后，按《外墙饰面砖工程施工及验收规程》(JGJ 126—2015)的要求进行。

2. 聚苯板现浇混凝土外墙外保温系统

1) 基本构造

聚苯板现浇混凝土外墙外保温系统采用内表面带有齿槽的聚苯板作为现浇混凝土外墙的外保温材料，聚苯板内外表面喷涂界面剂，安装于墙体钢筋之外；用尼龙锚栓将聚苯板与墙体钢筋绑扎，安装内外大模板，浇筑混凝土墙体并拆模后，聚苯板与混凝土墙体联结成一体；在聚苯板表面薄抹抹面抗裂砂浆，同时铺设玻纤网格布，再做涂料饰面层。其基本构造如表 9－7 所示。

表 9－7　聚苯板现浇混凝土外墙外保温系统基本构造

基层墙体①	系统基本构造				构造示意图
	保温层②	联结件③	抹面层④	饰面层⑤	
现浇混凝土墙体或砌体墙	EPS 板或 XPS 板	锚栓	抗裂砂浆薄抹面层	涂料	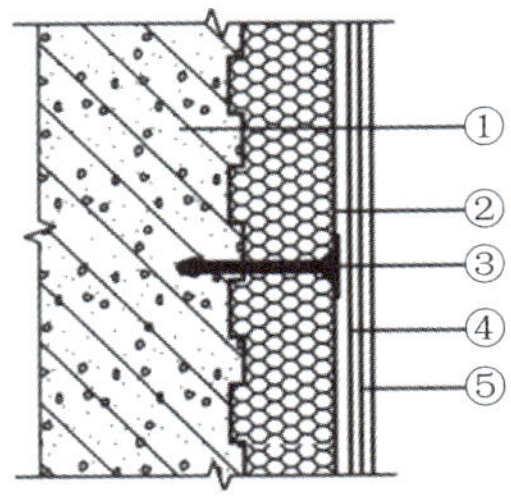

2) 施工工艺流程

聚苯板现浇混凝土外墙外保温系统的施工工艺流程为：聚苯板分块→聚苯板安装→模板安装→混凝土浇筑→模板拆除→涂刮抹面层浆→压入玻纤网格布→饰面处理→检测验收。

3) 施工要点

聚苯板现浇混凝土外墙外保温系统的施工要点如下：

(1) 垫块绑扎。外墙围护结构钢筋验收合格后，应绑扎按混凝土保护层厚度要求制作的水泥砂浆垫块，同时在外墙钢筋外侧绑扎砂浆垫块(不得采用塑料垫卡)，每平方米板内不少于 3

块，用以保证保护层厚度并确保保护层厚度均匀一致。

(2) 聚苯板安装。当采用 XPS 板时，内外表面及钢丝网均应涂刷界面砂浆，采用 EPS 板时，外表面应涂刷界面砂浆。施工时先安装阴阳角保温构件，再安装角板之间的保温板。安装前先在保温板高低槽口均匀涂刷聚苯胶，将保温板竖缝两侧相互黏结在一起。在保温板上弹线标出锚栓的位置再安装尼龙锚栓，其锚入混凝土长度不得小于 50 mm。

(3) 模板安装。宜采用钢质大模板，按保温板厚度确定模板配制尺寸、数量。安装外墙外侧模板前，应在保温板外侧根部采取可靠的定位措施。模板连接必须严密、牢固，以防止出现错台和漏浆现象。不得在墙体钢筋底部布置定位筋，宜采用模板上部定位。

(4) 浇筑混凝土。混凝土浇筑前在保温板槽口处用金属Ⅱ形遮盖“帽”，将外模板和保温板扣上。现浇混凝土的坍落度应不小于 180 mm，分层浇筑，每次浇筑高度不大于 500 mm，捣实，注意门窗洞口两侧应对称浇筑。

(5) 模板拆除后，穿墙套管的孔洞应以干硬性砂浆捻塞，保温板部位孔洞用保温浆料堵塞。聚苯板表面凹进或破损、偏差过大的部位，应用胶粉聚苯颗粒保温浆料填补找平。

(6) 抹面层。抹面层用聚合物水泥砂浆抹灰。标准层总厚度为 3～5 mm，首层加强层厚度为 5～7 mm。玻纤网搭接长度不小于 80 mm。首层与其他需加强部位应满足抗冲击要求，在标准外保温做法的基础上加铺一层玻纤网，再抹一道抹面砂浆罩面，厚度为 2 mm 左右。

(7) 各种缝、装饰线条及防火构造措施的具体做法参见相关标准。

3. 聚苯板钢丝网架现浇混凝土外墙外保温系统

1) 基本构造

聚苯板钢丝网架现浇混凝土外墙外保温系统采用外表面有梯形凹槽和带斜插丝的单面钢丝网架聚苯板，在聚苯板内外表面及钢丝网架上喷涂界面剂，将带网架的聚苯板安装于墙体钢筋之外。在聚苯板上插入经防锈处理的 L 形 $\phi 6$ 钢筋或尼龙锚栓，并与墙体钢筋绑扎，安装内外大模板。浇筑混凝土墙体并拆模后，有网聚苯板与混凝土墙体联结成一体，在有网聚苯板表面厚抹掺有抗裂剂的水泥砂浆，再做饰面层。其基本构造如表 9－8 所示。

表 9－8　聚苯板钢丝网架现浇混凝土外墙外保温系统基本构造

基层墙体①	系统基本构造					构造示意图
	保温层②	抹面层③	钢丝网④	饰面层⑤	联结件⑥	
现浇混凝土墙体	EPS 板单面钢丝网架	聚合物砂浆厚抹面层	钢丝网架	饰面砖或涂料	钢筋	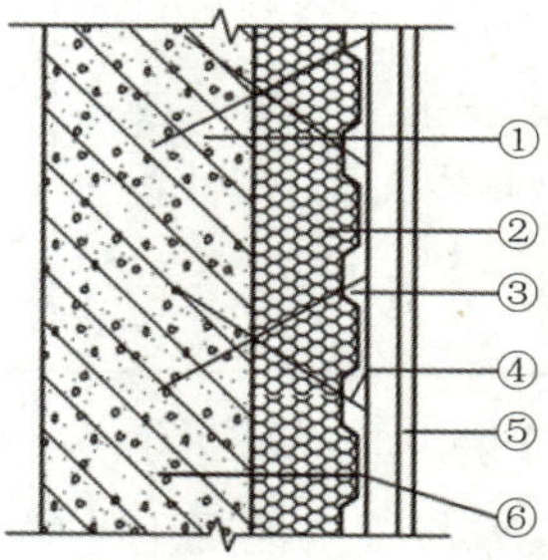

2) 施工工艺流程

聚苯板钢丝网架现浇混凝土外墙外保温系统的施工工艺流程为：钢丝网架聚苯板分块→钢丝网架聚苯板安装→模板安装→混凝土浇筑→模板拆除→抹专用抗裂砂浆→外饰面处理。

3）施工要点

聚苯板钢丝网架现浇混凝土外墙外保温系统的施工要点如下：

（1）钢丝网架聚苯板安装。保温板内外表面及钢丝网均应涂刷界面砂浆。施工时外墙钢筋外侧需绑扎水泥砂浆垫块（不得采用塑料垫卡），安装保温板就位后，应将塑料锚栓穿过保温板，锚入混凝土长度不得小于 50 mm，螺栓应拧入套管，保温板和钢丝网宜按楼层层高断开，中间放入泡沫塑料棒，外表用嵌缝膏嵌缝。板缝处钢丝网用火烧丝绑扎，间隔 150 mm。

（2）砂浆抹灰。拆除模板后，应用专用抗裂砂浆分层抹灰，在常温下待第一层抹灰初凝后方可进行上层抹灰，每层抹灰厚度不大于 15 mm，总厚度不宜大于 25 mm。

（3）采用涂料饰面时，应在抗裂砂浆外再抹 5～6 mm 厚聚合物水泥砂浆防护层。

（4）各种缝、装饰线条及防火构造措施的具体做法参见相关标准。

4. 喷涂硬泡聚氨酯外墙外保温系统

1）基本构造

喷涂硬泡聚氨酯外墙外保温系统是指由聚氨酯硬泡保温层、界面层、抹面层、饰面层构成，形成于外墙外表面的非承重保温构造的总称。其聚氨酯硬泡保温层为采用专用的喷涂设备，将 A 组分料和 B 组分料按一定比例从喷枪口喷出后瞬间均匀混合，迅速发泡，存于外墙基层上形成无接缝的聚氨酯硬泡体。其基本构造如表 9－9 所示。

表 9－9　喷涂硬泡聚氨酯外墙外保温系统基本构造

基层墙体①	系统基本构造					构造示意图
	保温层②	界面层③	增强网④	防护层⑤	饰面层⑥	
混凝土墙或砌体墙（砌体墙须用水泥砂浆找平）	喷涂的聚氨酯硬泡体	硬泡聚氨酯专用界面剂	耐碱网格布或热镀锌钢丝网	抹面胶浆	柔性耐水腻子＋涂料或面砖	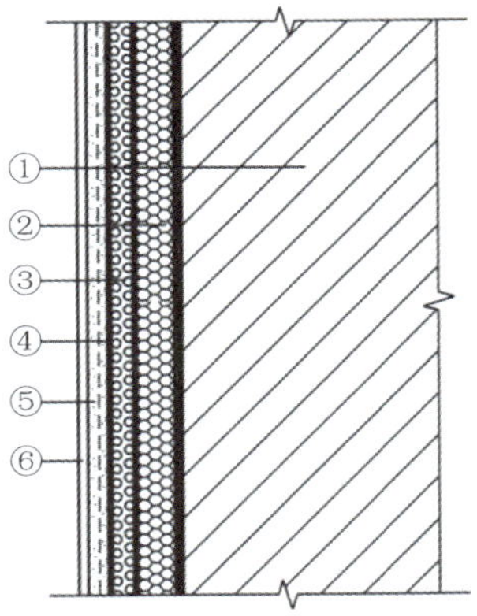

2）施工工艺流程

喷涂硬泡聚氨酯外墙外保温系统的施工工艺流程为：基层处理→吊垂线、弹控制线→门窗口等部位遮挡→硬泡聚氨酯喷涂施工→硬泡聚氨酯保温层修整→硬泡聚氨酯保温层处理→防护层抹灰→饰面层处理→检测验收。

3）施工要点

喷涂硬泡聚氨酯外墙外保温系统的施工要点如下：

（1）基层处理。基层墙体应干燥、干净，坚实平整，平整度超差时可用抹面砂浆找平，找平后允许偏差应小于 4 mm。潮湿墙面和透水墙面宜先进行防潮和防水处理，必要时外墙基层应涂刷界面剂。

(2) 硬泡聚氨酯喷涂施工。喷涂施工前，门窗洞口及下风口宜做遮蔽，防止泡沫飞溅污染环境。喷涂施工时的环境温度宜为 10～40 ℃，风速应不大于 5 m/s(3 级风)，相对湿度应小于 80%，雨天不得施工。喷枪头距作业面的距离不宜超过 1.5 m，移动的速度要均匀。在作业中，待上一层喷涂的聚氨酯硬泡表面不粘手后，才能喷涂下一层。喷涂后的聚氨酯硬泡保温层应避免雨淋，表面平整度允许偏差不大于 6 mm，且应充分熟化 48～72 h 后，再进行下道工序的施工。

(3) 硬泡聚氨酯保温层处理。聚氨酯保温层表面应用聚氨酯专用界面剂进行涂刷。

(4) 防护层抹灰。硬泡聚氨酯保温层经过处理后应用抹面胶浆进行找平刮糙，抹面胶浆中应有复合玻纤网格布或热镀锌钢丝网。

四、外墙内保温系统施工

1. 增强石膏聚苯复合保温板外墙内保温系统

1) 基本构造

增强石膏聚苯复合保温板外墙内保温系统施工方法是采用工厂预制的以聚苯乙烯泡沫塑料板同中碱玻纤涂塑网格布、建筑石膏等复合而成的增强石膏聚苯复合保温板，在外墙内面用石膏胶黏剂进行粘贴，然后在板面铺设中碱玻纤涂塑网格布并满刮腻子，最后在表面做饰面施工。其基本构造如表 9－10 所示。

表 9－10　增强石膏聚苯复合保温板外墙内保温系统基本构造

外墙①	系统基本构造			构造示意图
	空气层②	保温层③	面层④	
钢筋混凝土、混凝土砌块、多孔砖、其他非黏土砖等外墙	如设计无特殊要求，则一般为 20 mm 厚	增强石膏聚苯复合保温板	接缝外贴 50 mm 宽玻纤布条，整个墙面粘贴中碱玻纤涂塑网格布，满刮腻子	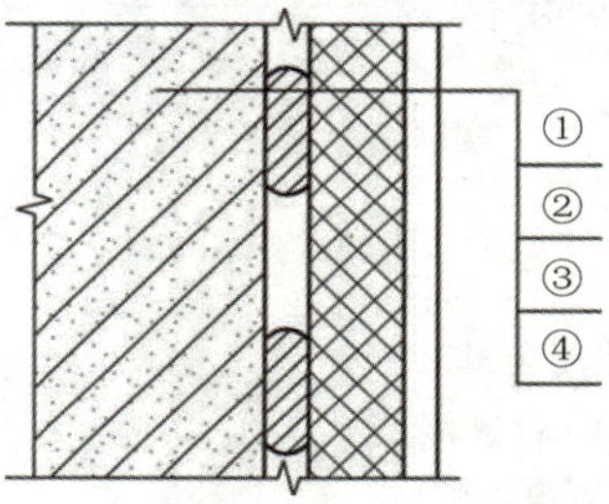

2) 施工工艺流程

增强石膏聚苯复合保温板外墙内保温系统的施工工艺流程为：基层处理→分档、弹线→配板→抹冲筋点→安装接线盒、管卡、埋件→粘贴防水保温踢脚板→粘贴、安装保温板→板缝处理→粘贴玻纤网格布→保温墙面刮腻子→饰面处理→检测验收。

3) 施工要点

增强石膏聚苯复合保温板外墙内保温系统的施工要点如下：

(1) 施工前对基层墙面应进行处理，特别是结构墙体表面凸出的混凝土或砂浆要剔平，表面应清理干净，预埋件要留出位置或埋设完。

(2) 根据开间或进深尺寸及保温板实际规格，预排保温板。排板应从门窗口开始，非整板放在阴角，有缺陷的板应修补；弹线时应按保温层的厚度在墙、顶上弹出保温墙面的边线，按防水保温踢脚层的厚度在地面上弹出踢脚边线，并在墙面上弹出踢脚的上口线。

(3) 抹冲筋点。在冲筋点位置，用钢丝刷刷出直径不小于 100 mm 的洁净面浇水润湿，并刷一道聚合物水泥浆；用 1∶3 水泥砂浆做 $\phi100$ 冲筋点，厚度为 20 mm 左右(空气层厚度)，在需设置埋件处做出 200 mm×200 mm 的灰饼。

（4）粘贴防水保温踢脚板。在踢脚板内侧，上、下各按 200～300 mm 的间距布设黏结点，同时在踢脚板底面及侧面满刮胶黏剂。应按线粘贴踢脚板，黏结时用橡皮锤贴紧敲实，挤实碰头灰缝，并将挤出的胶黏剂随时清理干净。粘贴踢脚板必须平整和垂直，踢脚板与结构墙间的空气层应控制在 10 mm 左右。

（5）粘贴、安装保温板。将接线盒、管卡、埋件的位置准确地翻样到板面，并开出洞口。在冲筋点、相邻板侧面和上端满刮胶黏剂，并且在板中间抹梅花状黏结石膏点，石膏点总面积应大于板面面积的 10%，按弹线位置直接与墙体粘牢。粘贴后的保温板整体墙面必须垂直平整，板缝及接线盒、管卡、埋件与保温板开口处的缝隙，应用胶黏剂嵌塞密实。

（6）粘贴玻纤网格布。保温板安装完和胶黏剂达到强度后，检查所有缝隙是否黏结良好。板拼缝处应粘贴 50 mm 宽玻纤网格布一层，门窗口角加贴玻纤网格布，粘贴时要压实、粘牢、刮平。墙面阴角和门窗口阳角处加贴 200 mm 宽玻纤网格布一层（角两侧各 100 mm）。然后在板面满贴玻纤布一层，玻纤布应横向粘贴，粘贴时用力拉紧、拉平，上下搭接不小于 50 mm，左右搭接不小于 100 mm。

（7）待玻纤网格布粘贴层干燥后，墙面满刮 2～3 mm 石膏腻子，分 2～3 遍刮平，与玻纤布一起组成保温墙的面层，最后按设计规定做内饰面层。

2. 增强粉刷石膏聚苯板外墙内保温系统

1）基本构造

增强粉刷石膏聚苯板外墙内保温系统，是由石膏粘贴聚苯板保温层、粉刷石膏抗裂防护层和饰面层构成的外墙内保温系统。其基本构造如表 9-11 所示。

表 9-11　增强粉刷石膏聚苯板外墙内保温系统基本构造

基层墙体①	系统基本构造				构造示意图
	胶粘层②	保温层③	抗裂防护层④	饰面层⑤	
钢筋混凝土墙、砌体墙、框架填充墙等	用 10 mm 厚黏结石膏黏结	聚苯板（厚度按设计要求）	抹粉刷石膏 8～10 mm，横向压入 A 型玻纤网格布，再用建筑胶粘一层 B 型玻纤网格布	耐水腻子＋涂料或壁材	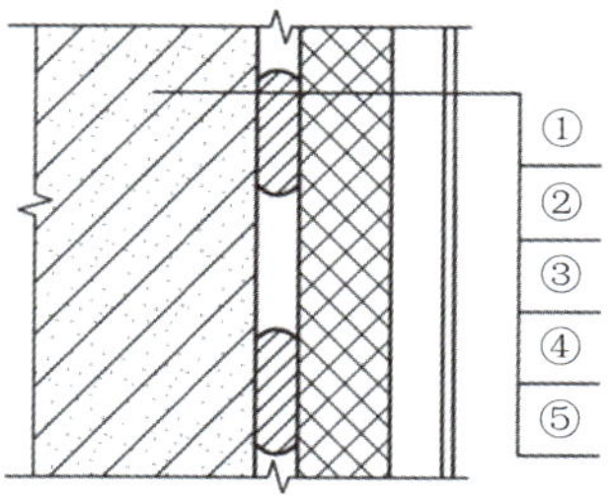

注：① A 型玻纤网格布被覆用，网孔中心距为 4～6 mm，单位面积质量≥130 g/m²，经向断裂强力≥600 N/50 mm，纬向断裂强力≥400 N/50 mm。

② B 型玻纤网格布作粘贴用，网孔中心距为 2.5 mm，单位面积质量≥40 g/m²，经向断裂强力≥300 N/50 mm，纬向断裂强力≥200 N/50 mm。

2）施工工艺流程

增强粉刷石膏聚苯板外墙内保温系统的施工工艺流程为：基层处理→吊垂直、套方、弹线、贴灰饼→配制粘贴石膏→粘贴聚苯板→抹灰，压入 A 型玻纤网格布→门窗洞口护角、厕浴间、踢脚板处理→粘 B 型玻纤网格布→刮柔性耐水腻子→涂刷饰面→检测验收。

3）施工要点

增强粉刷石膏聚苯板外墙内保温系统的施工要点如下：

（1）基层处理。去除墙面影响附着的物质，凸出的混凝土或砂浆应剔平。

（2）弹线、贴灰饼。根据空气层与聚苯板的厚度及墙面平整度，在与墙体内表面相邻的墙面、顶棚和地面上弹出聚苯板粘贴控制线、门窗洞口控制线；如对空气层厚度有严格要求，可根据聚苯板粘贴控制线，做出 50 mm×50 mm 灰饼，按 2 m×2 m 的间距布置在基层墙面上。

（3）粘贴聚苯板。墙面聚苯板应错缝排列，拼缝处不得留在门窗口四角处。加水配制的黏结石膏一次拌和量要确保在 50 min 内用完，稠化后严禁加水稀释再用。粘贴聚苯板可用点框法和条粘法。点框法适用于平整度较差的墙面，应保证粘贴面积不少于 30%。如采用挤塑聚苯板，应先在挤塑板上涂刷挤塑板界面剂，待界面剂干燥后再涂布黏结石膏。聚苯板的黏结要确保垂直度和平整度，粘贴 2 h 内不得触碰、扰动。

（4）抹灰、挂网格布。用粉刷石膏砂浆在聚苯板面上按常规抹灰做法做出标准灰饼，抹灰平均厚度为 8～10 mm，待灰饼硬化后即可大面积抹灰。在抹灰层初凝之前，横向绷紧 A 型玻纤网格布，用抹子压入抹灰层内，网格布要尽量靠近表面。网格布接槎处搭接长度不小于 100 mm。待粉刷石膏抹灰层基本干燥后，再在抹灰层表面绷紧粘贴 B 型玻纤网格布，网格布接槎处搭接长度不小于 150 mm。

（5）刮柔性耐水腻子。待网格布胶黏剂凝固硬化后，宜在网格布上直接刮内墙柔性腻子，腻子层控制在 1～2 mm，不宜对保温墙再抹灰找平。

（6）门窗洞口护角、厨厕间、踢脚板处理。门窗洞口、立柱、墙阳角部位宜用粉刷石膏抹灰找好垂直后压入金属护角。水泥踢脚应先在聚苯板上满刮一层建筑用界面剂，拉毛后再用聚合物水泥砂浆抹灰；预制踢脚板应采用瓷砖胶黏剂满贴。厨房、卫生间墙体宜采用聚合物水泥胶黏剂和聚合物水泥罩面砂浆，防水层的施工宜在保温施工后进行。

3. 胶粉聚苯颗粒保温浆料玻纤网格布聚合物砂浆外墙内保温系统

1）基本构造

胶粉聚苯颗粒保温浆料玻纤网格布聚合物砂浆外墙内保温系统由界面层、胶粉聚苯颗粒保温浆料保温层、抗裂防护层和饰面层构成。其基本构造如表 9 - 12 所示。

表 9 - 12　胶粉聚苯颗粒保温浆料玻纤网格布聚合物砂浆外墙内保温系统基本构造

基层墙体①	系统基本构造				构造示意图
	界面层（位于①和②之间）	保温层②	抗裂防护层③	饰面层④	
混凝土墙及各种砌体墙	界面砂浆	胶粉聚苯颗粒保温浆料	抗裂砂浆复合耐碱涂塑玻璃纤维网格布	涂料或壁材	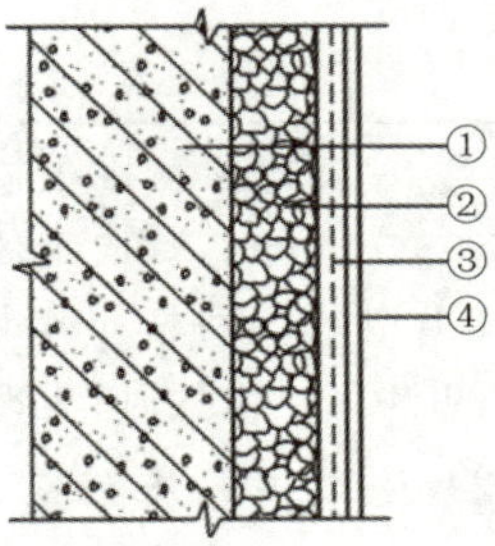

2）施工要点

胶粉聚苯颗粒保温浆料玻纤网格布聚合物砂浆外墙内保温系统的施工要点如下：

（1）基层均应做界面处理，用喷枪或滚刷均匀喷刷。

（2）界面砂浆基本干硬后方可抹保温浆料。保温浆料应分层抹灰，每层抹灰厚度宜为 20 mm 左右，间隔时间应在 24 h 以上，第一遍抹灰应压实，最后一遍抹灰厚度宜控制在10 mm 左右。

（3）门窗边框与墙体连接应预留出保温层的厚度，缝隙应分层填塞密实并做好门窗框表面的保护。

（4）保温层固化干燥后方可抹抗裂砂浆，抗裂砂浆抹灰厚度为 3～4 mm。然后压入玻纤网格布，网格布搭接宽度不小于 100 mm，楼梯间隔墙等需要加强的位置应铺贴双层网格布，底层网格布采用对接，面层网格布采用搭接。门窗洞孔边角处应沿 45°方向提前设置增强网格布，网格布尺寸宜为 400 mm×200 mm。

（5）抹完抗裂砂浆 24 h 后方可进行饰面施工。

五、夹芯保温系统施工

1. 混凝土砌块外墙夹芯保温系统

1）基本构造

混凝土砌块外墙夹芯保温系统是集承重、保温和装饰为一体的墙体构造。该系统由内叶结构层、保温层、外叶装饰层组成，结构层由承重砌块砌筑，装饰层由装饰砌块砌筑，保温层由聚苯板、聚氨酯泡沫塑料、玻璃棉等保温材料填充。结构层、保温层、装饰层边砌边放置拉结钢筋网片，使三层牢固结合，外墙全部荷载由结构层承担，在圈梁和门窗洞口过梁挑出的混凝土挑檐支撑外侧装饰层。

2）施工工艺流程

混凝土砌块外墙夹芯保温系统的施工工艺流程为：施工准备→砌筑内叶承重结构层→防锈钢筋网片放置→砌筑内外墙→内外墙勾缝→贴保温层→砌筑外叶装饰层→芯柱施工→检测验收。

3）施工要点

混凝土砌块外墙夹芯保温系统的施工要点有以下四个方面。

（1）施工准备。混凝土砌块外墙夹芯保温系统的施工准备如下：

① 砌块应按设计的强度等级和施工进度要求，配套运入施工现场。

② 砌块的堆放场地应夯实或硬化并便于排水，不宜贴地码放砌块。砌块需按规格、强度等级分别覆盖码放，且码放高度不宜超过两垛。二次搬运和装卸时，不得采用翻斗卸车或随意抛掷。

③ 砌筑前要先根据排块图，进行摆底排砖，由墙体转角开始，沿一个方向排，宜根据设计图上的门、窗洞口尺寸，柱、过梁和芯柱位置及楼层标高、预留洞大小，管线、开关、插座的位置，砌块的规格、灰缝厚度等，编制排块图。排块应对孔、错缝搭接排列，并以主砌块为主，辅以相应的辅助块。

④ 墙体砌筑前，应在转角处立好皮数杆，间距宜小于 15 m，皮数杆应标明砌块的皮数、灰缝的厚度，以及门窗洞口、过梁、圈梁和楼板等的位置。

⑤ 需要准备的工具有灰斗、线坠、小线、柳叶铲、橡胶锤、切割机等。

(2) 砌筑内外墙。砌筑内外墙的施工要点如下：

① 混凝土砌块应反砌(底面朝上)，错缝对孔(每步 600 mm 高)。内、外墙应同时砌筑。墙体临时间断处必须留斜槎，斜槎的长度不应小于高度的 2/3。

② 不得使用潮湿、含水率超标的砌块。不得使用断裂或有竖向裂缝的砌块。砌块承重墙不得混用其他墙体材料。

③ 砌筑时，先砌承重部分，网片随砌随放，每 600 mm 高度一道。承重部分应砌筑到一步 600 mm 的高度，在承重墙外侧粘贴一步 600 mm 高的聚苯保温板，再砌筑一步600 mm 高外叶装饰部分。

④ 砌筑灰缝要横平竖直，竖缝两侧的砌块两面挂灰，水平灰缝、竖缝砂浆饱满度不低于 90%，不得出现瞎缝、透明缝。水平灰缝的厚度和垂直灰缝的厚度控制在 8～12 mm。

砌筑时的铺灰长度不得超过 400 mm(一个砌块的长度)，严禁用水冲浆灌缝，不得用石子、木楔等垫塞灰缝。

墙体砌筑前除在墙的转角处设皮数杆外，墙的中心部位也宜设皮数杆，皮数杆间距不大于 6 m，砌筑时为防止中间部位弹线，应进行挑线作业，以保证水平灰缝的顺直。严禁用水冲浆灌缝。砌筑时宜以原浆压缝，随砌随压。竖向灰缝在已施工的墙体上或梁的部位用粉线弹好控制线，并及时用垂线检查竖向灰缝的情况，以确保竖向灰缝的垂直。

⑤ 为了防止砌块墙体开裂，可在砌块砌体灰缝中设置 ϕ4 镀锌拉接网片，网片必须置于灰缝和芯柱内，不得流放，网片搭接长度≥40d 且不小于 200 mm，竖向间距不大于 400 mm。

⑥ 由于雨水(或因“结露”产生的冷凝水)可能进入砌块墙的空腔内，为防止水渗入室内，需在有可能形成积水的部位设置导水麻绳。其具体设置原则为在外墙无芯柱处、圈梁或暗混凝土现浇带上第一皮砌块下放 ϕ8 的麻绳，水平间距为 200 mm，一头压入砌块空洞内，另一头出墙体约 5 cm，便于排水又不影响墙体美观(待外墙勾缝完工后可截去外露部分)。

(3) 内外墙勾缝。内外墙勾缝的施工要点如下：

① 内墙勾缝。内墙用原浆勾缝，在砂浆达到“指纹硬化”时随即勾缝，要将其压得密实平整，以勾成平缝。在墙体平整度、垂直度很好的情况下可以直接刮腻子，不再抹灰。

② 外墙勾缝。为防止外墙灰缝渗水，外墙可采用二次勾缝。砌筑时按原浆勾缝，在砂浆达到“指纹硬化”时，把灰缝略勾深一些，留 10～15 mm 的余量，灰缝要压密实，不必压光(拉毛处理)。主体完工另行二次勾缝，勾缝前将墙体灰缝处用喷壶稍加湿润，勾缝砂浆采用 1∶2∶(0.03～0.05)的防水砂浆，勾成凹缝，压密实并保持光滑、平整、均匀，外留 2～4 mm。

(4) 芯柱施工。芯柱的施工要点如下：

① 每根芯柱柱脚应设清扫口，砌筑时清扫口内的砂浆和杂物须及时清扫。

② 每层的板带位置的芯柱应上、下贯通，飘窗、梁等位置须浇筑混凝土的芯柱，砌筑时应在砌筑的第一皮砌块上留有清扫口。

③ 当砌筑砂浆的平均强度大于 1 MPa 时方可进行芯柱灌筑，灌筑芯柱混凝土前，须浇水湿润，先浇 50 mm 厚的水泥砂浆，水泥砂浆应与芯柱混凝土的成分相同。

④ 芯柱混凝土宜采用流态混凝土，每楼层每根芯柱的混凝土分 3～4 段连续浇灌振捣密实。若混凝土坍落度大于 200 mm，可一次浇灌，分 2～3 段振捣密实。

⑤ 芯柱施工应实行混凝土定量浇灌，并设专人检查混凝土灌入量，认可后方可继续施工。

浇灌后的芯柱面应低于最上一皮砌块表面 30～50 mm。

4）成品保护

砌筑时应严格控制砌筑砂浆的黏稠度，铺浆应均匀饱满，不宜过多，以防挤出的砂浆坠落到已砌筑的墙体上。

成品砌筑完后，应防止砂浆早期受冻或烈日暴晒而影响质量。外侧装饰性砌块每层砌筑完工后，应及时冲刷干净，并注意防止人为损坏、污染。对已砌筑完工的墙体应遮盖保护。

为防止污染，支模时应严密，模板与墙体不留缝隙，周围用海绵条粘贴以防止漏浆，模板间的缝隙用胶带粘贴。对已经漏浆的墙体，应及时用高压水或清洗剂清洗，直至清出整个墙体。

2. 砖砌体夹芯保温系统

1）基本构造

砖砌体夹芯保温系统是在砖砌体的内叶墙和外叶墙中间安装保温材料而形成的外墙复合保温体系，通常集承重、保温和装饰为一体。常用砖砌体材料主要有多孔砖、烧结砖、蒸压灰砂砖和空心砖等。该体系有施工速度快、外观效果佳、造价较低等优点。但由于砖砌体夹芯保温系统需要设置拉结钢筋把内叶墙、保温层和外叶墙拉结成稳固的整体，所以保温性能受到影响。

2）施工工艺流程

砖砌体夹芯保温系统的施工工艺流程为：施工准备→砌筑内叶承重结构层→防锈钢筋网片放置→按步砌筑→勾缝→贴保温层→砌筑外叶装饰层→芯柱施工→检测验收。

3）施工要点

砖砌体夹芯保温系统的施工要点主要包括如下三个方面。

（1）施工准备。砖砌体夹芯保温系统的施工准备如下：

① 砌筑前要先根据图纸设计排块图，由墙体转角开始，沿一个方向排，宜根据设计图上的门、窗洞口尺寸，柱、过梁和芯柱位置及楼层标高、预留洞大小，管线、开关、插座的位置，砌块的规格、灰缝厚度编制排块图，并根据排板图剪裁保温板的规格及尺寸。

② 砖砌块应按设计的强度等级和施工进度要求，配套运入施工现场。堆放场地应夯实或硬化并便于排水，不宜贴地码放砌块。砌块须按规格、强度等级分别覆盖码放砌块。二次搬运和装卸时，不得采用翻斗卸车或随意抛掷。

③ 墙体砌筑前，应在转角处立好皮数杆，间距宜小于 15 m，皮数杆应标明砌块的皮数、灰缝的厚度，以及门窗洞口、过梁、圈梁和楼板等的位置。

③ 需要准备的工具有线坠、小线、柳叶铲、橡胶锤、切割机等。

（2）砌筑内墙和放置保温板。砌筑内墙和放置保温板的施工要点如下：

① 砌筑时先砌内叶承重部分。做法应符合砖砌体结构砌筑的相关要求。

② 内叶承重墙经质量检查合格后，方可在内叶墙外侧放置保温板。现场剪裁保温板应使用专用工具。最下层保温板应从防潮层向上安装。施工时注意成品保护，当保温板出现空隙时应用同材质保温材料补实，同时防止砂浆落在保温板上造成热桥。

（3）砌筑外墙。砌筑外墙的施工要点如下：

① 保温层经质量检查合格并做好隐蔽工程记录后，方可进行外叶墙砌筑施工。做法应符

合砖砌体结构砌筑的相关要求。

② 内外墙拉结钢筋随砌随放。竖向距离不大于 500 mm，水平距离不大于 1000 mm，并应埋置在砂浆层中。

③ 墙体端部沿高度方向每 300 mm 设置一道拉结钢筋，如图 9－14 所示。

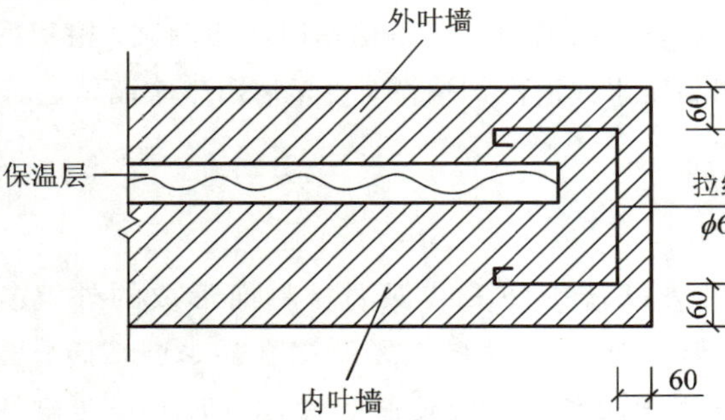

图 9－14　门窗洞口边拉结详图

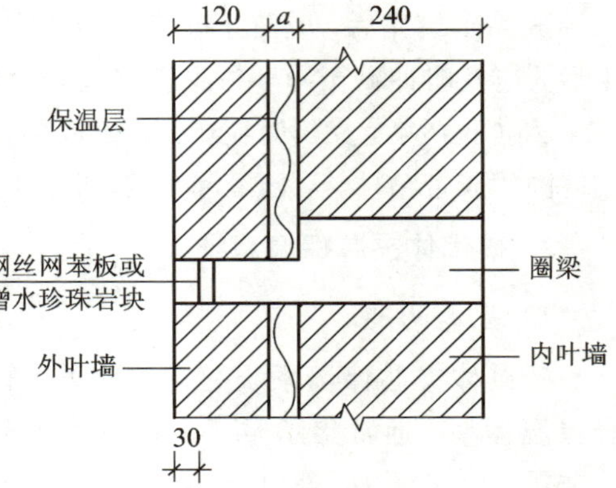

图 9－15　圈梁挑耳外侧保温详图

④ 外墙圈梁及过梁外侧在浇筑混凝土前应采用保温材料进行处理，如图 9－15 所示。

⑤ 做好外墙防污染，对已砌筑完工的墙体遮盖保护。为防止污染，支模时应严密，模板与墙体不留缝隙，周围用海绵条粘贴防止漏浆，模板间的缝隙用胶带粘贴。对已经漏浆的墙体，应及时用高压水或清洗剂清洗，直至清出整个墙体。

本章小结

本章主要介绍了门窗工程、抹灰工程、饰面工程、楼地面工程、涂饰工程、建筑节能工程的施工技术等内容。通过本章的学习，读者可以对建筑装饰与节能工程的施工技术有一定的认识，为在工作中合理、熟练使用这些施工技术建立基础。

课后练习

1. 木门窗扇安装有哪些要求？
2. 钢门窗就位的要求有哪些？
3. 简述抹灰施工的施工工艺流程。
4. 饰面砖镶贴施工的准备工作有哪些？
5. 混凝土垫层施工的技术要求有哪些？
6. 涂料工程的材料要求有哪些？
7. 简述建筑节能工作的主要内容。
8. 简述砖砌体夹芯保温系统的施工工艺流程。

第十章
路桥与地下工程

第一节　路基工程

一、路基工程的概念及特点

路基是路面的基础，是公路工程的重要组成部分，是按照路线位置和一定的技术要求修筑的带状构造物，其与路面共同承受交通荷载的作用。作为路面的支承结构物，路基必须具有足够的强度、稳定性和耐久性。

路基施工过程中大量土石方的挖、填、借、弃会改变沿线的自然状态，对公路通过区域的生态平衡造成一定的影响，在路基设计、施工、养护中必须对此予以充分注意。路基设计是公路整体设计中的一个环节，设计时既要考虑自身的特点和要求，又必须注意与路线设计、路面工程、桥涵工程等协调和综合考虑，以期降低工程造价和保证道路的使用品质。

二、路基的施工方法及施工前准备

1. 路基的施工方法

路基的施工方法有人工施工、简易机械化施工、水力机械化施工、爆破法施工和机械化施工等。

（1）人工施工。人工施工使用手工工具，效率低，劳动强度大，工程进度慢，工程质量难以保证。

（2）简易机械化施工。简易机械化施工具有花钱少、工效高、易推广的优点，虽然还是以人力为主，但生产率比人工施工高，劳动强度较低。

（3）水力机械化施工。水力机械化施工使用水泵、水枪等水力机械，是机械化施工的一种。其主要适用于有充足水源和电源的集中性土方工程。

（4）爆破法施工。爆破法施工可用手工打眼工具，也可用机械，主要目的是振松岩石、坚土、冻土，开挖路堑或采集石料。爆破法施工是一般公路特别是山区公路施工不可缺少的施工方法。

（5）机械化施工。机械化施工可以极大地提高劳动生产率，减轻劳动强度，显著地加快施工进度，提高工程质量，降低工程造价，保证施工安全。机械化施工是加速公路建设、实现公路施工现代化的根本途径。

在进行路基施工前，应根据工程性质、工程数量、施工期限及可能获得的人力和机械设备等条件，选择施工方法。

2. 路基的施工前准备

路基的施工前准备包括施工测量和放样、路基横断面的核查、施工前的复查和试验及试验路段。

1）施工测量和放样

施工测量和放样主要包括以下两点：

① 路基开工前应做好施工测量工作，其内容包括导线、中线、水准点复测，横断面检查与补测，增设水准点等。施工测量的精度应符合《公路勘测规范》(JTG C10—2007)的要求。

② 路基施工前，应根据恢复的路线中桩、设计图表、施工工艺和有关规定定出路基用地边桩和路堤坡脚、路堑堑顶、边沟、取土坑、护坡道、弃土堆等的具体位置桩。

2）路基横断面的核查

承包人在开工前需对路线中的桩坐标、原地面标高进行复测，绘制路基横断面图，计算土石方数量，报请业主(监理)审查批准，一般应附拟采用的控制桩位、水准点的位置、标高一览表及平差结果等。

3）施工前的复查和试验

承包人在开工前，对沿线挖方、借土场和料场用作填料的土取出有代表性的土样，按《公路土工试验规程》(JTG 3430—2020)中的方法，进行含水率、液限、塑限指数等试验，并作出土样的密度与湿度关系曲线，确定其最大干容重、最佳含水率和能达到压实要求的含水率范围，报请审批。

4）试验路段

试验路段应符合以下要求：

(1) 高速公路、一级公路及在特殊地区或采用新技术、新工艺、新材料进行路基施工时，应采用不同的施工方案做试验路段，从中选出路基施工的最佳方案以指导全线施工。

(2) 试验路段位置应选择在地质条件、断面形式均具有代表性的地段，路段长度不宜小于100 m。

(3) 试验所用的材料和机具应当与其后全线施工所用的材料和机具相同。通过试验确定不同机具压实不同填料的最佳含水率、适宜的松铺厚度和相应的碾压遍数、最佳的机械配套和施工组织。对于高速公路、一级公路，应按松铺厚度为30 cm进行试验，以确保压实层的匀质性。

(4) 试验路段施工中及完成后，应加强对有关指标的检测；完工后，应及时写出试验报告。如发现路基设计有缺陷，应提出变更设计意见并报审。

三、土质路基的施工

1. 路堑开挖

实践表明，路堑地段的病害主要是排水不畅、边坡过陡或缺乏适当支挡结构物。因此，无论在整个施工过程中或竣工后都必须充分重视路堑地段的排水，设置必要而有效的排水设施。路堑边坡应按设计坡度，由上而下逐层开挖，并适时进行边坡修整和砌筑必要的防护设施。此外，必须做好施工组织计划，选择合适的施工方法，有效地扩大作业面，以提高生产效率，保证施工安全。

按照不同的掘进方向，路堑开挖方案主要有横向全宽挖掘法、纵向挖掘法和混合法三种。

1）横向全宽挖掘法

横向全宽挖掘就是对路堑的整个宽度和深度，从路堑的一端或两端进行挖掘[见图 10－1(a)]。一次挖掘的深度，视施工操作的方便性和安全性而定，一般为 2 m 左右。若路堑很深，为了增加工作面，可将其分成几个台阶，同时在几个不同标高的台阶上进行开挖[见图 10－1(b)]。每一台阶均应有单独的运土路线和临时排水沟渠，以免相互干扰，影响工效，造成事故。

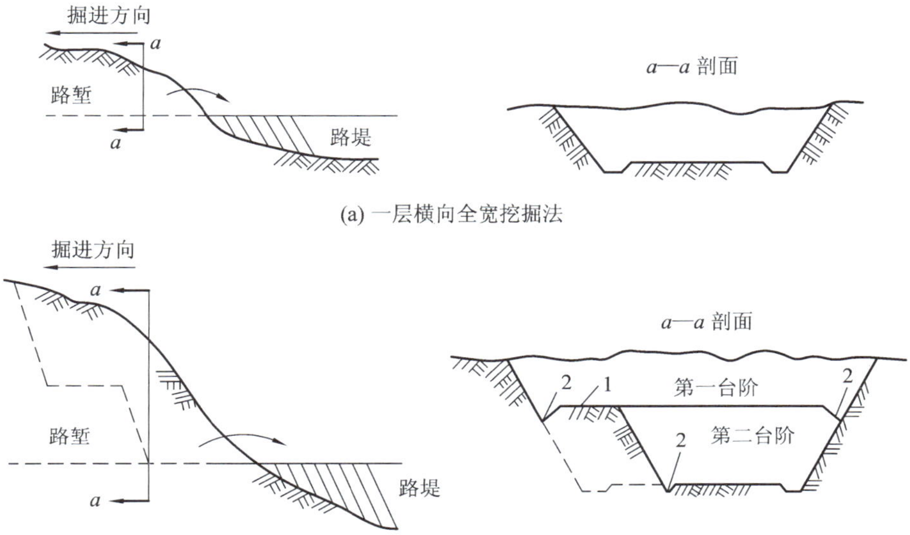

1—第一台阶运土道；2—临时排水沟。

(b) 多层横向全宽挖掘法

图 10－1　横向全宽挖掘法

2）纵向挖掘法

纵向挖掘法又分为分层纵挖法、通道纵挖法和分段纵挖法三种。

(1) 分层纵挖法是沿路堑全宽以深度不大的纵向分层进行挖掘的方法[见图 10－2(a)]。挖掘的地表应保持倾斜，以利于排水。此方案适于铲运机和推土机施工。

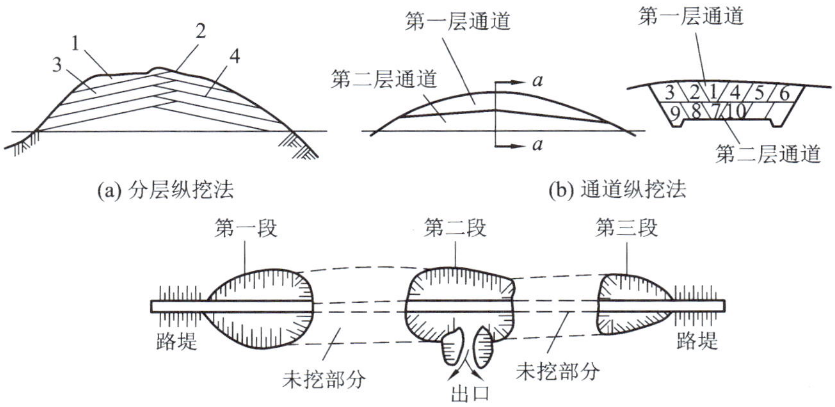

(a) 分层纵挖法　(b) 通道纵挖法

(c) 分段纵挖法

图 10－2　纵向挖掘法

(2) 通道纵挖法是先沿路堑纵向挖出一条通道，然后再把通道向两侧拓宽[见图 10-2(b)]，以扩大工作面，并利用该通道作为运土路线及场内排水出路的方法。

(3) 分段纵挖法是在路堑纵向选择一个或几个适宜的位置，先从一侧挖出一个或几个出口，把路堑分为两段或几段[见图 10-2(c)]，再分别于各段沿纵向开挖的方法。

3) 混合法

当土方量很大时，为扩大工作面，可将横向全宽挖掘法与通道纵挖法混合使用。先沿路堑纵向挖出一条通道，然后沿横向坡面挖掘，以增加开挖坡面[见图 10-3(a)]，或再沿横向挖出横向通道[见图 10-3(b)]。每一开挖坡面的大小，应能容纳一个施工组或一台机械正常工作。

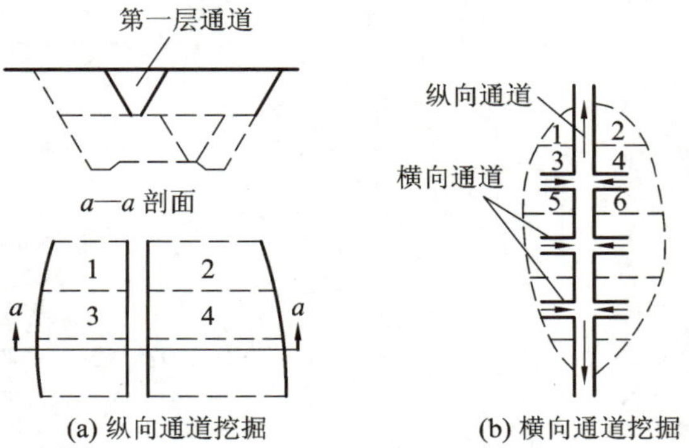

图 10-3 混合法

注：箭头表示运土与排水方向；数字表示工作面号数。

选择挖掘方案，除考虑当地的地形条件、采用的机具等因素外，还需考虑土层的分布及利用。如利用挖方填筑路堤，则应按不同的土层分层挖掘，以满足路堤填筑的要求。

2. 路堤填筑

路堤一般都是利用当地土石作填料，按一定方案在原地面上填筑起来的。路堤填筑基本方法有以下几种：

1) 分层填筑法

分层填筑法是按路堤设计横断面，自下而上逐层填筑的施工方法。它可以将不同性质的土，有规则地分层填筑和压实，获得必要的压实度和稳定性。每层填土的厚度，视土质、压实机具的有效压实深度和要求的压实度而定。

正确的分层填筑方案[见图 10-4(a)]应满足以下要求：

(1) 不同土质分层填筑；

(2) 透水性差的土填筑在下层时，其表面应做成一定的横坡，以保证来自上层透水性填土的水分及时排出；

(3) 为保证水分蒸发和排出，路堤不宜被透水性差的土层封闭；

(4) 根据强度与稳定性要求，合理地安排不同土质的层位；

(5) 为防止相邻两段用不同土质填筑的路堤在交接处发生不均匀变形，交接处应做成斜面，并将透水性差的土填在斜面下部(见图 10-5)。

不正确的分层填筑方案[见图 10-4(b)]包括未进行水平分层，有反坡积水，夹有大土块和粗大石块，以及有陡坡斜面等情况，其基本特点是强度不均和排水不力。

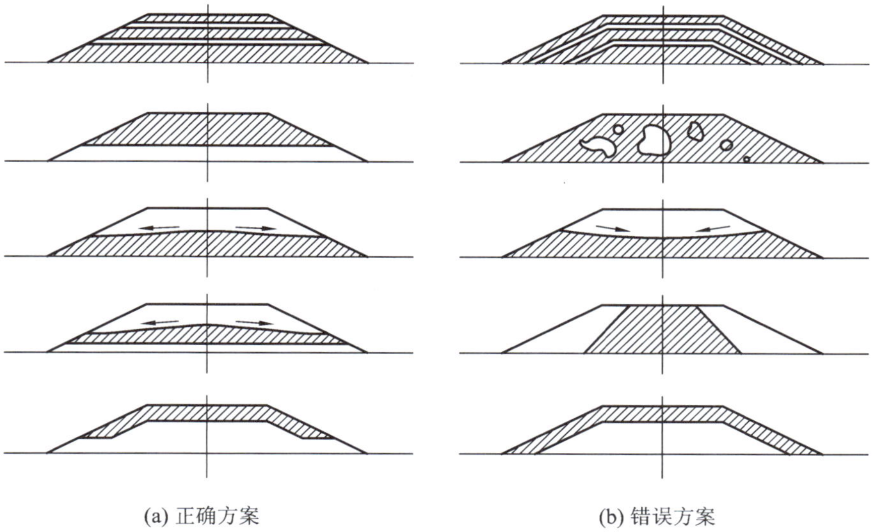

图 10－4　路堤填筑方案

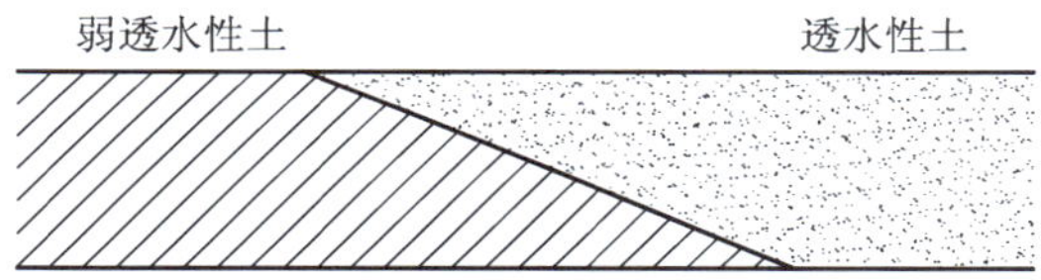

图 10－5　不同土质路堤接头

桥涵、挡土墙等结构物的回填土，为防止不均匀沉陷，应严格按有关操作规程回填和夯实。

2）竖向填筑法

竖向填筑法指沿路中心线方向逐步向前深填的施工方法，如图 10－6 所示。路线跨越深谷或池塘时，地面高差大，填土面积小，难以水平分层卸土，以及陡坡地段上的半填半挖路基、横坡较陡或难以分层填筑的局部路段，可采用竖向填筑方案。竖向填筑因填土过厚不易压实，施工时需采取下列措施：

（1）选用高效能压实机械；

（2）采用沉陷量较小的砂性土或附近开挖路堑的废石方，并一次填足路堤全宽度；

（3）在底部进行强夯。

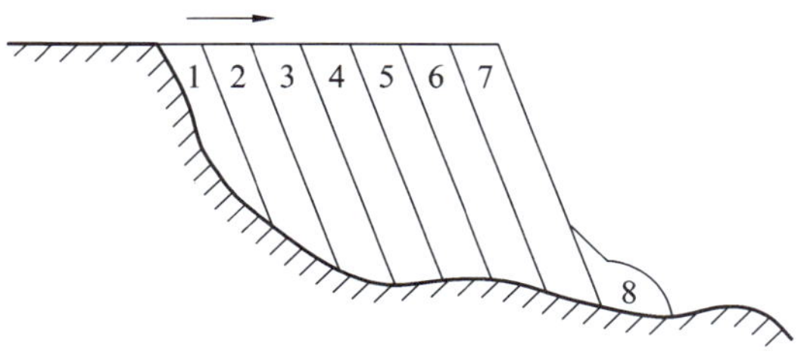

图 10－6　竖向填筑法

注：图中数字为施工顺序。

3）混合填筑法

因地形限制或堤身较高，不能按前两种方法自始至终进行填筑时，可采用混合填筑法（见图10－7），即路堤下层用竖向填筑法填筑，而上层用水平分层填筑法填筑，使上部填土经分层压实获得需要的压实度。

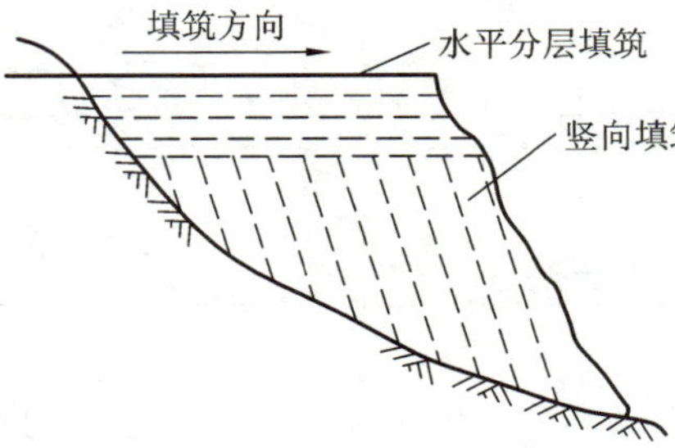

图10－7　混合填筑法

3. 路基压实

路基施工会破坏土体的天然状态，致使土体结构松散、颗粒重新组合，为使路基具有足够的强度与稳定性，必须予以压实，以提高其密实程度。因此，路基的压实工作是路基施工过程中的一个重要工序，亦是提高路基强度与稳定性的根本技术措施之一。

压实系数指工地试样的干密度 ρ_d（g/cm^3）与由击实试验得到的试样最大干密度 ρ_c（g/cm^3）的比值，路基的压实质量以施工压实度 K（%）表示，即 $K=\rho_d/\rho_c$。

路堤、路堑和路堤基层均应进行压实。土质路基（含土石路堤）的压实度应不低于表10－1的标准。

表10－1　土质路基压实度标准

填挖类型		路面底面计起深度范围/cm	压实度/%	
			高速公路、一级公路	其他公路
路堤	上路床	0～30	≥95	≥93
	下路床	30～80	≥95	≥93
	上路堤	80～150	≥93	≥90
	下路堤	＞150	≥90	≥90
零堤及路堑、路床		0～30	≥95	≥93

注：① 表列压实度以部颁《公路土工试验规程》（JTG 3430—2020）中规定的由重型击实试验法求得的路基压实标准为准。

② 对于铺筑中级或低级路面的三、四级公路路基，允许采用轻型击实试验法求得的路基压实标准。

③ 其他等级公路，修建高级路面时，其压实标准应采用高速公路、一级公路的规定值。

④ 特殊干旱地区的压实度标准可降低2%～3%。

⑤ 多雨潮湿地区的黏性土，其压实标准按有关规定执行。

⑥ 用灌砂法、灌水（水袋）法检查压实度时，取土样的底面位置为每一压实层底部；用环刀法试验时，环刀中部处于压实厚度的1/2深度；用核子仪试验时，应根据其类型，按说明书要求办理。

第二节　路面工程

一、路面结构组成

行车荷载和自然因素对路面的影响，随路面结构深度的增加而逐渐减弱。因此，对路面材料的强度、抗变形能力和稳定性的要求也随深度的增加而降低。为适应这一特点，路面结构通常分层铺筑，即按照使用要求、受力状况、土基支承条件和自然因素影响程度不同，分成若干层次。通常按照层位功能的不同，路面结构可划分为面层、基层、垫层，如图 10－8 所示。

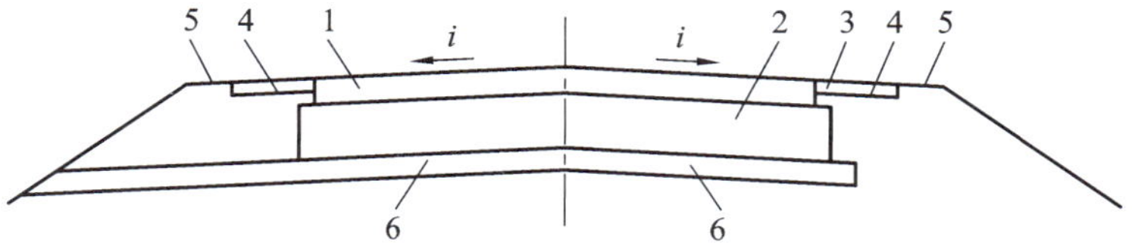

i—路拱坡度；1—面层；2—基层(有时包含底基层)；3—路缘石；4—加固路肩；5—土路肩；6—垫层。

图 10－8　路面结构层次划分

1. 面层

面层是路面结构最上面的一个层次，它直接承受行车荷载的垂直力、水平力和震动冲击力的作用，并受到大气降水、气温和湿度变化等自然因素的直接影响。因此，与其他层次相比，面层应具备较高的强度、抗变形能力，较好的温度稳定性、水稳定性，良好的平整度和表面抗滑性，同时应具有较好的耐磨性和抗渗水性。

铺筑面层的材料主要有水泥混凝土、沥青混凝土、沥青碎(砾)石混合料、碎(砾)石掺土或不掺土混合料及块石等。

面层有时分两层或三层铺筑。高速公路和一级公路的沥青面层一般分 2～3 层，沥青面层总厚度为 10～20 cm，各层根据不同要求采用不同的级配。也有分上、下两层铺筑的复合式混凝土路面，此时上层通常为沥青混凝土，下层为水泥混凝土。碾压混凝土路面上加铺薄层沥青混凝土组成的复合结构是一种新的路面面层。需要指出的是，用作封闭表面空隙、防止水分浸入面层的封层和厚度不超过 3 cm 的磨耗层，以及厚度不超过 1 cm 的沥青表面不能作为一个独立的层次，而应看作面层的一部分。

2. 基层

基层是面层的下卧层，它主要承受由面层传递的行车荷载垂直力，并将它扩散和分布到垫层和土基上。基层是路面结构中的主要承重层，因此，它应具有足够的强度和刚度，并具有良好的扩散应力的能力。基层虽然位于面层之下，但仍然难以避免雨水从面层渗入，同时它还会被地下水浸湿，因此基层应具有足够的水稳定性。同时为了保证面层具有优良的平整度，基层也要具有较好的平整度。

修筑基层的主要材料有各种结合料(如石灰、水泥或沥青等)稳定粒料，常用的粒料有碎(砾)石、工业废渣(如煤渣、粉煤灰、矿渣、石灰渣等)、贫水泥混凝土、各种碎(砾)石混合料、天然砂砾及片石、块石或圆石等。

高等级公路的基层通常较厚，一般分两层或三层铺筑，位于下层的称为底基层，修筑基层时对底基层材料质量和强度的要求相对较低，应尽量使用当地材料修筑。

3. 垫层

垫层位于基层和土基之间，直接与土基接触，它的功能是改善土基的湿度和温度状况，保证面层和基层的强度、刚度及稳定性不受土基的影响。同时垫层还起到将基层传下的车辆荷载应力进一步加以扩散，从而减小土基顶面压应力和竖向变形的作用。另外，它也能阻止路基土挤入基层。在地下水位较高的路基、可能发生冻胀的路基，以及土质不良或冻深较大的路基上通常都应设置垫层。垫层材料的强度要求不一定要很高，但其稳定性和隔温性能必须好。常用的垫层材料有两类：一类为松散粒料，如砂、砂石、炉渣、煤渣等组成的透水性垫层；另一类为石灰、水泥等组成的稳定性垫层。

为了保护路面面层的边缘，一般公路的基层宽度应比面层每边至少宽出 25 cm，垫层宽度应比基层每边至少宽出 25 cm，或与路基同宽，以利于排水。

二、沥青路面施工

热拌沥青混合料是由矿料与沥青在热态下拌和而成的混合料的总称。热拌沥青混合料在热态下铺筑施工成型的路面，即称热拌沥青混合料路面。

1. 施工设备

1）沥青拌和厂

拌和厂应在其设计、协调配合和操作方面，都能使生产的沥青混合料符合工地设计要求。拌和厂必须配备包含足够试验设备的试验室，能及时提供试验资料，并应将试验人员的资质及试验设备情况报请监理工程师批准。

2）运料设备

应采用干净、有金属底板的自卸槽斗车辆运送混合料，车槽内不得沾有杂物。运输车辆应备有覆盖设备，车槽四角应密封坚固。

3）摊铺设备

沥青混合料摊铺设备，应是自动找平式的，并应安装有可调的熨平板或整平组件。熨平板在需要时可以加热，并能按照规定的典型横断面和图纸所示的厚度在车道宽度内摊铺，摊铺机应有振动夯锤或可调整振幅的振动熨平板的组合装置，夯锤与振动熨平板的频率和振幅应能各自单独调整。

摊铺机必须缓慢、均匀、连续不间断地摊铺，不得随意变换速度或中途停顿，以提高路面平整度，减少混合料的离析。摊铺速度宜控制在 2～6 m/min 的范围内，对改性沥青混合料及 SMA 混合料宜放慢至 1～3 m/min。当发现混合料出现明显的离析、波浪、裂缝、拖痕时，应分析原因，予以消除。

4）压实设备

常用沥青路面压实机械设备有静力光轮压路机、轮胎压路机和振动压路机。

(1) 静力光轮压路机。静力光轮压路机可分为双轴三轮式(一般为 8～12 t、12～15 t)和双轴双轮式。三轮式压路机后面有两个较大的驱动轮，前面是一个较小的从动轮，常用于沥青混合料的初压。

双轮式压路机的结构与三轮式压路机的结构相比，具有更好的压实适应性，能在摊铺层上横向碾压，产生更均匀的密实度。

（2）轮胎压路机。轮胎压路机可用来进行接缝处的预压、弯道预压，也可用来消除裂纹及进行薄摊铺层的压实作业。

（3）振动压路机。振动压路机分为自行式单轮振动压路机、串联振动压路机及组合式振动压路机三种。

2. 配合比设计

高速公路、一级公路和城市快速路、主干路的热拌沥青混合料的配合比设计应按下列步骤进行：

（1）目标配合比设计阶段。应采用工程实际使用的材料计算各种材料的用量比例，配合成的矿料级配应符合设计的规定，并应通过马歇尔试验确定最佳沥青用量。此矿料级配及沥青用量应作为目标配合比，供人们确定拌和机各冷料仓的供料比例、进料速度及试拌使用。

（2）生产配合比设计阶段。对于间歇式拌和机，应从二次筛分后进入各热料仓的材料中取样，并进行筛分，确定各热料仓的材料比例，供拌和机控制室使用。同时，应反复调整冷料仓进料比例，使供料均衡，并取目标配合比设计的最佳沥青用量、最佳沥青用量加0.3%和最佳沥青用量减 0.3%等三个沥青用量进行马歇尔试验，确定生产配合比的最佳沥青用量。

（3）生产配合比验证阶段。拌和机应采用生产配合比进行试拌，铺筑试验段应用拌和的沥青混合料进行马歇尔试验及用路上钻取的芯样进行检验，由此确定生产用的标准配合比。标准配合比应作为生产控制的依据和质量检验的标准。在标准配合比的矿料合成级配中，0.075 mm、2.36 mm、4.75 mm(圆孔筛 0.075 mm、2.5 mm、5 mm)三档筛孔的通过率应接近要求级配的中值。

3. 热拌沥青混合料的拌制

热拌沥青混合料的拌制要求如下：

（1）间歇式拌和机宜配置自动记录设备，在拌和过程中应逐盘打印沥青及各种矿料的用量、拌和温度。

（2）沥青混合料拌和时间应经试拌确定。混合料应拌和均匀，所有矿料颗粒应全部裹覆沥青结合料。间歇式拌和机每锅拌和时间应为 30～50 s，其中干拌时间不得少于 5 s；连续式拌和机的拌和时间应根据上料速度及拌和温度确定。

（3）间歇式拌和机热矿料二次筛分用的振动筛筛孔应根据矿料级配要求选用，其安装角度应根据材料的可筛分性、振动能力等由试验确定。

（4）拌和厂拌和的沥青混合料应均匀一致、无花白料、无结团成块或严重的粗细料分离现象，不符合要求时不得使用，并应及时调整。

（5）拌好的热拌沥青混合料不立即铺筑时，可放入成品储料仓储存。储料仓无保温设备时，允许的储料时间应以符合摊铺温度要求为准，有保温设备的储料仓储料时间不宜超过 72 h。

（6）出厂的沥青混合料应逐车用地磅称重，并按现行试验方法测量运料车中沥青混合料的温度，签发一式三份的运料单，一份存拌和厂，一份交摊铺现场，一份交司机。

4. 热拌沥青混合料的摊铺

热拌沥青混合料的摊铺应符合下面的规定。

（1）在喷洒有黏层油的路面上铺筑改性沥青混合料或 SMA 时，宜使用履带式摊铺机。摊铺机的受料斗应涂刷薄层隔离剂或防黏结剂。

(2) 对于高速公路、一级公路和城市快速路、主干路，宜采用两台以上摊铺机成梯队作业，进行联合摊铺。相邻两幅之间应有重叠，重叠宽度宜为 5～10 cm。相邻两台摊铺机宜相距 10～30 m，且不得造成前面摊铺的混合料冷却。当混合料供应能满足不间断摊铺时，也可采用全宽度摊铺机一幅摊铺。

(3) 在雨期铺筑沥青路面时，应加强气象监测，已摊铺的沥青层因遇雨未经压实的应予铲除。

(4) 人工摊铺沥青混合料应符合下列要求：

① 半幅施工时，路中一侧宜事先设置挡板。

② 沥青混合料宜卸在铁板上，摊铺时应扣锹布料，不得扬锹远甩。铁锹等工具宜沾防黏结剂或加热使用。

③ 边摊铺边用刮板整平，刮平时应轻重一致，控制次数，严防集料离析。

④ 摊铺时不得中途停顿，并应加快碾压。如因故不能及时碾压，应立即停止摊铺，并对已卸下的沥青混合料覆盖苫布保温。

⑤ 低温施工时，对每次卸下的混合料都应覆盖苫布保温。

5. 沥青路面的压实及成型

沥青路面的压实及成型应符合下面的规定。

(1) 压实成型的沥青路面应符合压实度及平整度的要求。

(2) 沥青混凝土的压实层最大厚度不宜大于 100 mm，沥青稳定碎石混合料的压实层厚度不宜大于 120 mm，但当采用大功率压路机且经试验证明能达到压实度要求时，允许增大到 150 mm。

(3) 沥青混合料的初压应符合下列要求：

① 初压应紧跟在摊铺机后进行，并保持较短的初压区长度，以尽快使表面压实，减少热量散失。对摊铺后初始压实度较大，经实践证明采用振动压路机或轮胎压路机直接碾压无严重推移而有良好效果时，可免去初压直接进入复压工序。

② 通常宜采用钢轮压路机静压 1～2 遍。应将压路机的驱动轮面向摊铺机，从外侧向中心碾压，在超高路段则由低向高碾压，在坡道上应用驱动轮从低处向高处碾压。

③ 初压后应检查平整度、路拱，有严重缺陷时应进行修整乃至返工。

(4) 复压应紧跟在初压后进行，并应符合下列要求：

① 复压应紧跟在初压后开始，且不得随意停顿。压路机碾压段的总长度应尽量缩短，通常不超过 60～80 m。采用不同型号的压路机组合碾压时，宜安排每一台压路机作全幅碾压，防止不同部位的压实度不均匀。

② 密级配沥青混凝土的复压宜优先采用重型的轮胎压路机进行搓揉碾压，以增加密水性。其总质量不宜小于 25 t，吨位不足时宜附加重物，使每一个轮胎的压力不小于 15 kN。冷态时的轮胎充气压力不应小于 0.55 MPa，轮胎发热后充气压力不应小于 0.6 MPa，且各个轮胎的气压要大体相同，相邻碾压带应重叠 1/3～1/2 的碾压轮宽度，碾压至要求的压实度为止。

③ 对以粗集料为主的较大粒径的混合料，尤其是大粒径沥青稳定碎石基层，宜优先采用振动压路机复压。厚度小于 30 mm 的薄沥青层不宜采用振动压路机碾压。振动压路机的振动频率宜为 35～50 Hz，振幅宜为 0.3～0.8 mm，层厚较大时选用高频率大振幅，以产生较大的激振力，厚度较薄时采用高频率低振幅，以防止集料破碎，相邻碾压带重叠宽度为 100～200 mm。振动压路机折返时应先停止振动。

(5) 当采用三轮钢筒式压路机时，其总质量不宜小于 12 t，相邻碾压带宜重叠后轮的 1/2 宽度，并不应小于 200 mm。

(6) 对路面边缘、加宽及港湾式停车带等大型压路机难以碾压的部位，宜采用小型振动压路机或振动夯板作补充碾压。

(7) 终压应紧接在复压后进行，经复压后已无明显轮迹时可免去终压。终压可选用双轮钢筒式压路机或关闭振动的振动压路机碾压至少 2 遍，至无明显轮迹时为止。

三、水泥混凝土路面施工

1. 水泥混凝土拌和物的搅拌与运输

水泥混凝土拌和物搅拌与运输的要求如下：

1) 拌和配料

搅拌楼的混凝土拌和计量偏差不得超过表 10－2 的规定，不满足时，应分析原因，排除故障，确保拌和计量精确度。采用计算机自动控制系统的搅拌楼时，应使用自动配料生产，并按需要打印每天(周、旬、月)对应路面摊铺桩号的混凝土配料统计数据及偏差。

表 10－2　搅拌楼的混凝土拌和计量允许偏差　单位：%

材料名称	水泥	掺和料	纤维	细集料	粗集料	水	外加剂
高速公路、一级公路每盘	±1	±1	±2	±2	±2	±1	±1
高速公路、一级公路累计每车	±1	±1	±2	±2	±2	±1	±1
其他等级公路每盘或每车	±2	±2	±2	±3	±3	±2	±2

2) 拌和时间

根据拌和物的黏聚性、均质性及强度稳定性试拌确定最佳拌和时间。一般情况下，单立轴式搅拌机总拌和时间宜为 80～120 s，全部原材料集齐后的最短纯拌和时间不宜短于 40 s；行星立轴和双卧轴式搅拌机总拌和时间为 60～90 s，最短纯拌和时间不宜短于 35 s；连续双卧轴搅拌机的最短拌和时间不宜短于 40 s。最长总拌和时间不应超过高限值的两倍。

3) 外加剂掺入

外加剂应以稀释溶液加入，其稀释用水和原液中的水量，应从拌和加水量中扣除。使用间歇搅拌楼时，外加剂溶液浓度应根据外加剂掺量、每盘外加剂溶液筒的容量和水泥用量计算得出。连续式搅拌楼应按流量比例控制加入外加剂。加入搅拌锅的外加剂溶液应充分溶解，并搅拌均匀。

4) 粉煤灰及其他掺和料拌和

粉煤灰或其他掺和料应采用与水泥相同的输送、计量方式加入，粉煤灰混凝土的纯拌和时间应比不掺粉煤灰的混凝土延长 15～25 s。当同时掺用引气剂时，宜通过试验适当增大引气剂掺量，以达到规定含气量。拌和引气混凝土时，搅拌楼一次拌和量不应大于其额定搅拌量的 90%。纯拌和时间应控制在含气量最大或较大时。

5) 混凝土运输

根据施工进度、运量、运距及路况，选配车型和车辆总数。总运力应比总拌和能力略有富余，确保新拌混凝土在规定时间内运到摊铺现场。运送混凝土的车辆在装料前，应清净厢罐，洒水润壁，排干积水。装料时，自卸车应挪动车位，防止离析。运输到现场的拌和物必须具有适宜摊铺的工作性。不同摊铺工艺的混凝土拌和物从搅拌机出料到运输、铺筑完毕的允许最长时间应符合表 10－3 的规定，不满足时应通过试验加大缓凝剂或保塑剂的剂量。

表 10－3　混凝土拌和物从出料到运输、铺筑完毕的允许最长时间

施工气温/℃	滑模摊铺/h	三辊轴机组摊铺、小型机具碾压铺筑/h	轨道摊铺/h
5～9	1.5	1.20	2.0
10～19	1.25	1.0	1.5
20～29	1.0	0.75	1.0
30～35	0.75	0.40	0.75

超过表 10－3 规定的摊铺允许最长时间的混凝土不得用于路面摊铺。混凝土一旦在车内停留超过初凝时间，应采取紧急措施处理，严禁混凝土硬化在车厢(罐)内。混凝土在运输过程中应防止漏浆、漏料污染路面，途中不得随意耽搁。自卸车运输应减小颠簸，防止拌和物离析。车辆起步和停车应平稳。运输车辆在模板或导线区掉头或错车时，严禁碰撞模板或基准线，一旦碰撞，应告知测工重新测量纠偏。在烈日、大风、雨天和低温天进行远距离运输时，自卸车应遮盖混凝土，罐车宜加保温隔热套。

2. 混凝土面层铺筑

水泥混凝土面层铺筑的技术方法有滑模摊铺机械施工、三辊轴机组铺筑和碾压混凝土三种方法。

1）滑模摊铺机械施工

（1）机械配备：滑模摊铺机械系统应配套齐全，辅助设备的数量及生产能力应满足铺筑进度的要求，可按下列要求进行配备。

① 滑模铺筑无传力杆水泥混凝土路面时，布料可使用轻型挖掘机或推土机。

② 滑模铺筑连续配筋混凝土路面、钢筋混凝土路面、桥面和桥头搭板，路面中设传力杆钢筋支架、胀缝钢筋支架时，布料应采用侧向上料的布料机或供料机。

③ 应采用刻槽机制作宏观抗滑构造。

④ 面层切缝可使用软锯缝机、支架式硬锯缝机或普通锯缝机。

（2）滑模摊铺前的施工准备：

① 摊铺段夹层或封层质量应检验合格，对于破损或缺失部位，应及时修复。表面应清扫干净并洒水润湿，同时采取防止施工设备和车辆碾坏封层的措施。

② 应检查并平整滑模摊铺机的履带行走区。行走区应坚实，不得存在湿陷等病害，并应清除砖、瓦、石块、废弃混凝土块等杂物。履带行走部位基层存在斜坡时，应提前整平。

③ 摊铺前应检查并调试施工设备。滑模摊铺机首次作业前，应挂线对其铺筑位置、几何参数和机架水平度进行设置、调整和校准，满足要求后方可用于摊铺作业。

④ 横向连接摊铺前，前次摊铺路面纵向施工缝处溜肩胀宽部位应切割顺直；拉杆应校正扳直，缺少的拉杆应钻孔锚固植入。

⑤ 横向连接摊铺时，纵向施工缝的上半部缝壁应按设计涂覆隔离防水材料。

⑥ 滑模摊铺面层前，应准确架设基准线。基准线架设与保护应符合下列规定：

a. 滑模摊铺高速公路、一级公路时，应采用单向坡双线基准线；横向连接摊铺时，连接一侧可依托已铺成的路面，另一侧设置单线基准线。

b. 滑模整体铺筑二级公路的双向坡路面时，应设置双线基准线，滑模摊铺机底板应设置为路拱形状。

c. 基准线桩直线段纵向间距不宜大于 10 m，桥面铺装、隧道路面及竖曲线和平曲线路段宜为 5～10 m，大纵坡与急弯道可加密布置。基准线桩最小距离不宜小于 2.5 m。

d. 基层顶面到夹线臂的高度宜为 450～750 mm。基准线桩夹线臂夹口到桩的水平距离宜为 300 mm。基准线桩应固定牢固。

e. 单根基准线的最大长度不宜大于 450 m，架设长度不宜大于 300 m。

f. 基准线宜使用钢绞线。采用直径为 2.0 mm 的钢绞线时，张线拉力不宜小于 1000 N；采用直径为 3.0 mm 的钢绞线时，张线拉力不宜小于 2000 N。

(3) 滑模摊铺施工的要求：

① 摊铺混凝土时，卸料、布料与摊铺速度应相互协调。当坍落度在 10～50 mm 时，布料松铺系数宜控制为 1.08～1.15。布料机与滑模摊铺机之间的施工距离宜控制为 5～10 m。

② 操作滑模摊铺机应缓慢、匀速、连续不间断地作业。摊铺速度应根据拌和物稠度、供料多少和设备性能控制为 0.5～3.0 m/min，一般宜控制为 1 m/min 左右。拌和物稠度发生变化时，应先调振捣频率，后改变摊铺速度。正常摊铺时应保持振捣仓内料位高于振捣棒 100 mm 左右，料位高低上下波动宜控制在 ±30 mm 之内。路面出现麻面或拉裂现象时，必须停机检查或更换振捣棒。摊铺后，路面上出现发亮的砂浆条带时，必须调高振捣棒位置，使其底缘在挤压底板的后缘高度以上。振捣频率可在 6000～11000 r/min 之间调整，宜为 9000 r/min 左右。根据混凝土的稠度大小，随时调整摊铺的振捣频率或速度。摊铺机起步时，应先开启振捣棒振捣 2～3 min，再缓慢平稳推进。摊铺机脱离混凝土后，应立即关闭振捣棒组。

③ 滑模摊铺机满负荷时可铺筑的路面最大纵坡为：上坡 5%；下坡 6%。上坡时，挤压底板前仰角宜适当调小，并适当调轻抹平板压力；下坡时，前仰角宜适当调大，并适当调大抹平板压力。板底不小于 3/4 长度接触路表面时抹平板压力适宜。滑模摊铺机施工的最小弯道半径不应小于 50 m，最大超高横坡不宜大于 7%。

④ 单车道摊铺时，应视路面设计要求配置一侧或双侧打纵缝拉杆的机械装置。两个以上车道摊铺时，除配置侧向打拉杆的装置外，还应在假纵缝位置配置拉杆自动插入装置。软拉抗滑构造时，表面砂浆层厚度宜控制在 4 mm 左右，硬刻槽路面的砂浆表层厚度宜控制为 2～3 mm。

⑤ 滑模摊铺过程中应采用自动抹平板装置进行抹面。对少量局部麻面和明显缺料部位，应在挤压板后或搓平梁前补充适量拌和物，由搓平梁或抹平板机械修整。

⑥ 滑模摊铺结束后，必须及时清洗滑模摊铺机，进行当日保养等，并宜在第二天硬切横向施工缝，也可当天软做施工横缝。应丢弃端部的混凝土和摊铺机振动仓内遗留下的纯砂浆，两侧模板应向内各收进 20～40 mm，收口长度宜比滑模摊铺机侧模板略长。施工缝部位应设置传力杆，并应满足路面平整度、高程、横坡和板长要求。

2) 三辊轴机组铺筑

(1) 三辊轴机组铺筑水泥混凝土面层时，应按照支模、安装钢筋、布料、振捣、三辊轴整平、精平、养生、刻槽(拉毛)、切缝、填缝的工艺流程进行。

(2) 三辊轴整平机应由振动辊、驱动辊和甩浆辊组成，材质应为三根具有足够刚度和耐磨性的等长度同直径无缝钢管。三辊轴整平机的技术参数应符合表 10－4 的要求，并应根据面层厚度、拌和物工作性和施工进度等合理选用。

表 10－4　三辊轴整平机的技术参数要求

轴直径/mm	轴速/(r·min^{-1})	轴长/m	轴质量/(kg·m^{-1})	行走速度/(m·min^{-1})	整平轴距/mm	振动功率/kW	驱动功率/kW	适宜整平路面厚度/mm
168	300	5～9	65±0.5	13.5	504	7.5	6	200～260
219	380	5～12	77±0.7	13.5	657	17	9	160～240

（3）三辊轴整平机作业应符合下列规定：

① 三辊轴整平机应按作业单元分段整平，作业单元长度宜为 10～30 m，施工开始或施工温度较高时，可缩短作业单位长度，最短不宜短于 10 m。振捣机振实与三辊轴整平两道工序之间的间隔时间不宜超过 15 min。

② 在作业单元长度内，三辊轴整平机应采用前进振动、后退静滚方式作业。

③ 三辊轴在进行整平作业时，应处理好整平轴前料位的高低情况，过高时应铲除，轴下的间隙应采用混凝土补平。

④ 振动滚压完成后，应升起振动辊，用甩浆辊抛浆整平一遍，再用整平轴前、后静滚整平，直到平整度符合要求、表面砂浆厚度均匀为止。

⑤ 路面表层砂浆的厚度宜控制为(4±1)mm。过厚的稀砂浆应及时刮除丢弃，不得用于路面补平。

⑥ 三辊轴整平机整平后，应采用 3～5 m 刮尺，沿纵、横两个方向精平饰面，纵向不少于 3 遍，横向不少于 2 遍。也可采用旋转抹面机密实精平饰面 2 遍，直到平整度符合要求。

（4）采用三辊轴机组摊铺纤维混凝土面层时，不得使用插入式振捣棒振捣，应按下列工序进行：

① 采用大功率振动板全面振动出浆。

② 用底面带凸棱的振动梁振捣并压入纤维。

③ 用三辊轴整平机将表面滚压密实平整。

④ 用长度为 3 m 以上的刮尺手工精平 2～3 遍，直至平整度合格。

3）碾压混凝土

碾压混凝土的要求如下：

（1）采用沥青混凝土摊铺机摊铺时，松铺系数宜控制为 1.05～1.15；采用基层摊铺机摊铺时，松铺系数宜控制为 1.15～1.25。应通过试铺确定松铺系数。

（2）摊铺前应洒水湿润基层。摊铺作业应均匀、连续，摊铺过程中不得随意变换速度或停顿。

（3）螺旋分料器转速应与摊铺速度相适应，摊铺过程中应保证两边缘供料充足。

（4）弯道及超高路段铺筑时，应及时调整左右两侧分料器的转速，保证两侧供料均衡、充足。

（5）两台摊铺机前后紧随摊铺时，两幅摊铺间隔时间应控制在 1 h 之内。

（6）拉杆设置应与摊铺同步进行。采用打入法时，应根据设计间距设醒目的定位标记，准确打入拉杆。

（7）摊铺后，应立即对所摊铺混凝土表面进行检查，局部缺料部位应及时补料。局部粗集料聚集部位应在碾压前挖除并用新混凝土填补。

（8）碾压段长度宜控制为 30～40 m。进行直线段碾压时，压路机应从外侧向路中心碾压；平曲线有超高路段时，应由低侧向高侧、自内向外碾压。

（9）碾压应紧随摊铺机进行。碾压宜分初压、复压和终压三个阶段进行，并应符合下列规定：

① 压路机应匀速稳定、连续行进，中间不应停顿、等候和拖延，也不得相互干扰。

② 压路机起步、倒车和转向均应缓慢柔顺，碾压过程中不得中途急停、急拐、紧急起步及快速倒车。

③ 初压宜采用钢轮压路机或振动压路机静碾压，重叠量宜为 1/3～1/4 钢轮宽度。

④ 复压宜采用 10～15 t 振动压路机振动碾压，重叠量宜为 1/3～1/2 振动碾宽度。复压遍数应以实测满足规定压实度值为停止复压标准。

⑤ 终压应采用 15～25 t 轮胎压路机静碾压，以弥合表面微裂纹和消除轮迹为停压标准。

（10）碾压密实后的表面应及时喷雾、洒水，并尽早覆盖养护。

（11）碾压混凝土面层横向施工缝施工应符合下列规定：

① 在施工段终点处应设压路机可上、下面层的纵向斜坡。

② 第二天摊铺开始前，应检测前一施工段终点厚度及平整度不合格段落。

③ 应全厚度切除不合格段落的混凝土。

④ 纵向连接摊铺新路面时，施工缝侧壁应涂刷水泥浆。

⑤ 受设备限制，切缝深度不能达到混凝土面层全厚时，切缝深度不应小于 800 mm，并应将施工缝下部凿顺直。

3. 混凝土砌块路面砌筑施工

混凝土砌块路面砌筑施工主要包括路缘基座施工、砂垫层施工和砌块路面铺砌。

1）路缘基座施工

路缘基座的施工要求如下：

（1）现场浇筑路缘基座可使用专用滑模摊铺机连续浇筑或现场立模浇筑施工，预制基座宜采用人工拼装施工。

（2）现浇混凝土路缘基座时，宜设置拉线确定侧模位置与高程。连续浇筑的路缘基座每 5～8 m 宜切一道缩缝，缝宽宜为(3±1)mm，切缝深度不应小于 40 mm。

（3）人工拼装预制混凝土基座应符合下列规定：

① 应按设计图纸对路缘基座安装位置进行放样，并在基座顶面边角挂设拉线。

② 应开挖基座至设计位置，并清理路缘基座底部。

③ 安设前应先按设计要求在基座底部铺设水泥砂浆垫层，砂浆强度等级不应低于 M15，厚度不应小于 15 mm，然后安装路缘基座并按拉线调整高程和位置。安装完成后，两块路缘基座间隙不宜大于 5.0 mm。

2）砂垫层施工

砂垫层的施工要求如下：

（1）砂垫层压实厚度应符合设计要求，松铺系数宜根据试铺确定。

（2）砂垫层铺设可采用刮板法、耙平法、机械摊铺法。砂垫层摊铺后应刮平并压实，保证砌块路面的平整度、密实度符合要求。

(3) 砂垫层铺设完成后应加以保护，车辆不得行驶，机械不得碾压，人员不得踩踏。

3) *砌块路面铺砌*

砌块路面铺砌应符合下面的规定：

(1) 铺砌前，应准确放样，并设置铺砌表面拉线。

(2) 应按设计图纸确定的铺设方式铺砌混凝土路面砌块。

(3) 人工铺砌时，不得站在砂垫层上作业，应采用前进铺砌方式施工。铺砌时，砌块应垂直放置，不得倾斜落地。砌块放置到位后，可采用橡胶锤敲击等方法，使砌块坐稳。

(4) 机械铺砌时，应符合下列规定：

① 宜在预制厂将砌块拼装为铺砌单元，以夹紧状态运输至现场。

② 可采用在每个铺砌单元内块体之间和铺砌单元之间夹 2～3 mm 的接缝榫等方法，控制块体间接缝宽度均匀一致。

③ 铺砌时，应使用机械将每个铺砌单元垂直对中放置就位，避免倾斜落地，摆放后应逐块检查砌块是否稳固，不稳固的砌块应敲击稳定。

(5) 砌块铺砌完成后，应按两条相互垂直的砌块拉线进行接缝调整。砌块接缝宽度应控制在 2～4 mm 范围内。

(6) 砌块与基座间不大于 20 mm 的间隙，可通过适当调整砌块之间接缝宽度的方法予以消除。大于 20 mm 的间隙，可使用 C40 细石混凝土夯实填补并抹平。

(7) 砌块拼砌边缘及端部不完整部分，当其面积大于或等于砌块 1/3 时，宜切割砌块或使用断裂砌块填补；当其面积小于砌块 1/3 时，宜使用 C40 细石混凝土夯实填补并抹平。

(8) 砌块路面应使用自重 3～5 t 的胶轮或胶带振动压路机振压稳定，并应符合下列规定：

① 胶轮或胶带振动压路机的激振力宜为 16～20 kN，振动频率宜为 75～100 Hz。

② 压实前路面的铺砌长度宜为 30～50 m。

③ 碾压时，振动压路机应由路边缘向中间碾压振实。距铺砌工作面 1.0 m 前应停止。

④ 碾压振实应使垫层砂嵌入接缝底部 25～50 mm。

(9) 砌块路面应在第一遍振压后开始填灌填缝砂。填灌填缝砂应符合下列规定：

① 填缝砂应均匀撒布，并用笤帚或刮板等工具将路面上的砂扫入接缝中，再用振动压路机进行振动压实，使砂灌入缝槽。

② 振压与灌砂宜反复进行，直至填缝砂灌满填实为止。灌砂遍数不应少于 5 遍。

③ 接缝灌实后，砌块表面残留的填缝砂与缝槽表面的松散砂应清扫干净。

(10) 竖曲线路段，应将砌块路面铺砌成连续曲线，不得铺砌为折线。曲线处砌块接缝表面宽度应控制为 2～5 mm。

(11) 平曲线路段，可调整砌块纵向接缝宽度。弯道外侧砌块接缝宽度不应大于 5 mm。

第三节　桥梁工程

一、混凝土简支梁整孔(片)架设

我国新建公路的中小跨度普通钢筋混凝土梁和预应力混凝土梁的施工，多采用工厂预制、现场架设的方法。预制混凝土简支梁的架设，包括起吊、纵移、横移、落梁等工序。公路梁的架设除常用架桥机外，另有多种灵活、简便的架设方法。

从架梁的工艺类别来分，混凝土简支梁的架设方法分为陆地架设法、浮吊架设法、高空架设法等。每一类架设工艺按起重、吊装等机具的不同，又可分成各种独具特色的架设方法。

1. 架桥机架设法

由于大型预制构件的大量应用，架桥机在公路中的应用十分普遍。架桥机架梁速度快，不受桥高、水深的影响。架桥机架梁时，一般需要专用的运梁设备，将梁由预制场地或桥头临时存梁地点，运至架桥机尾部，但运架一体式架桥机除外。

目前，我国使用的架桥机类型很多。公路架桥机早期以联合架桥机、拼装式双梁架桥机为主，近年来也发展了若干专用架桥机，如 DFⅢ型系列架桥机、JQL 架桥机等。

1）闸门式架桥机架梁

架设公路的多片简支 T 形梁，在桥高、水深，尤其是桥较长的情况下，可用闸门式架桥机(或称穿巷式起重机)架梁。该架桥机主要由两根分离布置的安装梁、两根起重横梁和可伸缩的钢支腿三部分组成。安装梁用四片钢桁架或贝雷桁架拼组而成，下设移梁平车，可沿铺在已架设梁顶面的轨道行走。两根型钢组成的起重横梁，支承在能沿安装梁顶面轨道行走的平车上，横梁上设有不带复式滑车的起重小车。根据安装梁主桁架间净距的大小，闸门式架桥机可分为窄、宽两种。窄闸门式架桥机的安装梁主桁架净距小于 T 形梁肋之间的距离，因此，边梁要先吊放在墩顶托板上，然后再横移就位。宽闸门式架桥机可以进行边梁的起吊，并横移就位。宽闸门式架桥机如图 10－9 所示。

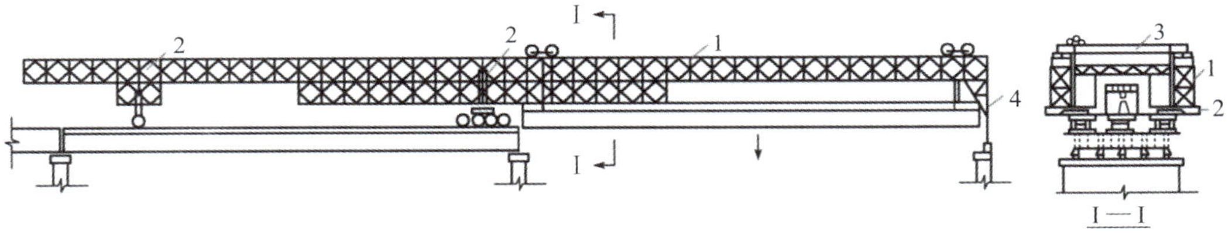

1—安装梁；2—支撑横梁；3—起重横梁；4—可伸缩支腿。

图 10－9　宽闸门式架桥机

宽闸门式架桥机架梁步骤如下：

(1) 一孔架完后，前后横梁移至尾部作平衡重；

(2) 架桥机沿梁顶轨道向前移动一孔位置，并使前支腿支撑在墩顶上；

(3) 前横梁吊起 T 形梁，梁的后端仍放在运梁平车上，继续前移；

(4) 后横梁也吊起 T 形梁，缓慢前移，对准纵向梁位后，先固定前后横梁，再用横梁上的吊梁小车横移梁就位。

2）联合架桥机架梁(蝴蝶架架梁)

架设中小跨度公路简支梁时，常用联合架桥机架梁，如图 10－10 所示。此法在架设过程中不影响桥下通航、通车，预制梁的纵移、起吊、横移、就位都较方便。缺点是架设设备用钢量较大，但可周转使用。

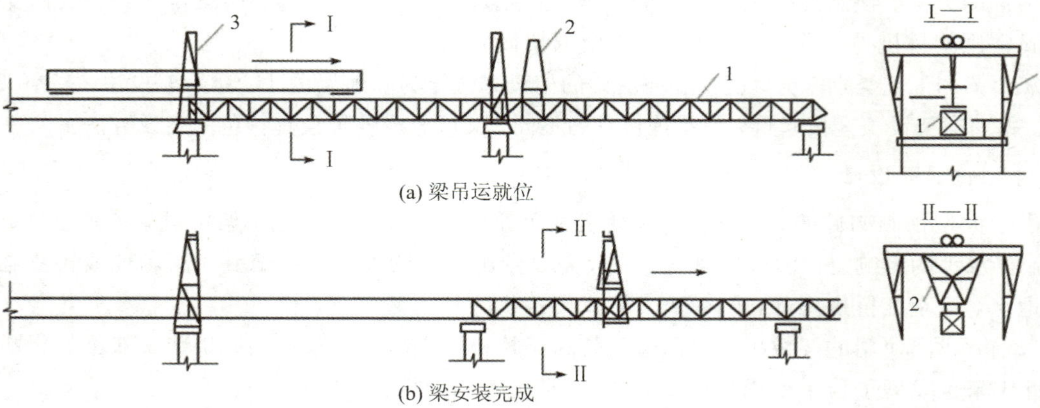

1—钢导梁；2—托架(蝴蝶架)；3—门式起重机。

图 10-10　联合架桥机架梁

联合架桥机由一根两跨长的钢导梁，两套门式起重机和一个托架（又称蝴蝶架）三部分组成。导梁顶面铺设运梁平车和托架行走的轨道。门式起重机顶横梁上，设有吊梁用的行走小车。为了不影响架梁的净空位置，其立柱底部还可做成在横向内倾斜的小斜腿，这样的起重机俗称拐脚龙门架。钢导梁由贝雷梁装配。门式起重机由工字梁组成。托架是专门用来托运门式起重机转移的，由角钢组成。

联合架桥机架梁步骤如下：

(1) 在桥头拼装钢导梁，梁顶铺设钢轨，并用绞车纵向拖拉导梁就位；

(2) 拼装托架和门式起重机，用托架将两个门式起重机移运至架梁孔的桥墩(台)上；

(3) 由平车轨道运送预制梁至架梁孔位，将导梁两侧可以安装的预制梁，用两个门式起重机吊起，横移并落梁就位；

(4) 将导梁所占位置的预制梁临时安放在已架设好的梁上；

(5) 用绞车纵向拖拉导梁至下一孔后，将临时安放的梁由门式起重机架设就位，完成一孔梁的架设工作，并用电焊将各梁连接起来；

(6) 在已架设的梁上铺接钢轨，再用托架依次将两个门式起重机托起并运至前一孔的桥墩上。如此反复，直至将各孔梁全部架设好为止。

3) 下导梁式架桥机架梁

下导梁式架桥机分成上、下两个梁体，下梁为导梁，上梁为吊装梁。架设时，运梁车从后部行驶至两梁之间，此时上梁的后支腿先向上折起，然后落下后支腿于已架好的梁体上。利用钢下导梁作运输通道，用运梁车将混凝土梁运到被架桥跨上方，通过靠近支腿位置的起重小车将混凝土梁提离运梁车，运梁车退出后将下导梁往前纵移一跨，让出梁体位置，上梁吊梁小车再将梁准确落到正式支座上。

下导梁式架桥机由下导梁、主梁(上梁)、前支腿、后支腿、喂梁支腿等组成，如图 10-11 所示。

下导梁式架桥机架梁过程如下：

(1) 架桥机通过后支腿的走行系统，运行到架梁的适当位置，固定好支腿；

(2) 轮轨式运梁车喂梁就位；

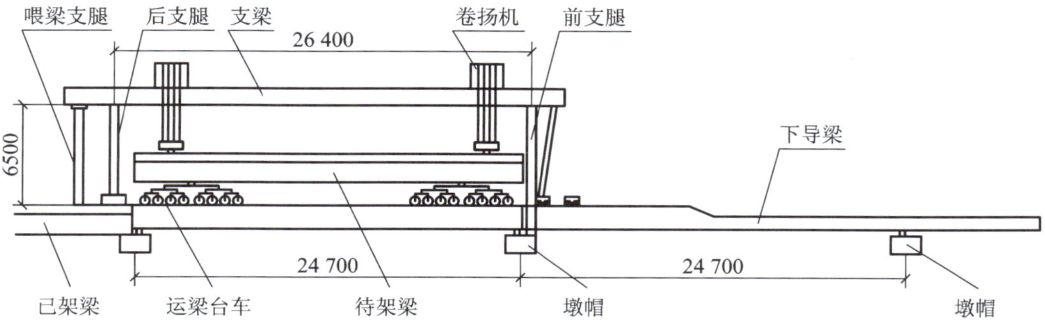

图 10-11　下导梁式架桥机

(3) 起吊箱梁，退运梁车；

(4) 前移下导梁，落梁就位；

(5) 铺运输轨道，架桥机前移一跨。

4) 轮胎运架一体式架桥机架梁

轮胎运架一体式架桥机是集吊、运、架梁为一体的多功能桥梁施工设备。它主要由运架梁机和导梁两大部分组成。运架梁机的两组轮胎可以纵、横向移动，解决了在预制场内将箱梁从存梁场(或直接从制梁台座)吊出横行的问题。

轮胎运架一体式架桥机架梁过程为：运架梁机在制梁场取梁→运架梁机运梁→运架梁机前行走轮组驶到导梁滚动小车上托梁→导梁与桥墩锚固、运架梁机携梁沿导梁前行就位，稳固运架梁机、导梁前行至下一墩位→腾出落梁位置→安装桥梁支座→落梁就位→导梁后移一段距离→运架梁机前轮组驶下导梁→运架梁机退出→进行下一个循环。

2. 其他常用架设方法

1) 陆地架设法

陆地架设法有自行式起重机架梁、跨墩门式起重机架梁、摆动式支架架梁和移动支架架梁等。

(1) 自行式起重机架梁。在桥不高、场内又可设置行车便道的情况下，用自行式起重机(汽车起重机或履带起重机)架设中小跨径的桥梁十分方便。由于大型的自行式起重机逐渐普及，且自行式起重机本身有动力，此法架设迅速、可缩短工期，不需要架设桥梁用的临时动力设备，不必进行任何架设设备的准备工作，不需要其他方法架梁时所必须具备的技术工种，因此，一般中小跨径的预制梁(板)的架设安装越来越多地采用自行式起重机。此法视吊装质量不同，可以采用一台起重机架设、两台起重机架设、起重机和绞车配合架设等方法。

当预制梁质量不大，而起重机又有相当的起重能力，河床坚实无水或少水，允许起重机行驶、停搁时，可用一台起重机架设安装，如图 10-12 所示。

采用两台起重机架梁时，两台自行式起重机各吊住梁(板)的一端，将梁(板)吊起并架设安装。此法应注意两起重机的互相配合。

起重机和绞车配合架梁时，预制梁一端用拖履、滚筒支垫，另一端用起重机吊起，前方用绞车或绞盘牵引预制梁前进。梁前进时，起重机起重臂随之转动。梁前端就位后，起重机行驶到后端，提起梁后端取出拖履、滚筒，再将梁放下就位。

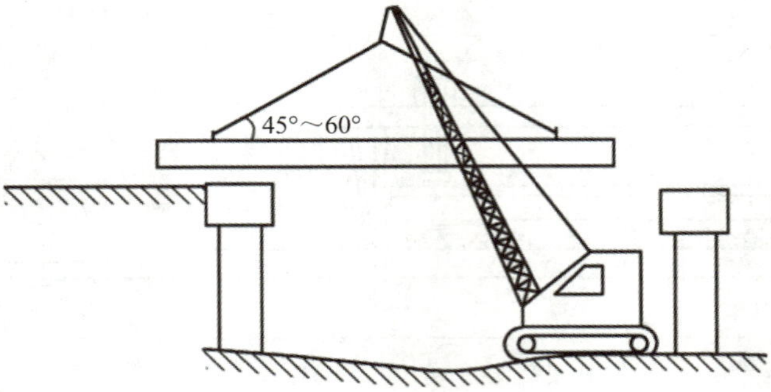

图 10－12　一台起重机架梁

(2) 跨墩门式起重机架梁。对于桥不太高，架梁孔数又多，沿桥墩两侧铺设轨道不困难的情况下，可以采用一台或两台跨墩门式起重机架梁。此时，除了起重机行走轨道外，在其内侧尚应铺设运梁轨道，或者设便道用拖车运梁。梁运到后，就用门式起重机起吊、横移，并安装在预定位置(见图 10－13)。

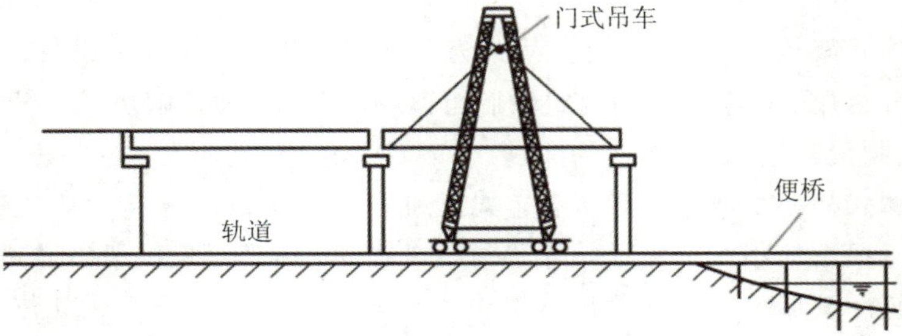

图 10－13　跨墩门式起重机架梁

在水深不超过 5 m、水流平缓、不通航的中小河流上，也可以搭设便桥并铺轨后，用门式起重机架梁。

(3) 摆动式支架架梁。此法是将预制梁(板)沿路基牵引到桥台上并稍悬出一段，悬出距离根据梁的截面尺寸和配筋确定。从桥孔中心河床上悬出的梁(板)端底下设置人字扒杆或木排架，如图 10－14 所示。前方用牵引绞车牵引梁(板)端。此时支架随之摆动而到对岸，为防止摆动过快，应在梁(板)的后端用制动绞车牵引制动。

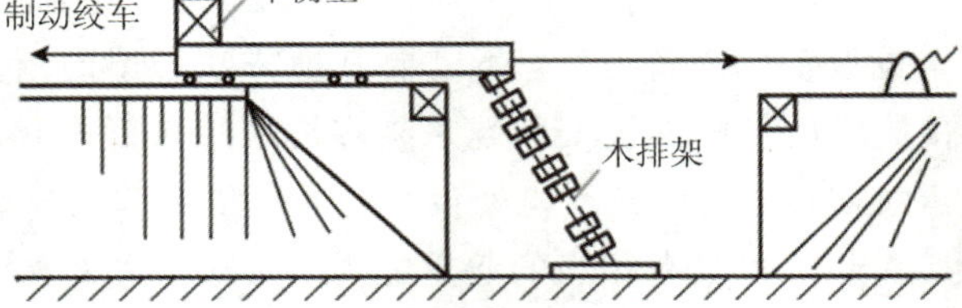

图 10－14　摆动式支架架梁

摆动式支架架梁较适用于桥梁高、跨比稍大的场合，当河中有水时也可用此法架梁，但需在水中设一个简单小墩，以供设立木支架用。

(4) 移动支架架梁(见图 10－15)。此法是在架设孔的地面上，顺桥轴线方向铺设轨道，其上设置可移动支架，预制梁的前端搭在支架上，通过移动支架将梁移运到要求的位置后，再用龙门架或人字扒杆吊装，或者在桥墩上设枕木垛，用千斤顶卸下，再将梁横移就位。

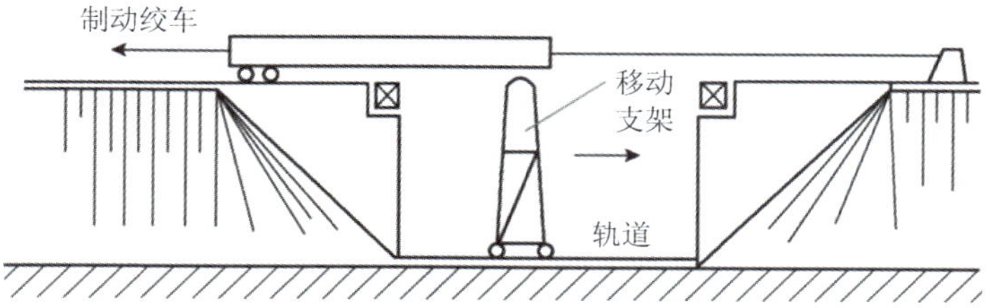

图 10－15　移动支架架梁

利用移动支架架设，设备较简单，但可安装重型的预制梁；无动力设备时，可使用手摇卷扬机或绞盘进行架设，但不宜在桥孔下有水、地基过于松软的情况下使用，为保证架设安全，一般也不适用于桥墩过高的场合。

2）浮吊架设法

浮吊架设法主要有以下两种：

(1) 浮吊船架梁。在海上和深水大河上修建桥梁时，用可回转的伸臂式浮吊架梁比较方便[见图 10－16(a)]。这种架梁方法高空作业少，施工比较安全，吊装能力强，工效高，但需要大型浮吊。鉴于浮吊船来回运梁航行时间长，要增加费用，一般采用装梁船储梁后成批架设的方法。

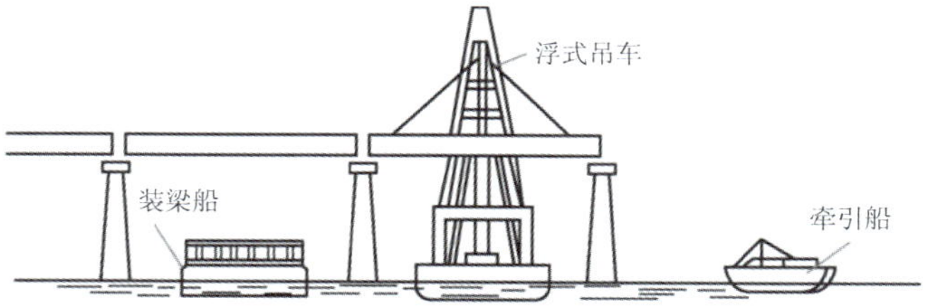

(a) 伸臂式浮吊架梁

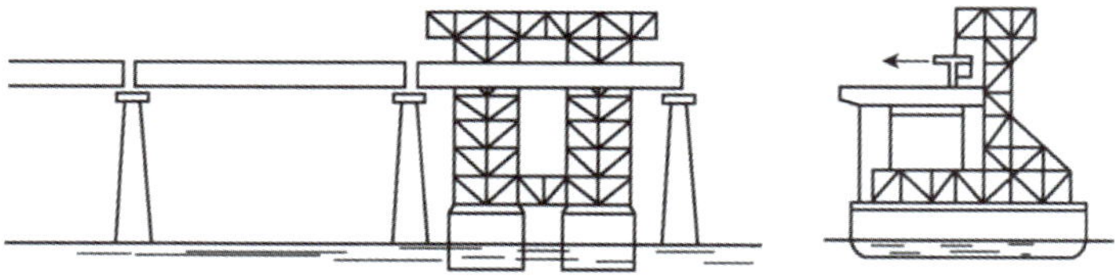

(b) 悬臂式浮吊架梁

图 10－16　浮吊架设法

浮吊架梁时需在岸边设置临时码头，移运预制梁。架梁时，浮吊要认真锚固。如水流速不大，则可用预先抛入河中的混凝土锚作为锚固点。

(2) 固定式悬臂浮吊架梁。在缺乏大型伸臂式浮吊时，也可用钢制万能杆件或贝雷钢架，拼装固定式的悬臂式浮吊进行架梁[见图 10－16(b)]。

3）高空架设法

架桥机架梁属于高空架设法，在此仅简介架桥机以外的高空架设法的工艺特点。

(1) 自行式起重机桥上架梁。在预制梁跨径不大、质量较轻且梁能运抵桥头引道上时，可直接用自行式伸臂起重机(汽车吊或履带吊)架梁(见图10－17)。对于架桥孔的主梁，当横向尚未连成整体时，必须核算起重机通行和进行架梁工作时的承载能力。此种架梁方法简单方便，几乎不需要任何辅助设备。

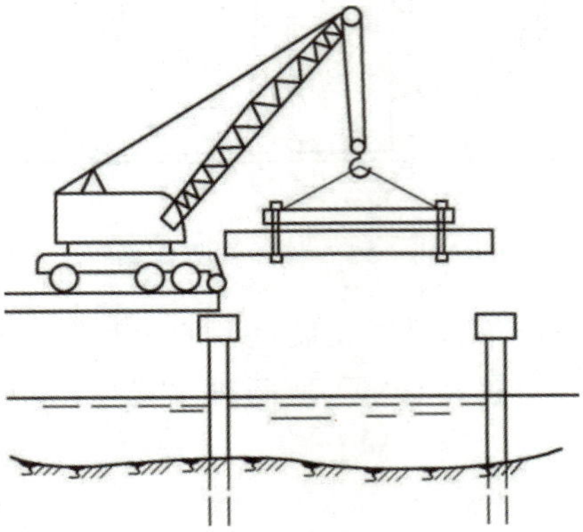

图10－17　自行式起重机桥上架梁

(2) 扒杆纵向"钓鱼"法架梁。此法是用立在安装孔墩台上的两副人字扒杆，配合运梁设备，以绞车互相牵吊，在梁下无支架、导梁支托的情况下，把梁一端悬空吊过桥孔，再横移落梁、就位安装的架梁法，如图10－18所示。用此法架梁时，必须根据预制梁的质量和墩台间跨径，在竖立扒杆、放倒扒杆、转移扒杆、架梁或吊着梁进行横移等各个工作阶段，对扒杆、牵引绳、控制绳、卷扬机、锚碇和其他附属零件，进行受力分析和应力计算，以确保设备的安全，并且还需对各阶段的操作安全性进行检查。

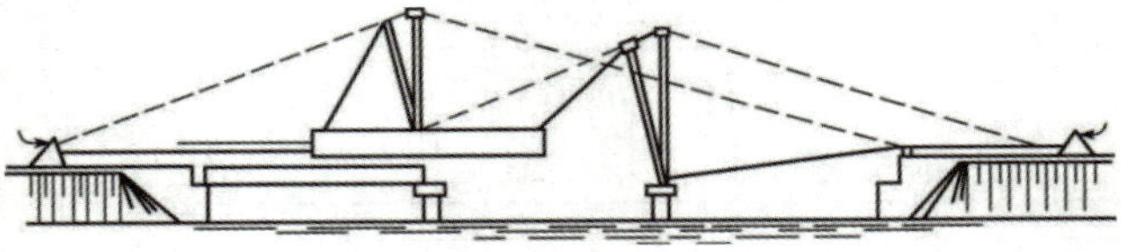

图10－18　扒杆纵向"钓鱼"法架梁

此法不受架设孔墩台高度和桥孔下地基、河流水文等条件影响；不需要导梁、龙门起重机等重型吊装设备；扒杆的安装移动简单，梁在吊着状态时横移容易，也较安全，故总的架设速度快，但不宜用于不能设置缆索锚碇和梁上方有障碍物的地方。

二、预应力混凝土梁桥悬臂法施工

悬臂法是以桥墩为中心向两岸对称、逐节接长悬臂的施工方法。预应力混凝土梁桥的悬臂法施工分为悬臂拼装法(简称悬拼法)和悬臂浇筑法(简称悬浇法)两种。前者是将预制块件在桥墩上逐段进行悬臂拼装，并穿束和张拉预应力筋，最后合龙；后者是在桥墩台上安装钢桁架并向两侧伸出悬臂以供垂吊挂篮，在挂篮上进行施工，对称浇筑混凝土，最后合龙。

1. 悬臂拼装法

预应力混凝土梁式结构悬臂拼装法，是将梁体沿顺桥方向划分成适当长度的块件进行预制，然后将其运至施工地点进行拼装，经张拉预应力筋，使块件成为整体的桥梁施工法。该方法的优点是施工速度快，可显著缩短工期；块件为预制构件，施工质量可以保证；预应力损失较小；施工不受气候影响。其主要缺点是需要较大的预制场地和大型的机械设备。

悬臂拼装法的主要施工工序包括混凝土块件预制、分段吊装施工、悬臂拼装接缝和合龙段施工。

1）混凝土块件预制

混凝土块件在预制前应对其分段预制长度进行控制，以便于预制和安装。预制块要求尺寸准确，特别是拼装接缝要密贴，预留孔道对接要顺畅。混凝土块件的预制方法有长线预制法、短线预制法和卧式预制法三种。箱梁块件通常采用长线预制或短线预制，桁架梁可采用卧式预制。

2）分段吊装施工

预制块的悬臂拼装可根据现场布置和设备条件采用不同的方法进行施工。当靠近岸边的桥跨不高且可在陆地或便桥上施工时，可采用门式吊车、自行式吊车来拼装。对于河中桥孔，也可以采用水上浮吊进行安装。如果桥墩很高，或者水流湍急而不便在陆地上、水上施工，可以利用各种吊机进行高空悬拼施工。

在桥墩施工完成后，先进行 0 号块件的施工。0 号块件能为预制块件的安装提供必要的施工作业面，可以根据预制块件的安装设备决定 0 号块件的尺寸。安装挂篮式吊机，并从桥墩两侧同时、对称地安装预制块件，以保证桥墩平衡受力，减小弯曲力矩。当采用移动式吊车悬拼施工(见图 10－19)时，应先将预制节段从桥下或水上运至桥位处，然后用吊车吊装就位。

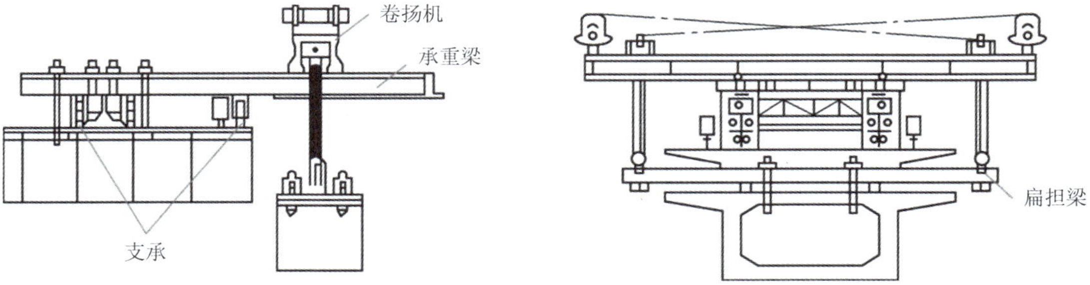

图 10－19　移动式吊车悬拼施工

3）悬臂拼装接缝

悬臂拼装接缝的注意事项如下：

(1) 接缝类型。悬臂拼装时，预制块件间接缝可采用湿接缝和胶接缝两类。外伸钢筋焊接后浇筑混凝土或砂浆的接缝形式称为湿接缝，湿接缝采用高强度细石混凝土或水泥砂浆作为接缝材料。采用湿接缝可使块件安装的位置易于调整。胶接缝通常采用环氧树脂胶作为黏结材料。胶接缝能消除水分对接头的有害作用，因而能提高结构的耐久性。

(2) 接缝施工。湿接缝施工程序为：块件定位，测量中线及高程→接头钢筋焊接→安装湿接缝模板→浇筑湿接缝混凝土或砂浆→养护→脱模，穿 1 号块预应力筋、张拉、锚固。胶接缝施工程序为：将块件吊升至拼装高度，就位试拼，移开块件离缝 4 mm 左右→穿预应力筋(束)，涂胶，正式定位→按设计要求张拉一定数量钢筋后放松吊机→张拉全部钢筋(束)后进行孔道灌浆。

4）合龙段施工

合龙段施工时通常由两个挂篮向一个挂篮过渡，所以先拆除一个挂篮，用另一个挂篮跨过合龙段至另一端悬臂施工梁段上，形成合龙施工支架，也可采用吊架的形式形成支架。

2. 悬臂浇筑法

悬臂浇筑法是采用移动式挂篮作为主要施工设备，以桥墩为中心，对称向两岸利用挂篮逐段浇筑梁段混凝土，待混凝土达到要求强度后，张拉预应力束，再移动挂篮，进行下一梁段的施工的方法。利用移动挂篮进行悬臂施工的主要工作内容包括：在桥墩顶浇筑起步梁段(0 号块)，在起步梁段上拼装悬浇挂篮并依次分段悬浇梁段，最后分段及总体合龙，如图 10－20 所示。其主要施工工序为：浇筑 0 号段→拼装挂篮，浇筑 1 号段→挂篮前移、调整、锚固，浇筑下一梁段→依次完成悬臂浇筑→挂篮拆除→合龙。

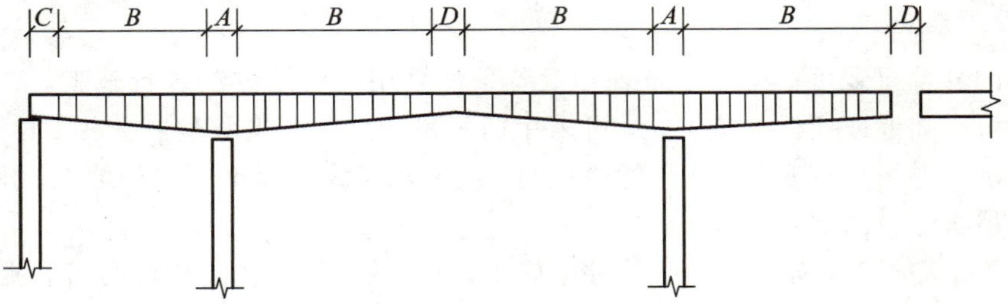

A—墩顶梁段；*B*—对称悬浇梁段；*C*—支架现浇梁段；*D*—合龙梁段。

图 10－20　悬臂浇筑分段施工

应用悬臂浇筑法应注意以下几点：

(1) 在墩顶托架上浇筑 0 号段并实施墩梁临时固结系统。

(2) 在 0 号段上安装悬臂挂篮，向两侧依次对称地分段浇筑主梁至合龙前段。

(3) 在临时支架或梁端与边墩间的临时托架上支模浇筑现浇梁段。

(4) 主梁合龙段可在改装的简支挂篮托架上浇筑。

三、斜拉桥施工

斜拉桥又称斜张桥，是将主梁用许多拉索直接拉在桥塔上的一种桥梁，是由承压的塔、受拉的索和承弯的梁体组合起来的一种结构体系。斜拉桥可看作拉索代替支墩的多跨弹性支承连续桥梁。其可使梁体内弯矩减小，降低建筑高度，减轻结构质量，节省材料。

斜拉桥由索塔、主梁、斜拉索组成，如图 10－21 所示。索塔形式有 A 形、倒 Y 形、H 形、独柱等，材料主要有钢和混凝土两种。斜拉索布置有单索面、平行双索面、斜索面等。斜拉桥的施工包括索塔施工、主梁施工、斜拉索施工三大部分。

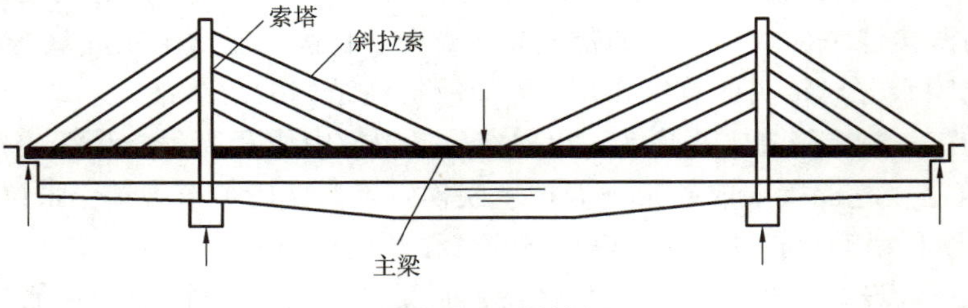

图 10－21　斜拉桥

1. 索塔施工

斜拉桥索塔材料有钢材、钢筋混凝土或预应力混凝土等。钢索塔目前国内应用较少，而钢筋混凝土索塔应用较为普遍。此处仅介绍混凝土索塔的施工。

索塔施工属于高空作业，工作面狭小，起重设备是索塔施工的关键。起重设备的选择根据塔索的结构形式、规模、桥位地形等条件确定，必须满足塔索安装作业中起吊荷载、起吊高度、起吊范围的要求，以及垂直运输的要求。起重设备一般采用塔吊辅以人货两用电梯，但也可以采用万能杆件或贝雷架等通用杆件配备卷扬机、电动葫芦的提升吊机等。

浇筑索塔混凝土的模板按结构形式不同，可采用提升模板和滑升模板。

拉索在塔顶部的锚固形式主要有交叉锚固、钢梁锚固、箱形锚固、固定锚固、铸钢索鞍等形式。中、小跨径斜拉桥的拉索采用交叉锚固型塔柱，施工程序为：立劲性骨架→钢筋绑扎→制作拉索套筒并定位→立模板→浇筑混凝土。大跨径斜拉桥多采用拉索钢横梁锚固，则塔柱施工程序为：立劲性骨架→钢筋绑扎→制作拉索套筒并定位→立外侧模板→浇筑混凝土→安装横梁。

2. 主梁施工

斜拉桥主梁施工方法与梁式桥基本相同，大体上可以分为顶推法、平转法、支架法(临时支墩拼装和临时支架上现浇)和悬臂法(分悬臂拼装和悬臂浇筑，悬臂拼装又有起重机拼装、浮吊拼装、缆索起吊和千斤顶起吊等几种形式)等四种方法。其特点及适用性如下：

1) 顶推法

顶推法的特点是施工时需在跨间设置若干临时支墩，顶推过程中主梁要反复承受正、负弯矩。该法较适用于桥下净空较低、修建临时支墩造价不高、支墩不影响桥下交通、抗压与抗拉能力相同、能承受反复弯矩的钢斜拉桥主梁的施工。对混凝土斜拉桥主梁而言，由于拉索水平分力能对主梁提供预应力，所以利于顶推，但若在拉索张拉前顶推主梁，临时支墩间距又超过主梁负担自重弯矩能力时，施工中需设置临时预应力束，在经济上便不太合算。

2) 平转法

平转法将上部构造分别在两岸或一岸顺河流方向的矮支架上现浇，并在岸上完成所有的安装工序(落架、张拉、调索等)，然后以墩、塔为圆心，整体旋转到桥位合龙。平转法适用于桥址地形平坦，墩身较矮和结构体系适合整体转动的中小跨径斜拉桥。

3) 支架法

支架法有在支架上现浇、在临时支墩间设托架或劲性骨架现浇、在临时支墩上架设预制梁段等几种施工方法。其优点是施工简单方便，能确保结构满足设计线形要求，但仅适用于桥下净空低、搭设支架不影响桥下交通的情况。

4) 悬臂法

悬臂法一般是在支架上修建边跨，然后中跨采用悬臂施工的单悬臂法，也可以是对称平衡施工的自由悬臂法。悬臂施工法一般分为悬臂拼装法和悬臂浇筑法两种。

(1) 悬臂拼装法。该方法一般是先在塔柱区现浇一段放置起吊设备的起始梁段，然后用起吊设备从塔柱两侧依次对称安装节段，使悬臂不断伸长直至合龙。

(2) 悬臂浇筑法。该方法是从塔柱两侧用挂篮对称逐段就地浇筑混凝土。我国大部分混凝土斜拉桥主梁都是采用悬臂浇筑法施工的。斜拉桥主梁的悬臂施工与连续梁和连续刚构桥类似，不同的是利用斜拉索可以采用更轻型的挂篮施工。

支架法和悬臂法是目前斜拉桥主梁施工的主要方法。前者适用于城市立交或净高较低的岸跨主梁施工；后者适用于净高较高或河流上的大跨径斜拉桥主梁的施工。

3. 斜拉索施工

斜拉索一般采用高强度钢筋、钢丝或钢绞线制作，主要有平行钢筋索、平行钢丝索、钢绞线索和封闭钢丝绳等几种形式。我国大跨度斜拉桥主要采用平行钢丝索和钢绞线索。目前，我国已有专门生产制作这类拉索的工厂，且遵循有关标准生产。

1）斜拉索的引架

斜拉索的引架作业，是指将斜拉索引架到桥塔锚固点与主梁锚固点之间的位置上。斜拉桥中使用的拉索可以分为两大类，一类是在工厂内制造后，运到现场的“预制索”，另一类是与主梁及桥塔的施工同时进行的，在现场直接制造的“现场制索”。

预制索一般直接用起重机将斜拉索起吊就位，或用导向缆绳及绞车等引拉就位的方法架设。现制索则常用导索缆绳等将保护管先架设好，然后再将斜索本身插入保护管。

2）斜拉索的张拉

斜拉索的张拉作业是在斜拉索引架完毕后导入一定的拉力，使斜拉索开始受力而参与工作。斜拉索的张拉方法有以下几种：

(1) 用千斤顶直接张拉的方法。此法在斜索的梁端或塔端的锚固点处装设千斤顶直接张拉斜索。采用此法时，设计中要考虑千斤顶所需的最小工作净空。目前，国内几乎都是采用液压千斤顶直接张拉斜索的施工工艺。

(2) 用临时钢索将主梁前端拉起的方法。此法依靠主梁伸出前端的临时钢索，先将主梁向上吊起，待斜索在此状态下锚固完毕后，再放松临时钢索，使斜索中产生拉力。实际上是将临时钢索中的拉力以大于 1 倍的数值转移到需要张拉的斜索中去。此法虽可省去大规模的机具设备，但仅靠临时钢索，有时很难满足主梁前端所需的上移量，还需用其他方法来补充斜索的拉力，因此，此法较少采用。

(3) 用千斤顶将塔顶鞍座顶起的方法。安装塔顶鞍座时，先将鞍座放置在低于设计高度的位置上。待将斜索引架到鞍座上之后，再用千斤顶将鞍座顶高到设计标高，由此从斜索得到所需的拉力。当斜索长度很大时，采用此法进行张拉，有时鞍座的顶高量可达 2 m 之多。

(4) 梁先架设在高于设计标高位置上的方法。主梁的架设标高先高于设计位置，待全部斜索安装锚固后，再用放松千斤顶落梁，并由此使斜索中得到所需的拉力。

(5) 在膺架上将主梁前端向上顶起的方法。此法实际上与用临时钢索将主梁前端拉起的方法相似，仅仅是向上拉与向上顶的区别而已，但此法只适用于主梁可用膺架架设的斜拉桥。主梁前端在水面上时，也可采用浮吊将主梁前端吊起或借助驳船的浮力来完成此项任务的方法，当然也可以在驳船上将主梁前端顶高。

四、拱桥施工

拱桥指的是在竖直平面内以拱作为上部结构主要承重构件的桥梁。拱桥施工方法主要根据其结构形式、跨径大小、建桥材料、桥址环境的具体情况及方便快捷的原则而定。拱桥的施工方法大致可分为有支架施工和无支架施工两大类。

1. 拱桥的有支架施工

拱桥的有支架施工主要包括拱架施工和现浇拱圆施工等。

1）拱架施工

砌筑石拱桥、混凝土预制块拱桥及现浇混凝土拱桥，需要搭设拱架，以支撑全部或部分拱圈和拱上建筑的质量，保证拱圈的形状符合设计要求。拱架要有足够的强度、刚度和稳定性。拱架的种类很多，常用的主要有木拱架、钢桁架拱架、扣件式钢管拱架等。

（1）木拱架。目前在修建中小跨径的圬工拱桥时，常采用木拱架。木拱架按其构造形式分为满布式拱架、拱式拱架等。

满布式拱架通常由拱架上部、卸架设备、拱架下部（支架）三部分组成。满布式拱架的特点是施工可靠、技术简单，但木材用量较大，木材及铁件的损耗率较高。其一般常用的形式有立柱式拱架，上部是由斜梁、立柱、斜撑和拉杆等组成的拱形桁架，下部是由立柱及横向联系组成的支架，上、下部之间放置卸架设备，如图 10－22 所示。

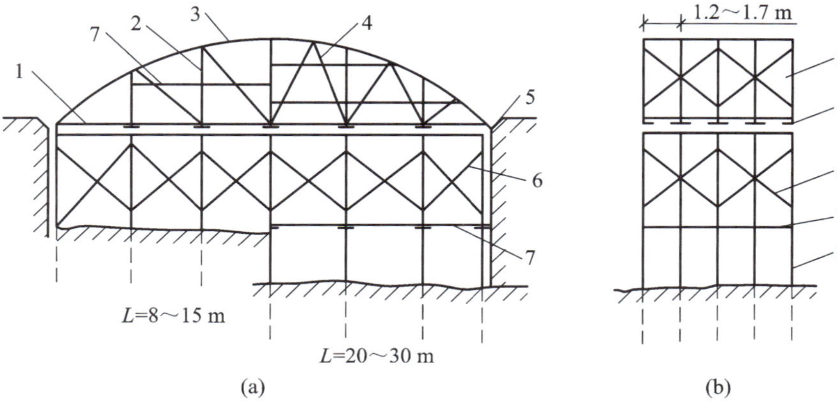

1—拉杆；2—上立柱；3—弓形木；4—斜撑；5—卸架设备；6—竖向支撑；7—横向联系；8—下立柱。

图 10－22　立柱式拱架的形式及组成

三铰桁式拱架是拱式拱架常用的一种形式，其材料消耗率低，但需要有较高的制作水平和架设能力，对三铰桁式拱架的纵、横向稳定性应特别注意。

（2）钢桁架拱架。常用的钢桁架拱架有以下几种：

① 常备拼装式桁架形拱架。常备拼装式桁架形拱架由标准节段、拱顶段、拱脚段和连接杆等组成。拱架一般采用三铰拱，其横向由若干组拱片组成，每组的拱片数量及组数取决于桥梁跨径、荷载大小和桥宽，每组拱片及各组间由纵、横连接杆连成整体。

② 万能杆件拼装式拱架。用万能杆件拼装拱架时，先拼成桁架节段，再用长度不同的连接短杆连成不同曲度和跨径的拱架。

③ 装配式公路钢桥桁架节段拼装式拱架。在装配式公路桁架节段的上弦接头处加上一个不同长度的钢绞接头，即可拼成各种不同曲度和跨径的拱架。拱架的两端应另加设拱脚段和支座，构成双铰拱架。

（3）扣件式钢管拱架。扣件式钢管拱架一般有立柱扇形、满堂式和预留孔满堂式等几种结构形式。立柱扇形钢管拱架先用型钢组成立柱，在起拱线以上范围再用扣件式钢管组成扇形拱架；满堂式钢管拱架用于高度较小，在施工期间对桥下空间无特殊要求的情况。

2）现浇拱圈施工

修建拱圈时，为保证在整个施工过程中拱架受力均匀，变形最小，拱圈的质量符合设计要求，必须选择适当的浇筑方法和顺序。拱圈的浇筑方法主要有连续浇筑和分段分环浇筑。

(1) 连续浇筑。当拱桥的跨径较小时，拱圈(或拱肋)混凝土应按全拱圈宽度，自两端拱脚向拱顶对称地连续浇筑，并在拱脚混凝土初凝前浇筑完毕。

(2) 分段分环浇筑。当拱桥的跨径较大时，为了避免由于拱架变形而使拱圈(或拱肋)产生裂缝，以及减小混凝土的收缩应力，应采取分段浇筑的施工方案。分段位置的确定是以拱架受力对称、均衡，拱架变形小为原则的，一般分段长度为 6～15 m。对于大跨径箱形截面的拱桥，一般采取分段又分环的浇筑方案，有二环和三环浇筑两种方法。二环浇筑时，先分段浇筑底板，即为第一环；然后分段浇筑腹板、横隔板及顶板混凝土，即为第二环。三环浇筑时，第二环仅分段浇筑腹板和横隔板，最后第三环再分段浇筑顶板混凝土。

2. 拱桥的无支架施工

在有通航要求且不能断航的河道上施工时，或在洪水季节施工并受漂流物影响等条件下修建拱桥时，或进行装配式钢筋混凝土拱桥施工时，可采用无支架的施工方法。

拱肋、箱形拱的无支架施工可采用木扒杆、龙门架、大型浮吊、塔式吊机、缆索等设备进行吊装，其中缆索吊装应用最为广泛。拱桥缆索吊装施工吊装程序为：边段拱圈(拱肋)的吊装与悬挂→次边段的吊装与悬挂→中段的吊装及合龙→拱上构件的吊装等。

第四节 地下工程

一、刚性防水施工

水泥砂浆防水层是一种刚性防水层，即在结构的底面和侧面分别涂抹一定厚度的水泥砂浆，利用砂浆本身的憎水性和密实性来达到抗渗防水的效果。其具有高强度、抗刺穿、湿黏性等特点，水泥砂浆防水层应采用聚合物水泥防水砂浆；掺外加剂或掺和料的防水砂浆宜采用多层抹压法施工。水泥砂浆防水层适用于地下工程主体结构的迎水面或背水面，不适用于受持续振动或环境温度高于 80 ℃的地下工程。水泥砂浆防水层应在基础垫层、围护结构验收合格后方可施工。

1. 材料要求

水泥应使用普通硅酸盐水泥、硅酸盐水泥或特种水泥，不得使用过期或受潮结块的水泥；砂宜采用中砂，含泥量不应大于 1%，硫化物和硫酸盐含量不得大于 1%；用于拌制水泥砂浆的水应采用不含有害物质的洁净水；聚合物乳液的外观为均匀液体，无杂质、无沉淀、不分层。外加剂的技术性能应符合国家或行业有关标准的质量要求。

2. 水泥砂浆施工的操作要点

水泥砂浆施工的操作要点如下：

(1) 基层表面应平整、坚实、清洁，并应充分湿润，无明水。

(2) 基层表面的孔洞、缝隙应采用与防水层相同的水泥砂浆填塞并抹平。

(3) 施工前应将埋设件、穿墙管预留凹槽内嵌填密封材料后，再进行水泥砂浆防水层施工。

(4) 水泥砂浆的配制应按所掺材料的技术要求准确计量。

(5) 分层铺抹或喷涂，铺抹时应压实、抹平，最后一层表面应提浆压光。

(6) 防水层各层应紧密黏合，每层宜连续施工；必须留设施工缝时，应采用阶梯坡形槎，但与阴阳角的距离不得小于 200 mm；接槎应依层次顺序操作，层层搭接紧密。施工缝一般留在地面上，具体要求如图 10－23 所示。

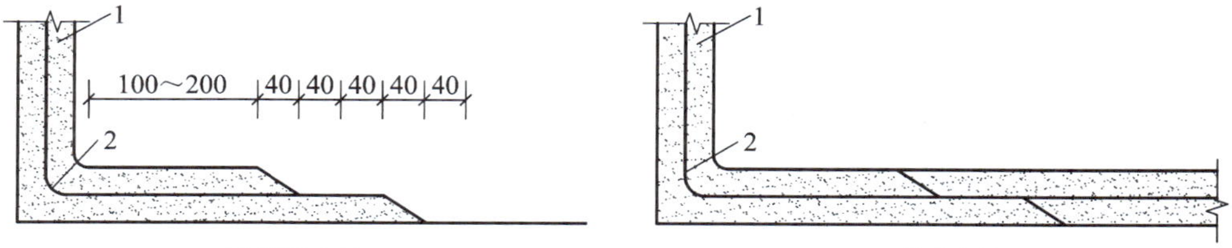

(a) 留头方法　(b) 接头方法

1—砂浆层；2—素灰层。

图 10－23　水泥砂浆防水层施工缝的处理

(7) 水泥砂浆终凝后应及时进行养护，养护温度不宜低于 5℃，并应保持砂浆表面的湿润，养护时间不得少于 14 d。聚合物水泥防水砂浆未达到硬化状态时，不得浇水养护或直接受雨水冲刷，硬化后应采用干湿交替的养护方法；处于潮湿环境中时，可在自然条件下养护。

二、卷材防水施工

卷材防水层适用于受侵蚀性介质作用或受振动作用的地下工程，可作为主体结构防水层中的一道防水层。卷材防水层应铺设在主体结构的迎水面，一般采用外防外贴和外防内贴两种施工方法。由于外防外贴法的防水效果优于外防内贴法，所以在施工场地和条件不受限制时均应采用外防外贴法。

卷材防水层用于建筑物地下室时，应铺设在结构底板垫层至墙体防水设防高度的结构基面上；用于单建式的地下工程时，应从结构底板垫层铺设至顶板基面，并应在外围形成封闭的防水层。

1. 基层与材料要求

铺贴卷材的基层表面必须牢固、平整、清洁干净，用 2 m 长直尺检查，基面与直尺间的最大空隙不应超过 5 mm，每米不得多于一处，且空隙处只允许有平缓变化。地下防水使用的卷材要求强度高、延伸率大，具有良好的韧性和不透水性，膨胀率小且具有抗菌性，可选用沥青防水卷材、高聚物防水卷材和合成高分子防水卷材。

2. 外防外贴法施工

外防外贴法简称外贴法，是在垫层上先铺好底板卷材防水层，进行混凝土底板与墙体施工，待墙体模板拆除后，再将卷材防水层直接铺贴在墙面上，然后砌筑保护墙，如图 10－24 所示。外防外贴法的施工工艺如下：

(1) 在混凝土底板垫层上做 1∶3 水泥砂浆找平层。

(2) 水泥砂浆找平层干燥后，铺贴底板卷材防水层，并在四周伸出一定长度，以便与墙身卷材防水层搭接。

(3) 四周砌筑保护墙。保护墙分为两部分，下部为永久性保护墙，高度不小于 $B+100$ mm(B 为底板厚

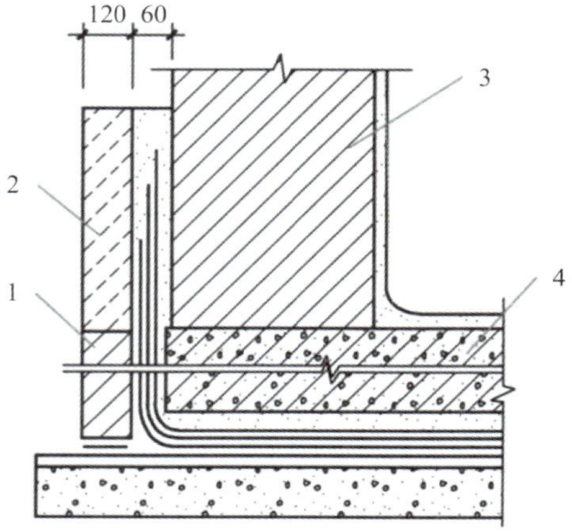

1—永久保护墙；2—临时保护墙；3—基础外墙；4—混凝土底板。

图 10－24　外贴法施工

度）；上部为临时保护墙，高度一般为 300 mm，用石灰砂浆砌筑，以便于拆除。

（4）将伸出四周的卷材搭接接头临时贴在保护墙上，并用两块木板或其他合适材料将接头压于其间，进行保护，防止接头断裂、损伤、弄脏。

（5）底板与墙身混凝土施工。

（6）混凝土养护，墙体拆模。

（7）在墙面上抹水泥砂浆找平层并刷冷底子油。

（8）拆除临时保护墙，找出各层卷材搭接接头，并将其表面清理干净。

（9）接长卷材，进行墙体卷材铺贴。卷材应错槎接缝，依次逐层铺贴。

（10）砌筑永久保护墙。

3. 外防内贴法施工

外防内贴法简称内贴法，是在垫层四周先砌筑保护墙，然后将卷材防水层铺贴在垫层与保护墙上，最后进行混凝土底板与墙体施工的方法，如图 10－25 所示。

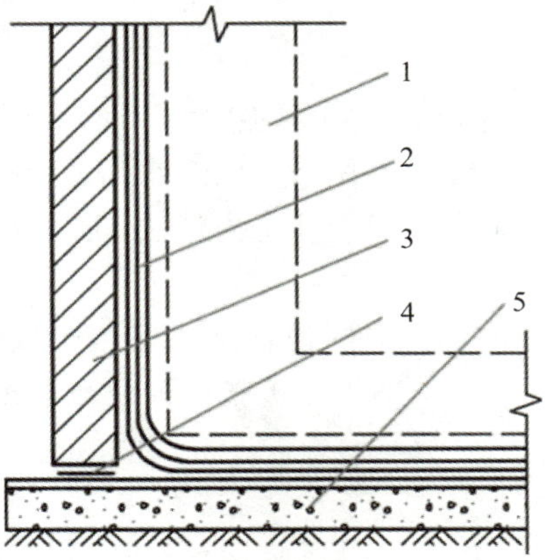

1—尚未施工的地下室墙；2—卷材防水层；
3—永久保护墙；4—干铺油毡一层；5—混凝土垫层。

图 10－25　内贴法施工

外防内贴法的施工顺序如下：

（1）在混凝土底板垫层四周砌筑永久性保护墙。

（2）在垫层表面及保护层墙面上抹 1∶3 水泥砂浆找平层。

（3）找平层干燥后，满涂冷底子油，沿保护墙及底板铺贴防水卷材。

（4）在立面上，在涂刷防水层最后一道沥青胶时，趁热粘上干净的热砂或散麻丝，待其冷却后，立即抹一层 10～20 mm 厚的 1∶3 水泥砂浆保护层；在平面上铺设一层 30～50 mm 厚的 1∶3 水泥砂浆或细石混凝土保护层。

（5）底板和墙体混凝土施工。内贴法与外贴法相比，优点是卷材防水层施工较简便，底板与墙体防水层可一次铺贴完成，不必留接槎，施工占地面积小；缺点是结构不均匀沉降对防水层影响大，易出现漏水现象，竣工后出现漏水修补困难。工程上，只有当施工条件受限制时，才采用内贴法施工。

三、涂膜防水施工

涂膜防水层适用于受侵蚀性介质作用或受振动作用的地下工程，可作为主体结构防水中的一道防水。用于地下工程的防水层涂料包括有机防水涂料和无机防水涂料。有机防水涂料宜用于主体结构的迎水面，无机防水涂料宜用于主体结构的迎水面或背水面。涂膜防水层宜采用外防外涂或外防内涂两种施工做法，如图 10－26 和图 10－27 所示。

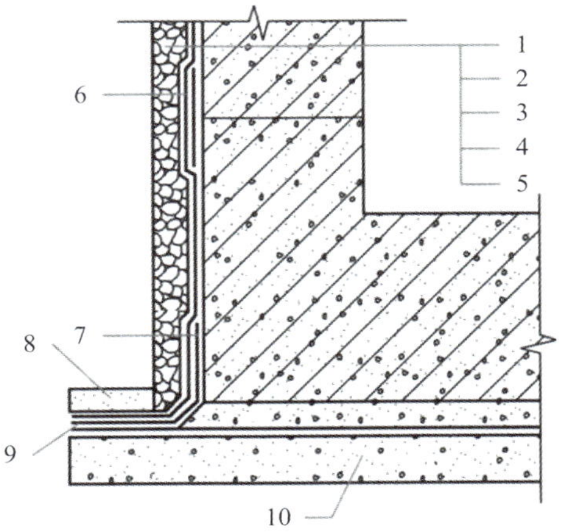

1—保护墙；
2—砂浆保护层；
3—涂膜防水层；
4—砂浆找平层；
5—结构墙体；
6、7—涂膜防水层加强层；
8—涂膜防水层搭接部位保护层；
9—涂膜防水层搭接部位；
10—混凝土垫层。

图 10－26　防水涂料外防外涂做法

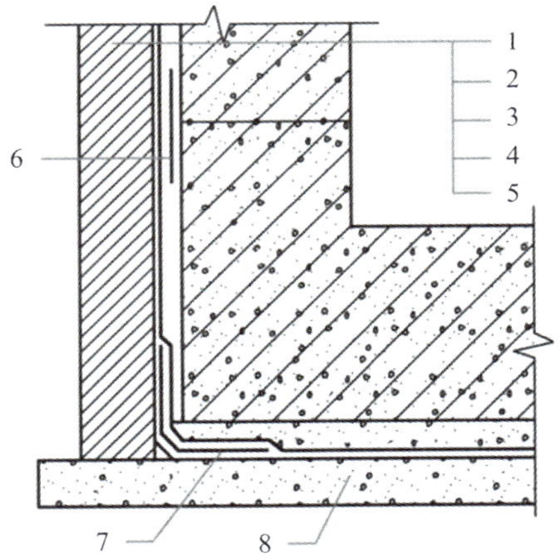

1—保护墙；
2—砂浆保护层；
3—涂膜防水层；
4—砂浆找平层；
5—结构墙体；
6、7—涂膜防水层加强层；
8—混凝土垫层。

图 10－27　防水涂料外防内涂做法

1. 材料要求

防水涂料品种的选择应符合下列规定：

(1) 潮湿基层宜选用与潮湿基面黏结力大的无机防水涂料或有机防水涂料，也可先涂无机防水涂料然后再涂有机防水涂料，构成复合防水涂层；

(2) 冬期施工宜选用反应型涂料；

(3) 埋置深度较深的重要工程、有振动或有较大变形的工程，宜选用高弹性防水涂料；

(4) 有腐蚀性的地下环境宜选用耐腐蚀性较好的有机防水涂料，并应做刚性保护层；

(5) 聚合物水泥防水涂料应选用Ⅱ型产品(Ⅱ型产品指以水泥为主的防水涂料，主要用于长期浸水环境下的建筑防水工程)。

采用有机防水涂料时，基层阴、阳角应做成圆弧形，阴角直径宜大于 50 mm，阳角直径宜大于 10 mm，在底板转角部位应增加胎体增强材料，并应增涂防水涂料。

掺外加剂、掺和料的水泥基防水涂料厚度不得小于 3.0 mm；水泥基渗透结晶型防水涂料的用量不应小于 1.5 kg/m^2，且厚度不应小于 1.0 mm；有机防水涂料的厚度不得小于 1.2 mm。

2. 施工要点

涂膜防水施工的施工要点如下：

(1) 有机防水涂料基面应干燥，当基面较潮湿时，应涂刷湿固化型胶黏剂或潮湿界面隔离剂；进行无机防水涂料施工前，基面应充分润湿，但不得有明水。

(2) 涂料防水层的施工应符合下列规定：

① 多组分涂料应按配合比准确计量，搅拌均匀，并应根据有效时间确定每次配制的用量。

② 涂料应分层涂刷或喷涂，涂层应均匀，涂刷应待前遍涂层干燥成膜后进行；每遍涂刷时应交替改变涂层的涂刷方向，同层涂膜的先后搭压宽度宜为 30～50 mm。

③ 涂膜防水层的甩槎处接缝宽度不应小于 100 mm，接涂前应将其甩槎表面处理干净。

④ 采用有机防水涂料时，基层阴、阳角处应做成圆弧形；在转角处、变形缝、施工缝、穿墙管等部位应增加胎体增强材料和增涂防水涂料，宽度不应小于 50 mm。

⑤ 胎体增强材料的搭接宽度不应小于 100 mm，上、下两层和相邻两幅胎体的接缝应错开 1/3 幅宽，且上、下两层胎体不得相互垂直铺贴。

(3) 涂膜防水层完工并经验收合格后应及时做保护层。保护层应符合下列规定：

① 顶板的细石混凝土保护层与防水层之间宜设置隔离层。细石混凝土保护层厚度在机械回填时不宜小于 70 mm，人工回填时不宜小于 50 mm。

② 底板的细石混凝土保护层厚度不应小于 50 mm。

③ 侧墙宜采用软质保护材料或铺抹 20 mm 厚配合比为 1∶2.5 的水泥砂浆。

④ 涂膜防水层的平均厚度应符合设计要求，最小厚度不得低于设计厚度的 90%。涂膜防水层分项工程检验批的抽检数量，应按铺贴面积每 100 m^2 抽查 1 处，每处 10 m^2，且不得少于 3 处。

本章小结

本章主要介绍了路基工程、路面工程、桥梁工程、地下工程的施工技术等内容。通过本章的学习，读者可以对路桥与地下工程的施工技术有一定的认识，为在工作中合理、熟练应用这些施工技术建立基础。

课后练习

1. 路基的施工方法有哪些？
2. 简述纵向挖掘法开挖路堑的方法。
3. 简述热拌沥青混合料的拌制要求。
4. 悬臂拼装法的主要施工工序有哪些？
5. 简述现浇拱圈施工的方法。
6. 卷材防水层的适用范围是什么？

附录
与土木施工有关的规范与规定

1.《建筑地基基础工程施工质量验收标准》(GB 50202—2018)。
2.《建筑基坑支护技术规程》(JGJ 120—2012)。
3.《建筑桩基技术规范》(JGJ 94—2008)。
4.《混凝土结构工程施工规范》(GB 50666—2011)。
5.《混凝土结构工程施工质量验收规范》(GB 50204—2015)。
6.《钢筋焊接及验收规程》(JGJ 18—2012)。
7.《混凝土泵送施工技术规程》(JGJ/T 10—2011)。
8.《预应力筋用锚具、夹具和连接器应用技术规程》(JGJ 85—2010)。
9.《无粘结预应力混凝土结构技术规程》(JGJ 92—2016)。
10.《砌体结构工程施工质量验收规范》(GB 50203—2011)。
11.《混凝土小型空心砌块建筑技术规程》(JGJ/T 14—2011)。
12.《钢结构工程施工质量验收标准》(GB 50205—2020)。
13.《钢结构焊接规范》(GB 50661—2011)。
14.《建筑施工扣件式钢管脚手架安全技术规范》(JGJ 130—2011)。
15.《建筑施工门式钢管脚手架安全技术标准》(JGJ/T 128—2019)。
16.《建筑施工碗扣式钢管脚手架安全技术规范》(JGJ 166—2016)。
17.《建筑施工承插型盘扣式钢管脚手架安全技术标准》(JGJ/T 231—2021)。
18.《地下工程防水技术规范》(GB 50108—2008)。
19.《地下防水工程质量验收规范》(GB 50208—2011)。
20.《屋面工程技术规范》(GB 50345—2012)。
21.《屋面工程质量验收规范》(GB 50207—2012)。
22.《建筑装饰装修工程质量验收标准》(GB 50210—2018)。

参考文献

[1] 丁宪良，许红，王立新. 建筑施工技术[M]. 郑州：郑州大学出版社，2013.
[2] 姚刚，华建民. 土木工程施工技术与组织[M]. 重庆：重庆大学出版社，2013.
[3] 应惠清. 土木工程施工[M]. 3 版. 北京：高等教育出版社，2016.
[4] 张武华，陈龙兴，刘文涛. 寒冷地区冬季钢筋混凝土施工技术研究[C]//中国水力发电工程学会. 水电工程混凝土施工新技术 2015. 北京：中国环境出版社，2015.
[5] 刘红娜. 论建筑工程的冬季施工[J]. 四川建材，2020，46(4)：91－92.
[6] 陈彦光. 某站房改造工程钢结构冬季施工概述[J]. 低碳世界，2020，10(4)：71－72.
[7] 李叔贵，潘保芸，李子健，等. 大体积混凝土冬期施工质量控制[J]. 建筑技术开发，2021，48(20)：129－130.
[8] 郑仕跃，朱应，关瑞士，等. 水泥基渗透结晶型防水材料性能优化试验研究[J]. 公路，2022，67(12)：352－357.
[9] 纪宪坤，徐可. 防水混凝土、结构自防水、刚性防水及工程应用[J]. 中国建筑防水，2020(10)：49－57.
[10] 林晓玲，唐纯，李国辉. 防水混凝土抗渗机理及其防渗漏措施[J]. 民营科技，2010(2)：139.
[11] 翟林明，李晓萱，孟勋，等. 聚丙烯酸酯防水乳液的制备及其防水性能研究[J]. 化工新型材料，2022，50(S1)：474－478.
[12] 张玉峰. 建筑工程施工中的防水防渗技术研究[J]. 工业建筑，2021，51(11)：244.